机械工程技术人员必备技术丛书

机床电气 PLC 编程
方法与实例

主编　高安邦　高家宏　孙定霞

参编　沈　洋　佟　星　郜普艳

　　　石　磊　张晓辉　陈　武　审

机械工业出版社

榜样的力量是无穷尽的，编程方法能提供正确途径、妙招、窍门和技巧；设计实例能提供示范和样板，给人以引导和启迪。本书从实用的角度出发，着重介绍了机床电气 PLC 编程实用方法与应用实例。其宗旨是抛砖引玉、举一反三，引领和指导机床设计人员在初步掌握 PLC 技术的基础上，与时俱进，不断自主创新，真枪实弹地设计出机床 PLC 技术改造和创新应用的更多精品来。

　　全书共分 6 章，内容包括机床电气 PLC 编程的基本概念；机床电气 PLC 编程应用基础；机床电气 PLC 编程实用方法；用翻译法进行机床电气 PLC 编程的实例；用顺序功能图设计法进行机床电气 PLC 编程的实例；全自动钢管表面除锈机 PLC 控制系统工程应用编程。

　　本书内容翔实，阐述清晰透彻，可读性好，实用性强。本书可作为机床设计人员学用 PLC 技术的实用指导书，也可作为大学/专科院校相关专业本/专科师生的实用教材和学用参考书。

图书在版编目（CIP）数据

机床电气 PLC 编程方法与实例/高安邦，高家宏，
孙定霞主编. —北京：机械工业出版社，2014.6
（机械工程技术人员必备技术丛书）
ISBN 978 - 7 - 111 - 46572 - 0

Ⅰ.①机… Ⅱ.①高…②高…③孙… Ⅲ.①机床 -
电气控制②plc 技术 Ⅳ.①TG502.35②TM571.6

中国版本图书馆 CIP 数据核字（2014）第 087685 号

机械工业出版社（北京市百万庄大街 22 号　邮政编码 100037）
策划编辑：黄丽梅　责任编辑：黄丽梅　张元生
版式设计：赵颖喆　责任校对：刘秀丽
封面设计：陈　沛　责任印制：刘　岚
北京京丰印刷厂印刷
2014 年 7 月第 1 版 · 第 1 次印刷
169mm×239mm · 25 印张 · 608 千字
0 001—3 000 册
标准书号：ISBN 978 - 7 - 111 - 46572 - 0
定价：68.00 元

凡购本书，如有缺页、倒页、脱页，由本社发行部调换
电话服务　　　　　　　　　　　网络服务
社服务中心：（010）88361066　　教材网：http://www.cmpedu.com
销 售 一 部：（010）68326294　　机工官网：http://www.cmpbook.com
销 售 二 部：（010）88379649　　机工官博：http://weibo.com/cmp1952
读者购书热线：（010）88379203　　**封面无防伪标均为盗版**

序

2008 年 5 月 22 日国家人社部函〔2008〕65 号公布了包括我校在内的第一批国家高技能人才培养示范基地名单（全国计 92 所）。其宗旨就是充分发挥企业和职业院校在高技能人才培养工作中的作用，加快培养速度，扩大培养规模，逐步建立一支与我国经济社会发展相适应的高技能人才队伍。所谓高技能人才，即是在生产、运输和服务等领域岗位一线，熟练掌握专门知识和技术，具备精湛的操作技能，并在工作实践中能够解决关键技术和工艺的操作性难题的人员。在大力倡导提升企业自主创新能力、建设创新型国家的大时代背景之下，更多更快地培训高技能人才，被视为我国提升国家核心竞争力的重大战略举措。

在我国现阶段，人们常把决策管理层劳动者称为"白领"；把操作执行层劳动者称为"蓝领"；高技能型人才则是介于决策管理层和操作执行层之间的技能水平较高的人才，俗称"银领"。高技能人才应具备以下五个方面的能力：有必要的理论知识；有丰富的实践经验；有较强的动手操作能力并能够解决生产实际操作难题；有创新能力；有良好的职业道德。因此，高技能型人才的素质表现为以下三个方面，第一是职业技能，保证高技能型人才在既定的工作岗位上胜任工作。第二是职场应变能力，能适时应对职场要求变化的能力。第三是专业创新能力，不断发现现存事物的缺陷，具有创造性地解决问题的能力；根据工作的需要提出创造性的设想的能力，并能够具体实践、操作和开发；进一步扩大知识面，以适应其创新的各种要求的能力。具备了这一层次的高素质，就可使高技能型人才在职业生涯中工作能力得到更大提升，并把握创业的机会，实现由单纯谋职到自身事业获得发展的重大转折。

要培养造就这样的高技能创新人才，就需要与时俱进，结合市场、教学、学生实际和"四新"（新技术、新设备、新工艺、新材料）应用，开发新技术的实用教材和著作，适时调整教学内容和方案，满足新时代发展的要求，保持现代教育教学的先进性和前瞻性。我校高安邦特聘教授主持编写的《机床电气PLC 编程方法与实例》就是这样一部针对当代高新技术的实用新书。它以排在现代工业生产自动化四大支柱之首位的 PLC 技术为抓手；以如何更深层次地应用 PLC 技术、如何在机床改造和创新研发等工程实践中进行 PLC 的更深入应用、更充分地利用 PLC 产品丰富的内部资源完成复杂项目的开发等不断困扰着相关技术人员采用 PLC 技术进行工程项目开发的生产技术难题为主线；以"授人以渔"的方法，帮助读者真正掌握 PLC 产品的基础知识和各种实用开发技术，解决在实际工程项目开发过程中所遇到的各种困扰，从而更快、更好地完成各种实际项目的开发和设计。

榜样的力量是无穷尽的，编程方法能提供正确途径、妙招、窍门和技巧；设计实例能提供示范和样板，给人以引导和启迪。该书内容翔实，阐述清晰透彻，可读性好，实用性强。我们衷心祝贺这部新作的出版，希望它能为我国机床的 PLC 编程应用、推动高技能人才的培养以及我国职业教育的蓬勃发展和崛起腾飞发挥作用，也为我院的改革建设和创新发展添砖加瓦，并写下浓墨重彩的一笔。

国家级重点技工学校/国家中等职业技术学校教革发展示范建设学校/
国家高技能人才培养示范基地/海南省三亚高级技工学校/
中国技工院校杰出校长/高级讲师/硕士

海南省三亚高级技工学校副校长/电气高级讲师/高级技师/高级考评员
（荣获 2012 年第十一届国家技能人才教育突出贡献奖）

海南省三亚高级技工学校副校长/高级讲师

前　言

　　长期以来我国机床的质量、可靠性和稳定性方面尚与国际水平有一定差距。目前，中国已成为世界机床竞争的"主战场"，今后，中国工业化发展对先进机床的需求无疑将越来越高。作为机械装备的母机，机床制造业的发展主要来源于其下游产业的推动。机床行业下游产业主要有造船、工程机械、航空航天、汽车、铁路、电力设备、风电设备、动力设备、制冷设备和石化设备等。我国在这些下游产业的发展中已迈居世界前列（如造船业已超韩国位居世界第一），持续为下游产业提供机械装备的机床行业，面对当前国内外的行业状况，既面临严重挑战更是跨越式发展的大好机遇。

　　PLC 是一种新型的具有极高可靠性的通用工业自动化控制装置。它以微处理器为核心，有机地将计算机技术、微电子技术、自动化控制技术及通信技术融汇为一体。它可以取代传统的"继电器-接触器"控制系统实现逻辑控制、顺序控制、定时、计数等各种功能，大型高档 PLC 还能像微型计算机那样进行数字运算、数据处理、模拟量调节以及联网通信等。它具有高可靠性、灵活通用、编程简单、使用方便、控制能力强、易于扩展等优点，是当今工业控制的主要手段和重要的自动化控制设备，已广泛应用于机床、机械制造、冶金、采矿、建材、石油、化工、汽车、电力、造纸、纺织、装卸、环境保护等各行各业，并已在全球形成强大的产业市场，分别超过了 DCS、智能控制仪表、IPC 等工业控制设备的市场份额。可以说，到目前为止，无论从可靠性上，还是从应用领域的广度和深度上，还没有任何一种控制设备能够与 PLC 相媲美。在工业控制领域，PLC 技术与数控技术、CAD/CAM 以及机器人技术是现代工业生产自动化的四大支柱，并跃居首位。尤其在机电一体化产品中的应用更是越来越广泛，已成为改造和研发现代机床等机电一体化产品最理想的首选控制器，其应用的深度和广度也代表了一个国家工业现代化的先进程度。随着中国日趋成为世界的加工中心，各类加工基地的建设，生产线、加工设备和加工中心的启用，PLC 工程控制系统的应用还将进一步扩大。因此，学习 PLC 系统的意义十分重大，用好 PLC 的意义更为深远，学习并使用 PLC 技术来实现对现代机床等设备的稳定可靠控制、提升产品的竞争力，已成为目前推动这一技术发展的主要驱动力量，也是当今机电类学生和岗位技术工人必须要掌握的一项岗位技能。

　　随着 PLC 技术的广泛应用，如何更深层次地应用 PLC 技术，在机床改造和创新研发等工程实践中进行 PLC 的更深入的应用，更充分地利用 PLC 产品丰富的内部资源完成复杂项目的开发等问题不断困扰着采用 PLC 技术进行工程项目开发的相关人员。因此，如何帮助广大高校师生、工程技术人员迅速解决上述难题已然成为一个亟待解决的问题。目前，解决这些问题的重要手段就是在源头上多下工夫。比如，编写一些高质量的实用科技图书，以"授人以渔"的方法，帮助读者真正掌握 PLC 产品的基础知识和各种实用开发技术，解决在实际工程项目开发过程中所遇到的各种困扰，从而更快、更好地完成各种实际项目的开发和设计。本书的编写正是受机械工业出版社策划编辑之托，主要面对的读者对象是中等程度的工程技术人员，这些人了解机床电气控制的基本原理，但是缺少 PLC 编程的实战经验，策划本书的目的就是想通过本书的阅读，在熟悉基本理论的基础上，能提高他们的方法论，并且通过一些编程实例的解析，让他们掌握这些方法。因此，本书编写的重点就是方法和实例。

该书由荣获了 2012 年第 11 届国家技能人才培育突出贡献奖的三亚高级技工学校负责编写。该书的编写是我校创建国家级重点技工学校/国家中等职业教育改革发展示范建设学校/国家高技能人才培养示范基地的标志性成果之一，也是我校"十二五"发展规划所确定的提高我校职业技能人才培养质量，提升学校整体水平，完成我校从硬件建设到软环境建设的转变，学生从量到质的转变，教师从适应、提高逐步发展成为研究型教师的转变，最终使学校完成从名气到名牌的转变，打造三亚职业教育的"航母"、升格申办三亚技师学院和三亚职业技术学院之急需。本书的编写，既是编者多年来从事教学研究和科研开发实践经验的概括和总结，又博采目前各教材和著作的精华。参加本书编写工作的有高安邦教授（本书策划、选题、立项、制定编写大纲、前言、第 1 章、参考文献等）、高家宏高级讲师（第 2 章）、孙定霞高级讲师（第 4 章）、沈洋讲师（第 3 章）、佟星高级技师（第 5 章）、邻普艳讲师（第 6 章）。全书由海南省三亚高级技工学校特聘教授/哈尔滨理工大学教授/硕士生导师高安邦主持编写和负责统稿；聘请了曾荣获全国职业教育突出贡献奖及中国技工院校杰出校长称号的海南省三亚高级技工学校校长石磊高级讲师/硕士、荣获 2012 年第 11 届国家技能人才培育突出贡献奖的副校长张晓辉高级讲师/高级技师/高级考评员/国家级技能大师、副校长陈武高级讲师进行审稿，他们对本书的编写提供了大力主持，并提出了最宝贵的编写意见；硕士学位研究生：杨帅、薛岚、陈银燕、关士岩、刘晓艳、毕洁廷、姚薇、王玲、朱静、裴立云、朱绍胜、于建明、居海清、蒋继红、吴会琴、陈玉华、卢志珍、刘业亮、张守峰、丁艳玲、张月平、张广川、尹朝辉等为本书做了大量的辅助性工作；在此表示最衷心的感谢！该书的编写得到了三亚高级技工学校和哈尔滨理工大学的大力支持，在此也表示最真诚的感激之意！任何一本新书的出版都是在认真总结和引用前人知识和智慧的基础上创新发展起来的，本书的编写无疑也参考和引用了许多前人优秀教材与研究成果的结晶和精华。在此向本书所参考和引用的资料、文献、教材和专著的编著者表示最诚挚的敬意和感谢！

　　鉴于 PLC 目前还是处在不断发展和完善过程中的高新技术，其应用的领域十分广泛，现场条件千变万化，控制方案多种多样，只有熟练掌握好 PLC 的技术，并经过丰富的现场工程实践才能将 PLC 用熟用透用活，做出高质量的工程应用设计；限于编者的水平和经验，书中错误、疏漏和不妥之处在所难免，恳请各位读者和专家不吝批评、指正，以便今后更好地修订、完善和提高。

编　者

目　　录

第 1 章　机床电气 PLC 编程的基本概念

1.1　机床的电气控制

　　机床一般由机械设备与控制装置（系统）两大部分组成。机械设备一般由三个基本部分组成，即工作机构、传动机构及原动机。当原动机为电动机时，也就是说，由电动机通过传动机构带动工作机构进行工作时，这种拖动方式称为电力拖动。机床电力拖动（又称电力传动或电气传动）就是指以电动机为原动机驱动机床机械设备工作的系统之总称。它的目的是将电能转变为机械能，实现机床机械设备的起动、制动、停止以及速度调节，完成各种机床生产工艺过程的要求，保证机床生产过程的正常进行。

　　在机床加工过程中，为了实现机床加工过程自动化的要求，电力拖动不仅包括拖动机床机械设备的电动机，而且包含控制电动机的一整套控制系统，也就是说，机床电力拖动是和由多种控制元件组成的自动控制系统紧密地联系在一起的。如图 1-1 所示，人们总是把电动机以及与电动机有关联的传动机构合并在一起视为电力拖动部分；把满足加工工艺要求使电动机起动、制动、反向、调速等电气控制和电气操纵部分视为电气控制部分，或称为电气自动控制装置（系统）。

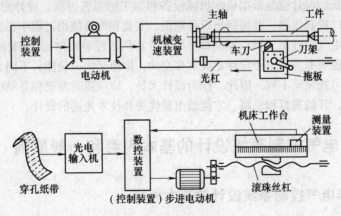

图 1-1　机床的电气控制

　　从机床加工生产的要求来说，机床电力拖动控制系统所要完成的任务，从广义上讲，就是要使机床生产设备、机加工生产线、车间、甚至整个工厂都实现自动化。从狭义上讲则是专指控制电动机驱动机床设备实现加工产品数量的增加、质量的提高、生产成本的降低、工人劳动条件的改善以及能量的合理利用等。随着机床加工工艺的不断发展，对机床电力拖动控制系统也提出了越来越高的要求。例如，一些精密机床要求加工精度达百分之几毫米、甚至几微米，即要求控制高精度；重型镗床为保证加工精度和表面粗糙度要求在极慢的稳速下进给，即要求在很宽的范围内调速；龙门刨床的往返式工作台及其辅助机械，操作频繁，要求在不到 1s 的时间内就能完成从正转到反转的过程，即要求能迅速地起动、制动和反转；对于摇臂钻床的摇臂、卧式镗床的镗头架、龙门刨床的横梁等机床的升降机构，则要求起动和制动平稳，并能准确地停止在给定的位置上；对于大型复杂组合机床或加工中心的各机架或各分部，则要求各机架或各分部的转速保持一定的比例关系进行协调控制；为了提高效率，由数台或数十台机床设备组成的全自动加工生产线则要求统一群控和集中管理；……诸如此类的要求，都是靠电动机及其控制系统和机械传动装置来实现的。

因此，机床电力拖动及控制系统设计是实用机床设计中必不可缺少的重要组成部分，它要满足机床的总体技术方案要求。机床电力拖动及控制系统设计所涉及的内容也特别广泛。

机床的种类繁多，其控制装置（包括传统电气控制与现代 PLC 控制、计算机数控等）也各不相同，但任何机床电气控制装置的设计原则都是相同的：第一，设计应满足机床设备对电控提出的要求，这些要求包括控制方式、控制精度、自动化程度、响应速度等，在电控原理设计时要根据这些要求制订出总体技术方案；第二，设计应满足机床本身的制造、使用和维护等需要，全套机床的造价要经济，结构要合理，这些问题应在机床电气控制装置的工艺设计阶段予以充分的考虑；第三，设计应与时俱进，尽可能地采用当今世界出现的高新技术，与国际先进技术同步和接轨，使国产机床不落后。机床电气控制系统的设计就是根据机床机械设备和加工的工艺过程，设计出合乎要求的、经济合理的电气控制线路；并编制出设备制造、安装和维修使用过程中必需的图样和资料，包括传统电气原理图（PLC 控制梯形图、计算机数控等程序）、安装图和接线图以及设备清单和说明书等。由于设计是灵活多变的，即使是同一功能，不同人员设计出来的线路结构也可能完全不同。因此，作为设计人员，应该随时发现和总结经验，不断丰富自己的知识，开阔视野和思路，才能做出最优秀和技术先进的设计。

1.2　机床电气控制系统设计的基本内容和一般原则

1.2.1　机床电气控制系统设计的基本内容

机床的电气设计与机床的机械结构设计是分不开的，尤其是现代机床的结构以及使用效能与电气自动控制的程度是密切相关的，对机械设计人员来说，也需要对机床的电气设计有一定的了解。本节就机床电气设计所涉及的主要内容，以及电气控制系统如何满足机床的主要技术性能加以讨论分析。

1）机床主要技术性能，即机械传动、液压和气动系统的工作特性以及对电气控制系统的要求是机床电控设计的依据。

2）机床的电气技术指标，即电气传动方案，要根据机床的结构、传动方式、调速指标，以及起动、制动和正反向要求等来确定。

机床的主运动与进给运动都有一定调速范围的要求。要求不同，采取的调速传动方案就不同，调速性能的好坏与调速方式密切相关。中小型机床，一般采用单速或双速笼型异步电动机，通过变速箱传动；对传动功率较大、主轴转速较低的机床，为了降低成本、简化变速机构，可选用转速较低的异步电动机；对调速范围、调速精度、调速的平滑性要求较高的机床，可考虑采用交流变频调速和直流调速系统，满足无级调速和自动调速的要求。

由电动机完成机床正反向运动比机械方法简单容易，因此只要条件允许应尽可能地由电动机进行。传动电动机是否需要制动，要根据机床需要而定。对于由电动机实现正反向的机床，对制动无特殊要求时，一般采用反接制动，可使控制线路简化。在电动机频繁起动、制动或经常正反向的情况下，必须采取措施限制电动机的起动、制动电流。

3）机床电动机的调速性质应与机床的负载特性相适应。调速性质是指转矩、功率与转速的关系。设计任何一个机床电力拖动系统都离不开对负载和系统调速性质的研究，它是选择拖动和控制方案及确定电动机容量的前提。

电动机的调速性质必须与机床的负载特性相适应。众所周知，机床的切削运动（主运动）需要恒功率传动，而进给运动则需要恒转矩传动。双速异步电动机，定子绕组由三角形改成星形联结时，转速由低速升为高速，功率增加的很小，因此适用于恒功率传动。而定子绕组低速为星形联结，高速为双星形联结的双速电动机，转速改变时，电动机所输出的转矩保持不变，因此适用于恒转矩调速。

他励直流电动机改变电压的调速方法则属于恒转矩调速；改变励磁的调速方法属于恒功率调速。

4）正确合理地选择电气控制方式是机床电气设计的主要内容。电气控制方式应能保证机床的使用效能和动作程序、自动循环等基本动作要求。现代机床的控制方式与机床结构密切相关。由于近代电子技术和计算技术已深入到机床控制系统的各个领域，各种新型控制系统不断出现，它不仅关系到机床的技术与使用性能，而且也深刻地影响着机床的机械结构和总体方案。因此，电气控制方式应根据机床总体技术要求来拟定。

在一般普通机床中，其工作程序往往是固定的，使用中并不需要经常改变原有程序，可采用有触点的"继电器-接触器"系统，控制线路在结构上接成"固定"式的。

有触点控制系统，控制电路的接通或分断是通过开关或继电器等触点的闭合与分断来进行控制的。这种系统的特点是能够控制的功率较大、控制方法简单、工作稳定、便于维护、成本低，虽然它在整体技术上是 20 世纪二三十年代就开始使用的落后技术，但在现有的机床控制中应用仍然相当广泛，并且短时间内还淘汰不了。

可编程序控制器（PLC）是介于"继电器-接触器"系统的固定接线装置与电子计算机控制之间的一种新型的通用控制部件。近年来机床的程序控制有很大的发展，这是由于可编程序控制器可以大大缩短机床的电气设计、安装和调整周期，并且可使机床工作程序加以更改。因此采用可编程序控制器以后，将使机床的控制系统具有较大的灵活性和适应性。

随着电子技术的发展，数字程序控制系统在机床上的应用越来越广泛，已经发展成为数控机床。数控机床有较高的生产率、较短的生产周期、加工精度高、能够加工普通机床根本加工不了的复杂曲面零件，有着广泛的发展前景。

5）明确有关操纵方面的要求，在设计中实施。如操纵台的设计、测量显示、故障自诊断、保护等措施的要求。

6）设计应考虑用户供电电网情况，如电网容量、电流种类、电压及频率。电气设计技术条件是机床设计的有关人员和电气设计人员共同拟定的。根据设计任务书中拟定的电气设计的技术条件，就可以进行电气设计。实际上电气设计就是把上述的技术条件明确下来并付诸实施。

综上所述，机床电气设计应包括以下内容：

1）拟定电气设计任务书（技术条件）。

2）确定电气传动控制方案，选择电动机。

3）设计电气控制原理图。

4）选择电气元件，并制定电气元件明细表。

5）设计操作台、电气柜及非标准电气元件。

6）设计机床电气设备布置总图、电气安装接线图。

7）编写电气说明书和使用操作说明书。

以上电气设计各项内容，必须以有关国家标准为纲领。根据机床的总体技术要求和控制线路的复杂程度，以上内容可增可减，某些图样和技术文件也可适当合并或增删。

为保证我国的机床在国际市场上占有一席之地，机床设计必须向国际标准靠拢，和国际标准接轨，否则就会影响我国机床走向国际市场。因此，机床电气设备通用技术条件及机床数字控制系统通用技术条件是机床电气设计的必要依据。

1.2.2 机床电气控制线路设计的一般原则

当机床设备的电力拖动方案和控制方案确定后，就可以进行机床电气控制线路的设计了。机床电气控制线路的设计是机床电力拖动方案和控制方案的具体化实施，一般在设计时应该遵循以下原则。

1. 最大限度地实现机床设备和生产工艺对电气控制线路的要求

控制线路是为整个机床设备和生产工艺过程服务的。因此，在设计之前，要调查清楚机床的生产工艺要求，对机床设备的工作性能、结构特点和实际加工情况要有充分的了解。电气设计人员要深入现场对同类或相近的机床设备进行考查和调研，收集资料，加以综合分析，并在此基础上考虑控制方式、起动、反向、制动及调速的要求，设置各种联锁及保护装置，最大限度地实现机床设备和工艺对电气控制的要求。

2. 在满足机床生产要求的前提下，力求使控制线路简单、经济

1）尽量选用标准的、常用的或经过实际应用考验过的控制环节和线路。

2）尽量缩短连接导线的数量和长度。设计控制线路时，应合理安排各电器的位置，考虑各个元件之间的实际接线，注意机床电气柜、操作台和限位开关之间的连接线。如图 1-2 所示，启动按钮 SB$_1$ 和停止按钮 SB$_2$ 装在操作台上，接触器 K 装在电气柜内。图 1-2a 所示的接线不合理，按照图 1-2a 接线就需要由电气柜引出4 根导线到操作台的按钮上。图 1-2b 所示线路是合理的，它将启动按钮 SB$_1$ 和停止按钮 SB$_2$ 直接连接，两个按钮之间距离最小，所需连接导线最短。这样，只需要从电气柜内引出 3 根导线到操作台上，节省了一根导线。

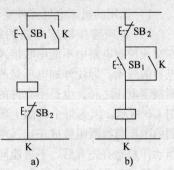

图 1-2　电气柜接线图
a）不合理线路　b）合理线路

3）尽量减少电气元件的品种、规格和数量，并尽可能采用性能优良的器件和标准件，同一用途尽量选用相同型号的电气元件。

4）尽量减少不必要的触点以简化电路。在满足动作要求的条件下，电气元件触点越少，控制线路的故障机率就越低，工作的可靠性也越高。常用的方法如下：

①在获得同样功能的情况下，合并同类触点，如图 1-3 所示。图 1-3b 将两个线路中间一触点合并，比图 1-3a 在电路上少了一对触点。但是在合并触点时应注意触点对额定电流值的容限。

②利用半导体二极管的单向导电性来有效地减少触点数，如图 1-4 所示。对于弱电电气控制电路，这样做既经济又可靠。

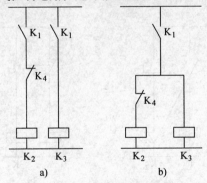

图 1-3　合并同类触点
a）未合并接点　b）合并接点

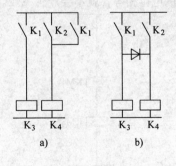

图 1-4　半导体二极管的单向导电性
a）不加二极管　b）加二极管

③在设计完成后，可利用逻辑代数进行化简，以得到最简化的线路。

5）尽量减少电器不必要的通电时间，使电气元件在必要时通电，不必要时尽量不通电，以充分节约电能并延长电器的使用寿命。图 1-5 所示为以时间原则控制的电动机减压起动线路图。图 1-5a 中接触器 KM$_2$ 得电后，接触器 KM$_1$ 和时间继电器 KT 就失去了作用，不必继续通电，但它们仍处于带电状态。图 1-5b 中线路比较合理，在 KM$_2$ 得电后，切断了 KM$_1$ 和 KT 的电源。

3. 保证机床控制线路工作的可靠性和安全性

1）选用的机床电气元件要可靠、牢固，动作时间短，抗干扰性能好。

2）正确连接机床电器的线圈。在交流控制电路中不能串联接入两个电器的线圈，即使外加电压是两个线圈额定电压之和，也是不允许的，如图 1-6 所示。因为每个线圈上所分配到的电压与线圈阻抗成正比，两个电器动作总是有先有后，不可能同时吸合。若接触器 KM$_2$ 先吸合，线圈电感显著增加，其阻抗比未吸合的接触器 KM$_1$ 的阻抗大得多，因而在该线路上的电压降增大，会使 KM$_1$ 的线圈电压达不到动作电压。因此，若需两个电器同时动作，其线圈应该并联连接。

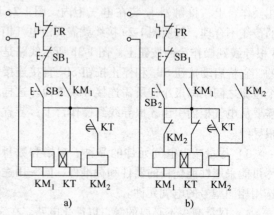

图 1-5　以时间原则控制的电动机减压起动线路图
a）不合理电路　b）合理电路

3）正确连接机床电器的触点。同一电气元件的常开和常闭触点靠得很近，若分别接在电源不同的相上，由于各相的电位不等，当触点断开时，会产生电弧形成短路。图 1-7a 所示的开关 S$_1$ 的常开和常闭触点间会因电位不同产生飞弧而短路，图 1-7b 所示开关 S$_1$ 的电位相等，就不会产生飞弧。

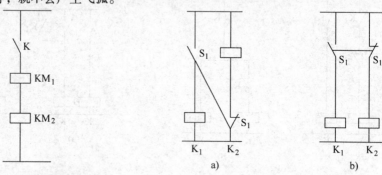

图 1-6　两个接触器线圈串联

图 1-7　电器触点正确连接方式
a）产生飞弧　b）消除飞弧

4）在机床控制线路中，采用小容量继电器的触点来断开或接通大容量接触器的线圈时，应计算继电器触点断开或接通容量是否足够，不够时必须加小容量的接触器或中间继电器，否则工作不可靠。在频繁操作的可逆线路中，正反向接触器应选较大容量的接触器。

5）在线路中应尽量避免许多电器依次动作才能接通另一个电器控制线路的情况，如图 1-8a 所示，图 1-8b 所示为正确线路。

6）避免发生触点"竞争"与"冒险"现象。通常我们分析机床控制回路的电器动作及触点的接通和断开，都是静态分析，没有考虑其动作时间。实际上，由于电磁线圈的电磁惯性、机械惯性、机械位移量等因素，通断过程中总存在一定的固有时间（几十毫秒到几百毫秒），这是电气元件的固有特性，其延时通常是不确定、不可调的。机床电气控制电路中，在某一控制信号作用下，电路从一个状态转换到另一个状态时，常常有几个电器的状态发生变化，由于电气元件总有一定的固有动作时间，因此往往会发生不按

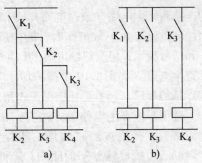

图 1-8　电器正确连接方式

a) 不合理　b) 减少元件依次动作

预定时序动作的情况，触点争先吸合，发生振荡，这种现象称为电路的"竞争"。另外，由于电气元件的固有释放延时作用，也会出现开关电器不按要求的逻辑功能转换状态的可能性，这种现象称为"冒险"。"竞争"与"冒险"现象都将造成机床控制电路不能按要求动作，引起机床控制失灵。

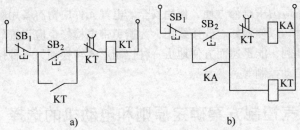

图 1-9　时间继电器组成的反身关闭电路

a)"竞争"与"冒险"　b) 合理电路

图 1-9a 所示为用时间继电器组成的反身关闭电路。在图 1-9a 中，当时间继电器 KT 的常闭触点延时断开后，时间继电器 KT 线圈失电，使经 t_s 秒延时断开的常闭触点恢复闭合，而使经 t_1 秒瞬时动作的常开触点闭合。如果 $t_s > t_1$ 则电路能反身关闭；如果 $t_s < t_1$ 则继电器 KT 就再次闭合……这种现象就是触点竞争。在此电路中增加中间继电器 KA 就可以解决，如图 1-9b 所示。

避免发生触点"竞争"与"冒险"现象的方法有：

①应尽量避免许多电器依次动作才能接通另一个电器的控制线路。

②防止电路中因电气元件的固有特性引起配合不良的后果。当电气元件的动作时间可能影响到控制线路的动作程序时，就需要用时间继电器配合控制，这样可清晰地反映元件动作时间及它们之间的互相配合。

③若不可避免，则应将产生"竞争"与"冒险"现象的触点加以区分、联锁隔离

或采用多触点开关分离。

7）在控制线路中应避免出现寄生电路。在电气控制线路的动作过程中，意外接通的电路叫寄生电路（或假电路）。图 1-10 所示是一个具有指示灯和热继电器保护的正反向控制电路。在正常工作时，能完成正反向启动、停止和信号指示；但当热继电器 FR 动作时，线路就出现了寄生电路（如图 1-10 中箭头所示），使正向接触器 KM$_1$ 不能释放，起不了互锁保护作用。

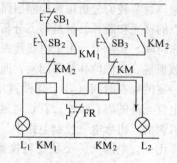

图 1-10　寄生电路

避免产生寄生电路的方法有：在设计机床电气控制线路时，严格按照"线圈、能耗元件下边接电源（零线），上边接触点"的原则，降低产生寄生回路的可能性；还应注意消除两个电路之间产生联系的可能性，若不可避免应加以区分、联锁隔离或采用多触点开关分离。如将图 1-10 中的指示灯分别用 KM$_1$、KM$_2$ 的另外常开触点直接连接到上边的控制母线上，就可消除寄生电路。

8）设计的线路应能适应所在电网情况。根据现场的电网容量、电压、频率，以及允许的冲击电流值等，决定电动机是否直接或间接（减压）起动。

4. 操作和维修方便

机床电气设备应力求维修方便，使用安全。电气元件应留有备用触点，必要时还应留有备用电气元件，以便检修、改接线用，为避免带电检修也应设置隔离电器。控制机构应操作简单、便利，能迅速而方便地由一种控制形式转换到另一种控制形式，例如由手动控制转换到自动控制等。

1.3　机床电气控制方案确定原则和电动机的选择

机床电气控制方案是指确定机床传动电动机的类型、数量、传动方式及电动机的起动、运行、调速、转向、制动等控制要求，是机床电气设计的主要内容之一，为机床电气控制原理图设计及电气元件选择提供依据。确定机床电力拖动方案必须依据机床的精度、工作效率、结构以及运动部件的数量、运动要求、负载性质、调速要求以及投资额等条件。

正确地选择电动机具有重要意义。合理地选择电动机是从驱动机床的具体对象、加工规范，也就是要从机床的使用条件出发，从经济、合理、安全等多方面考虑，使电动机能够安全可靠地运行。

1.3.1　确定机床拖动方式

机床电动机的拖动方式有：单独拖动，即一台设备只有一台电动机拖动；分立拖动，即由多台电动机分别驱动各个工作机构，通过机械传动链连接各个工作机构。

机床电气传动发展的趋势是缩短机械传动链，电动机逐步接近工作机构，以提高传动效率。因而在确定机床拖动方式时应根据机床工艺及结构的具体情况决定电动机的数量。

一般情况下，由电动机完成机床的起动、制动和反向要比机械方法简单容易。机床主轴的起动、停止、正反转运动和调整操作，只要条件允许最好由电动机完成。

机床设备主运动传动系统的起动转矩一般都比较小，因此，原则上可采用任何一种起动方式。对于它的辅助运动，在起动时往往要克服较大的静转矩，必要时也可选用高起动转矩的电动机，或采用提高起动转矩的措施。另外，还要考虑电网容量。对电网容量不大而起动电流较大的电动机，一定要采取限制起动电流的措施，如 $\curlyvee/\triangle$ 起动、自耦调压器起动、定子回路串电阻减压起动等，以免电网电压波动较大而造成事故。

传动电动机是否需要制动，应视机床设备工作循环的长短而定。对于某些高速高效金属切削机床，宜采用电动机制动。如果对于制动的性能无特殊要求而电动机又需要反转时，则采用反接制动可使线路简化。在要求制动平稳、准确，即在制动过程中不允许有反转可能性时，则宜采用能耗制动方式。在某些机床设备中也常采用具有联锁保护功能的电磁机械制动（电磁抱闸），在有些场合下也可采用回馈制动等。

1.3.2　选择传动电动机

电动机的选择应全面考虑其使用条件、运行环境、技术指标和经济指标等因素，电动机选择步骤如图 1-11 所示。其中负载容量是最主要的选择指标，必须优先重点考虑。

执行电动机轴直接与被控对象的转轴相连称为单轴传动，此时，电动机的角速度与负载角速度相同，两者的转角相等，电动机轴承所受的总负载只需简单的相加便可得到。

当执行电动机与被控对象之间有减速传动装置时，减速比 $i > 1$，即执行电动机的转速是负载转速的 i 倍，执行电动机轴输出力矩是负载转矩的 $1/i\eta$，这里 $\eta < i$，它是减速装置的传动效率。这种带减速传动装置的传动形式称为多轴传动。在选择多轴传动的执行电动机时，还需要确定减速传动装置的形式、传动比 i、传动效率 η 和传动装置的等效转动惯量 J_p。在作定量计算时，要进行等效折算，把多轴传动折算成等效的单轴传动。

选择电动机除了以上的基本步骤外，还要考虑以下几个原则：

①要考虑到供电网的质量（如允许电压波动范围、电网的功率因数等因素）和生产机械要求的起动及制动特性、调速性能指标以及控制特性等因素。

②电动机的主要指标是功率，电动机的功率选取以满足负载需要为原则。若电动机功率不足，满足不了机床负载的要求，将降低机床系统的使用寿命和可靠性，并可能导致事故；若选用电动机功率过大，又将使机床系统的体积和重量增加，加大轻载时的损耗，造成效率低、功率因数低、起动冲击大等问题，增加成本。

③根据生产机械工作的现场环境和允许的温升来确定合适的通风方式、结构型式、防护等级以及安装方式。

④选择可靠性好、互换性强、维护方便、有标准定额的电动机。

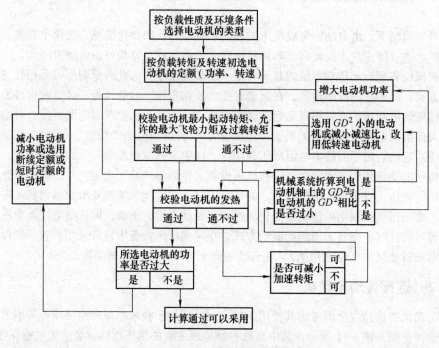

图 1-11　电动机的选择步骤

　　选择执行电动机应包含确定电动机类型、额定输入输出参数（如额定电压、额定电流、额定功率、额定转速等）、控制方式；确定电动机到负载之间传动装置的类型、速比、传动级数和速比分配，以及估算传动装置的转动惯量和传动效率等。

　　可作为机床传动电动机的电动机种类很多，常用的有三相异步电动机、两相异步电动机、滑差电动机（也称转差离合器）、直流电动机、步进电动机、低速大转矩宽调速电动机、力矩电动机、直线电动机等。

1.4　机床电气控制线路的经验设计法和逻辑分析设计法

　　机床电气控制线路有两种设计方法：一种是经验设计法，另一种是逻辑分析设计法。下面对这两种常用设计方法分别进行介绍。

1.4.1　经验设计法

　　所谓经验设计法，就是根据机床生产工艺要求直接设计出控制线路。在具体的设计过程中常有两种做法：一种是根据机床的工艺要求，适当选用现有的典型电控环节，将它们有机地组合起来，综合成所需要的控制线路；另一种是根据机床工艺要求自行设计，随时增加所需的电气元件和触点，以满足给定的工作条件。

1. 经验设计法的基本步骤

一般的机床电气控制电路设计包括主电路和辅助电路等的设计。

1）主电路设计。主要考虑机床电动机的起动、点动、正反转、制动及多速电动机的调速、短路、过载、欠电压等各种保护环节以及联锁、照明和信号等环节。

2）辅助电路设计。主要考虑如何满足电动机的各种运转功能及生产工艺要求。设计步骤是根据机床对电气控制电路的要求，首先设计出各个独立环节的控制电路，然后再根据各个控制环节之间的相互制约关系，进一步拟定连锁控制电路等辅助电路的设计，最后再根据线路的简单、经济和安全、可靠等原则，修改线路。

3）反复审核电路是否满足设计原则。在条件允许的情况下，进行模拟试验，逐步完善整个机床电气控制电路的设计，直至电路动作准确无误。

2. 经验设计法的特点

1）易于掌握，使用很广，但一般不易获得最佳设计方案。

2）要求设计者具有一定的实际经验，在设计过程中往往会因考虑不周发生差错，影响电路的可靠性。

3）当线路达不到要求时，多用增加触点或电器数量的方法来加以解决，所以设计出的电路常常不是最简单经济的。

4）需要反复修改草图，一般需要进行模拟试验，设计速度慢。

1.4.2　逻辑分析设计法

逻辑分析设计法是根据机床生产工艺的要求，利用逻辑代数来分析、化简、设计线路的方法。这种设计方法是将机床控制线路中的继电器与接触器线圈的通、断，触点的断开、闭合等看成逻辑变量，并根据机床控制要求将它们之间的关系用逻辑函数关系式来表达，然后再运用逻辑函数基本公式和运算规律进行简化，根据最简式画出相应的机床电路结构图，最后再作进一步的检查和完善，即能获得需要的控制线路。

逻辑分析设计法较为科学，能够确定实现一个机床控制线路所必需的最少的中间记忆元件（中间继电器）的数目，以达到使逻辑电路最简单的目的，设计的线路比较简化、合理。但是当设计的机床控制系统比较复杂时，这种方法就显得十分繁琐，工作量也很大。因此，如果将一个较大的、功能较为复杂的机床控制系统分成若干个互相联系的控制单元，用逻辑分析设计法先完成每个单元控制线路的设计，然后再用经验设计法把这些单元电路组合起来，各取所长，也是一种简捷的设计方法。

逻辑分析设计法可以使线路简化，充分利用电气元件来得到较合理的线路。对复杂线路的设计，特别是数控生产自动线、组合机床等控制线路的设计，采用逻辑分析设计法比经验设计法更为方便、合理。

逻辑分析设计法的一般步骤如下：

1）充分研究加工工艺过程，绘出工作循环图或工作示意图。

2）按工作循环图绘出执行元件及检测元件状态表。

3）根据状态表，设置中间记忆元件，并列写中间记忆元件及执行元件逻辑函数式。

4）根据逻辑函数式建立电路结构图。

5）进一步完善电路，增加必要的联锁、保护等辅助环节，检查电路是否符合原控制要求，有无寄生回路，是否存在触点竞争等现象。

完成以上五步，就可得到一张完整的机电控制原理图。

使用逻辑分析设计法能够加深对电路的分析与理解，有助于弄清机床电气控制系统中输入与输出的作用及相互关系，认识到"继电器-接触器控制线路"设计的实质，为机床电控系统优化设计打下良好的基础。

1.5　机床电气控制系统的工艺设计

在完成机床电气原理设计及电气元件选择之后，就应进行机床电气控制的工艺设计，目的是为了满足机床电气控制设备的制造和使用等要求。

机床电气控制系统工艺设计内容包括以下几点。

1）机床电气控制设备总体配置，即总装配图、总接线图。

2）机床电气控制各部分的电器装配图与接线图，并列出各部分的元件目录清单等技术资料。

3）机床电气控制设备使用、维修说明书。

1.5.1　机床电气设备总体配置设计

机床电气设备中各种电动机及各类电气元件根据各自的作用，都有一定的装配位置，在构成一个完整的机床自动控制系统时，必须划分组件。以龙门刨床为例，可划分为机床电器部分（各拖动电动机、抬刀机构电磁铁、各种行程开关和控制站等）、机组部件（交磁放大机组、电动发电机组等）以及电气箱（各种控制电气、保护电器、调节电器等）。根据各部分的复杂程度又可划分成若干组件，如印制电路组件、电器安装板组件、控制面板组件、电源组件等。在总体配置设计的同时要解决组件之间、电气箱之间以及电气箱与被控制装置之间的连线问题。

1. 划分组件的原则

1）功能类似的元件应组合在一起。例如用于机床操作的各类按钮、开关、键盘、指示检测元件、调节元件等应集中为控制面板组件，各种继电器、接触器、熔断器、照明变压器等控制电器应集中为电气板组件，各类控制电源、整流元件、滤波元件应集中为电源组件等。

2）尽可能减少组件之间的连线数量，接线关系密切的控制电器应置于同一组件中。

3）强弱电控制器应分离，以减少干扰。

4）力求整齐美观，外形尺寸、重量相近的电器应组合在一起。

5）便于检查与调试，需经常调节、维护和易损元件应组合在一起。

2. 电气控制设备的各部分及组件之间的接线方式

1）电器板、控制板、机床电器的进出线一般采用接线端子（按电流大小及进出线数选用不同规格的接线端子）。

2）电气箱与被控制设备或电气箱之间采用多孔接插件，以便于拆装、搬运。

3）印制电路板及弱电控制组件之间宜采用各种类型的标准接插件。

总体配置设计是以机床电气控制系统的总装配图与总接线图形式来表达的。图中应以示意形式反映出机电设备部分主要组件的位置及各部分接线关系、走线方式及使用管线要求等。

总装配图、接线图是进行分部设计和协调各部分组成一个完整系统的依据。总体设计要使整个系统集中、紧凑，同时在场地允许条件下，对发热严重、噪声和振动大的电气部件，如电动机组、起动电阻箱等，应尽量放在离操作者较远的地方或隔离起来；对于多工位加工的大型设备，应考虑两地操作的可能；总电源紧急停止控制应安放在方便而明显的位置。总体配置设计合理与否将影响到机床电气控制系统工作的可靠性，并关系到机床电气系统的制造、装配、调试、操作以及维护是否方便。

1.5.2　机床电气元件布置图的设计及电气部件接线图的绘制

总体配置设计确定了各组件的位置和连线后，就要对每个组件中的电气元件进行设计，机床电气元件的设计图包括布置图、接线图、电气箱及非标准零件图的设计。

1. 机床电气元件布置图

机床电气元件布置图是依据机床电控总原理图中的部件原理图设计的，是某些电气元件按一定原则的组合。布置图应根据电气元件的外形绘制，并标出各元件间距尺寸。每个电气元件的安装尺寸及其公差范围，应严格按产品手册标准标注，并作为底板加工依据，以保证各电器的顺利安装。

同一组件中电气元件的布置要注意以下问题：

1）体积大和较重的电气元件应装在电器板的下面，而发热元件应安装在电器板的上面。

2）强弱电分开，并注意弱电屏蔽，防止外界干扰。

3）需要经常维护、检修、调整的电气元件的安装位置不宜过高或过低。

4）电气元件的布置应考虑整齐、美观、对称，外形尺寸与结构类似的电器应安放在一起以利加工、安装和配线。

5）电气元件布置不宜过密，要留有一定的间距。若采用板前走线槽配线方式，应适当加大各排电器间距，以利布线和维护。

各电气元件的位置确定以后，便可绘制电气布置图。在电气布置图设计中，还要根据本部件进出线的数量（由部件原理图统计出来）和采用导线规格，选择进出线方式，并选用适当的接线端子板或接插件，再按一定顺序标注进出线的接线号。

2. 机床电气部件接线图

机床电气部件接线图是部件中各电气元件的接线依据。电气元件接线要注意以下问题。

1）接线图和接线表的绘制应符合 GB 6988.1—2008 中的规定。

2）电气元件按外形绘制，并与布置图一致，偏差不要太大。

3）所有电气元件及其引线应标注与电气原理图中相一致的文字符号及接线号。

4）与电气原理图不同，在接线图中同一电气元件的各个部分（触点、线圈等）必须画在一起。

5）电气接线图一律采用细线条，走线方式有板前走线与板后走线两种，一般采用板前走线。对于简单电气控制部件，电气元件数量较少，接线关系不复杂，可直接画出元件间的连线。但对于复杂部件，电气元件数量多，接线较复杂，一般是采用走线槽，只需在各电气元件上标出接线号，不必画出各元件间的连线。

6）接线图中应标出配线用的各种导线的型号、规格、截面积及颜色要求。

7）部件的进出线除大截面导线外，都应经过接线板，不得直接进出。

3. 机床电气箱及非标准零件图的设计

在机床电气控制系统比较简单时，控制电器可以附在机床机械内部。而在控制系统比较复杂或由于生产环境及操作的需要，通常都带有单独的机床电气控制箱，以利于制造、使用和维护。

机床电气控制箱设计要考虑电气箱总体尺寸及结构方式，以方便安装、调整及维修并利于箱内电器的通风散热。

大型机床控制系统，电气箱常设计成立柜式或工作台式，小型机床控制设备则设计成台式、手提式或悬挂式。

1.5.3　清单汇总和说明书的编写

在机床电气控制系统原理设计及工艺设计结束后，应根据各种图样，对本机床需要的各种零件及材料进行综合统计，按类别绘出外购成品件汇总清单表、标准件清单表、主要材料消耗定额表及辅助材料消耗定额表。

机床电气控制系统设计及使用说明书是设计审定及调试、使用、维护机床过程中必不可少的技术资料。机床电气控制系统设计及使用说明书应包含的主要内容如下：

1）机床拖动方案选择依据及本设计的主要特点。

2）机床电气控制系统设计主要参数的计算过程。

3）机床电气控制系统各项技术指标的核算与评价。

4）机床电气控制系统设备调试要求与调试方法。

5）机床电气控制系统使用、维护要求及注意事项。

1.6　机床电气 PLC 控制系统的设计

设计任何一个机床 PLC 控制系统，如同设计任何一种机床传统电气控制系统一样，其根本目的都是通过控制被控对象——机床来实现机械加工的生产工艺要求，提高生产效率和产品质量。其最主要最核心的工作就是在机床电气控制部分设计的基础上，编制机床 PLC 控制部分的应用程序。因此，在设计 PLC 控制系统时，应遵循以下基本原则：

1）机床电气 PLC 控制系统设计应包含机床电气控制设计和 PLC 控制设计两部分内容，即机床的 PLC 控制系统设计还离不开传统的电气控制设计。目前 PLC 所能取代传统电气控制的只是其小功率控制电路中的一部分，而对高电压、大电流的主电路部分，PLC 还无能为力。

2）机床 PLC 控制系统应能控制机床设备最大限度地满足机床的生产工艺要求。设计前，应深入生产现场进行实地考查和调查研究，搜索资料，并与机床的机械设计人员和实际操作人员密切配合，共同拟定机床控制方案，协同解决设计中出现的各种问题。

3）在满足生产工艺要求的前提下，PLC 控制系统越简单、越经济、操作使用及维护维修越方便越好。

4）要充分保证 PLC 控制系统的安全和可靠性。

5）考虑到今后加工生产的可持续发展和机床工艺的不断改进，在配置 PLC 硬件设备时应适当留有一定的扩展裕量。

1.6.1　机床电气 PLC 控制系统设计的基本内容

一个 PLC 控制系统由信号输入器件（如按钮、限位开关、传感器等）、输出执行器件（如电磁阀、接触器、电铃等）、显示器件和 PLC 构成。机床 PLC 控制系统是由 PLC 与机床输入、输出设备连接而成的。因此，机床 PLC 控制系统设计的基本内容就包括这些器件的选取和连接等。

1）选取信号输入器件、输出执行器件、显示器件等。一个输入信号，进入 PLC 后在 PLC 内部可以多次重复使用，而且还可获得其常开、常闭、延时等各种形式的触点。因此、信号输入器件只要有一个触点即可。输出器件，应尽量选取相同电源电压的器件，并尽可能选取工作电流较小的器件。显示器件应尽量选取 LED 器件，其寿命较长，而且工作电流较小。对于选择机床输入设备（按钮、操作开关、限位开关、传感器等）、输出设备（继电器、接触器、信号灯等执行元件）以及由输出设备驱动的控制对象（电动机、电磁阀等），由于这些设备属于一般的低压电气元（器）件，其选择的方法已在有关书中作了详细介绍，这里就不再赘述。

2）设计机床 PLC 控制系统主回路。应根据机床执行机构是否需要正、反向动作，是否需要高低速等要求，设计控制系统的主回路。

3）PLC 的选择。PLC 是 PLC 控制系统的核心部件，正确选择 PLC 对保证整个控制系统的技术、经济指标将起着重要的决定性作用。选择 PLC，主要包括机型、容量的选择以及 I/O 模块、电源模块等的选择，应根据输入、输出信号的数量，输入、输出信号的空间分布情况，程序容量的大致情况，具有的特殊功能等选择 PLC。

4）进行 I/O 分配，绘制 PLC 的 I/O 接口实际接线图。

5）控制程序设计，包括控制系统流程图、状态转移图、梯形图、语句表（即指令字程序清单）等设计。控制程序是控制整个机床系统工作的软件，是保证机床系统工作正常、安全、可靠的关键。设计出的 PLC 控制程序，应利用输入信号开关板进行模拟调试，检查硬件设计是否完整、正确，软件是否能满足工艺要求。因此，设计的机床控制程序必须经过反复调试、修改，直到满足机床生产工艺要求为止。

6) 必要时还要设计机床控制台（柜）等。在控制台中，强电和弱电控制信号应尽可能地隔离和屏蔽，防止强电磁干扰影响 PLC 的正常运行。

7) 编制机床 PLC 控制系统的技术文件，包括设计说明书、电气图及电气元件明细表、软件程序清单等。传统的电气图，一般包括电气原理图、电器布置图及电气安装图。在 PLC 控制系统中，这一部分图统称为"硬件图"。由于它在传统电气图的基础上增加了 PLC 部分，因此在电气图中应增加 PLC I/O 接口的实际接线图。

另外，在机床 PLC 控制系统的电气图中还应包括控制程序图（梯形图），通常称它为"软件图"。向机床用户提供"软件图"，可便于机床用户在生产发展或工艺改进时修改程序，并有利于机床用户在维护或维修时分析和排除故障。

1.6.2 机床电气 PLC 控制系统设计的一般步骤

对控制任务的分析和软件的编制，是 PLC 控制系统设计的两个关键环节。通过对控制任务的分析，确定 PLC 控制系统的硬件构成和软件工作过程；通过软件的编制，实现被控对象的动作关系。PLC 控制系统设计的一般步骤如图 1-12 所示。

1) 对控制任务进行分析，对较复杂的控制任务进行分块，划分成几个相对独立的子任务，以减小系统规模、分散故障。如根据机床生产的工艺过程分析控制要求，了解需要完成的动作（动作顺序、动作条件、必须的保护和联锁等）、操作方式（手动、自动、连续、单周期、单步等）。

2) 分析各个子任务中执行机构的动作过程。通过对各个子任务执行机构动作过程的分析，画出动作逻辑关系图，列出输入信号和输出信号，列出要实现的非逻辑功能。对于输入信号，每个按钮、限位开关、开关式传感器等作为输入信号占用一个输入点，接触器的辅助触点不需要输入 PLC，故不作为输入信号。对于输出信号，每个输出执行器件，如接触器、电磁阀、电铃等，均作为输出信号占用一个输出点。对于状态显示，如果是输

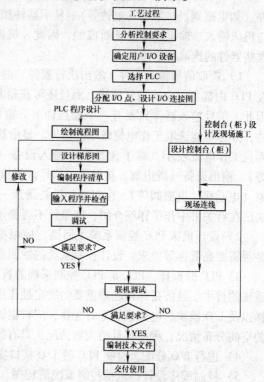

图 1-12　机床 PLC 控制系统设计步骤

出执行器件的动作显示，可与输出执行器件共用输出点，不再作为新的输出信号；如果是非动作显示，如"运行"、"停止"、"故障"等指示，应作为单独输出信号占用输出点。

3）根据控制要求确定所需要的输入、输出设备，据此确定 PLC 的 I/O 接点数。

4）根据输入、输出信号的数量，要实现的非逻辑功能，输入、输出信号的空间分布情况，选择 PLC。

5）根据 PLC 型号，选择信号输入器件、输出执行器件和显示器件等。

6）进行输入输出（I/O）分配，绘出控制系统硬件原理图，设计控制系统的主电路。

7）利用输入信号开关板模拟现场输入信号，根据动作逻辑关系图编制 PLC 程序，进行模拟调试。

8）进行控制台（柜）的设计和现场施工。

9）进行现场调试，对工作过程中可能出现的各种故障进行模拟，考察 PLC 程序的完整性和可靠性。

10）编制系统设计说明书和使用维护维修说明书等技术文件。

11）经试生产后竣工验收，交付使用。

总结机床电气 PLC 编程的步骤与内容可归纳为以下主要几点：

1）选择 PLC，分配好 I/O，完成 PLC 控制的硬件电路实际接线图。

2）对于较复杂的控制系统，可首先绘制出系统控制流程图或状态转移图，用图示方法清楚地表明动作的顺序和条件。对于简单的控制系统，可省去这一步。

3）设计梯形图。这是程序设计的关键一步，也是比较困难的一步。要设计好梯形图，首先要十分熟悉机床的控制要求，同时还要有一定的电气设计的实践经验。

4）将梯形图或根据梯形图编制的程序清单写入 PLC 中进行程序试运行和系统试运行。

5）待控制台（柜）设计及现场施上完成后，进行联机调试。如不满足要求，再修改程序或检查接线，直到满足要求为止。

第2章　机床电气 PLC 编程应用基础

可编程序控制器（PLC），是近几十年才形成和发展起来的一种新型工业用控制装置。它可以完全取代机床传统的电气控制（继电器-接触器）系统，实现机床的逻辑控制、顺序控制、定时、计数以及算术运算等各种操作功能，大型高档 PLC 还能像微型计算机那样进行数字运算、数据处理、数字控制、模拟量调节以及联网通信等。它具有通用性强、可靠性高、指令系统简单、编程简便易学、易于掌握、体积小、维修工作量少、现场连接方便、便捷联网通信等一系列显著优点，已广泛应用于机床、机械制造、冶金、采矿、建材、石油、化工、汽车、电力、造纸、纺织、装卸、环境保护等各行各业。在自动化领域，PLC 与数控机床、工业机器人、CAD/CAM 并称为现代工业技术的四大支柱，尤其在机械加工、机床控制中的应用更是越来越广泛，已成为改造和研发现代机床等机电一体化产品最理想的首选控制器，其应用的深度和广度也代表了一个国家工业现代化的先进程度。要进行机床电气 PLC 编程，必须首先熟练掌握机床中常用 PLC 的硬/软件资源，它是机床电气 PLC 编程应用的根基。

机床中常用 PLC 的种类繁多，发展迅猛。要使用某种机型的 PLC，就必需具体掌握要使用的那种机型 PLC 的硬、软件资源。鉴于目前机床中常用 PLC 的种类太多，不可能都能一一熟练掌握。因此，通常的做法是首先熟练精通掌握一两种最常用典型机型 PLC 的硬、软件资源及其开发应用方法。当改用其他机型 PLC 时，再利用他们之间的大同小异，对应移植过去即可。本章将重点选择并给出几种常用典型机型 PLC 的硬、软件资源的列表，供使用中选择。

2.1　日本三菱公司 FX_{2N} 系列 PLC 的硬、软件资源

日本三菱公司的 F 系列 PLC 在中国引进最早，应用也最广泛。近年来又推出 FX 系列 PLC，其中高性能小型 PLC 就有 FX_1、FX_2、FX_{2C} 系列，微型 PLC 主要有 FX_0、FX_{0S}、FX_{0N} 和 FX_{2N} 系列。FX_{2N} 系列 PLC 是 FX 中运算速度最快、功能最强、配置最灵活、功能模块最多的微型 PLC。本节将给出日本三菱公司最典型最有代表性的 FX_{2N} 系列 PLC 的硬、软件资源。

2.1.1　日本三菱公司 FX_{2N} 系列 PLC 的硬件资源列表

1. FX_{2N} 系列 PLC 的基本单元和扩展单元

1）FX_{2N} 系列 PLC 的基本单元种类共有 16 种，见表 2-1。

2）FX_{2N} 系列的扩展单元种类共有 4 种，见表 2-2。

表 2-1 FX$_{2N}$ 系列 PLC 基本单元种类

FX$_{2N}$ 系列基本单元			输入点数	输出点数	输入输出总点数
AD 电源 DC 输入					
继电器输出	晶闸管输出	晶体管输出			
FX$_{2N}$-16MR-001		FX$_{2N}$-16MT-001	8	8	16
FX$_{2N}$-32MR-001	FX$_{2N}$-32MS-001	FX$_{2N}$-32MT-001	16	16	32
FX$_{2N}$-48MR-001	FX$_{2N}$-48MS-001	FX$_{2N}$-48MT-001	24	24	48
FX$_{2N}$-64MR-001	FX$_{2N}$-64MS-001	FX$_{2N}$-64MT-001	32	32	64
FX$_{2N}$-80MR-001	FX$_{2N}$-80MS-001	FX$_{2N}$-80MT-001	40	40	80
FX$_{2N}$-128MR-001		FX$_{2N}$-128MT-001	64	64	128

表 2-2 FX$_{2N}$ 系列 PLC 扩展单元种类

FX$_{2N}$ 系列扩展单元			输入点数	输出点数	输入输出总点数
AD 电源 DC 输入					
继电器输出	晶闸管输出	晶体管输出			
FX$_{2N}$-32ER	—	FX$_{2N}$-32ET	16	16	32
FX$_{2N}$-48ER	—	FX$_{2N}$-48ET	24	24	48

2. FX$_{2N}$ 系列 PLC 的特殊模块

FX$_{2N}$ 系列 PLC 的特殊模块目前已有四大类，共计 13 种，见表 2-3。应随时注意收集新增特殊模块的发布信息，以方便使用中选购。

表 2-3 FX$_{2N}$ 系列 PLC 的特殊模块

分 类	型 号	名 称	占有点数	耗电量/DC5V
模拟量控制模块	FX$_{2N}$-4AD	4CH 模拟量输入（4 路）	8	30mA
	FX$_{2N}$-4DA	4CH 模拟量输出（4 路）	8	30mA
	FX$_{2N}$-4AD-PT	4CH 温度传感器输入	8	30mA
	FX$_{2N}$-4AD-TC	4CH 热电偶温度传感器输入	8	30mA
位置控制模块	FX$_{2N}$-1HC	50kHz2 相高速计数器	8	90mA
	FX$_{2N}$-1PG	100Kpps 高速脉冲输出	8	55mA
计算机通信模块	FX$_{2N}$-232-IF	RS232 通信接口	8	40mA
	FX$_{2N}$-232-BD	RS232 通信接板	—	20mA
	FX$_{2N}$-422-BD	RS422 通信接板	—	60mA
	FX$_{2N}$-485-BD	RS485 通信接板	—	60mA
特殊功能板	FX$_{2N}$-CNV-BD	与 FX$_{0N}$ 用适配器接板	—	—
	FX$_{2N}$-8AV-BD	容量适配器接板	—	20mA
	FX$_{2N}$-CNV-IF	与 FX$_{0N}$ 用接口板	8	15mA

3. FX$_{2N}$ 系列 PLC 的八大编程器件地址分配及硬件性能指标

FX$_{2N}$ 系列 PLC 的八大编程器件及其地址分配见表 2-4。其硬件性能指标包括一般技术指标、输入技术指标、输出技术指标、电源技术指标等，分别见表 2-5 ～ 表 2-8。使用中必须符合这些性能指标。

表 2-4　八大编程器件及其地址分配

	$FX_{2N}\sim16M$	$FX_{2N}\sim32M$	$FX_{2N}\sim48M$	$FX_{2N}\sim64M$	$FX_{2N}\sim80M$	$FX_{2N}\sim128M$	$FX_{2N}\sim256M$（最大可扩展）	
输入继电器 X	X000～X007 8点	X000～X017 16点	X000～X027 24点	X000～X037 32点	X000～X047 40点	X000～X077 64点	X000～X267（184点）	输入输出总量为256点
输出继电器 Y	X000～X007 8点	X000～X017 16点	X000～X027 24点	X000～X037 32点	X000～X047 40点	X000～X077 64点	X000～X267（184点）	
辅助继电器 M	M0～M499 500点 一般用①		【M500～M1023】524点 保持用②		【M1024～M3071】2048点 保持用③		M8000～M8255 256点④ 特殊用	
状态 S	S0～S499 500点一般用① 初始化用 S0～S9 原点回归用 S10～S19		【S500～S899】400点 保持用②		【S900～S999】100点 信号报警用②			
定时器 T	T0～T199 200点 100ms 子程序用… T192～T199		T200～T245 46点 10ms		【T246～T249】4点 1ms 累积③		【T250～T255】6点 100ms 累积③	
计数器 C	16位增量计数		32位可逆		32位高速可逆计数器最大6点			
	C0～C99 100点 一般用①	【C100～C199】100点 保持用②	【C200～C219】20点 一般用②	【C220～C234】15点 保持用②	【C235～C245】1相1输入②	【C246～C250】1相2输入②	【C251～C255】2相输入②	
数据寄存器 D、V、Z	D0～D199 200点 一般用①	【D200～D511】312点保持用②	【D512～D7999】7488点 保持用③ 文件用… D1000以后可设定作为文件寄存器使用		D8000～D8195 256点③ 特殊用		V7～V0 Z7～Z0 16点 变址用①	
嵌套指针	N0～N7 8点 主控用	P0～P127 128点 跳跃,子程序用,分支式指针	100*～150* 6点 输入中断用指针		16**～18** 3点 定时器中断用指针		1010～1060 6点 计数器中断用指针	
常数 K	16位 −32768～32767				32位 −2147483648～2147483647			
常数 H	16位 0～FFFFH				32位 0～FFFFFFFFH			

注：【　】内的软元件为停电保持领域。

① 非停电保持领域。根据设定的参数，可变更停电保持领域。

② 停电保持领域。根据设定的参数，可变更非停电保持领域。

③ 固定的停电保持领域。不可变更领域的特性。

④ 不同系列的对应功能请参照特殊软元件一览表。

表 2-5　一般技术指标

环境温度	使用温度 0 ~ 55℃,储存温度 –20 ~ 70℃	
环境湿度	使用时 35% ~ 85% RH(无凝露)	
抗振性能	JIS C0911 标准,10 ~ 55Hz,0.55mm(最大 2G),3 轴方向各 2h(用 DIN 导轨安装时 0.5G)	
抗冲击性	JIS C0912 标准,10G,3 轴方向各 3 次	
抗干扰性	用噪声模拟器生产电压为 1000V_{p-p},脉冲宽度为 1μs,频率为 30 ~ 100Hz 的噪声	
绝缘耐压	AC1500V,1min	所有端子与接地端之间
绝缘电阻	5MΩ 以上(DC500V 兆欧表)	
接地	第三种接地,不能接地时也可以浮空	
使用环境	无腐蚀性气体,无可燃性气体,无导电性尘埃	

表 2-6　输入技术指标

型号	FX_{2N} 的 X0 ~ X7	FX_{2N} 的 X10 ~
输入信号电压	DC24V	
输入信号电流	7mA/DC24V	5mA/DC24V
输入阻抗	3.3kΩ	4.3kΩ
输入接通电流	4.5mA 以上	3.5mA 以上
输入断开电流	1.5mA 以下	1.5mA 以下
输入响应时间	约 10ms,但 FX_{2N} 的 X0 ~ X7 为 0 ~ 60ms 可变	
输入信号形式	无电压触点或 NPN 集电极开路输出晶体管	
电路隔离	光电耦合器隔离	
输入状态显示	输入接通时 LED 亮	

表 2-7　输出技术指标

项目		继电器输出	可控硅输出	晶体管输出
外部电源		AC250V 或 DC30V 以下(需外部整流二极管)	AC85 ~ 240V	DC5 ~ 30V
最大负载	电阻负载	2A/1 点、8A/4 点、8A/8 点	0.3A/1 点、0.8A/4 点	0.5A/1 点、0.8A/4 点
	感性负载	80VA	15VA/AC100V	12W/DC24V
	灯负载	100W	30W	1.5W/DC24V
开路漏电流		—	1mA/AC100V,2mA/AC200V	0.1ms
响应时间		约 10ms	ON 时:1ms OFF 时:10ms	ON 时:<0.2ms OFF 时:<0.2ms 大电流时:<0.4ms
电路隔离		继电器隔离	光控可控硅隔离	光电耦合器隔离
输出状态显示		继电器通电时 LED 亮	光控可控硅驱动时 LED 亮	光电耦合器驱动时 LED 亮

表 2-8 电源技术指标

项目 型号	电源电压	允许瞬时断电时间	电源熔断器	消耗功率	传感器电流
FX$_{2N}$-16M				35VA	
FX$_{2N}$-16E			250V 3.15A(3A) ϕ5mm×20mm	30VA	DC24V 250mA 以下
FX$_{2N}$-32M				40VA	
FX$_{2N}$-32E	AC100~240V +10% -15% 50/60Hz	瞬间断电时间在 10ms 继续工作		35VA	
FX$_{2N}$-48M				50VA	
FX$_{2N}$-48E				45VA	
FX$_{2N}$-64M			250V 5A ϕ5mm×20mm	60VA	C24V 460mA 以下
FX$_{2N}$-80M				70VA	
FX$_{2N}$-128M				100VA	

2.1.2 日本三菱公司 FX$_{2N}$系列 PLC 的软件资源列表

1. FX$_{2N}$系列 PLC 的主要编程软器件性能列表

FX 系列 PLC 的软件性能指标包括运行方式、运算速度、程序容量、编程语言、指令的类型和数量以及编程器件的种类和数量等。表 2-9 给出了 FX$_{2N}$系列 PLC 的主要编程软件性能指标，供使用时参照。

表 2-9 FX$_{2N}$系列 PLC 的主要编程软器件性能

项　目		规　格	
运算控制方式		通过储存的程序反复周期运算(专用 LSI)	
I/O 控制方式		批处理方式(在执行 END 指令时)，但有 I/O 刷新指令，中断输入处理	
用户编程语言		梯形图、指令表、顺序功能图	
用户程序容量		内置 8K 步 RAM，使用存储器卡盒可扩展到 16K 步 RAM、EEPROM 或 EPROM	
运算速度	基本指令	0.08μs/条	
	功能指令	1.52~数百 μs/条	
指令数目	基本指令	27 条	
	步进指令	2 条	
	功能指令	13 类 246 条	
输入继电器(X 线圈)		X0~X267　　　(184 点)	输入/输出总共 256 点
输出继电器(Y 线圈)		Y0~Y267　　　(184 点)	
辅助继电器 (M 线圈)	一般	M0~M499	500 点
	保持	M500~M3071	2572 点
	特殊	M8000~M8255	256 点

（续）

项　目			规　格	
状态继电器 （S 线圈）	初始		S0 ~ S9	10 点
	一般		S10 ~ S499	490 点
	保持		S500 ~ S899	400 点
	报警		S900 ~ S999	100 点
定时器 （T）	通用	100ms	T0 ~ T199	200 点　　范围:0 ~ 3276.7s
		10ms	T200 ~ T245	46 点　　范围:0 ~ 327.67s
		1ms		
	积算	1ms	T246 ~ T249	4 点　　范围:0 ~ 32.767s
		100ms	T250 ~ T255	6 点　　范围:0 ~ 3276.7s
	模拟定时器			
计数器 （C）	加计数	一般	C0 ~ C99	100 点　　范围:1 ~ 32767 数　16 位
		保持	C100 ~ C199	100 点　　范围:1 ~ 32767 数　16 位
	加减计数	一般	C200 ~ C219	20 点　　范围: -2147483648 ~
		保持	C220 ~ C234	15 点　　+2147483647 数 32 位
	高速	单相无启动/复位	C235 ~ C240	6 点
		单相带启动/复位	C241 ~ C245	5 点　　32 位加/减计数器
		双相	C246 ~ C250	5 点　　双相 60kHz 2 点、10kHz 4 点 双相 30kHz 1 点、5kHz 1 点
		A-B 相	C251 ~ C255	5 点
数据寄存器 （D）	一般		D0 ~ D199	200 点
	保持		D200 ~ D7999	7800 点
	特殊		D8000 ~ D8255	256 点　　每个数据寄存器均为 16 位 两个数据寄存器合并为 32 位
	文件		D1000 ~ D7999	7000 点
	变址		V0 ~ V7、Z0 ~ Z7	16 点
指针（P/I）	转移用		P0 ~ P127	128 点
	中断用		I0□□ ~ I8□□	15 点:6 点输入、3 点定时器、6 点计数器
嵌套层次			N0 ~ N7	8 点
常数	十进制 K		16 位: -32768 ~ +32767	32 位: -2147483648 ~ +2147483647
	十六进制 H		16 位:0000 ~ FFFF	32 位:00000000 ~ FFFFFFFF
	浮点		32 位: $\pm 1.175 \times 10^{-38}$；$\pm 3.403 \times 10^{38}$（不能直接输入）	

2. FX₂ₙ系列 PLC 的 27 条基本逻辑指令和 2 条步进梯形指令列表（共计 29 条）

FX₂ₙ有基本（顺控）指令 27 条，步进指令 2 条，共计 29 条。FX₂ₙ系列 PLC 最常用的基本编程语言主要是梯形图和指令表。指令表由指令集合而成，且和梯形图有严格的对应关系。梯形图是用图形符号及图形符号间的相互关系来表达控制思想的一种图形程序，而指令表则是图形符号及它们之间关联的语句表述。FX₂ₙ的基本指令见表 2-10，步进指令见表 2-11。

表 2-10　FX₂ₙ的基本（顺控）指令（27 条）

助记符、名称	功能	回路表示和可用软元件	助记符、名称	功能	回路表示和可用软元件
[LD]取	运算开始 a 触点	XYMSTC	[ORP]或脉冲上升沿	脉冲上升沿检出并联连接	XYMSTC
[LDI]取反转	运算开始 b 触点	XYMSTC	[ORF]或脉冲下降沿	脉冲下降沿检出并联连接	XYMSTC
[LDP]取脉冲上升沿	上升沿检出运算开始	XYMSTC	[INV]反转	运算结果的反转	INV
[LDF]取脉冲下降沿	下降沿检出运算开始	XYMSTC	[ANB]回路块与	并联电路块的串联连接	
[AND]与	串联 a 触点	XYMSTC	[ORB]回路块或	串联电路块的并联连接	
[ANI]与反转	串联 b 触点	XYMSTC	[OUT]输出	线圈驱动指令	YMSTC
[ANDP]与脉冲上升沿	上升沿检出串联连接	XYMSTC	[SET]置位	线圈接通保持指令	SET YMS
[ANDF]与脉冲下降沿	下降沿检出串联连接	XYMSTC	[RST]复位	线圈接通清除指令	RST YMSTCD
[OR]或	并联 a 触点	XYMSTC	[PLS]脉冲	上升沿检出指令	PLS YM
[ORI]或反转	并联 b 触点	XYMSTC	[PLF]下降沿脉冲	下降沿检出指令	PLF YM
			[MC]主控	公共串联点的连接线圈指令	MC N YM

（续）

助记符、名称	功能	回路表示及可用软元件	助记符、名称	功能	回路表示及可用软元件
[MCR] 主控复位	公共串联点的清除指令	┤├──[MCR　N]──	[NOP] 空操作	无动作	或清除流程程序
[MPS] 进栈	运算存储		[END] 结束	顺控程序结束	顺控程序结束回到"0"
[MRD] 读栈	堆栈读出	MPS MRD MPP			
[MPP] 出栈	存储读出与复位				

注：1. a 触点指常开（动合）触点。

　　2. b 触点指常闭（动断）触点，以下类同。

表 2-11　FX$_{2N}$ 的步进指令

指令助记符、名称	功　能	步进梯形图的表示	程序步
STL 步进接点指令	步进接点驱动	┤H├── S ──○	1
RET 步进返回指令	步进程序结束返回	──[RET]	1

3. FX$_{2N}$ 系列 PLC 的应用（功能）指令列表（13 大类 246 条）

由于 PLC 是由取代继电器开始产生、发展的，且早期的 PLC 多用于顺序控制，于是人们习惯于把 PLC 看作是继电器、定时器、计数器的集合，把 PLC 的作用局限地等同于"继-接"控制系统、顺控器等。其实，PLC 就是工业控制计算机。PLC 系统具有一切计算机控制系统的功能，大型的 PLC 系统就是当代最先进的计算机控制系统。

小型的 PLC 由于运算速度和存储容量的限制，功能自然稍弱。但为了使 PLC 在其基本逻辑功能、顺序步进功能之外具有更进一步的特殊功能，以尽可能多地满足 PLC 用户的特殊要求，从 20 世纪 80 年代开始，PLC 制造商就逐步地在小型 PLC 中加入了一些功能指令或称为应用指令。这些功能指令实际上就是一个个功能不同的子程序。随着芯片技术的不断发展，小型 PLC 的运算速度、存储量不断增加，其功能指令的功能也越来越强。许多工程技术人员梦寐以求甚至以前不敢想象的功能，通过功能指令就成为极容易实现的现实，从而大大提高了 PLC 的实用价值。

一般来说功能指令可以分为以下几类：1）程序流控制；2）传送与比较；3）算术与逻辑运算；4）移位与循环移位；5）数据处理；6）高速处理；7）方便命令；8）外部输入/输出处理；9）外部设备通信；10）浮点数运算指令；11）时钟运算指令；12）变换指令；13）触点型比较指令等。熟练掌握基本逻辑指令、顺序步进指令后，再掌握功能指令，编起程序来就会变化无穷，随心所欲，得心应手。

功能指令通常采用计算机通用的助记符 + 操作数（元件）方式，稍有计算机及 PLC 知识的人极易明白其功能。例如：

其涵义是：当执行条件 M100 为 ON 时，把源常数 K L23 送到目标元件 D500。

但有些功能指令本身较为复杂，涉及的操作数可能会较多，不能像上例一样一目了然，需要读者在使用中逐步理解、掌握。FX$_{2N}$ 系列 PLC 的应用（功能）指令共有 13 大类 246 条，其列表见表 2-12，供使用中参照。

表 2-12　FX$_{2N}$ 系列 PLC 的部分常用功能指令列表

分类	FNC 编号	指令符号	32 位指令	脉冲指令	功　　能	FX$_{0S}$	FX$_0$	FX$_{0N}$	FX$_2$	FX$_{2N}$ FX$_{2C}$
程序流向控制指令	00	CJ	×	✓	条件跳转	✓	✓	✓	✓	✓
	01	CALL	×	✓	调用子程序	×	×	×	✓	✓
	02	SRET	×	×	子程序返回	×	×	×	✓	✓
	03	IRET	×	×	中断返回	✓	✓	✓	✓	✓
	04	EI	×	×	允许中断	✓	✓	✓	✓	✓
	05	DI	×	×	禁止中断	✓	✓	✓	✓	✓
	06	FEND	×	×	主程序结束	✓	✓	✓	✓	✓
	07	WDT	×	✓	监控定时器刷新	✓	✓	✓	✓	✓
	08	FOR	×	×	循环开始	✓	✓	✓	✓	✓
	09	NEXT	×	×	循环结束	✓	✓	✓	✓	✓
数据比较和传送指令	10	CMP	✓	✓	比较	✓	✓	✓	✓	✓
	11	ZCP	✓	✓	区间比较	✓	✓	✓	✓	✓
	12	MOV	✓	✓	传送	✓	✓	✓	✓	✓
	13	SMOV	×	✓	BCD 码移位传送	×	×	×	✓	✓
	14	CML	✓	✓	取反传送	×	×	×	✓	✓
	15	BMOV	×	✓	成批传送	×	×	✓	✓	✓
	16	FMOV	✓	✓	多点传送	×	×	×	✓	✓
	17	XCH	✓	✓	数据交换	×	×	×	✓	✓
	18	BCD	✓	✓	BCD 变换	✓	✓	✓	✓	✓
	19	BIN	✓	✓	BIN 变换	✓	✓	✓	✓	✓
算术运算与字逻辑运算指令	20	ADD	✓	✓	BIN 加法	✓	✓	✓	✓	✓
	21	SUB	✓	✓	BIN 减法	✓	✓	✓	✓	✓
	22	MUL	✓	✓	BIN 乘法	✓	✓	✓	✓	✓
	23	DIV	✓	✓	BIN 除法	✓	✓	✓	✓	✓
	24	INC	✓	✓	BIN 加 1	✓	✓	✓	✓	✓
	25	DEC	✓	✓	BIN 减 1	✓	✓	✓	✓	✓
	26	WAND	✓	✓	字逻辑与	✓	✓	✓	✓	✓
	27	WOR	✓	✓	字逻辑或	✓	✓	✓	✓	✓
	28	WXOR	✓	✓	字逻辑异或	✓	✓	✓	✓	✓
	29	NEG	✓	✓	求二进制补码	×	×	×	✓	✓

（续）

分类	FNC编号	指令符号	32位指令	脉冲指令	功能	FX0S	FX0	FX0N	FX2	FX2N FX2C
循环移位与移位指令	30	ROR	✓	✓	右循环	×	×	×	✓	✓
	31	ROL	✓	✓	左循环	×	×	×	✓	✓
	32	RCR	✓	✓	带进位右循环	×	×	×	✓	✓
	33	RCL	✓	✓	带进位左循环	×	×	×	✓	✓
	34	SFTR	×	✓	位右移	✓	✓	✓	✓	✓
	35	SFTL	×	✓	位左移	✓	✓	✓	✓	✓
	36	WSFR	×	✓	字右移	×	×	×	✓	✓
	37	WSFL	×	✓	字左移	×	×	×	✓	✓
	38	SFWR	×	✓	先入先出写入	×	×	×	✓	✓
	39	SFRD	×	✓	先入先出读出	×	×	×	✓	✓
数据处理指令	40	ZRST	×	✓	成批复位	×	✓	✓	✓	✓
	41	DECO	×	✓	解码	×	✓	✓	✓	✓
	42	ENCO	×	✓	编码	×	✓	✓	✓	✓
	43	SUM	✓	✓	置 ON 位总数	×	×	×	✓	✓
	44	BON	✓	✓	ON 位判别	×	×	×	✓	✓
	45	MEAN	✓	✓	平均值计算	×	×	×	✓	✓
	46	ANS	×	×	信号报警器置位	×	×	×	✓	✓
	47	ANR	×	✓	信号报警器复位	×	×	×	✓	✓
	48	SQR	✓	✓	平方根计算	×	×	×	✓	✓
	49	FLT	✓	✓	BIN 整数→BIN 浮点数转换	×	×	×	✓	✓
高速处理指令	50	REF	×	✓	输入输出刷新	✓	✓	✓	✓	✓
	51	REFF	×	✓	输入滤波器时间常数调整	×	×	×	✓	✓
	52	MTR	×	×	矩阵输入	✓	✓	✓	×	✓
	53	HSCS	✓	×	高速计数器比较置位	✓	✓	✓	✓	✓
	54	HSCR	✓	×	高速计数器比较复位	✓	✓	✓	✓	✓
	55	HSZ	✓	×	高速计数器区间比较	×	×	×	✓	✓
	56	SPD	×	×	速度测量	×	×	×	✓	✓
	57	PLSY	✓	×	脉冲输出 *	✓	✓	✓	✓	✓
	58	PWM	×	×	脉冲宽度调制 *	✓	✓	✓	✓	✓
	59	PLSR	✓	×	可调速脉冲输出	×		×		✓

（续）

分类	FNC 编号	指令符号	32位指令	脉冲指令	功　能	FX$_{0S}$	FX$_0$	FX$_{0N}$	FX$_2$	FX$_{2N}$ FX$_{2C}$
方便指令	60	IST	×	×	状态初始化*	✓	✓	✓	✓	✓
	61	SER	✓	✓	数据搜索	×	×	×	✓	✓
	62	ABSD	✓	×	绝对式凸轮顺控*	×	×	×	✓	✓
	63	INCD	×	×	增量式凸轮顺控*	×	×	×	✓	✓
	64	TTMR	×	×	示教定时器	×	×	×	✓	✓
	65	STMR	×	×	特殊定时器	×	×	×	✓	✓
	66	ALT	×	✓	交替输出	✓	✓	✓	✓	✓
	67	RAMP	×	×	斜坡信号输出	✓	✓	✓	✓	✓
	68	ROTC	×	×	旋转台控制	×	×	×	✓	✓
	69	SORT	×	×	数控排序	×	×	×	✓	✓
外部I／O设备指令	70	TKY	✓	×	10 键输入*	×	×	×	✓	✓
	71	HKY	✓	×	16 键输入*	×	×	×	✓	✓
	72	DSW	×	×	数字开关输入★	×	×	×	✓	✓
	73	SEGD	×	✓	7 段译码	×	×	×	✓	✓
	74	SEGL	×	×	带锁存的7段显示★	×	×	×	✓	✓
	75	ARWS	×	×	方向开关*	×	×	×	✓	✓
	76	ASC	×	×	ASCII 码转换	×	×	×	✓	✓
	77	PR	×	×	ASCII 码打印输出*	×	×	×	✓	✓
	78	FROM	✓	✓	从特殊功能模块读出	×	×	×	✓	✓
	79	TO	✓	✓	向特殊功能模块写入	×	×	×	✓	✓
外部设备SER指令	80	RS	×	×	RS-232C 串行数据通信	×	×	×	✓	✓
	81	PRUN	✓	✓	并行通信	×	×	×	✓	✓
	82	ASCI	×	✓	HEX→ASCII 码变换	×	×	×	✓	✓
	83	HEX	×	✓	ASCII 码→HEX 变换	×	×	×	✓	✓
	84	CCD	×	✓	校验码	×	×	×	✓	✓
	85	VRRD	×	✓	模拟量功能扩展板读出	×	×	×	✓	✓
	86	VRSC	×	✓	模拟量功能扩展板开关设定	×	×	×	✓	✓
	87									
	88	PID	×	✓	PID 回路运算	×	×	×	✓	✓
	89									

（续）

分类	FNC编号	指令符号	32位指令	脉冲指令	功　能	FX$_{0S}$	FX$_0$	FX$_{0N}$	FX$_2$	FX$_{2N}$ FX$_{2C}$
浮点数运算指令	110	ECMP	✓	✓	二进制浮点数比较	×	×	×		✓
	111	EZCP	✓	✓	二进制浮点数区间比较	×	×	×		✓
	118	EBCD	✓	✓	二进制浮点数→十进制浮点数	×	×	×		✓
	119	EBIN	✓	✓	十进制浮点数→二进制浮点数	×	×	×		✓
	120	EADD	✓	✓	二进制浮点数加法	×	×	×		✓
	121	ESUB	✓	✓	二进制浮点数减法	×	×	×		✓
	122	EMUL	✓	✓	二进制浮点数乘法	×	×	×		✓
	123	EDIV	✓	✓	二进制浮点数除法	×	×	×		✓
	127	ESQR	✓	✓	二进制浮点数开平方	×	×	×		✓
	129	INT	✓	✓	二进制浮点数→二进制整数	×	×	×		✓
	130	SIN	✓	✓	二进制浮点数正弦函数	×	×	×		✓
	131	COS	✓	✓	二进制浮点数余弦函数	×	×	×		✓
	132	TAN	✓	✓	二进制浮点数正切函数	×	×	×		✓
	147	SWP	✓	✓	高低字节交换	×	×	×		✓
时钟运算指令	160	TCMP	×	✓	时钟数据比较	×	×	×		✓
	161	TZCP	×	✓	时钟数据区间比较	×	×	×		✓
	162	TADD	×	✓	时钟数据加法	×	×	×		✓
	163	TSUB	×	✓	时钟数据减法	×	×	×		✓
	166	TRD	×	✓	时钟数据读出	×	×	×		✓
	167	TWR	×	✓	时钟数据写入	×	×	×		✓
变换指令	170	GRY	✓	✓	二进制→格雷码	×	×	×		✓
	171	GBIN	✓	✓	格雷码→二进制	×	×	×		✓
触点型比较指令	224	LD =	✓	×	（S1）=（S2）时运算开始的触点接通	×	×	×		✓
	225	LD >	✓	×	（S1）>（S2）时运算开始的触点接通	×	×	×		✓
	226	LD <	✓	×	（S1）<（S2）时运算开始的触点接通	×	×	×		✓
	228	LD < >	✓	×	（S1）≠（S2）时运算开始的触点接通	×	×	×		✓
	229	LD ≤	✓	×	（S1）≤（S2）时运算开始的触点接通	×	×	×		✓
	230	LD ≥	✓	×	（S1）≥（S2）时运算开始的触点接通	×	×	×		✓
	232	AND =	✓	×	（S1）=（S2）时串联触点接通	×	×	×		✓
	233	AND >	✓	×	（S1）>（S2）时串联触点接通	×	×	×		✓
	234	AND <	✓	×	（S1）<（S2）时串联触点接通	×	×	×		✓

（续）

分类	FNC 编号	指令 符号	32 位 指令	脉冲 指令	功　能	FX_{0S}	FX₀	FX_{0N}	FX₂	FX_{2N} FX_{2C}
触点型比较指令	236	AND < >	✓	×	（S1）≠（S2）时串联触点接通	×	×	×		✓
	237	AND≤	✓	×	（S1）≤（S2）时串联触点接通	×	×	×		✓
	238	AND≥	✓	×	（S1）≥（S2）时串联触点接通	×	×	×		✓
	240	OR =	✓	×	（S1）=（S2）时并联触点接通	×	×	×		✓
	241	OR >	✓	×	（S1）>（S2）时并联触点接通	×	×	×		✓
	242	OR <	✓	×	（S1）<（S2）时并联触点接通	×	×	×		✓
	244	OR < >	✓	×	（S1）≠（S2）时并联触点接通	×	×	×		✓
	245	OR≤	✓	×	（S1）≤（S2）时并联触点接通	×	×	×		✓
	246	OR≥	✓	×	（S1）≥（S2）时并联触点接通	×	×	×		✓

注："×"表示不可以使用该功能指令，"√"表示可以使用该功能指令，＊表示程序中可使用 1 次，★
表示程序中可使用两次。FX₀、FX_{0N}系列中无脉冲执行指令。

2.2　德国西门子公司 S7-200 系列 PLC 的硬、软件资源

SIMATIC 控制器包括 SIMATIC M7/C7/WinAC 及 S7 等控制器。SIMATIC S7 PLC 是在 S5 系列 PLC 基础上于 1995 年陆续推出的最新一代控制器。

SIMATIC M7 PLC 系统将 AT 兼容机的性能引入 PLC 或将 PLC 的功能加入计算机中并保持熟悉的编程环境。M7-300 和 M7-400 自动化计算机通过开放硬件和软件平台的方法扩展了 PLC 的功能，它们包括了一个 AT 兼容机，并在实时多任务操作系统 RMOS 支持下工作。M7 总是用于需要高的计算性能、数据管理和显示的场合。目前，西门子公司已经不再推广该产品。

SIMATIC C7 系列的完整系统是由一个 PLC（S7-300）、一个 HIM 操作面板和过程监视系统组成，它将 PLC 与操作面板集成在一起，可使整个控制设备体积更小、价格更优。

WinAC 是一个基于计算机的解决方案，用于各种控制任务（控制、显示、数据处理）都由计算机完成的场合，主要包括 3 种产品：WinAC Basic 是纯软件的解决方案（PLC 作为 Windows NT 的任务），WinAC Pro 是硬件解决方案（PLC 作为 PC 卡），WinAC FI Station Pro 是完全解决方案（SIMATIC PC FI25）。

SIMATIC S7 PLC 主要包括 S7-200 微型 PLC、S7-300 较低性能 PLC、S7-400 中高性能 PLC 和新一代的小型 S7-1200。S7 系列具有模块化、无风扇的结构，已成为由小规模到大规模各种应用的首选产品，可提供完成控制任务既方便又经济的解决方案。

S7-200 PLC 属整体式结构，是具有很高性价比的小型 PLC。其主要特点是：结构紧凑、可靠性高，可以采用梯形图、语句表和功能块等 3 种方式来编程；指令丰富，指令

功能强大，易于掌握，操作方便，无论是独立运行还是连成网络都能实现复杂的控制功能，广泛应用于机床、木材加工、纺织机械、印刷机械、灌装及包装机械、生产性控制、电梯控制、空调控制等场合。本节将给出德国西门子公司最典型最有代表性的 S7-200 系列 PLC 的硬、软件资源列表。

2.2.1　德国西门子公司 S7-200 系列 PLC 的硬件资源列表

1. S7-200 系列 PLC 的基本模块和扩展模块

（1）S7-200 系列 PLC 的基本模块型号　S7-200 PLC 的基本模块型号通过 CPU 模块进行区分，共有 5 种基本规格。每种规格中，根据 PLC 电源的不同，还可以分为 AC 电源输入/继电器输出与 DC 电源输入/晶体管输出两种类型，因此，本系列 PLC 有 10 种不同的基本型号模块可以供用户选用。S7-200 系列 PLC 10 种基本型号模块的型号与订货号之间的关系见表 2-13。

表 2-13　S7-200 系列 PLC 10 种基本型号模块的型号与订货号之间的关系

CPU 型号	订货号	电源与集成 I/O 点
CPU221	6ES7 211-0AA23-0XB0	DC24V 电源，DC24V 输入，DC24V 晶体管输出
	6ES7 211-0BA23-0XB0	AC100～230V 电源，DC24V 输入，继电器输出
CPU222	6ES7 212-1AB23-0XB0	DC24V 电源，DC24V 输入，DC24V 晶体管输出
	6ES7 212-1BB23-0XB0	AC100～230V 电源，DC24V 输入，继电器输出
CPU224	6ES7 214-0AD23-0XB0	DC24V 电源，DC24V 输入，DC24V 晶体管输出
	6ES7 214-0BD23-0XB0	AC100～230V 电源，DC24V 输入，继电器输出
CPU224XP	6ES7 214-2AD23-0XB0	DC24V 电源，DC24V 输入，DC24V 晶体管输出
	6ES7 214-2BD23-0XB0	AC100～230V 电源，DC24V 输入，继电器输出
CPU226	6ES7 216-2AD23-0XB0	DC24V 电源，DC24V 输入，DC24V 晶体管输出
	6ES7 216-2BD23-0XB0	AC100～230V 电源，DC24V 输入，继电器输出

（2）S7-200 系列 PLC 的扩展模块型号　最新 S7-200 PLC（CPU221 除外）可以选用 14 种不同的扩展模块，以增加 PLC 的 I/O 点数或功能。开关量输入/输出扩展模块的型号与规格见表 2-14。

表 2-14　S7-200 PLC 开关量输入/输出扩展模块的型号与规格

型号	名称	主要参数	DC5V 消耗	功耗	订货号
EM221	开关量输入	8 点，DC24V 输入	30mA	1W	6ES7 221-1BF22-0XA0
		8 点，AC120/230V 输入	30mA	3W	6ES7 221-1BF22-0XA0
		16 点，DC24V 输入	70mA	3W	6ES7 221-1BH22-0XA0
EM222	开关量输出	8 点，DC24V/0.75A 输出	50mA	2W	6ES7 222-1BF22-0XA0
		8 点，2A 继电器接点输出	40mA	2W	6ES7 222-1HF22-0XA0

（续）

型号	名称	主要参数	DC5V 消耗	功耗	订货号
EM222	开关量输出	8 点，AC120/230V 输出	110mA	4W	6ES7 222-1EF22-0XA0
		4 点，DC24V/5A 输出	40mA	3W	6ES7 222-1BD22-0XA0
		4 点，10A 继电器接点输出	30mA	4W	6ES7 222-1HD22-0XA0
EM223	开关量输入/ 输出混合 模块	4 输入/4 输出，DC24V	40mA	2W	6ES7 223-1BF22-0XA0
		4 点 DC24V 输入/4 继电器输出	40mA	2W	6ES7 223-1HF22-0XA0
		8 输入/8 输出，DC24V	80mA	3W	6ES7 223-1BH22-0XA0
		8 点 DC24V 输入/8 点继电器输出	80mA	3W	6ES7 223-1PH22-0XA0
		16 输入/16 输出，DC24V	160mA	6W	6ES7 223-1BL22-0XA0
		16 点 DC24V 输入/16 点继电器输出	150mA	6W	6ES7 223-1PL22-0XA0

（3）S7-200 系列 PLC 的特殊功能模块型号

1）模拟量输入/输出扩展模块。S7-200PLC（CPU221 除外）可以通过选用 5 种模拟量 I/O 扩展模块（包括温度测量模块），增加 PLC 的温度、转速、位置等的测量、显示与调节功能。模拟量输入/输出扩展模块的型号与规格见表 2-15。

表 2-15　S7-200 系列模拟量输入/输出扩展模块的型号与规格

型号	名称	主要参数	DC5V 消耗	功耗	订货号
EM231	模拟量输入	4 点，DC0~10V/0~20mA 输入，12 位	20mA	2W	6ES7 231-0HC22-0XA0
		2 点，热电阻输入，16 位	87mA	1.8W	6ES7 231-7PB22-0XA0
		4 点，热电偶输入，16 位	87mA	1.8W	6ES7 231-1PD22-0XA0
EM232	模拟量输出	2 点，−10V~+10V/0~20mA，12 位	20mA	2W	6ES7 232-0HB22-0XA0
EM235	模拟量输入/ 输出混合模块	4 输入/1 输出，DC0~10V/0~20mA 输入，DC−10V~+10V/0~20mA 输出	30mA	2W	6ES7 235-1KD22-0XA0

2）定位扩展模块。S7-200 PLC（CPU221 除外）可以通过选用一种定位扩展模块增加 PLC 的位置控制与调节功能，其模块的主要参数见表 2-16。

表 2-16　S7-200 系列定位扩展模块的主要参数

型号	名称	主要参数	DC5V 消耗	功耗	订货号
EM253	模拟量输入	位置输出：两相脉冲（RS422 接口驱动） 脉冲频率范围：12~200kHz	190mA	2.5W	6ES7 253-1AA22-0XA0

3）网络扩展模块。S7-200 PLC（CPU221 除外）除了可以通过 CPU 模块的集成 RS-422/485 接口与外部设备进行通信外，还可以通过 4 种网络链接模块增加网络功能，以构成 PLC 网络控制系统。网络链接扩展模块的主要性能见表 2-17。

表 2-17　S7-200 系列网络链接扩展模块的主要性能

型号	名称	主要参数	DC5V 消耗	功耗	订货号
EM277	PROFIBUS-DP 总线接口	接口类型：RS-485 通信速率：9.6kbit/s ~ 12Mbit/s 每段最多站数：32 每网络最多站数：126 连接电缆长度：100 ~ 1000m（与通信速率有关）	150mA	2.5W	6ES7 277-0AA22-0XA0
CP243-1	以太网接口模块	接口类型：RJ45 通信速率：10/100Mbit/s 最大同时通信数量：8 个	55mA	1.75W	6GK7 243-1EX00-0XE0
CP243-11T	以太网接口模块	接口类型：RJ45 通信速率：10/100Mbit/s 最大同时通信数量：8 个	55mA	1.75W	6GK7 243-1GX00-0XE0
CP243-2	远程 I/O 链接模块	接口类型：AS-i 占用 PLC 地址：2 个 I/O 模块 最大安装数量：2 个	220mA	2W	6GK7 243-2AX00-0XA0

2. S7-200 系列 PLC 的 13 大编程软元（器）件地址分配及硬件性能指标

（1）S7-200 系列 PLC 的 13 大编程软元（器）件——数据存储区　S7-200PLC 的编程软元件——数据存储区的总体框图如图 2-1 所示，可分为 13 个部分，它们的功能各不相同。编程软元（器）件的类型和元件号由字母和数字表示，其中 I、Q、V、M、SM、L、S 均可以按位、按字节、按字、按双字来编址与存取，如图 2-2 和表 2-18 所示。

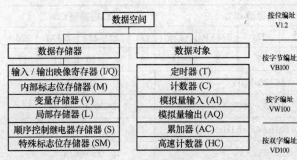

图 2-1　S7-200 系列 PLC 的 13 大编程软元(器)件　　图 2-2　位、字节、字、双字的编址

表 2-18　S7-200 系列 PLC 编程软元（器）件名称及直接寻址格式

元件符号（名称）	所在数据区域	位寻址格式	其他寻址格式
I（输入继电器）	数字量输入映像位区	Ax. y	ATx
Q（输出继电器）	数字量输入映像位区	Ax. y	ATx
M（通用辅助继电器）	内部存储器标志位区	Ax. y	ATx
SM（特殊标志继电器）	特殊存储器标志位区	Ax. y	ATx
S（顺序控制继电器）	顺序控制继电器存储器区	Ax. y	ATx
V（变量存储器）	变量存储器区	Ax. y	ATx
L（局部变量存储器）	局部存储器区	Ax. y	ATx
T（定时器）	定时器存储器区	Ax	Ax（仅字）
C（计数器）	计数器存储器区	Ax	Ax（仅字）
AI（模拟量输入映像寄存器）	模拟量输入存储器区	无	Ax（仅字）
AQ（模拟量输出映像寄存器）	模拟量输出存储器区	无	Ax（仅字）
AC（累加器）	累加器区	无	Ax
HC（高速计数器）	高速计数器区	无	Ax（仅双字）

注：表中 A 表示器件名称（如 I、Q、M 等），T 表示数据类型（如 B、W、D，若为位寻址无此项），x 表示字节地址，y 表示字节内的位地址。按位寻址的格式为：Ax. y，必须指定编程器件名称、字节地址和位号。

（2）S7-200 系列 PLC 硬件性能指标　S7-200 系列 PLC 的硬件性能指标包括电源规范、输入规范、输出规范、主要性能参数等，见表 2-19 ~ 表 2-22。使用中必须符合这些性能指标。

表 2-19　电 源 规 范

项　目	AC 电源型 CPU					DC 电源型 CPU				
	221	222	224	224XP	226	221	222	224	224XP	226
功耗/W	3	5	7	8	11	6	7	10	11	17
额定输入电压	AC120/240V					DC24V				
允许输入电压范围	AC85 ~ 264V					DC20. 4 ~ 28. 8V				
额定频率	50/60Hz(47 ~ 63Hz)					—				
电源熔断器	250V/3A					250V/2A				
电源消耗（仅 CPU）/mA	30/15	30/15	60/30	70/35	80/40	80	85	110	120	150
电源消耗（带负载后）/mA	120/60	120/60	200/100	220/100	320/160	450	500	700	900	1050

表 2-20 输 入 规 范

项 目	AC、DC 电源型				
	CPU221	CPU222	CPU224	CPU224XP	CPU226
CPU 集成输入点数	6	8	14	14	24
输入信号电压	DC24V，允许范围：DC15～30V				
输入信号电流	4mA/DC24V				
输入 ON 条件	≥2.5mA/DC 15V（CPU224XP 型：I0.3～I0.5 为 8mA/DC 4V）				
输入 OFF 条件	≤1.0mA/DC 5V（CPU224XP 型：I0.3～I0.5 为 1mA/DC1V）				
允许最大输入漏电流	1.0mA				
输入响应时间	0.2～12.8ms（可以选择）				
输入信号形式	接点输入或 NPN 集电极开路输入（源/汇点通用输入）				
输入隔离电路	双向光电耦合				
输入显示	输入 ON 时，指示灯（LED）光				

表 2-21 输 出 规 范

项 目	AC、DC 电源型	
CPU 集成输出点数	CPU221：4 点；CPU222：6 点；CPU224：10 点；CPU224XP：10 点；CPU226：16 点	
输出类型	继电器输出	晶体管输出
输出电压	AC：5～250V；DC：≤5～30V	DC20.4～28.8V（CPU224XP 型：Q0.0～Q0.4 为 DC5～28.8V）
最大输出电流	≤2A/点；公共端≤10A	≤0.75A/点；公共端≤6A（CPU224XP 型：≤3.75A）
驱动电阻负载容量	≤30W/点（DC）；≤200VA/点（AC）	≤5W/点
输出"1"信号	—	≥20V/0.75A
输出"0"信号	—	≤0.1V/10kΩ 负载
输出开路漏电流	—	≤10μA
输出响应时间（接通）	≈10ms	一般输出≤15μs；Q0.0/Q0.1 为 2μs（CPU224XP 型 0.5μs）
输出响应时间（断开）	≈10ms	一般输出≤130μs；Q0.0/Q0.1 为 10μs（CPU224XP 型 1.5μs）
输出隔离电路	触点机械式隔离	光电耦合隔离
输出显示	输出线圈 ON 时，指示灯（LED）亮	光电耦合 ON 时，指示灯（LED）亮

表 2-22　主要性能参数

S7-200 系列 PLC	CPU221	CPU222	CPU224	CPU224XP	CPU226
集成数字量输入输出	6 入/4 出	8 入/6 出	14 入/10 出	14 入/10 出	24 入/16 出
可连接的扩展模块数量(最大)	不可扩展	2	7	7	7
最大可扩展的数字量输入输出点数	不可扩展	78	168	168	248
最大可扩展的模拟量输入输出点数	不可扩展	10	35	38	35
用户程序区(在线/非在线)/(KB/KB)	4/4	4/4	8/12	12/16	16/24
数据存储区/KB	2	2	8	10	10
数据后备时间(电容)/h	50	50	50	100	100
后备电池(选件)持续时间/d	200	200	200	200	200
编程软件	Step7-Micro/WIN	Step7-Micro/WIN	Step7-Micro/WIN	Step7-Micro/WIN	Step7-Micro/WIN
每条二进制语句执行时间/μs	0.22	0.22	0.22	0.22	0.22
标识寄存器/计数器/定时器数量	256/256/256	256/256/256	256/256/256	256/256/256	256/256/256
高速计数器	4 个 30kHz	4 个 30kHz	6 个 30kHz	6 个 100kHz	6 个 30kHz
高速脉冲输出	2 个 20kHz	2 个 20kHz	2 个 20kHz	2 个 100kHz	2 个 20kHz
通信接口	1 × RS485	1 × RS485	1 × RS485	2 × RS485	2 × RS485
硬件边沿输入中断	4	4	4	4	4
支持的通信协议	PPI,MPI,自由口	PPI,MPI,自由口,Profibus DP	PPI,MPI,自由口,Profibus DP	PPI,MPI,自由口,Profibus DP	PPI,MPI,自由口,Profibus DP
模拟电位器	1 个 8 位分辨率	1 个 8 位分辨率	2 个 8 位分辨率	2 个 8 位分辨率	2 个 8 位分辨率
实时时钟	外置时钟卡(选件)	外置时钟卡(选件)	内置时钟卡	内置时钟卡	内置时钟卡
外形尺寸($W \times H \times D$)/mm	90 × 80 × 62	90 × 80 × 62	120 × 80 × 62	140 × 80 × 62	196 × 80 × 62

2.2.2　德国西门子公司 S7-200 系列 PLC 的软件资源列表

1. 软件性能指标

S7-200 系列 PLC 的软件性能指标包括编程功能、编程器件和特性、操作数的有效编址范围、高速计数脉冲输出功能、通信功能及其他功能等,见表 2-23 ~ 表 2-28,供编程使用时参照。

表 2-23　S7-200 系列 PLC 编程功能一览表

主要参数	CPU221	CPU222	CPU224	CPU224XP	CPU226
用户程序存储容量	4KB	4KB	8KB	12KB	16KB
数据存储器容量	2KB	2KB	8KB	10KB	10KB
编程软件	Step 7-Micro/WIN				
逻辑指令执行时间	0.22μs				
标志寄存器数量	256，其中：断电记忆型 112 点（EEPROM 保存）				
定时器数量	256，其中：1ms 定时 4 个，10ms 定时 16 个，100ms 定时 236 个				
计数器数量	256（电池保持）				
中断输入	2 点，分辨率 1ms				
上升/下降沿中断输入	共 4 点				

表 2-24　S7-200 系列 PLC 的编程器件和特性

描述	范　围					存取格式			
	CPU221	CPU222	CPU224	CPU224XP	CPU226	位	字节	字	双字
用户程序区	4096B	4096B	8192B	12288B	16384B				
用户数据区	2048B	2048B	8192B	10240B	10240B				
输入映像寄存器	I0.0 ~ I15.7	I0.0 ~ I15.7	I0.0 ~ I15.7	I0.0 ~ I15.7	I0.0 ~ I15.7	Ix.y	IBx	IWx	IDx
输出映像寄存器	Q0.0 ~ Q15.7	Q0.0 ~ Q15.7	Q0.0 ~ Q15.7	Q0.0 ~ Q15.7	Q0.0 ~ Q15.7	Qx.y	QBx	QWx	QDx
模拟输入（只读）	—	AIW0 ~ AIW30	AIW0 ~ AIW62	AIW0 ~ AIW62	AIW0 ~ AIW62			AIWx	
模拟输出（只写）	—	AQW0 ~ AQW30	AQW0 ~ AQW62	AQW0 ~ AQW62	AQW0 ~ AQW62			AQWx	
变量存储器	VB0 ~ VB2047	VB0 ~ VB2047	VB0 ~ VB8191	VB0 ~ VB10239	VB0 ~ VB10239	Vx.y	VBx	VWx	VDx
局部存储器 1	LB0 ~ LB63	LB0 ~ LB63	LB0 ~ LB63	LB0 ~ LB63	LB0 ~ LB63	Lx.y	LBx	LWx	LDx
位存储器	M0.0 ~ M31.7	M0.0 ~ M31.7	M0.0 ~ M31.7	M0.0 ~ M31.7	M0.0 ~ M31.7	Mx.y	MBx	MWx	MDx
特殊存储器（只读）	SM0.0 ~ SM179.7　SM0.0 ~ SM29.7	SM0.0 ~ SM299.7　SM0.0 ~ SM29.7	SM0.0 ~ SM549.7　SM0.0 ~ SM29.7	SM0.0 ~ SM549.7　SM0.0 ~ SM29.7	SM0.0 ~ SM549.7　SM0.0 ~ SM29.7	SMx.y	SMBx	SMWx	SMDx

（续）

描述	范围					存取格式			
	CPU221	CPU222	CPU224	CPU224XP	CPU226	位	字节	字	双字
定时器	256（T0 ~ T255）								
保持接通延时 1ms	T0，T64								
保持接通延时 10ms	T1 ~ T4，T65 ~ T68					Tx		Tx	
保持接通延时 100ms	T5 ~ T31，T69 ~ T95								
接通/断开延时 1ms	T32，T96								
接通/断开延时 10ms	T33 ~ T36，T97 ~ T100								
接通/断开延时 100ms	T37 ~ T63，T101 ~ T255								
计数器	C0 ~ C255	C0 ~ C255	C0 ~ C255	C0 ~ C255	C0 ~ C255	Cx		Cx	
高速计数器	HC0，HC3 ~ HC5	HC0，HC3 ~ HC5	HC0 ~ HC5	HC0 ~ HC5	HC0 ~ HC5				HCx
顺序控制继电器	S0.0 ~ S31.7	S0.0 ~ S31.7	S0.0 ~ S31.7	S0.0 ~ S31.7	S0.0 ~ S31.7	Sx. y	SBx	SWx	SDx
累加器	AC0 ~ AC3	AC0 ~ AC3	AC0 ~ AC3	AC0 ~ AC3	AC0 ~ AC3	ACx	ACx	ACx	
跳转/标号	0 ~ 255	0 ~ 255	0 ~ 255	0 ~ 255	0 ~ 255				
调用/子程序	0 ~ 63	0 ~ 63	0 ~ 63	0 ~ 127	0 ~ 127				
中断程序	0 ~ 127	0 ~ 127	0 ~ 127	0 ~ 127	0 ~ 127				
中断号	0 ~ 12, 19 ~ 23, 27 ~ 33	0 ~ 12, 19 ~ 23, 27 ~ 33	0 ~ 23, 27 ~ 33	0 ~ 33	0 ~ 33				
PID 回路	0 ~ 7	0 ~ 7	0 ~ 7	0 ~ 7	0 ~ 7				
通信端口	端口 0	端口 0	端口 0	端口 0.1	端口 0.1				

注：1. LB60 ~ LB63 为 STEP 7Micro/WIN 32 V3.0 或更高版本保留。

2. 若 S7-200 PLC 的性能提高而使参数改变，作为教材，恕不能及时更正，请参考西门子的相关产品手册。

表 2-25 S7-200 系列 PLC 操作数的有效编址范围

寻址方式	CPU221	CPU222	CPU224	CPU224XP	CPU226
位存取（字节，位）	I0.0 ~ 15.7 Q0.0 ~ 15.7 M0.0 ~ 31.7 S0.0 ~ 31.7 T0 ~ 255 C0 ~ 255 L0.0 ~ 63.7				
	V0.0 ~ 2047.7		V0.0 ~ 8191.7	V0.0 ~ 10239.7	
	SM0.0 ~ 165.7	SM0.0 ~ 299.7	SM0.0 ~ 549.7		
字节存取	IB0 ~ 15 QB0 ~ 15 MB0 ~ 31 SB0 ~ 31 LB0 ~ 63 AC0 ~ 3 KB（常数）				
	VB0 ~ 2047		VB0 ~ 8191	VB0 ~ 10239	
	SMB0 ~ 165	SMB0 ~ 299	SMB0 ~ 549		

（续）

寻址方式	CPU221	CPU222	CPU224	CPU224XP	CPU226
字存取	IW0~14　QW0~14　MW0~30　SW0~30　T0~255 C0~255　LW0~62　AC0~3　KW（常数）				
	VW0~2046		VW0~8190	VW0~10238	
	SMW0~164	SMW0~298	SMW0~548		
	AIW0~30　AQW0~30		AIW0~62　AQW0~62		
双字存取	ID0~12　QD0~12　MD0~28　SD0~28　LD0~60　AC0~3　HC0~5　KD（常数）				
	VD0~2044	V0~8188	VD0~10236		
	SMD0~162	SMD0~296	SMD0~546		

表 2-26　S7-200 系列 PLC 高速计数脉冲输出功能

项　目		功　能				
		CPU221	CPU222	CPU224	CPU224XP	CPU226
内置高速计数功能	总计	4 点	4 点	6 点	6 点	6 点
	单相	4 点，30kHz	4 点，30kHz	6 点，30kHz	2 点，200kHz 4 点，30kHz	6 点，30kHz
	两相	2 点，20kHz	2 点，20kHz	4 点，20kHz	3 点，20kHz 1 点，100kHz	4 点，20kHz
高速脉冲输出		2 点，20kHz	2 点，20kHz	2 点，20kHz	2 点，100kHz	2 点，20kHz
高速脉冲捕捉输入		6	8 点	14 点	14 点	24 点

表 2-27　S7-200 系列 PLC 通信功能

项　目		功　能				
		CPU221	CPU222	CPU224	CPU224XP	CPU226
接口类型		RS-485 串行通信接口				
接口数量		1			2	
波特率	PPI、DP/T	9.6、19.2、187.5kbit/s				
	无协议通信	1.2~15.2kbit/s				
通信距离	不使用中继器	50m				
	使用中继器	与波特率有关，187.5kbit/s 时为 1000m				
PLC 网络连接方式		PPI、MPI、PROFIBUS-DP、Ethernet 网（需要网络模块支持）				

表 2-28　S7-200 系列 PLC 其他功能

项　目	功　能
时钟与计时功能	内置实时钟,可进行时间设定、比较与 PLC 运行时间计时等
恒定扫描功能	利用参数固定 PLC 扫描周期
输入滤波时间调整	可通过程序改变输入滤波时间
注释功能	可对编程元件进行注释
在线编程功能	可在 PLC 运行状态下,改变 PLC 程序
程序的密码保护功能	可用 8 位密码保护用户程序
数据记录与归档功能	可以按照时间记录过程数据,并且永久性保存
配方功能	可以利用存储器卡,将 STEP 7-Micro/WIN 编程软件设定的组态信息写入 PLC
PID 自动整定功能	PLC 可以根据响应速度,自动进行调节器参数的优化,并选择最佳调节器参数

2. S7-200PLC 的基本指令列表

S7-200 PLC 的指令丰富,软件功能强。它可以使用 56 条基本的逻辑处理指令、27 条数字运算指令、11 条定时器/计数器指令、4 条实时钟指令、84 条其他应用指令,总计指令数多达 182 条。这里只给出其常用指令列表(见表 2-29 ~ 表 2-38),供编程时选用。

表 2-29　S7-200 系列 PLC 触点指令

指　令		梯形图符号	数据类型	操作数	指令功能
标准触点	动合 LD bit	┤├ Bit	BOOL	I、Q、V、M、SM、S、T、C、L、能流	装载,动合触点与左侧母线相连接,由动合触点开始的逻辑行或梯级
	A bit	Bit ┤├			与,动合触点与其他程序段相串联
	O bit	Bit ┤├			或,动合触点与其他程序段相并联
	动断 LDN bit	┤/├ Bit			非装载,动断触点与左侧母线相连接,由动断触点开始的逻辑行或梯级
	AN bit	Bit ┤/├			非与,动断触点与其他程序段相串联
	ON bit	Bit ┤/├			非或,动断触点与其他程序段相并联

（续）

指　令		梯形图符号	数据类型	操作数	指　令　功　能
立即触点	动合 LDI bit	⊣ I Bit	BOOL	I	立即半载，动合立即触点与左侧母线相连接，由动合立即触点开始的逻辑行或梯级
	动合 AI bit	Bit ⊢I⊣			立即与，动合立即触点与其他程序段相串联
	动合 OI bit	Bit ⊢I⌐			立即或，动合立即触点与其他程序段相并联
	动断 LDNI bit	⊣ /I Bit			立即非装载，动断立即触点与左侧母线相连接，由动断立即触点开始的逻辑行或梯级
	动断 ANI bit	⊣/I Bit			立即非与，动断立即触点与其他程序段相串联
	动断 ONI bit	Bit /I⌐			立即非或，动断立即触点与其他程序段相并联
取反	NOT bit	⊣NOT⊢		—	取反，改变能流输入的状态
正负跳变	正 EU bit	⊣P⊢		—	检测到一次正跳变，能流接通一个扫描周期
	负 ED bit	⊣N⊢		—	检测到一次负跳变，能流接通一个扫描周期

表 2-30　S7-200 系列 PLC 线圈指令

指　令		梯形图符号	数据类型	操　作　数	指令功能
输出	=	—(Bit)	位：BOOL	Q、V、M、SM、S、T、C、L	将运算结果输出到某个继电器
立即输出	= I	—(Bit/I)	位：BOOL	Q	立即将运算结果输出到某个继电器
置位与复位	S	(Bit/S)N	位：BOOL N：BYTE	位：I、Q、V、M、SM、S、T、C、L N：IB、QB、VB、SMB、SB、LB、AC、∗VD、∗LD、∗AC、常数	将从指定地址开始的 N 个点置位
	R	(Bit/R)N	位：BOOL N：BYTE	位：I、Q、V、M、SM、S、T、C、L N：IB、QB、VB、SMB、SB、LB、AC、∗VD、∗LD、∗AC、常数	将从指定地址开始的 N 个点复位

（续）

指 令		梯形图符号	数据类型	操 作 数	指令功能
立即置位与 立即复位	SI	—(SI) Bit N	位：BOOL N：BYTE	位：I、Q、V、M、SM、S、T、C、L N：IB、QB、VB、SMB、SB、LB、AC、＊VD、＊LD、＊AC、常数	立即将从指定地址开始的 N 个点置位
	RI	—(RI) Bit N	位：BOOL N：BYTE	位：I、Q、V、M、SM、S、T、C、L N：IB、QB、VB、SMB、SB、LB、AC、＊VD、＊LD、＊AC、常数	立即将从指定地址开始的 N 个点复位

注：带"＊"的存储单元具有变址功能。

表 2-31　S7-200 系列 PLC 的堆栈指令

指令类型	语句表程序	指 令 功 能
栈装载"与"	ALD	电路块的"与"操作，用于串联连接多个并联电路块
栈装载"或"	OLD	电路块的"或"操作，用于并联连接多个串联电路块
逻辑入栈指令	LPS	该指令复制栈顶值并将其压入堆栈的下一层，栈中原来的数据依次下移一层，栈底值丢失
逻辑读栈指令	LRD	该指令将堆栈中第 2 层的数据复制到栈顶，2~9 层数据不变，原栈顶值消失
逻辑出栈指令	LPP	该指令使栈中各层的数据向上移动一层，第 2 层的数据成为新的栈顶值，栈顶原来的数据从栈内消失
装载堆栈指令	LDSn	该指令将堆栈中第 n 层的值复制到栈顶，而栈底值丢失，该指令应用较少

表 2-32　S7-200 系列 PLC 的 RS 触发器指令

类型	梯形图程序	真 值 表			指令功能
置位优先触发器 指令（SR）	bit ┤S1 OUT├ ┤R SR├	S1	R	输出（bit）	置位优先，当置位信号（S1）和复位信号（R）都为 1 时，输出为 1
		0	0	保持前一状态	
		0	1	0	
		1	0	1	
		1	1	1	
复位优先触发器 指令（RS）	bit ┤S OUT├ ┤R1 RS├	S	R1	输出（bit）	复位优先，当置位信号（S）和复位信号（R1）都为 1 时，输出为 0
		0	0	保持前一状态	
		0	1	0	
		1	0	1	
		1	1	0	

表 2-33　S7-200 系列 PLC 的定时器指令

定时器类型	梯形图程序	语句表程序	指　令　功　能
接通延时定时器 （TON）	T××× IN TON PT	TON T×××，PT	使能输入端（IN）的输入电路接通时开始定时。当前值大于等于预置时间 PT 端指定的设定值时，定时器位变为 ON，梯形图中对应的定时器的常开触点闭合，常闭触点断开。达到设定值后，当前值继续计数，直到最大值时停止
断开延时定时器 （TOF）	T××× IN TOF PT	TOF T×××，PT	使能输入端接通时，定时器当前值被清零，同时定时器位变为 ON。当输入端断开时，当前值从 0 开始增加达到设定值，定时器位变为 OFF，对应梯形图中常开触点断开，常闭触点闭合，当前值保持不变
保持型接通延时定时器（TONR）	T××× IN TONR PT	TONR T×××，PT	输入端接通时开始定时，定时器当前值从 0 开始增加；当未达到定时时间而输入端断开时，定时器当前值保持不变；当输入端再次接通时，当前值继续增加，达到设定值时，定时器位变为 ON

表 2-34　S7-200 系列 PLC 的计数器指令

计数器类型	梯形图程序	语句表程序	指　令　功　能
加计数器 （CTU）	C××× CU CTU R PV	CTU　C×××，PV	加计数器（CTU）的复位端 R 断开且脉冲输入端 CU 检测到输入信号正跳变时，当前值加 1，直到达到 PV 端设定值时，计数器位变为 ON
减计数器 （CTD）	C××× CD CTD LD PV	CTD　C×××，PV	减计数器（CTD）的装载输入端 LD 断开且脉冲输入端 CD 检测到输入信号正跳变时，当前值从 PV 端的设定值开始减 1，变为 0 时，计数器位变为 ON
加减计数器 （CTUD）	C××× CU CTUD CD R PV	CTUD　C×××，PV	加减计数器（CTUD）的复位端 R 断开且加输入端 CU 检测到输入信号正跳变时，当前值加 1；当减输入端 CD 检测到输入信号正跳变时，当前值减 1；当前值大于等于 PV 端设定值时，计数器位变为 ON

表 2-35　S7-200 系列 PLC 的结束指令及暂停指令

梯形图程序	语句表程序	指令功能
—（END）	END	条件结束指令：当条件满足时，终止用户主程序的执行
—（STOP）	STOP	停止指令：立即终止程序的执行，CPU 从 RUN 到 STOP

表 2-36　S7-200 系列 PLC 的比较指令

形　式	方　式				
	字节比较	整数比较	双字整数比较	实数比较	字符串比较
LAD （以 == 为例）	IN1 ┤ == B ├ IN2	IN1 ┤ == I ├ IN2	IN1 ┤ == D ├ IN2	IN1 ┤ == R ├ IN2	IN1 ┤ == S ├ IN2
STL	LDB = IN1,IN2 AB = IN1,IN2 OB = IN1,IN2 LDB < > IN1,IN2 AB < > IN1,IN2 OB < > IN1,IN2 LDB < IN1,IN2 AB < IN1,IN2 OB < IN1,IN2 LDB <= IN1,IN2 AB <= IN1,IN2 OB <= IN1,IN2 LDB > IN1,IN2 AB > IN1,IN2 OB > IN1,IN2 LDB >= IN1,IN2 AB >= IN1,IN2 OB >= IN1,IN2	LDW = IN1,IN2 AW = IN1,IN2 OW = IN1,IN2 LDW < > IN1,IN2 AW < > IN1,IN2 OW < > IN1,IN2 LDW < IN1,IN2 AW < IN1,IN2 OW < IN1,IN2 LDW <= IN1,IN2 AW <= IN1,IN2 OW <= IN1,IN2 LDW > IN1,IN2 AW > IN1,IN2 OW > IN1,IN2 LDW >= IN1,IN2 AW >= IN1,IN2 OW >= IN1,IN2	LDD = IN1,IN2 AD = IN1,IN2 OD = IN1,IN2 LDD < > IN1,IN2 AD < > IN1,IN2 OD < > IN1,IN2 LDD < IN1,IN2 AD < IN1,IN2 OD < IN1,IN2 LDD <= IN1,IN2 AD <= IN1,IN2 OD <= IN1,IN2 LDD > IN1,IN2 AD > IN1,IN2 OD > IN1,IN2 LDD >= IN1,IN2 AD >= IN1,IN2 OD >= IN1,IN2	LDR = IN1,IN2 AR = IN1,IN2 OR = IN1,IN2 LDR < > IN1,IN2 AR < > IN1,IN2 OR < > IN1,IN2 LDR < IN1,IN2 AR < IN1,IN2 OR < IN1,IN2 LDR <= IN1,IN2 AR <= IN1,IN2 OR <= IN1,IN2 LDR > IN1,IN2 AR > IN1,IN2 OR > IN1,IN2 LDR >= IN1,IN2 AR >= IN1,IN2 OR >= IN1,IN2	 LDS = IN1,IN2 AS = IN1,IN2 OS = IN1,IN2 LDS < > IN1,IN2 AS < > IN1,IN2 OS < > IN1,IN2
IN1 和 IN2 寻址范围	IB,QB,MB,SMB, VB,SB,LB,AC, * VD,* AC,* LD, 常数	IW,　QW,　MW, SMW,VW,SW, LW,AC,　* VD, * AC,* LD,常数	ID,QD,MD,SMD, VD,SD,LD,AC, * VD,* AC,* LD, 常数	ID,QD,MD,SMD, VD,SD,LD,AC, * VD,* AC,* LD, 常数	（字符）VB、LB, * VB,　* LD, * AC

表 2-37　S7-200 系列 PLC 的移位指令

名　称	指令格式		功能描述
	LAD	STL	
右移指令	SHR EN　ENO IN N　　OUT	SR□ OUT,N	把字节型（字型或双字型）输入数据 IN 右移 N 位后，再将结果输出到 OUT 所指的字节（字或双字）存储单元
左移指令	SHL EN　ENO IN N　　OUT	SL□ OUT,N	把字节型（字型或双字型）输入数据 IN 左移 N 位后，再将结果输出到 OUT 所指的字节（字或双字）存储单元

（续）

名　称	指 令 格 式		功能描述
	LAD	STL	
循环右移指令	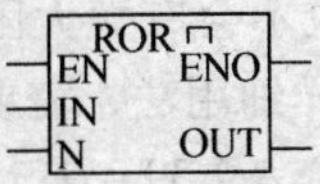 ROR □ EN ENO IN N OUT	RR□ OUT,N	把字节型（字型或双字型）输入数据 IN 循环右移 N 位后，再将结果输出到 OUT 所指的字节（字或双字）存储单元
循环左移指令	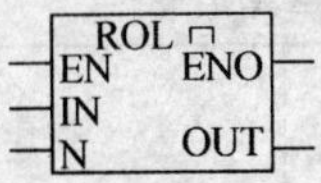 ROL □ EN ENO IN N OUT	RL□ OUT,N	把字节型（字型或双字型）输入数据 IN 循环左移 N 位后，再将结果输出到 OUT 所指的字节（字或双字）存储单元
寄存器移位指令 （Shift Register）	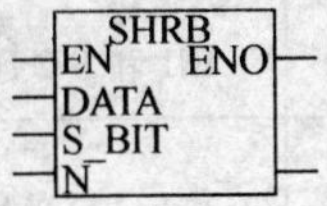 SHRB EN ENO DATA S_BIT N	SHRB DATA, S_BIT,N	该指令在梯形图中有 3 个数据输入端，即 DATA 为数值输入，将该位的值移入移位寄存器；S_BIT 为移位寄存器的最低位端；N 指定移位寄存器的长度。每次使能输入有效时，在每个扫描周期内，整个移位寄存器移动一位

表 2-38　S7-200 系列 PLC 的顺序控制指令

指令名称	梯 形 图	STL
段开始指令 LSCR	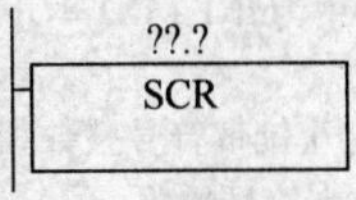 ??.? SCR	LSCR Sx. y
段转移指令 SCRT	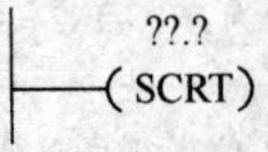 ??.? （SCRT）	SCRT Sx. y
段结束指令 SCRE	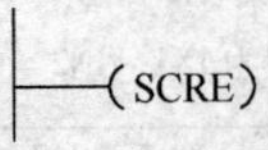 （SCRE）	SCRE

3. S7-200 系列 PLC 功能指令的归纳列表

　　一般的逻辑控制系统利用软继电器、定时器、计数器及基本指令就可以实现，而利用功能指令则可以开发出更为复杂的控制系统，以至构成网络控制系统。这些功能指令实际上是厂商为满足各种客户的特殊需要而开发的通用子程序。功能指令的丰富程度及其应用的方便程度是衡量 PLC 性能的一个重要指标。

S7-200 的功能指令很丰富，大致包括算术与逻辑运算、数据传送、程序流控制、数据表处理、PID 指令、数据格式变换、高速处理、通信以及实时时钟等。功能指令的助记符与汇编语言相似，略具计算机知识的人学习起来也不会有太大困难。但 S7-200 系列 PLC 功能指令毕竟太多，一般读者不必准确记忆其详细用法，需要时可查阅产品手册。这里也仅给出 S7-200 系列 PLC 的功能指令列表（见表 2-39 ~ 表 2-46），供编程时选用。

表 2-39　S7-200 系列 PLC 的四则运算指令

名　　称	指令格式 （语句表）	功　　能	操作数寻址范围
加法指令	+ I IN1,OUT	两个 16 位带符号整数相加，得到一个 16 位带符号整数 执行结果：IN1 + OUT = OUT（在 LAD 和 FBD 中为 IN1 + IN2 = OUT）	IN1,IN2,OUT：VW,IW,QW,MW,SW,SMW,LW,T,C,AC,∗ VD,∗ AC,∗ LD IN1 和 IN2 还可以是 AIW 和常数
	+ D IN1,IN2	两个 32 位带符号整数相加，得到一个 32 位带符号整数 执行结果：IN1 + OUT = OUT（在 LAD 和 FBD 中为 IN1 + IN2 = OUT）	IN1,IN2,OUT：VD,ID,QD,MD,SD,SMD,LD,AC,∗ VD,∗ AC,∗ LD IN1 和 IN2 还可以是 HC 和常数
	+ R IN1,OUT	两个 32 位实数相加，得到一个 32 位实数 执行结果：IN1 + OUT = OUT（在 LAD 和 FBD 中为 IN1 + IN2 = OUT）	IN1,IN2,OUT：VD,ID,QD,MD,SD,SMD,LD,AC,∗ VD,∗ AC,∗ LD IN1 和 IN2 还可以是常数
减法指令	− I IN1,OUT	两个 16 位带符号整数相减，得到一个 16 位带符号整数 执行结果：OUT − IN1 = OUT（在 LAD 和 FBD 中为 IN1 − IN2 = OUT）	IN1,IN2,OUT：VW,IW,QW,MW,SW,SMW,LW,T,C,AC,∗ VD,∗ AC,∗ LD IN1 和 IN2 还可以是 AIW 和常数
	− D IN1,OUT	两个 32 位带符号整数相减，得到一个 32 位带符号整数 执行结果：OUT − IN1 = OUT（在 LAD 和 FBD 中为 IN1 − IN2 = OUT）	IN1,IN2,OUT：VD,ID,QD,MD,SD,SMD,LD,AC,∗ VD,∗ AC,∗ LD IN1 和 IN2 还可以是 HC 和常数
	− R IN1,OUT	两个 32 位实数相减，得到一个 32 位实数 执行结果：OUT − IN1 = OUT（在 LAD 和 FBD 中为 IN1 − IN2 = OUT）	IN1,IN2,OUT：VD,ID,QD,MD,SD,SMD,LD,AC,∗ VD,∗ AC,∗ LD IN1 和 IN2 还可以是常数

（续）

名　　称	指令格式 （语句表）	功　　能	操作数寻址范围
乘法指令	* I IN1 OUT	两个 16 位符号整数相乘,得到一个 16 整数 执行结果:IN1 * OUT = OUT(在 LAD 和 FBD 中为 IN1 * IN2 = OUT)	IN1,IN2,OUT:VW,IW,QW,MW, SW, SMW, LW, T, C, AC, * VD, * AC, * LD IN1 和 IN2 还可以是 AIW 和常数
	MUL IN1,OUT	两个 16 位带符号整数相乘,得到一个 32 位带符号整数 执行结果:IN1 * OUT = OUT(在 LAD 和 FBD 中为 IN1 * IN2 = OUT)	IN1,IN2:VW,IW,QW,MW,SW, SMW,LW,AIW,T,C,AC,* VD,* AC, * LD 和常数 OUT:VD,ID,QD,MD,SD,SMD, LD,AC,* VD,* AC,* LD
	* D IN1 OUT	两个 32 位带符号整数相乘,得到一个 32 位带符号整数 执行结果:IN1 * OUT = OUT(在 LAD 和 FBD 中为 IN1 * IN2 = OUT)	IN1,IN2,OUT:VD,ID,QD,MD, SD,SMD,LD,AC,* VD,* AC,* LD IN1 和 IN2 还可以是 HC 和常数
	* R IN1,OUT	两个 32 位实数相乘,得到一个 32 位实数 执行结果:IN1 * OUT = OUT(在 LAD 和 FBD 中为 IN1 * IN2 = OUT)	IN1,IN2,OUT:VD,ID,QD,MD, SD,SMD,LD,AC,* VD,* AC,* LD IN1 和 IN2 还可以是常数
除法指令	/I IN1,OUT	两个 16 位带符号整数相除,得到一个 16 位带符号整数商,不保留余数 执行结果:OUT/IN1 = OUT(在 LAD 和 FBD 中为 IN1/IN2 = OUT)	IN1,IN2,OUT:VW,IW,QW,MW, SW, SMW, LW, T, C, AC, * VD, * AC, * LD IN1 和 IN2 还可以是 AIW 和常数
	DIV IN1,OUT	两个 16 位带符号整数相除,得到一个 32 位结果,其中低 16 位为商,高 16 位为结果 执行结果:OUT/IN1 = OUT(在 LAD 和 FBD 中为 IN1/IN2 = OUT)	IN1,IN2:VW,IW,QW,MW,SW, SMW,LW,AIW,T,C,AC,* VD,* AC, * LD 和常数 OUT:VD,ID,QD,MD,SD,SMD,LD, AC,* VD,* AC,* LD
	/D IN1,OUT	两个 32 位带符号整数相除,得到一个 32 位整数商,不保留余数 执行结果:OUT/IN1 = OUT(在 LAD 和 FBD 中为 IN1/IN2 = OUT)	IN1,IN2,OUT:VD,ID,QD,MD, SD,SMD,LD,AC,* VD,* AC,* LD IN1 和 IN2 还可以是 HC 和常数
	/R IN1,OUT	两个 32 位实数相除,得到一个 32 位实数商 执行结果:OUT/IN1 = OUT(在 LAD 和 FBD 中为 IN1/IN2 = OUT)	IN1,IN2,OUT:VD,ID,QD,MD, SD,SMD,LD,AC,* VD,* AC,* LD IN1 和 IN2 还可以是常数

（续）

名　称	指令格式 （语句表）	功　能	操作数寻址范围
数学函数指令	SQRT IN,OUT	把一个 32 位实数(IN)开平方,得到 32 位实数结果(OUT)	IN,OUT: VD, ID, QD, MD, SD, SMD, LD, AC, * VD, * AC, * LD IN 还可以是常数
	LN IN,OUT	对一个 32 位实数(IN)取自然对数,得到 32 位实数结果(OUT)	
	EXP IN,OUT	对一个 32 位实数(IN)取以 e 为底数的指数,得到 32 位实数结果(OUT)	
	SIN IN,OUT	分别对一个 32 位实数弧度值(IN)取正弦、余弦、正切,得到 32 位实数结果(OUT)	
	COS IN,OUT		
	TAN IN,OUT		
增减指令	INCB OUT	将字节无符号输入数加 1 执行结果:OUT + 1 = OUT(在 LAD 和 FBD 中为 IN + 1 = OUT)	IN, OUT: VB, IB, QB, MB, SB, SMB, LB, AC, * VD, * AC, * LD IN 还可以是常数
	DECB OUT	将字节无符号输入数减 1 执行结果:OUT − 1 = OUT(在 LAD 和 FBD 中为 IN − 1 = OUT)	
	INCW OUT	将字(16 位)有符号输入数加 1 执行结果:OUT + 1 = OUT(在 LAD 和 FBD 中为 IN + 1 = OUT)	IN, OUT: VW, IW, QW, MW, SW, SMW, LW, T, C, AC, * VD, * AC, * LD IN 还可以是 AIW 和常数
	DECW OUT	将字(16 位)有符号输入数减 1 执行结果:OUT − 1 = OUT(在 LAD 和 FBD 中为 IN − 1 = OUT)	
	INCD OUT	将双字(32 位)有符号输入数加 1 执行结果:OUT + 1 = OUT(在 LAD 和 FBD 中为 IN + 1 = OUT)	IN, OUT: VD, ID, QD, MD, SD, SMD, LD, AC, * VD, * AC, * LD IN 还可以是 HC 和常数
	DECD OUT	将字(32 位)有符号输入数减 1 执行结果:OUT − 1 = OUT(在 LAD 和 FBD 中为 IN − 1 = OUT)	

表 2-40　S7-200 系列 PLC 的逻辑运算指令

名　　称	指令格式 （语句表）	功　　能	操　作　数
字节逻辑 运算指令	ANDB IN1,OUT	将字节 IN1 和 OUT 按位作逻辑与运算， OUT 输出结果	IN1,IN2,OUT：VB,IB,QB, MB,SB,SMB,LB,AC,＊VD, ＊AC,＊LD IN1 和 IN2 还可以是常数
	ORB IN1,OUT	将字节 IN1 和 OUT 按位作逻辑或运算， OUT 输出结果	
	XORB IN1,OUT	将字节 IN1 和 OUT 按位作逻辑异或运算， OUT 输出结果	
	INVB OUT	将字节 OUT 按位取反，OUT 输出结果	
字逻辑 运算指令	ANDW IN1,OUT	将字 IN1 和 OUT 按位作逻辑与运算，OUT 输出结果	IN1,IN2,OUT：VW,IW,QW, MW,SW,SMW,LW,T,C,AC, ＊VD,＊AC,＊LD IN1 和 IN2 还可以是 AIW 和 常数
	ORW IN1,OUT	将字 IN1 和 OUT 按位作逻辑或运算，OUT 输出结果	
	XORW IN1,OUT	将字 IN1 和 OUT 按位作逻辑异或运算， OUT 输出结果	
	INVW OUT	将字 OUT 按位取反，OUT 输出结果	
双字逻辑 运算指令	ANDD IN1,OUT	将双字 IN1 和 OUT 按位作逻辑与运算， OUT 输出结果	IN1,IN2,OUT：VD,ID,QD, MD,SD,SMD,LD,AC,＊VD, ＊AC,＊LD IN1 和 IN2 还可以是 HC 和常 数
	ORD IN1,OUT	将双字 IN1 和 OUT 按位作逻辑或运算， OUT 输出结果	
	XORD IN1,OUT	将双字 IN1 和 OUT 按位作逻辑异或运算， OUT 输出结果	
	INVD OUT	将双字 OUT 按位取反，OUT 输出结果	

表 2-41　S7-200 系列 PLC 的数据传送指令

名　　称	指令格式 （语句表）	功　　能	操　作　数
单一传 送指令	MOVB IN,OUT	将 IN 的内容复制到 OUT 中 IN 和 OUT 的数据类型应相同，可分 别为字、字节、双字、实数	IN,OUT：VB,IB,QB,MB,SB, SMB,LB,AC,＊VD,＊AC,＊LD IN 还可以是常数
	MOVW IN,OUT		IN,OUT：VW,IW,QW,MW,SW, SMW,LW,T,C,AC,＊VD,＊AC, ＊LD IN 还可以是 AIW 和常数 OUT 还可以是 AQW

（续）

名　　称	指令格式 （语句表）	功　　能	操　作　数
单一传送指令	MOVD IN,OUT	将 IN 的内容复制到 OUT 中 IN 和 OUT 的数据类型应相同，可分别为字、字节、双字、实数	IN, OUT: VD, ID, QD, MD, SD, SMD,LD,AC, * VD, * AC, * LD IN 还可以是 HC, 常数, * VB, * IB, * QB, * MB, * T, * C
	MOVR IN,OUT		IN, OUT: VD, ID, QD, MD, SD, SMD,LD,AC, * VD, * AC, * LD IN 还可以是常数
	BIR IN,OUT	立即读取输入 IN 的值,将结果输出到 OUT	IN: IB OUT: VB, IB, QB, MB, SB, SMB, LB,AC, * VD, * AC, * LD
	BIW IN,OUT	立即将 IN 单元的值写到 OUT 所指的物理输出区	IN: VB, IB, QB, MB, SB, SMB, LB, AC, * VD, * AC, * LD 和常数 OUT: QB
块传送指令	BMB IN,OUT,N	将从 IN 开始的连续 N 个字节数据复制到从 OUT 开始的数据块 N 的有效范围是 1 ~ 255	IN, OUT: VB, IB, QB, MB, SB, SMB,LB, * VD, * AC, * LD N: VB, IB, QB, MB, SB, SMB, LB, AC, * VD, * AC, * LD 和常数
	BMW IN,OUT,N	将从 IN 开始的连续 N 个字数据复制到从 OUT 开始的数据块 N 的有效范围是 1 ~ 255	IN, OUT: VW, IW, QW, MW, SW, SMW,LW,T,C, * VD, * AC, * LD IN 还可以是 AIW OUT 还可以是 AQW N: VB, IB, QB, MB, SB, SMB, LB, AC, * VD, * AC, * LD 和常数
	BMD IN,OUT,N	将从 IN 开始的连续 N 个双字数据复制到从 OUT 开始的数据块 N 的有效范围是 1 ~ 255	IN, OUT: VD, ID, QD, MD, SD, SMD,LD, * VD, * AC, * LD N: VB, IB, QB, MB, SB, SMB, LB, AC, * VD, * AC, * LD 和常数

表 2-42　S7-200 系列 PLC 的移位与循环移位指令

名　　称	指令格式 （语句表）	功　　能	操　作　数
字节移位指令	SRB OUT,N	将字节 OUT 右移 N 位,最左边的位依次用 0 填充	IN, OUT, N: VB, IB, QB, MB, SB,SMB, LB, AC, * VD, * AC, * LD IN 和 N 还可以是常数
	SLB OUT,N	将字节 OUT 左移 N 位,最右边的位依次用 0 填充	

（续）

名　称	指令格式 （语句表）	功　能	操　作　数
字节移位指令	RRB OUT，N	将字节 OUT 循环右移 N 位，从最右边移出的位送到 OUT 的最左位	IN，OUT，N：VB，IB，QB，MB，SB，SMB，LB，AC，＊VD，＊AC，＊LD IN 和 N 还可以是常数
	RLB OUT，N	将字节 OUT 循环左移 N 位，从最左边移出的位送到 OUT 的最右位	
字移位指令	SRW OUT，N	将字 OUT 右移 N 位，最左边的位依次用 0 填充	IN，OUT：VW，IW，QW，MW，SW，SMW，LW，T，C，AC，＊VD，＊AC，＊LD IN 还可以是 AIW 和常数 N：VB，IB，QB，MB，SB，SMB，LB，AC，＊VD，＊AC，＊LD，常数
	SLW OUT，N	将字 OUT 左移 N 位，最右边的位依次用 0 填充	
	RRW OUT，N	将字 OUT 循环右移 N 位，从最右边移出的位送到 OUT 的最左位	
	RLW OUT，N	将字 OUT 循环左移 N 位，从最左边移出的位送到 OUT 的最右位	
双字移位指令	SRD OUT，N	将双字 OUT 右移 N 位，最左边的位依次用 0 填充	IN，OUT：VD，ID，QD，MD，SD，SMD，LD，AC，＊VD，＊AC，＊LD IN 还可以是 HC 和常数 N：VB，IB，QB，MB，SB，SMB，LB，AC，＊VD，＊AC，＊LD，常数
	SLD OUT，N	将双字 OUT 左移 N 位，最右边的位依次用 0 填充	
	RRD OUT，N	将双字 OUT 循环右移 N 位，从最右边移出的位送到 OUT 的最左位	
	RLD OUT，N	将双字 OUT 循环左移 N 位，从最左边移出的位送到 OUT 的最右位	
位移位寄存器指令	SHRB DATA，S＿BIT，N	将 DATA 的值（位型）移入移位寄存器；S＿BIT 指定移位寄存器的最低位，N 指定移位寄存器的长度（正向移位 ＝ N，反向移位 ＝ － N）	DATA，S＿BIT：I，Q，M，SM，T，C，V，S，L N：VB，IB，QB，MB，SB，SMB，LB，AC，＊VD，＊AC，＊LD，常数

表 2-43　S7-200 系列 PLC 的交换和填充指令

名　称	指令格式 （语句表）	功　能	操　作　数
换字节指令	SWAP IN	将输入字 IN 的高位字节与低位字节的内容交换，结果放回 IN 中	IN：VW，IW，QW，MW，SW，SMW，LW，T，C，AC，＊VD，＊AC，＊LD

（续）

名　称	指令格式 （语句表）	功　能	操　作　数
填充指令	FILL IN,OUT,N	用输入字 IN 填充从 OUT 开始 的 N 个字存储单元 N 的范围为 1~255	IN,OUT：VW,IW,QW,MW,SW, SMW,LW,T,C,AC,＊VD,＊AC,＊LD IN 还可以是 AIW 和常数 OUT 还可以是 AQW N：VB,IB,QB,MB,SB,SMB,LB,AC, ＊VD,＊AC,＊LD,常数

表 2-44　S7-200 系列 PLC 的表操作指令

名　称	指令格式 （语句表）	功　能	操　作　数
表存数指令	ATT DATA, TABLE	将一个字型数据 DATA 添加到表 TA- BLE 的末尾。EC 值加 1	DATA,TABLE：VW,IW,QW,MW, SW,SMW,LW,T,C,AC,＊VD, ＊AC,＊LD DATA 还可以是 AIW,AC 和常 数
表取数指令	FIFO TABLE, DATA	将表 TABLE 的第一个字型数据删 除，并将它送到 DATA 指定的单元。表 中其余的数据项都向前移动一个位置， 同时实际填表数 EC 值减 1	DATA,TABLE：VW,IW,QW, MW,SW,SMW,LW,T,C,＊VD, ＊AC,＊LD DATA 还可以是 AQW 和 AC
	LIFO TABLE, DATA	将表 TABLE 的最后一个字型数据删 除，并将它送到 DATA 指定的单元。剩 余数据位置保持不变，同时实际填表数 EC 值减 1	
表查找指令	FND＝TBL, PTN,INDEX FND＜＞TBL, PTN,INDEX FND＜TBL, PTN,INDEX FND＞TBL, PTN,INDEX	搜索表 TBL，从 INDEX 指定的数据项 开始，用给定值 PTN 检索出符合条件 （＝,＜＞,＜,＞）的数据项 　如果找到一个符合条件的数据项，则 INDEX 指明该数据项在表中的位置。 如果一个也找不到，则 INDEX 的值等 于数据表的长度。为了搜索下一个符 合的值，在再次使用该指令之前，必须 先将 INDEX 加 1	TBL：VW,IW,QW,MW,SMW, LW,T,C,＊VD,＊AC,＊LD PTN,INDEX：VW,IW,QW, MW,SW,SMW,LW,T,C,AC, ＊VD,＊AC,＊LD PTN 还可以是 AIW 和 AC

表 2-45　S7-200 系列 PLC 的数据转换指令

名　称	指令格式（语句表）	功　能	操　作　数
数据类型转换指令	BTI IN,OUT	将字节输入数据 IN 转换成整数类型,结果送到 OUT,无符号扩展	IN：VB, IB, QB, MB, SB, SMB, LB, AC, * VD, * AC, * LD,常数 OUT：VW, IW, QW, MW, SW, SMW, LW, T, C, AC, * VD, * AC, * LD
	ITB IN,OUT	将整数输入数据 IN 转换成一个字节,结果送到 OUT,输入数据超出字节范围(0~255)则产生溢出	IN：VW, IW, QW, MW, SW, SMW, LW, T, C, AIW, AC, * VD, * AC, * LD,常数 OUT：VB, IB, QB, MB, SB, SMB, LB, AC, * VD, * AC, * LD
	DTI IN,OUT	将双整数输入数据 IN 转换成整数,结果送到 OUT	IN：VD, ID, QD, MD, SD, SMD, LD, HC, AC, * VD, * AC, * LD,常数 OUT：VW, IW, QW, MW, SW, SMW, LW, T, C, AC, * VD, * AC, * LD
	ITD IN,OUT	将整数输入数据 IN 转换成双整数(符号进行扩展),结果送到 OUT	IN：VW, IW, QW, MW, SW, SMW, LW, T, C, AIW, AC, * VD, * AC, * LD,常数 OUT：VD, ID, QD, MD, SD, SMD, LD, AC, * VD, * AC, * LD
	ROUND IN, OUT	将实数输入数据 IN 转换成双整数,小数部分四舍五入,结果送到 OUT	IN,OUT：VD, ID, QD, MD, SD, SMD, LD, AC, * VD, * AC, * LD IN 还可以是常数 在 ROUND 指令中 IN 还可以是 HC
	TRUNC IN, OUT	将实数输入数据 IN 转换成双整数,小数部分直接舍去,结果送到 OUT	
	DTR IN,OUT	将双整数输入数据 IN 转换成实数,结果送到 OUT	IN,OUT：VD, ID, QD, MD, SD, SMD, LD, AC, * VD, * AC, * LD IN 还可以是 HC 和常数
	BCDI OUT	将 BCD 码输入数据 IN 转换成整数,结果送到 OUT。IN 的范围为 0~9999	IN, OUT：VW, IW, QW, MW, SW, SMW, LW, T, C, AC, * VD, * AC, * LD IN 还可以是 AIW 和常数 AC 和常数
	IBCD OUT	将整数输入数据 IN 转换成 BCD 码,结果送到 OUT。IN 的范围为 0~9999	
编码译码指令	ENCO IN,OUT	将字节输入数据 IN 的最低有效位(值为 1 的位)的位号输出到 OUT 指定的字节单元的低 4 位	IN：VW, IW, QW, MW, SW, SMW, LW, T, C, AIW, AC, * VD, * AC, * LD,常数 OUT：VB, IB, QB, MB, SB, SMB, LB, AC, * VD, * AC, * LD

（续）

名　称	指令格式 （语句表）	功　能	操　作　数
编码 译码指令	DECO IN, OUT	根据字节输入数据 IN 的低 4 位所表示的位号将 OUT 所指定的字单元和相应位置 1,其他位置 0	IN: VB, IB, QB, MB, SB, SMB, LB, AC, * VD, * AC, * LD,常数 OUT: VW, IW, QW, MW, SW, SMW, LW, T, C, AQW, AC, * VD, * AC, * LD
段码指令	SEG IN, OUT	根据字节输入数据 IN 的低 4 位有效数字产生相应的七段码,结果输出到 OUT, OUT 的最高位恒为 0	IN, OUT: VB, IB, QB, MB, SB, SMB, LB, AC, * VD, * AC, * LD IN 还可以是常数
字符串转换指令	ATH IN, OUT, LEN	把从 IN 开始的长度为 LEN 的 ASCⅡ码字符串转换成 16 进制数,并存放在以 OUT 为首地址的存储区中。合法的 ASCⅡ码字符的 16 进制值在 30H ~ 39H,41H ~ 46H 之间,字符串的最大长度为 255 个字符	IN, OUT, LEN: VB, IB, QB, MB, SB, SMB, LB, * VD, * AC, * LD LEN 还可以是 AC 和常数

表 2-46　S7-200 系列 PLC 的特殊指令

名　称	指令格式 （语句表）	功　能	操　作　数
高速计数器指令	HDEF HSC, MODE	为指定的高速计数器分配一种工作模式。每个高速计数器使用之前必须使用 HDEF 指令,且只能使用一次	HSC:常数(0~5) MODE:常数(0~11)
	HSC N	根据高速计数器特殊存储器位的状态,按照 HDEF 指令指定的工作模式,设置和控制高速计数器。N 指定了高速计数器号	N:常数(0~5)
高速脉冲输出指令	PLS Q	检测用户程序设置的特殊存储器位,激活由控制位定义的脉冲操作,从 Q0.0 或 Q0.1 输出高速脉冲 可用于激活高速脉冲串输出(PTO)或宽度可调脉冲输出(PWM)	Q:常数(0 或 1)
PID 回路指令	PID TBL, LOOP	运用回路表中的输入和组态信息,进行 PID 运算。要执行该指令,逻辑堆栈顶(TOS)必须为 ON 状态。TBL 指定回路表的起始地址,LOOP 指定控制回路号	TBL:VB LOOP:常数(0~7)

（续）

名　称	指令格式 （语句表）	功　　能	操　作　数
PID 回 路指令	PID TBL, LOOP	回路表包含 9 个用来控制和监视 PID 运算的参数：过程变量当前值（PV_n），过程变量前值（PV_{n-1}），给定值（SP_n），输出值（M_n），增益（K_c），采样时间（T_s），积分时间（T_i），微分时间（T_d）和积分项前值（MX） 　　为使 PID 计算是以所要求的采样时间进行，应在定时中断执行中断服务程序或在由定时器控制的主程序中完成，其中定时时间必须填入回路表中，以作为 PID 指令的一个输入参数	TBL:VB LOOP:常数（0～7）
中断指令	ATCH INT, EVNT	把一个中断事件（EVNT）和一个中断程序联系起来，并允许该中断事件	INT:常数 EVNT:常数（CPU221/222:0～12,19～23,27～33;CPU224:0～23,27～33;CPU226:0～33）
	DTCH EVNT	截断一个中断事件和所有中断程序的联系，并禁止该中断事件	
	ENI	全局地允许所有被连接的中断事件	无
	DISI	全局地关闭所有被连接的中断事件	
	CRET1	根据逻辑操作的条件从中断程序中返回	
	RET1	位于中断程序结束，是必选部分，程序编译时软件自动在程序结尾加入该指令	
通信指令	NETR TBL, PORT	初始化通信操作，通过指令端口（PORT）从远程设备上接收数据并形成表（TBL）。可以从远程站点读最多 16 个字节的信息	TBL:VB,MB,＊VD,＊AC,＊LD PORT:常数
	NETW TBL, PORT	初始化通信操作，通过指定端口（PORT）向远程设备写表（TBL）中的数据，可以向远程站点写最多 16 个字节的信息	
	XMT TBL, PORT	用于自由端口模式。指定激活发送数据缓冲区（TBL）中的数据。数据缓冲区的第一个数据指明了要发送的字节数，PORT 指定用于发送的端口	TBL:VB,IB,QB,MB,SB,SMB,＊VD,＊AC,＊LD PORT:常数（CPU221/222/224 为 0;CPU226 为 0 或 1）
	RCV TBL, PORT	激活初始化或结束接收信息的服务。通过指定端口（PORT）接收的信息存储于数据缓冲区（TBL），数据缓冲区的第一个数据指明了接收的字节数	

（续）

名　称	指令格式 （语句表）	功　能	操 作 数
通信指令	GPA ADDR, PORT	读取 PORT 指定的 CPU 口的站地址,将数值将入 ADDR 指定的地址中	ADDR: VB, IB, QB, MB, SB, SMB, LB, AC, * VD, * AC, * LD 在 SPA 指令中 ADDR 还可以是常数 PORT:常数
	SPA ADDR, PORT	将 CPU 口的站地址（PORT）设置为 ADDR 指定的数值	
时钟指令	TODR T	读当前时间和日期并把它装入一个 8 字节的缓冲区（起始地址为 T）	T: VB, IB, QB, MB, SB, SMB, LB, * VD, * AC, * LD
	TODW T	将包含当前时间和日期的一个 8 字节的缓冲区（起始地址是 T）装入时钟	

2.3　日本 OMRON 公司小型 PLC 的硬、软件资源

2.3.1　日本 OMRON 公司 PLC 简介

OMRON 公司（或称立石公司）是世界生产 PLC 的最著名厂家之一，OMRON 的大、中、小、微型机各具特色，各有所长，在中国市场上的占有率位居前列，在国内用户中享有盛誉。

OMRON 公司的 PLC 产品中，以小型 PLC 最受欢迎。一方面是由于其价位较低，性价比较高；另一方面是由于它配置较强的指令系统，梯形图与语句表并重，用户在开发使用时比同类欧美产品使用更方便。因而，在我国使用较多的小型 PLC 是 OMRON 公司产品。

OMRON 公司主推 C 系列 PLC，分为超小型、小型、中型、大型四个档次。

1）SP 系列为短小型 PLC，又称袖珍 PC，不到拳头大小，但指令速度极快，超过了大型 PLC，用 PC Link 单元可把 4 台 SP 系列 PLC 连接在一起，最多可达 80 点，特别适用于小空间的机器人控制领域。

2）C 系列按处理器档次分为普及机、P 型机及 H 型机。普及机型号尾部不加字母，如 C20、C40，其特点是指令执行时间长（4～80μs）、内存小、功能简单、价格低廉；P 型机型号尾部加字母 P，如 C20P、C40P，P 型机是普及机增强型，增加了许多功能，最多 I/O 点数可达 148 点，基本指令执行时间只用 4μs，是最具竞争力的产品；20 世纪 80 年代后期，开发了 H 型机，其型号尾部加字母 H，如 C200H、C1000H，其性能比 P 型机更好，速度更快（基本指令执行时间仅用 0.4μs），并配有 RS232 接口，可以和计算机进行直接通信，I/O 单元可以在线插拔，C200H 曾用于太空实验站，开创了业界先例。

3）C20H ~ C30H 与 C20P ~ C60P 比较，差别为 H 型机比 P 型机速度快；H 型机比 P 型机程序容量大一倍；H 型机内配置了 Host Link 单元与 ASCII 单元，而 P 型机需要另外配置；H 型机指令系统比 P 型机复杂，指令功能也比 P 型机强。

4）OMRON 公司提供下列主要的专用与智能 I/O 单元：

①模拟量输入单元。

②模拟量输出单元。

③PID 单元（实现 PID 控制功能）。

④高速计数器单元（对高速脉冲计数）。

⑤位置控制单元（实现位置控制）。

⑥凸轮定位单元（实现顺序控制）。

⑦ASCII 单元（实现 PLC 与 ASCII 外设接口）。

⑧温度传感器单元（把热电偶/铂电阻输入转换为数字信号送至 PLC）。

20 世纪 90 年代初期，OMRON 公司推出无底板模块式结构的 CQM1 小型机。CQM1 控制 I/O 点数最多可达 256 点。CQM1 的指令已超过 100 种，它的速度较快，基本指令执行时间为 0.5μs，比 C22H 中型机还要快。CQM1 的 DM 区增加很多，虽为小型机，但 DM 区可达 6KB，比中型机 C200H 的 2KB 大得很多。CQM1 共有 7 种 CPU 单元，每种 CPU 单元都带有 16 个输入点（称为内置输入点），有输入中断功能，都可接增量式旋转编码器进行高速计数，计数频率为单相 5kHz、两相 2.5kHz。CQM1 还有高速脉冲输出功能，标准脉冲输出可达 1kHz；此外，CPU42 带有模拟量设定功能；CPU43 有高速脉冲 I/O 端口；CPU44 有绝对旋转编码器端口；CPU45 有 A/D、D/A 端口。CQM1 虽然是小型机，但采用模块式结构，像中型机一样，也有 A/D、D/A、温控等特殊功能单元和各种通信单元。CQM1 的 CPU 单元除 CPU11 外都自带 RS232C 通信接口。

在 CQM1 推出之前，OMRON 公司推出 CV 系列大型机，其性能比 C 系列大型 H 机有显著的提高，它极大地提高了 OMRON 公司在大型机方面的竞争实力。1998 年底，OMRON 公司推出了 CVM1D 双机热备份系统，它具有双 CPU 单元和双电源单元，不仅 CPU 可热备份，电源也可热备份。CVM1D 继承了 CV 系列的各种功能，可以使用 CV 的 I/O 单元、特殊功能单元和通信单元。CVM1D 的 I/O 单元可在线插拔。OMRON 公司的 PLC 产品更新换代的速度很快，特别是在中型机和小型机上。

中型机从 C200H 发展到 C200HS 时，于 1996 年进入中国市场，1997 年又出现全新的 C200Hα 中型机，其性能比 C200HS 有显著的提高。除基本功能比 C200HS 提高外，α 机突出的特点是它的通信组网能力强。例如，CPU 单元除自带的 RS232C 接口外，还可插通信板，板上配有 RS232C、RS422/RS485 接口，α 机使用协议宏功能指令，通过上述各种串行通信接口与外围设备进行数据通信。α 机可加入 OMRON 公司的高层信息网 Ethernet，还可加入中层控制网 Con-troller Link 网，而 C200H、C200HS 不可以。1999 年，OMRON 公司又推出了 CS1 系列机型，其功能比 α 机更加完美，具有实质性改变，而且还具有 CV 系列大型机的性能。

OMRON 公司在小型机方面也取得了很快的发展。1997 年，OMRON 公司在推出 α

机的同时，推出 CPM1A 小型机。CPM1A 体积很小，但是它的性能改进很大，通信功能也增强了，可实现 PLC 与 PLC 链接、PLC 与上位机通信、PLC 与 PT 链接。

1999 年，OMRON 公司在推出 CS1 系列的同时，在小型机方面相继推出 CPM2A/CPM2AC/CPM2AE、CQM1H 等机型。

CPM2A 是 CPM1A 之后的另一系列机型。CPM2A 的功能比 CPM1A 有新的提升。例如，CPM2A 指令的条数增加、功能增强、执行速度加快，可扩展的 I/O 点数、PLC 内部器件的数目、程序容量、数据存储器容量等也都增加了；所有 CPM2A 的 CPU 单元都自带 RS232C 接口，在通信联网方面也比 CPM1A 改进不少。

CPM2C 具有独特的超薄、模块化设计。它有 CPU 单元和 I/O 扩展单元，也有模拟量 I/O、温度传感和 Compo Bus/SI/O 链接等特殊功能单元。CPM2C 的 I/O 采用 I/O 端子台或 I/O 连接器形式。CPU 单元使用 DC 电源，带时钟功能。CPM2C 的 I/O 扩展单元输出是继电器或晶体管形式，最多可扩展到 140 点，单元之间通过侧面的连接器相连。

CQM1H 是 CQM1 小型机的升级换代产品，它在延续原先 CQM1 所有优点的基础上，提升并充实了 CQM1 的多种功能。CQM1H 对 CQM1 有很好的兼容性，对原先使用 CQM1 的老用户来说，升级换代十分方便。CQM1H 的推出更加巩固了 OMRON 公司在中小型 PLC 领域无与伦比的优势。CQM1H 在三大性能方面做了重大的提升和充实，如 I/O 控制点数、程序容量和数据容量均比 CQM1 翻一番；提供多种先进的内装板，能胜任更加复杂和柔性的控制任务；CQM1H 可以加入 Con‑troller Lin 网络，还支持协议宏通信功能。

2.3.2 日本 OMRON 公司 CPM1A 系列小型 PLC 的硬件资源列表

CPM1A 系列 PLC 是日本 OMRON 公司生产的小型整体式可编程序控制器，它的性能价格比很高，在小规模控制中已获得广泛应用，最具有代表性。

CPM1A 有 CPU 单元（主机）、I/O 扩展单元、特殊功能单元和通信单元。

CPM1A 的 CPU 单元有 16 种规格（见表 2-47），按 I/O 点数分 10 点、20 点、30 点、40 点 4 种；按使用电源分 AC 型和 DC 型 2 种；按输出形式分继电器型和晶体管型 2 种。CPM1A 的 I/O 扩展单元有 7 种规格（见表 2-48），分为三种类型：8 点输入单元、8 点输出单元和 20 点 I/O 单元。CPM1A 的特殊功能单元有模拟量 I/O 单元、温度传感器和模拟量输出单元以及温度传感器单元（见表 2-49）。CPM1A 的通信单元有 RS232C 通信适配器、RS422 通信适配器和 CompoBus/S I/O 链接单元等（见表 2-50）。CPM1A 系列 PLC 的性能指标见表 2-51。CPM1A 系列 PLC 的扩展配置及 I/O 点编号见表 2-52。

表 2-47 CPM1A 的 CPU 单元规格

类 型	型 号	输出形式	电源电压
10 点 输入：6 点 输出：4 点	CPM1A-10CDR-A	继电器	AC100~240V
	CPM1A-10CDR-D	继电器	DC24V
	CPM1A-10CDT-D	晶体管（NPN）	DC24V
	CPM1A-10CDT1-D	晶体管（PNP）	

（续）

类　型	型　号	输出形式	电源电压
20 点 输入：12 点 输出：8 点	CPM1A-20CDR-A	继电器	AC100～240V
	CPM1A-20CDR-D	继电器	DC24V
	CPM1A-20CDT-D	晶体管（NPN）	DC24V
	CPM1A-20CDT1-D	晶体管（PNP）	
30 点 输入：18 点 输出：12 点	CPM1A-30CDR-A	继电器	AC100～240V
	CPM1A-30CDR-D	继电器	DC24V
	CPM1A-30CDT-D	晶体管（NPN）	DC24V
	CPM1A-30CDT1-D	晶体管（PNP）	
40 点 输入：24 点 输出：16 点	CPM1A-40CDR-A	继电器	AC100～240V
	CPM1A-40CDR-D	继电器	DC24V
	CPM1A-40CDT-D	晶体管（NPN）	DC24V
	CPM1A-40CDT1-D	晶体管（PNP）	

注：晶体管 NPN 型的输出 COM 端接 DC 电源的"－"极，PNP 型的输出 COM 端接 DC 电源的"＋"极，见表 2.8。

表 2-48　CPM1A 的 I/O 扩展单元规格

类　型	型　号	输出形式
8 点 输入：8 点	CPM1A-8ED	—
8 点 输出：8 点	CPM1A-8ER	继电器
	CPM1A-8ET	晶体管（NPN）
	CPM1A-8ET1	晶体管（PNP）
20 点 输入：12 点 输出：8 点	CPM1A-20EDR	继电器
	CPM1A-20EDT	晶体管（NPN）
	CPM1A-20EDT1	晶体管（PNP）

表 2-49　CPM1A 的 I/O 扩展特殊功能单元的规格

名称	项　目	规　格
模拟量 I/O 单元	型号	CPM1A-MAD01
	模拟量输入	输入路数：2 输入信号范围：电压 0～10V 或 1～5V，电流 4～20mA 分辨率：1/256 精度：1.0%（全量程） 转换 A/D 数据：8 位二进制数

（续）

名称	项　目	规　格	
模拟量 I/O 单元	模拟量输出	输出路数：1 输出信号范围：电压 0～10V 或 -10～10V，电流 4～20mA 分辨率：1/256（当输出信号范围是 -10～10V 时为 1/512） 精度：1.0%（全量程） 数据设定：带符号的 8 位二进制数	
	转换时间	最大 10ms/单元	
	隔离方式	模拟量 I/O 信号间无隔离，I/O 端子和 PC 间采用光电耦合隔离	
温度传感器和模拟量输出单元	型号	CPM1A-TS101-DA	
	Pt100 输入	输入路数：2 输入信号范围：最小 Pt100, 82.3Ω/-40℃；最大 Pt100, 194.1Ω/250℃ 分辨率：0.1℃ 精度：1.0%（全量程）	
	模拟量输出	输出路数：1 输出信号范围：电压 0～10V 或 -10～10V，电流 4～20mA 分辨率：1/256（当输出信号范围是 -10～10V 时为 1/512） 精度：1.0%（全量程）	
	转换时间	最大 60ms/单元	
温度传感器单元	型号	CPM1A-TS001/TS002	CPM1A-TS101/102
	输入类型	热电偶：K1、K2、J1、J2 之间选一 （由旋转开关设定）	铂热电阻，Pt100、JPt100 之间选一 （由旋转开关设定）
	输入点数	TS001、TS101：2 点 TS002、TS102：4 点	
	精度	1.0%（全量程）	
	转换时间	250ms/所有点	
	温度转换	4 位 16 进制	
	绝缘方式	光电耦合绝缘（各温度输入信号之间）	

表 2-50　CMP1A 通信单元的规格

名　称	项　目	规　格
RS232C 通信适配器	型　号	CPM1-CIF01
	功　能	在外设端口和 RS232C 口之间作电平转换
RS422 通信适配器	型　号	CPM1-CIF11
	功　能	在外设端口和 RS422 口之间作电平转换
外设端口转换电缆	型　号	CQM1-CIF01/CIF02
	功　能	PC 外设端口与 25/9 引脚的计算机串行端口连接时用（电缆长度：3.3m）

（续）

名　称	项　目	规　格
链接适配器	型　号	B500-AL004
	功　能	用于个人计算机 RS232C 口到 RS422 口的转换
CompoBus/S I/O 链接单元	型　号	CPM1A-SRT21
	功　能	主单元/从单元：CompoBus/S 从单元 I/O 点数：8 点输入，8 点输出 占用 CPM1A 的通道：1 个输入通道，1 个输出通道（与扩展单元相同的分配方式） 节点号：用 DIP 开关设定

表 2-51　CPM1A 系列 PLC 的性能指标

项　目		10 点 I/O 型	20 点 I/O 型	30 点 I/O 型	40 点 I/O 型
控制方式		存储程序方式			
输入输出控制方式		循环扫描方式和即时刷新方式并用			
编程语言		梯形图方式			
指令长度		1 步/1 指令、1～5 步/1 指令			
指令 种类	基本指令	14 种			
	应用指令	79 种、139 条			
处理 速度	基本指令	LD 指令：1.72μs			
	应用指令	MOV 指令：16.3μs			
程序容量		2048 字			
最大 I/O 点数	仅本体	10 点	20 点	30 点	40 点
	扩展时	—	—	50 点、70 点、90 点	60 点、80 点、100 点
输入继电器（IR）		IR00000～00915		不作为 I/O 继电器使用的通道，可作为内部辅助继电器使用	
输出继电器（IR）		IR01000～01915			
内部辅助继电器（IR）		512 点：IR20000～23115（IR200～231）			
特殊辅助继电器（SR）		384 点：SR23200～25515（SR232～255）			
暂存继电器（TR）		8 点：TR0～TR7			
保持继电器（HR）		320 点：HR0000～1915（HR00～19）			
辅助记忆继电器（AR）		256 点：AR0000～1515（AR00～15）			
链接继电器（LR）		256 点：LR0000～1515（LR00～15）			
定时器/计数器 （TIM/CNT）		128 点：TIM/CNT000～127 100ms 型：TIM000～127 10ms 型（高速定时器）：TIM000～127（与 100ms 定时器号共用）　减法计数器、可逆计数器			
数据 存储器 （DM）	可读/写	1002 字：DM0000～0999、DM1022～1023			
	故障履历存入区	22 字：DM1000～1021			
	只读	456 字：DM6144～6599			
	PC 系统设定区	56 字：DM6600～6655			

（续）

项 目	10 点 I/O 型	20 点 I/O 型	30 点 I/O 型	40 点 I/O 型
停电保持功能	保持继电器（HR）、辅助记忆继电器（AR）、计数器（CNT）、数据内存（DM）的内容保持			
内存后备	快闪内存：用户程序、数据内存（只读）（无电池保持） 超级电容：数据内存（读/写）、保持继电器、辅助记忆继电器、计数器（保持 20 天/环境温度 25℃）			
输入时间常数	可设定 1ms/2ms/4ms/8ms/16ms/32ms/64ms/128ms 中的一个			
模拟电位器	2 点（BCD：0~200）			
输入中断	2 点	4 点		
快速响应输入	与外部中断输入共用（最小输入脉冲宽度 0.2ms）			
间隔定时器中断	1 点（0.5~319968ms、单次中断模式或重复中断模式）			
高速计数器	1 点单相 5kHz 或两相 2.5kHz（线性计数方式）递增模式：0~65535（16 位）、增减模式：−32767~+32767（16 位）			
脉冲输出	1 点 20Hz~2kHz（单相输出：占空比 50%）			
自诊断功能	CPU 异常（WDT）、内存检查、I/O 总线检查			
程序检查	无 END 指令、程序异常（运行时一直检查）			

表 2-52　CPM1A 系列 PLC 的扩展配置及 I/O 点编号

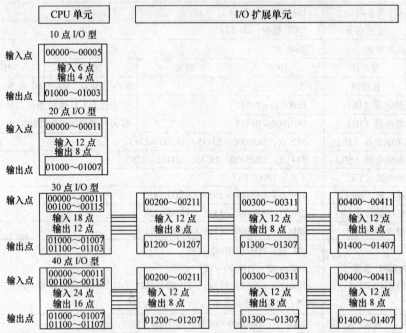

2.3.3　日本 OMRON 公司小型 PLC 的软件指令系统列表

PLC 的特点之一，就是编程简单。梯形图是各种 PLC 通用的语言，它接近于电气控制原理图，因此直观易懂，容易掌握；但其缺点是对编程器的要求较高，需使用图形编程器才能将梯形图程序输入 PLC。因此，人们又设计一种语句表编程方法，将梯形图转化为语句表后，用简易编程器就可将其输入到 PLC 内存中。语句表和微机的汇编语言形式类似，是由一条条指令组成的，但 PLC 的指令系统要比汇编语言简单得多。各厂家生产的 PLC 不同，指令系统也不相同。

CPM1A 系列 PLC 的指令根据功能分为基本指令和应用指令两大类。基本指令直接对输入输出点进行操作，包括输入、输出和逻辑"与""或""非"基本运算等。应用指令包括定时/计数指令、联锁指令、跳转指令、数据比较指令、数据移位指令、数据传送指令、数据转换指令、十进制运算指令、二进制运算指令、逻辑运算指令、子程序控制指令、高速计数器控制指令、脉冲输出控制指令、中断控制指令、步进指令及一些特殊指令等。

CPM1A 的绝大多数应用指令都有微分型和非微分型两种形式，微分型指令是在指令助记符前加 @ 标记。只要执行条件为 ON，指令的非微分形式在每个循环周期都将执行；而微分指令仅在执行条件由 OFF 变为 ON 时才执行一次。如果执行条件不发生变化，或者从上一个循环周期的 ON 变为 OFF，微分指令是不执行的。图 2-3 所示为数据传送指令 MOV（21）的两种形式，其中图 a 为非微分型的，只要执

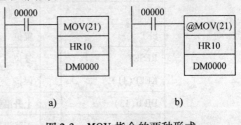

图 2-3 MOV 指令的两种形式
a) 非微分型 b) 微分型

行条件 00000 为 ON 时，就执行 MOV（21）指令，将 HR10 通道中的数据传送到 DM0000 中去。所以如果 00000 为 ON 的时间很长，则会执行很多次 MOV（21）指令。图 b 中指令为微分型的，只有当执行条件 00000 由 OFF 变为 ON 时，才执行一次 MOV（21）指令，将 HR10 通道中的数据传送到 DM0000 中去，而当 00000 继续为 ON 时，将不再执行 MOV（21）指令。

用编程器向 LPC 中输入 @ MOV（21）时，先按下"FUN"键，再输入指令码"21"，最后按"NOT"键，其他微分指令的输入方法与之相同。

欧姆龙小型机的软件指令系统表见表 2-53。

表 2-53 欧姆龙小型机软件指令系统表

指令类别	助记符	微分型	指令名称	适 用 机 型			
				CPM1A	CPM2A CPM2C CPM2AE	CQM1	CQM1H
基本指令	LD		装载				
	LD NOT		装载非				
	OUT		输出				

（续）

指令类别	助记符	微分型	指令名称	适用机型			
				CPM1A	CPM2A CPM2C CPM2AE	CQM1	CQM1H
基本指令	OUT NOT		输出非				
	AND		与				
	AND NOT		与非				
	OR		或				
	OR NOT		或非				
	AND LD		与装载				
	OR LD		或装载				
	SET		置位				
	RESET		复位				
	KEEP(11)		保持				
	DIFU(13)		上升沿微分				
	DIFD(14)		下降沿微分				
	NOP(00)		空操作				
	END(01)		结束				
联锁指令	IL(02)		联锁				
	ILC(03)		联锁解除				
跳转指令	JMP(04)		跳转				
	JME(05)		跳转结束				
定时器计数器指令	TIM		定时器				
	TIMH(15)		高速定时器				
	TTIM(−)*		总和定时器	×	×	×	
	TMHH(−)*		1ms 定时器	×		×	×
	TIML(−)*		长定时器	×		×	×
	CNT		计数器				
	CNTR(12)		可逆计数器				
比较指令	CMP(20)		单字比较				
	CMPL(60)*		双字比较				
	BCMP(68)*	@	块比较				

（续）

指令类别	助记符	微分型	指令名称	适用机型			
				CPM1A	CPM2A CPM2C CPM2AE	CQM1	CQM1H
比较指令	TCMP(85)	@	表比较				
	MCMP(－)*	@	多字比较	×	×		
	CPS(－)*		带符号二进制比较	×	×		
	CPSL(－)*		带符号二进制双字比较	×	×		
	ZCP(－)*		区域比较	×			
	ZCPL(－)*		双字区域比较	×			
数据传送指令	MOV(21)	@	传送				
	MVN(22)	@	取反传送				
	XFER(70)	@	块传送				
	BSET(71)	@	块设置				
数据传送指令	XFRB(－)*	@	多位传送	×	×		
	XCHG(73)	@	数据交换				
	DIST(80)	@	单字分配				
	COLL(81)	@	数据调用				
	MOVB(82)	@	位传送				
	MOVD(83)	@	数字传送				
数据移位指令	SFT(10)		移位寄存器				
	SFTR(84)	@	可逆移位寄存器				
	WSFT(16)	@	字移位				
	ASL(25)	@	算术左移				
	ASR(26)	@	算术右移				
	ROL(27)	@	循环左移				
	ROR(28)	@	循环右移				
	SLD(74)	@	一位数字左移				
	SRD(75)	@	一位数字右移				
	ASFT(17)*	@	异步移位寄存器				
递增递减指令	INC(38)	@	递增				
	DEC(39)	@	递减				
十进制运算指令	ADD(30)	@	十进制加法				
	SUB(31)	@	十进制减法				

（续）

指令类别	助记符	微分型	指令名称	适用机型			
				CPM1A	CPM2A CPM2C CPM2AE	CQM1	CQM1H
十进制运算指令	ADDL(54)	@	十进制双字加法				
	SUBL(55)	@	十进制双字减法				
	MUL(32)	@	十进制乘法				
	DIV(33)	@	十进制除法				
	MULL(56)	@	十进制双字乘法				
	DIVL(57)	@	十进制双字除法				
二进制运算指令	ADB(50)	@	二进制加法				
	SBB(51)	@	二进制减法				
	ADBL(-)*	@	二进制双字加法	×	×		
	SBBL(-)*	@	二进制双字减法	×	×		
	MLB(52)	@	二进制乘法				
	DVB(53)	@	二进制除法				
	MBS(-)*	@	带符号二进制乘	×	×		
	DBS(-)*	@	带符号二进制除	×	×		
	MBSL(-)*	@	带符号二进制双字乘	×	×		
	DBSL(-)*	@	带符号二进制双字除	×	×		
数据转换指令	BIN(23)	@	BCD→BIN 变换				
	BCD(24)	@	BIN→BCD 变换				
	BINL(58)	@	双字 BCD→双字 BIN	×			
	BCDL(59)	@	双字 BIN→双字 BCD	×			
	NEG(-)*	@	二进制补码	×			
	NEGL(-)*	@	双字二进制补码	×	×		
	MLPX(76)	@	4→16 译码器				
	DMPX(77)	@	16→4 编码器				
	ASC(86)	@	ASCⅡ转换				
	HEX(-)*	@	ASCⅡ→16 进制	×			
	LINE(-)*	@	列行转换	×	×		
	COLM(-)*	@	行列转换	×	×		
逻辑指令	COM(29)	@	字求反				
	ANDW(34)	@	字逻辑与				

（续）

指令类别	助记符	微分型	指令名称	适 用 机 型			
				CPM1A	CPM2A CPM2C CPM2AE	CQM1	CQM1H
逻辑指令	ORW(35)	@	字逻辑或				
	XORW(36)	@	字逻辑异或				
	XNRW(37)	@	字逻辑同或				
特殊运算指令	APR(–)*	@	算术处理	×	×		
	BCNT(67)*	@	位计数器				
	ROOT(72)	@	平方根	×	×		
浮点运算和转换指令	FIX(–)*	@	浮点→16 位 BIN 转换	×	×	×	
	FIXL(–)*	@	浮点→32 位 BIN 转换	×	×	×	
	FLT(–)*	@	16 位 BIN→浮点转换	×	×	×	
	FLTL(–)*	@	32 位 BIN→浮点转换	×	×	×	
	+F(–)*	@	浮点加	×	×	×	
	–F(–)*	@	浮点减	×	×	×	
	F(–)	@	浮点乘	×	×	×	
	/F(–)*	@	浮点除	×	×	×	
	RAD(–)*	@	角度→弧度转换	×	×	×	
	DEG(–)*	@	弧度→角度转换	×	×	×	
	SIN(–)*	@	SIN 运算	×	×	×	
	COS(–)*	@	COS 运算	×	×	×	
	TAN(–)*	@	TAN 运算	×	×	×	
	ASIN(–)*	@	SIN^{-1} 运算	×	×	×	
	ACOS(–)*	@	COS^{-1} 运算待定	×	×	×	
	ATAN(–)*	@	TAN^{-1} 运算	×	×	×	
	SQRT(–)*	@	平方根运算	×	×	×	
	EXP(–)*	@	指数运算	×	×	×	
	LOG(–)*	@	对数运算	×	×	×	
表格数据指令	SRCH(–)*	@	数据搜索	×			
	MAX(–)*	@	取最大值	×			
	MIN(–)*	@	取最小值	×			
	SUM(–)*	@	求和	×			
	FCS(–)*	@	帧校验	×			

（续）

指令类别	助记符	微分型	指令名称	适 用 机 型			
				CPM1A	CPM2A CPM2C CPM2AE	CQM1	CQM1H
数据控制指令	PID(–)*		PID 控制	×			
	SCL(66)*	@	比例转换	×			
	SCL2(–)*	@	比例转换 2	×			
	SCL3(–)*	@	比例转换 3	×			
	AVG(–)*		平均值	×			
子程序指令	SBS(91)	@	子程序调用				
	SBN(92)		子程序定义				
	RET(93)		子程序返回				
子程序指令	MCRO(99)	@	宏指令				
中断指令	INT(89)*	@	中断控制				
	STIM(69)*	@	间隔计数器				
高速计数器和脉冲输出指令	CTBL(63)*	@	比较表登录		* *		
	INI(61)*	@	工作模式控制				
	PRV(62)*	@	读高速计数器当前值				
	PULS(65)*	@	设置脉冲				
	SPED(64)*	@	速度输出				
	ACC(–)*	@	加速控制	×			
	PLS2(–)*	@	脉冲输出	×	×		
	PWM(–)*	@	可变占空比脉冲输出	×			
	SYNC(–)*	@	同步脉冲控制	×		×	×
步进指令	STEP(08)		单步指令				
	SNXT(09)		步进指令				
I/O 单元指令	IORF(97)	@	I/O 刷新				
	SDEC(78)	@	7 段译码器				
	7SEG(–)*		7 段显示输出	×	×		
	DSW(–)*		数字开关输入	×	×		
	TKY(–)*		十键输入	×	×		
	HKY(–)*		十六键输入	×	×		
串行通信指令	PMCR(–)*	@	通信协议宏	×	×	×	
	TXD(48)*	@	发送	×			

（续）

指令类别	助记符	微分型	指令名称	适用机型			
				CPM1A	CPM2A CPM2C CPM2AE	CQM1	CQM1H
串行通信指令	RXD(47)*	@	接收	×			
	STUP(-)*	@	改变 RS232C 设置	×		×	
网络通信指令	SEND(90)	@	网络发送	×	×	×	
	RECV(98)	@	网络接收	×	×	×	
	CMND(-)*	@	指令发送	×	×	×	
信息显示指令	MSG(46)		信息显示				
时钟指令	SEC(-)*	@	小时→秒	×			
	HMS(-)*	@	秒→小时	×			
调试指令	TRSM(45)		跟踪内存采样	×	×		
故障诊断指令	FAL(06)		故障报警				
	FALS(07)		严重故障报警				
	FPD(-)*		故障点检测	×	×		
进位标志指令	STC(40)	@	设置进位				
	CLC(41)	@	清除进位				

注：1. 表中空格表示指令可用，×表示指令不可用。

　　2. *表示扩展指令，CQM1/CQM1H 在编程前应使用编程器设置其指令代码；但对于其他机型，凡是已注明指令码的扩展指令，其代码分配是固定的，不需要用编程器设置。

　　3. **CPM2AE 不能使用 CTBL 指令，另外，因为 CPM2AE 是继电器输出型，最好不要使用脉冲输出指令。

2.4　法国施耐德公司的 Twido 系列 PLC 的硬、软件资源

　　法国施耐德电气公司作为一个专业致力于电气工业领域的电气公司，拥有悠久的历史和强大的实力，输配电、工业控制和自动化是施耐德电气携手并进的两大领域。其生产的 Twido 系列 PLC 物美价廉，使其雄居于全世界 PLC 生产厂商的五强之列。尤其是近几年亚龙集团公司采用施耐德 TWDLCAA40DRF 型 PLC 生产的 YL - 100A 电工电子及自动化综合实验实训装置被国家教育部采购一举中标，使众多高校都拥有了基于施耐德 PLC 的实验实训装置。

2.4.1　法国施耐德公司 Twido 系列 PLC 简介

　　Twido 是施耐德电气公司的小型 PLC，它由本体和扩展模块组成。本体集成了 CPU、

存储器、电源、输入、输出几部分。Twido PLC 有两种模式：一体型和模块型。一体型包括：10I/O、16I/O、24I/O、40I/O；模块型包括：20I/O、40I/O。使用扩展 I/O 模块可以增加 PLC 的 I/O 点数，它们包括：15 种数字量 I/O 扩展模块、8 种模拟量 I/O 扩展模块。

　　TWDLCAA40DRF 是其一体化的 PLC，外形如图 2-4 所示。本节将以它为典型代表加以介绍。

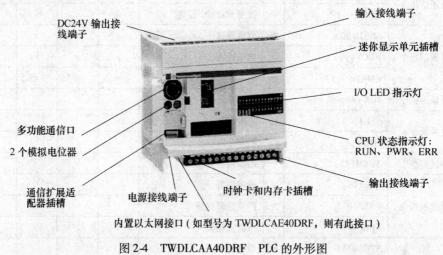

图 2-4　TWDLCAA40DRF　PLC 的外形图

1. Twido 系列 PLC 的主要功能

　　Twido 系列 PLC 默认所有 I/O 均为数字量 I/O。但是，某些 I/O 可以通过配置实现特殊功能，例如：运行/停止输入；输入锁存；高速计数器：单加/减计数器 5kHz（单相）、超高速计数器加/减计数器 20kHz（2 相）；控制器状态输出：脉宽调制（PWM）、脉冲（PLS）发生器输出等。Twido 控制器通过 TwidoSoft 编程可实现以下功能：PWM；PLS；高速计数器和超高速计数器；PID 和 PID 自整定等。其主要功能如下。

　　（1）扫描　常规（循环）或周期（常数）（2~150ms）。

　　（2）执行时间　0.14μs~0.9μs/一条列表指令。

　　（3）存储器容量数据　对所有 PLC 有 3000 个内存字，TWDLCAA10DRF 和 TWDL-CAA16DRF 有 128 个内存位，其他型号控制器有 256 个内存位。

　　（4）程序　一体型 10 I/O PLC 有 700 条列表指令，16 I/O PLC 有 2000 条列表指令；24 I/O PLC 和模块型 2 I/O TWDLMDA20D˙K 控制器有 3000 条列表指令，模块型 20 I/O TWDLMDA20DRT 控制器、模块型 40 I/O 控制器和一体型 40 I/O 控制器有 6000 条列表指令（带有一块 64KB 卡，否则为 3000 条列表指令）。

　　（5）RAM 备份　所有 PLC 在锂电池充满电后，通过内部锂电池备份在 25°C（77°F）下，大约可持续 30d（典型）。电池从 0% 到 90% 的充电时间为 15h。在充电 9h 使用 15h 的情况下，电池寿命大约为 10 年。电池不可更换。对 40DRF 一体型 PLC，在正常的工作环境下（无长时间断电），通过外部可更换的锂电池（除内部锂电池外），在 25℃（77°F）下，大约可持续 3 年（典型）。前面板上的 BAT LED 指示灯会显示电池供电状态。

（6）编程端口　所有 PLC 都配置有 EIA RS-485。对 TWDLCAE40DRF 一体型 PLC，内置有 RJ 45 以太网通信口。

（7）扩展 I/O　模块一体型 10 和 16 I/O PLC 没有扩展模块，一体型 24 和模块型 20 I/O PLC 最多可接 4 个扩展 I/O 模块，模块型 40 I/O PLC 和 40 I/O PLC 最多可接 7 个扩展 I/O 模块。

（8）AS-IV2 总线接口模块　一体型 10 和 16 I/O PLC 无 AS-I 总线接口模块，24 I/O 和 40 I/O 一体型 PLC、20 I/O 和 40 I/O 模块型 PLC，最多可接 2 个 AS－I 总线接口模块。

（9）远程连接通信　通过远程 I/O 或对等 PLC 可连接最多 7 个从设备，整个网络的最大长度为 200m（650ft）。

（10）Modbus 通信　非隔离 EIA RS-48 型，最大长度为 200m。ASCII 或 RTU 模式。

（11）以太网通信　TWDLCAE40DRF 一体型 PLC 和 499TWD01100 以太网接口模块，通过内置 RJ45 口，利用 TCP/IP 协议的 100Base-TX 自适应以太网通信。

（12）ASCII 通信　设备采用半双工协议。

（13）特殊功能模块。

1）PWM/PLS 所有模块和 40 I/O 一体型控制器为 2。

2）高速计数器 TWDLCA. 40DRF 一体型 PLC 为 4，其他一体型 PLC 为 3，所有模块型 PLC 为 2。

3）超高速计数器 TWDLCA. 40DRF 一体型控制器为 2，其他一体型 PLC 为 1，所有模块型 PLC 为 2。

（14）模拟电位器　24 I/O 和 40 I/O 一体型控制器为 2，其他所有 PLC 均为 1。

（15）内置模拟量通道　一体型 PLC 无，模块型 PLC 为 1 输入。

（16）可编程输入滤波器　通过配置可以改变输入滤波时间，无滤波或滤波时间为 3ms 或 12ms，I/O 点将被成组配置。

（17）特殊 I/O。

1）输入。RUN/STOP 为任何一个基本输入；锁存为最多 4 个输入（% I0.2 到% I0.5）；对于有内置模拟量输入功能的 PLC，内置模拟量输入连接到% IW0.1；高速计数器为最大 5kHz；超高速计数器为最大 20kHz；频率计为 1kHz 到最大 20kHz。

2）输出。PLC 状态输出为 3 个输出中的任何 1 个（% Q0.1 到% Q0.3）；PLS 为最大 7kHz；PWM 为最大 7kHz。

（18）通信　Twido PLC 具有一个或可选择的第二个串行口，用于提供实时或系统管理服务。实时服务提供用于和 I/O 设备交换数据的数据分发功能，同时还提供用于和外部设备通信的信息服务。系统管理服务通过 TwidoSoft 管理和配置 PLC。任何一个串行口都可用来提供这些服务，但只有串口 1 能用于和 TwidoSoft 通信。每一个 PLC 上有 3

种协议支持这些服务：①远程连接；②Modbus；③ASCII。另外 TWDLCAE40DRF 一体型 PLC 特别内置了 RJ45 以太网通信端口，可以通过网络完成所有的实时通信和系统管理任务。以太网通信遵循 ModbusTCP/IP 协议。采用所有 3 种协议的通信结构如图 2-5 所示。

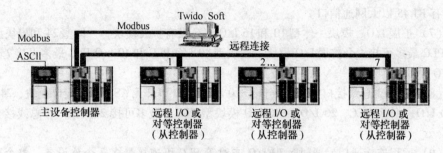

图 2-5 采用所有 3 种协议的通信结构

注：注意"Modbus"和"远程连接"通信的协议不能同时出现。

1）远程连接协议。远程连接协议是一种高速主/从总线，专门用于在主从 PLC 之间进行小容量数据交换，从 PLC 最大可接 7 个。根据远程 PLC 的配置，传输相应的应用和 I/O 数据。远程 PLC 的类型可以是远程 I/O 扩展或对等 PLC。

2）Modbus 协议。Modbus 协议是一种主/从协议，它允许一个主 PLC 对从 PLC 请求回应并基于请求执行命令。主机可以单独对一个从机发送命令，或是以广播方式对所有从机发送命令。从机对每一个单独发送给他们的查询做出响应。但对广播方式查询不做响应。

① Modbus 主模式。Modbus 主模式允许 PLC 开始一个 Modbus 发送查询，同时等待 Modbus 从机的响应。

② Modbus 从模式。Modbus 从模式允许 PLC 应答一个 Modbus 主机的查询。如果第二个串行口通信未被配置，默认为此模式。

3）Modbus TCP/IP 协议。注意只有内置以太网接口的 TWDLCAE40DRF 系列一体型 PLC 才支持 Modbus TCP/IP 协议。

Modbus 应用协议（MBAP）是一种七层协议，支持 PLC 与网络上其他节点进行对等通信。Twido TWDLCAE40DRF 在以太网上采用 Modbus TCP/IP 客户端/服务器通信。Modbus 协议包是一种典型的请求-响应交换信息方式。PLC 根据查询还是回应信息来决定是作为客户端还是服务器。从传统的 Modbus 意义上说，Modbus TCP/IP 客户端等同于 Modbus 主 PLC，而 Modbus TCP/IP 服务器等同于 Modbus 从 PLC。

4）ASCII 协议。ASCII 协议允许 PLC 和一个字符终端设备之间进行通信，如打印机等。

2. 一体型 TWDLCAA40DRF PLC 的主要使用特点

（1）供电电源 100/240V AC。

（2）输入类型 DC 24V，共有 24 路，编号为%I0.0 ~ %I0.23。

（3）输出类型 2 路晶体管输出（% Q0.0 和% Q0.1）；14 路继电器输出，其中，公共端 COM2 对应% Q0.2 ~ % Q0.5；公共端 COM3 对应% Q0.6 ~ % Q0.9；公共端 COM4 对应% Q0.10 ~ % Q0.13；公共端 COM5 对应% Q0.14；公共端 COM6 对应% Q0.15。

（4）丰富的软元件

1）内部位。最高 256 点。

2）定时器。最高 128 点。

3）计数器。128 点。

4）数据寄存器。3000 字。

5）高速计数器。20kHz 双相和 5kHz 单相；最多可达 6 个。

6）脉冲输出。7kHz；最多可达 2 个。

3. TWDLCAA40DRF 的硬件接线

1）DC 漏极输入接线图如图 2-6 所示。

2）AC 电源和继电器输出接线图如图 2-7 所示。

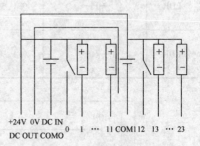

图 2-6 DC 漏极输入接线图

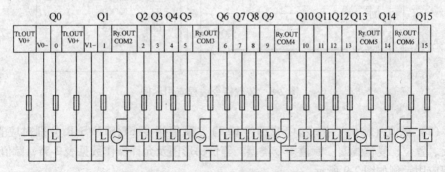

图 2-7 AC 电源和继电器输出接线图

2.4.2 法国施耐德公司 Twido 系列 PLC 基本指令编程应用

（1）装载指令 装载指令 LD/LDN/LDR/LDF 分别对应于常开、常闭、上升沿和下降沿触点。装载指令类型、等价梯形图及允许操作数见表 2-54，装载指令编程应用示例如图 2-8 所示。

表 2-54 装载指令类型、等价梯形图及允许操作数

列表指令	等价梯形图	允许操作数
LD	⊣ ⊢	0/1,% 1,% 1A,% 1WCx. y. z: Xk,% Q,% QA,% M,% S,% X,% BLK. x,%: Xk, [

（续）

列表指令	等价梯形图	允许操作数
LDN	—|/|—	0/1,% 1,% 1A,% 1WCx. y. z: Xk,% Q,% QA,% M,% S,% X,% BLK. x,%: Xk,[
LDR	—|P|—	%1,%1A,%M
LDF	—|N|—	%1,%1A,%M

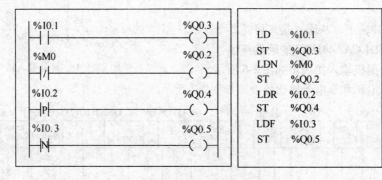

图 2-8　装载指令编程应用示例

（2）赋值（输出）指令（ST/STN/R/S）　赋值指令 ST/STN/S/R 分别对应直接、取反、置位、复位线圈。赋值指令类型、等价梯形图及允许操作数见表 2-55，赋值指令编程应用示例如图 2-9 所示。

表 2-55　赋值指令类型、等价梯形图及允许操作数

列表指令	等价梯形图	允许操作数
ST	（ ）	%Q,%QA,%M,%S,%BLK. x,%: Xk
STN	（/）	%Q,%QA,%M,%S,%BLK. x,%: Xk
S	（S）	%Q,%QA,%M,%S,%X,%BLK. x,%: Xk
R	（R）	%Q,%QA,%M,%S,%X,%BLK. x,%: Xk

（3）逻辑与指令（AND/ANDN/ANDR/ANDF）　逻辑与指令执行操作数（或它的取反数、或上升沿、或下降沿）和前面指令的布尔运算结果间的逻辑与操作。逻辑与指令类型、等价梯形图及允许操作数见表 2-56，逻辑与指令编程应用示例如图 2-10 所示。

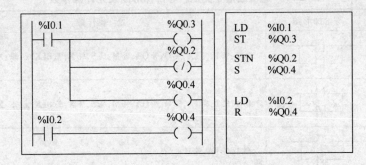

图 2-9 赋值指令编程应用示例

表 2-56 逻辑与指令类型、等价梯形图及允许操作数

列表指令	等价梯形图	允许操作数
AND	—| |— |—	0/1,％1,％1A,％Q,％QA,％M,％S,％X,％BLK. x,％：Xk, [
ANDN	—| |— |/|—	0/1,％1,％1A,％Q,％QA,％M,％S,％X,％BLK. x,％：Xk, [
ANDR	—| |— |P|—	％1,％1A,％M
ANDF	—| |— |N|—	％1,％1A,％M

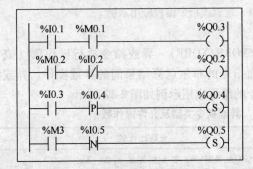

图 2-10 逻辑与指令编程应用示例

（4）逻辑或指令（OR/ORN/ORR/ORF） 逻辑或指令执行操作数（或它的取反数、或上升沿、或下降沿）和前面指令的布尔运算结果间的逻辑或操作。逻辑或指令类型、等价梯形图及允许操作数见表 2-57，逻辑或指令编程应用示例如图 2-11 所示。

表 2-57　逻辑或指令类型、等价梯形图及允许操作数

列表指令	等价梯形图	允许操作数
OR		$0/1,\%1,\%1A,\%Q,\%QA,\%M,\%S,\%X,\%BLK.x,\%:Xk$
ORN		$0/1,\%1,\%1A,\%Q,\%QA,\%M,\%S,\%X,\%BLK.x,\%:Xk$
ORR		$\%1,\%1A,\%M$
ORF		$\%1,\%1A,\%M$

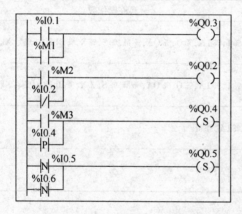

图 2-11　逻辑或指令编程应用示例

（5）异或指令（XOR/XORN/XORR/XORF）　异或指令执行操作数（或它的反转数、或上升沿、或下降沿）和前面指令的布尔运算结果间的异或操作。异或指令类型及允许操作数见表 2-58，异或指令的编程应用示例如图 2-12 所示。

表 2-58　异或指令类型及允许操作数

列表指令	允许操作数
XOR	$\%1,\%1A,\%Q,\%QA,\%M,\%S,\%X,\%BLK.x,\%:Xk$
XORN	$\%1,\%1A,\%Q,\%QA,\%M,\%S,\%X,\%BLK.x,\%:Xk$
XORR	$\%1,\%1A,\%M$
XORF	$\%1,\%1A,\%M$

（6）取反指令（N）　取反（N）指令将前面指令的布尔运算结果取反。取反指令编程应用示例如图 2-13 所示。

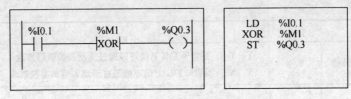

图 2-12　异或指令的编程应用示例

（7）定时器功能模块（%TMi）

1）Twido PLC 可提供 128 个定时器（i = 0 ~ 127），定时器有三种类型，可在配置时设定为：

①TON（导通延时定时器）。这种定时器用于控制导通延时动作。

②TOF（关断延时定时器）。这种定时器用于控制关断延时动作。

③TP（脉冲发生定时器）。这种定时器用于产生精确宽度的脉冲。

延时或脉冲周期可编程，并且可使用 TwidoSoft 进行修改。定时器功能模块图例如图 2-14 所示。定时器参数见表 2-59。

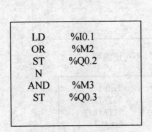

图 2-13　取反指令编程应用示例

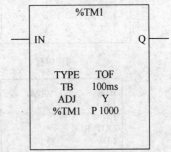

图 2-14　定时器功能模块图例

表 2-59　定时器参数表

参　　数	标识	值
定时器编号	% TMi	0 到 63：TWDLCAA10DRF 和 TWDLCAA16DRF 0 到 127 对所有其他控制器
类型	TON	定时器导通-延时（默认）
	TOF	定时器关断-延时
	TP	脉冲（单稳态）
时基	TB	1min（默认），1s，100ms，10ms，1ms
当前值	% TMi. V	当定时器工作时，该字从 0 增加到%TMi. P。可被程序读和测试，但不可写。%TMi. V 可以通过活动表编辑器修改
预置值	% TMi. P	0 ~ 9999，该字可读，测试和被写，默认值是 9999。周期或产生的延时为%TMi. P x TB

（续）

参　　数	标识	值
动态监控表编辑器	Y/N	Y：Yes，预置%TMi．P 值可以通过活动表编辑器修改 N：No，预置%TMi．P 值不能通过活动表编辑器被修改
输入使能 （或指令）	IN	上升沿（TON 或 TP 类型）或下降沿（TOF 类型）启动定时器
定时器输出	Q	根据执行功能的类型，相关位%TMi．Q 置为 1：TON、TOF 或 TP

2）定时器编程和配置。不管定时器功能模块（%TMi）用途如何，它们的编程方法均相同。定时器功能（TON、TOF 或 TP）在配置中选定。定时器功能模块可逆和不可逆编程应用示例如图 2-15 所示。

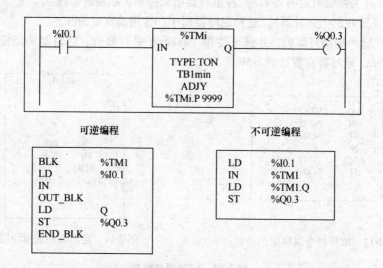

图 2-15　定时器功能模块可逆和不可逆编程应用示例

下面参数必须在配置中输入：

①定时器类型。TON、TOF 或 TP。

②时基。1min，1s，100ms，10ms 或 1ms。

③预置值（%TMi．P）。0 到 9999。

④可调节。复选或不复选。

（8）加/减计数器功能模块（%Ci）

1）计数器功能模块（%Ci）提供事件的加和减计数。这两种运算可以同时进行。加/减计数器功能模块图例如图 2-16 所示。寄存器功能模块参数见表 2-60。

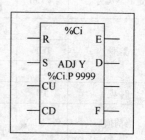

图 2-16　加/减计数器
功能模块图例

表 2-60　寄存器功能模块参数

参　数	标识	值
计数器编号	%Ci	0 到 127
当前值	%Ci.V	字根据输入（或指令）CU 和 CD 被增加或减少。可被程序读和测试，但不可写。使用数据编辑器修改%Ci.V
预置值	%Ci.P	0≤%Ci.P≤9999 能被读、测试和写（默认值：9999）
用活动表编辑器编辑	ADJ	Y：Yes，预置值可以通过活动表编辑器修改 N：No，预置值不能使用活动表编辑器修改
输入（或指令）复位	R	状态为 1：%Ci.V = 0
输入（或指令）预置	S	状态为 1：%Ci.V = %Ci.P.
加运算输入（或指令）	CU	在上升沿增加%Ci.V
减运算输入（或指令）	CD	在上升沿减少%Ci.V
减运算溢出输出	E（Empty）	当减计数器%Ci.V 从 0 变到 9999 时，相关%Ci.E = 1（当%Ci.V 到达 9999 时置为 1，如果计数器继续减少则复位为 0）
预置输出达到	D（完成）	当%Ci.V = %Ci.P 时，相关位%Ci.D = 1
加运算溢出输出	F（Full）	当%Ci.V 从 9999 变到 0 时，相关位%Ci.F = 1（当%Ci.V 到达 0 时置为 1，如果计数器继续增加则复位为 0）

2）计数器编程和配置。图 2-17 所示是一个提供高达 9999 条计数的计数器编程应用示例。输入%I1.2 的每个脉冲（当内部位%M0 置为 1 时）都使计数器%C8 增加，直至达到它的预置值（位%C8.D = 1）。计数器的值由输入%I1.1 复位。计数器功能模块可逆编程和不可逆编程应用示例如图 2-18 所示。

下面参数必须在配置中输入：

①预置值（%Ci.P），此例中设为 9999。

②可调节，是。

（9）步进计数器功能模块（%SCi）　步进计数器功

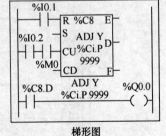

梯形图

图 2-17　计数器编程应用示例

能模块（%SCi）提供了一系列的步，这些步可赋值给动作。从一个步移动到另一个步取决于外部或内部事件。每当一个步处于激活状态时，相关位被置为 1。步进计数器在一个时刻只能有一个步被激活。步进计数器功能模块示例如图 2-19 所示。

步进计数器功能模块参数见表 2-61。步进计数器功能模块编程应用示例如图 2-20 所示。

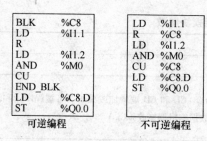

```
BLK      %C8
LD       %I1.1
R
LD       %I1.2
AND      %M0
CU
END_BLK
LD       %C8.D
ST       %Q0.0
```
可逆编程

```
LD       %I1.1
R        %C8
LD       %I1.2
AND      %M0
CU       %C8
LD       %C8.D
ST       %Q0.0
```
不可逆编程

图 2-18　计数器功能模块可逆编程和
不可逆编程应用示例

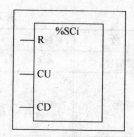

图 2-19　步进计数器功能模块示例

表 2-61　步进计数器功能模块参数

参　数	标　识	值
步进计数器编号	%SCi	0～7
步进计数器位	%SCi.j	步进计数器的位 0 到 225（j = 0 到 225）可被装载逻辑测试，且由赋值指令写
输入（或指令）复位	R	当功能块参数 R 为 1 时，将复位步进计数器
输入（或指令）增加	CU	其上升沿将步进计数器增加一步
输入（或指令）减少	CD	其上升沿将步进计数器减少一步

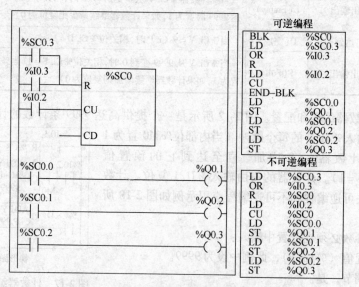

图 2-20　步进计数器功能模块编程应用示例

1）步进计数器 0 由输入 %I0.2 增加。

2）步进计数器 0 由输入 %I0.3 或当它达到步 3 时复位到 0。

3）步 0 控制输出 %Q0.1，步 1 控制输出 %Q0.2，步 2 控制输出 %Q0.3。

4）此例中还示出可逆和不可逆编程。

（10）Grafcet 语言编程

1）Grafcet 指令描述。TwidoSoft 中 Grafcet 指令提供了翻译控制顺序的一个简单方法（Grafcet 表）。Grafcet 的最大步数取决于 Twido 控制器的型号。任何时刻活动步的数目仅由步的总数目所限制。对于 TWDLCAA40DRF，可使用步为 1 到 95。Grafcet 表编程所需的所有指令和对象见表 2-62。

表 2-62　Grafcet 表编程所需的所有指令和对象

图形表示（1）	TwidoSoft 语言抄本	功　　能
图例： 初始步 转换 步	= * = i	开始初始步（2）
	#i	在停止当前步后激活步 i
	– * – i	开始步 i 并使相关转换有效（2）
	#	停止当前步并不激活其他任何步
	#Di	停止步 i 和当前步
	= * = POST	开始后处理并结束顺序处理
	% Xi	步 i 的相关位，可以被测试和被写（步的最大数目取决于控制器）
Xi —||—	LD% Xi，LDN% Xi，AND% Xi，ANDN% Xi，OR% Xi，ORN% Xi，XOR% Xi，XORN% Xi，	测试步 i 的活动性
Xi —(S)—	S% Xi	激活步 i
Xi —(R)—	R% Xi	停止步 i

2）Grafcet 示例。

①线性顺序。线性顺序的编程应用示例如图 2-21 所示。

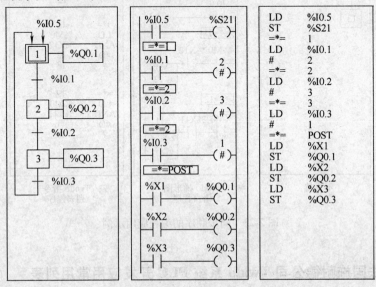

图 2-21　线性顺序的编程应用示例

②并列顺序。并列顺序的编程应用示例如图 2-22 所示。

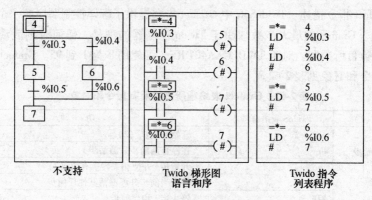

图 2-22　并列顺序的编程应用示例

③同步顺序。同步顺序的编程应用示例如图 2-23 所示。

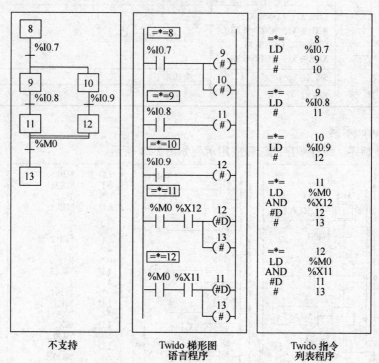

图 2-23　同步顺序的编程应用示例

2.4.3　法国施耐德公司 Twido 系统 PLC 开发应用常用列表

（1）Twido 系统对象和变量列表　Twido 系统对象和变量列表见表 2-63。

表 2-63　Twido 系统对象和变量列表

对象	变量/属性	描述	访问
输入	% Ix. y. z	值	读/强制
输出	% Qx. y. z	值	读/写/强制
定时器	% TMX. V	当前值	读/写
	% TMX. P	预置值	读/写
	% TMX. Q	完成	读
计数器	% Cx. V	当前值	读/写
	% Cx. P	预置值	读/写
	% Cx. D	完成	读
	% Cx. E	空	读
	% Cx. F	满	读
存储位	% Mx	值	读/写
存储字	% MWx	值	读/写
常量字	% KWx	值	读
系统位	% Sx	值	读/写
系统字	% SWx	值	读/写
模拟输入	% IWx. y. z	值	读
模拟输出	% QWx. y. z	值	读/写
高速计数器	% FCx. V	当前值	读
	% FCx. VD *	当前值	读
	% FCx. P	预设值	读/写
	% FCx. PD *	预设值	读/写
	% FCx. D	完成	读
超高速计数器	略	当前值	读
输出网络字	% QNWx. z	值	读/写
Grafcet	% Xx	步位	读
脉冲发生器	% PLS. N	脉冲数	读/写
	% PLS. ND *	脉冲数	读/写
	% PLS. P	预设值	读/写
	% PLS. D	完成	读
	% PLS. Q	当前输出	读
脉宽调节器	% PWM. R	比率	读/写
	% PWM. P	预置值	读/写
鼓形控制器	% DRx. S	当前步数满	读
	% DRx. F		读
步进计数器	% SCx. n	步进计数器位	读/写

（续）

对象	变量/属性	描述	访问
寄存器	%Rx. I	输入	读/写
	%Rx. O	输出	读/写
	%Rx. E	空	读
	%Rx. F	满	读
移位寄存器	%SBR. x. yy	寄存器位	读/写
消息	%MSGx. D	完成	读
	%MSGx. E	错误	读
AS-I 从设备输入	%IAx. y. z	值	读/强制
AS-I 模拟从设备输入	%IWAx. y. z	值	读
AS-I 从设备输出	%QAx. y. z	值	读/写/强制
AS-I 模拟从设备输出	%QWAx. y. z	值	读/写
CANopen 子站 PDO 输入	%IWCx. y. z	单字值	读
CANopen 子站 PDO 输出	%QWCx. y. z	单字值	读/写

（2）Twido 列表编程指令

1）测试指令。测试指令见表 2-64。

表 2-64 测试指令

名　称	等价梯形图元素	功　能
LD	—| |—	布尔运算结果与操作数状态相同
LDN	—|/|—	布尔运算结果为操作数状态取反
LDR	—|P|—	当检测到操作数（上升沿）从 0 变为 1 时布尔运算结果变为 1
LDF	—|N|—	当检测到操作数（下降沿）从 1 变为 0 时布尔运算结果变为 1
AND	—| |—| |—	布尔运算结果等于前面指令布尔运算结果和操作数状态的逻辑与结果
ANDN	—| |—|/|—	布尔运算结果等于前面指令布尔运算结果和操作数状态取反的逻辑与结果
ANDR	—| |—|P|—	布尔运算结果等于前面指令布尔运算结果和操作数上升沿（1 = 上升沿）检测的逻辑与结果
ANDF	—| |—|N|—	布尔运算结果等于前面指令布尔运算结果和操作数下降沿（1 = 下降沿）检测的逻辑与结果
OR	—| |—| |—	布尔运算结果等于前面指令布尔运算结果和操作数状态的逻辑或结果

（续）

名　称	等价梯形图元素	功　能
AND（	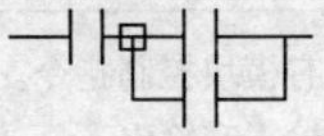	逻辑与（8 层嵌套）
OR（		逻辑或（8 层嵌套）
XOR，XORN，XORR，XORF	XOR XORN XORR XORF	异或
MPS MRD MPP	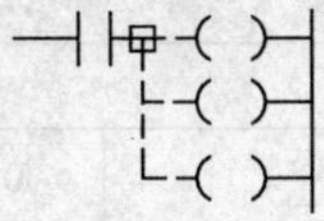	转换到线圈
N	—	取反（NOT）

2）动作指令。动作指令见表 2-65。

表 2-65　动作指令

名　称	等价梯形图元素	功　能
ST	—( )—	相关操作数取值为测试区结果值
STN	—(/)—	相关操作数取值为测试区结果值取反
S	—(S)—	当测试区结果为 1 时相关操作数置为 1
R	—(R)—	当测试区结果为 1 时相关操作数置为 0
JMP	—	无条件向上或向下转移到一个标记序列
SRn	->>%SRi	转移到子程序开始
RET	<RET>	从子程序返回
END	<END>	程序结束
ENDC	<ENDC>	布尔运算结果为 1 时程序结束
ENDCN	<ENDCN>	布尔运算结果为 0 时程序结束

3）模块功能指令。功能模块指令见表 2-66。

表 2-66 功能模块指令

名称	等价梯形图元素	功 能
定时器，计数器，寄存器等		每个功能模块均有模块控制指令。一个结构化的格式直接用于硬连线模块的输入和输出 注意：功能模块的输出不能互相连接（垂直短接）

（3）Twido 一体型控制器 I/O 规格

1）DC 输入规格。DC 输入规格见表 2-67。

表 2-67 DC 输入规格

一体型控制器	TWDLCAA10DRF TWDLCDA10DRF	TWDLCAA16DRF TWDLCDA16DRF	TWDLCAA24DRF TWDLCDA24DRF	TWDLCAA40DRF TWDLCAE40DRF
输入节点	1 根公共线 支持 6 个节点	1 根公共线 支持 9 个节点	1 根公共线 支持 14 个节点	2 根公共线 24 个点
额定输入电压	DC 24V 漏/源输入信号			
输入电压范围	DC20.4～28.8V			
额定输入电流	I0 和 I1：11mA I2～I13：7mA/节点（DC 24V）			I0，I1，I6，I7：11mA I2～I5，I8～I23：7mA/节点（DC 24V）
输入阻抗	I0 和 I1：2.1kΩ I2～I13：3.4kΩ			I0，I1，I6，I7：2.1kΩ I2～I5，I8～I23：3.4kΩ
接通时间	I0～I1：35μs + 滤波值 I2～I13：40μs + 滤波值			I0，I1，I6，I7：35μs + 滤波值 I2～I5，I8～I23：40μs + 滤波值
断开时间	I0 和 I1：45μs + 滤波值 I2～I13：150μs + 滤波值			I0，I1，I6，I7：45μs + 滤波值 I2～I5，I8～I23：40μs + 滤波值
隔离	输入端与内部电路之间：光电耦合隔离（隔离保护 500V） 输入端之间：不隔离			
输入类型	类型 1（IEC61131）			
I/O 互联的外部负载	不需要			
信号测量方法	静态			
输入信号类型	输入信号即可以是源极又可以是漏极			
电缆长度	3m（9.84ft）符合抗电磁干扰标准			

2）晶体管源极输出规格。晶体管源极输出规格见表 2-68。

表 2-68　晶体管源极输出规格

一体型控制器	TWDLCAA40DRF 和 TWDLCAE40DRF
输出类型	源极输出
数字量数出点数	2
每根公共线的输出点数	1
额定负载电压	DC 24V
最大负载电流	每根公共线 1A
工作负载电压范围	DC 20.4 ~ 28.8V
电压降落（得电）	最大为 1V（指输出接通时，COM 和输出端的电压）
额定负载电流	每个输出节点 1A
瞬间峰值电流	最大 2.5A
漏电流	最大 0.25mA
指示灯最大负载	19W
感性负载	L/R = 10ms（DC 28.8V，1Hz）
外部电流拉升	最大 12mA，DC 24V（+V 端电源电压）
隔离	输出端和内部电路的隔离：光电耦合隔离（隔离保护 DC 500V） 输出端之间：不隔离
输出延时-开关时间	Q0，Q1：5μs 最大（I≥5mA）

3）继电器输出规格。继电器输出规格见表 2-69。

表 2-69　继电器输出规格

一体型控制器	TWDLCAA10DRF TWDLCDA10DRF	TWDLCAA16DRF TWDLCDA16DRF	TWDLCAA24DRF TWDLCDA24DRF	TWDLCAA40DRF TWDLCDAE40DRF
输出点数	4 个	7 个	10 个	14 个
每个公共端的输出点数:COM0	3 个常开触点	4 个常开触点	4 个常开触点	—
每个公共的输出节点：COM1	1 个常开触点	2 个常开触点	4 个常开触点	—
每个公共端的输出点数：COM2	—	1 个常开触点	1 个常开触点	4 个常开触点
每个公共端的输出点数：COM3	—	—	1 个常开触点	4 个常开触点
每个公共端的输出点数：COM4	—	—	—	4 个常开触点
每个公共端的输出点数：COM5	—	—	—	1 个常开触点
每个公共端的输出点数：COM6	—	—	—	1 个常开触点
最大负载电流	每个节点 2A 每根公共线 8A			
最小开关负载	0.1mA/DC 0.1V（参考值）			
初始接触电阻	30mΩ 最大： 在 AC 240V/2A 负载下（TWDLCA…控制器） 在 DC 30V/2A 负载下（TWDLCD…控制器）			

（续）

| 一体型控制器 | TWDLCAA10DRF | TWDLCAA16DRF | TWDLCAA24DRF | TWDLCAA40DRF |
	TWDLCDA10DRF	TWDLCDA16DRF	TWDLCDA24DRF	TWDLCDAE40DRF
电气寿命	不低于 100 000 次（额定负载电阻 1 800 次/h）			
机械寿命	不低于 20 000 000 次（额定负载 18 000 次/h）			
额定负载（阻性/感性）	AC 240V/2A，DC 30V/2A			
绝缘强度	输出和内部电路之间：AC 1500V，1min			
	输出组（COMs）之间：AC 1500V，1min			

（4）Twido 系统位一览表　Twido 系统位一览表见表 2-70。

表 2-70　Twido 系统位一览表

系统位	功能	描　述	初始状态	控　制
%S0	冷启动处理	一般置为 0，以下情况将其置为 1 1）电源恢复且数据丢失（电池故障） 2）用户程序或动态监控表编辑器 3）操作显示器 该位在第一次扫描时被置为 1，在下一次扫描前被系统置为 0	0	S 或 U→S
%S1	热启动	一般置为 0，以下情况将其置为 1 1）电源恢复且数据保留 2）用户程序或动态监控表编辑器 3）操作显示器 该位在第一次扫描结束时被系统置为 0	0	S 或 U→S
%S4 %S5 %S6 %S7	时基：10ms 时基：100ms 时基：1s 时基：10min	状态变化频率由内部时钟测量。它们与控制器扫描不同步 示例:%S4 5ms 5ms	—	S
%S8	连线测试	初始置为 1，该位用于控制器"非配置"状态测试连线。要修改此位的值，利用操作显示单元改变所需输出状态 1）置为 1，输出复位 2）置为 0，连线测试被允许	1	U
%S9	复位输出	一般置为 0。它可以被程序或终端（通过动态监控表编辑器）置为 1 1）状态为 1 时，若控制器处于运行模式则输出被强制到 0 2）状态为 0 时，输出被正常更新	0	U

（续）

系统位	功能	描　　　述	初始状态	控　制
%S10	I/O 故障	一般置为 1。当检测到 I/O 故障时该位被系统置为 0	1	S
%S11	看门狗溢出	一般置为 0。当程序执行时间（扫描时间）超过最大扫描时间（软件看门狗）时该位被系统置为 1。看门狗溢出导致控制器进入暂停状态	0	S
%S12	PLC 处于运行模式	该位表示控制器处于运行状态。系统在控制器运行时将该位置为 1。在停止、初始化或任何其他状态时置为 0	0	S
%S13	运行的第一个循环	一般置为 0，在控制器变为运行状态后的第一个扫描过程中被系统置为 1	1	S
%S17	容量超出	一般置为 0，在循环或移动操作时，系统把此输出位转换为 1。它必须由用户程序在每次可能产生溢出的操作之后测试，溢出发生后由用户复位到 0	0	S→U
%S18	算术溢出或错误	一般置为 0。它在进行运算时出现溢出的情况下被置为 1	0	S→U
%S19	扫描周期溢出（周期扫描）	一般置为 0，该位在扫描周期溢出（扫描时间大于用户在配置中定义或在 %SWD 中编程的周期）的情况下被系统置为 1 该位由用户复位到 0	0	S→U
%S20	索引溢出	一般置为 0，它在索引对象的地址小于 0 或大于对象的最大地址范围时被置为 1 它必须由用户程序在每次可能产生溢出的操作之后测试，然后在溢出发生后复位到 0	0	S→U
%S21	GRAFCET 初始化	一般置为 0，以下情况将其置为 1： 1）冷重启，%S0 = 1 2）用户程序，只能在预处理程序部分使用 Set 指令（S%S21）或设置线圈-(S)-%S21 3）终端 状态为 1 时，它导致 GRAFCET 初始化。已激活步被停止且激活初始步 它在 GRAFCET 初始化之后被系统复位到 0	0	U→S
%S22	GRAFCET 复位	一般置为 0，只能在被程序预处理时置为 1 状态为 1 时它导致全部 GRAFCET 的活动步停止。它在程序开始执行时由系统复位到 0	0	U→S

（续）

系统位	功能	描　述	初始状态	控　制
%S23	GRAFCET 预置和冻结	一般置为 0，它只能在预处理程序模块时由程序置为 1。置为 1 时，它使 GRAFCET 的预置生效。维持该位在 1 将冻结 GRAFCET（冻结图表）。它在程序开始执行时由系统复位到 0 以保证 GRAFCET 表从冻结状态变为活动状态	0	S→U
%S24	操作显示	一般置为 0，该位可被用户置为 1 1）状态为 0 时，操作显示正常工作 2）状态为 1 时，操作显示被冻结，保持当前显示不变，不能闪烁，且停止输入键处理	0	U→S
%S25	选择操作显示器的显示模式	有两种显示模式：数据模式和正常模式 1）%S25 = 0，正常模式有效。在第一行，能输入对象名（系统字、内存字、系统位），第二行显示当前值 2）%S25 = 1，数据模式有效。在第一行显示 %SW68，在第二行显示 %SW69。%S25 = 1，键盘操作无效 注意：Firmware 版本 V3.0 或更高	0	U
%S26	在操作显示器上选择显示一个有符号或无符号数	两种类型可选：有符号或无符号 1）%S26 = 0，有符号数显示有效（−32768 ~ 32767），+ / − 符号在每行的开头处 2）%S26 = 1，无符号数显示有效（0 ~ 65535），%S26 仅当 %S25 = 1 时被用 注意：Firmware 版本 3.0 或更高	0	U
%S31	事件标志	一般为 1 1）状态为 0 时，事件不能被执行且排队等待 2）状态为 1 时，事件可被执行 该位能被用户或系统设为初始状态 1（冷启动）	1	U→S
%S38	允许事件进入事件队列	一般为 1 1）置为 0 时，事件不能进入事件队列 2）置为 1 时，一旦检测到事件就将它们放置到事件队列 该位能被用户或系统设为初始状态 1（冷启动）	1	U→S

（续）

系统位	功能	描　述	初始状态	控　制
% S39	事件队列饱和	一般为 0 1）置为 0 时，所有事件都被报告 2）置为 1 时，至少一个事件被丢失 该位可由用户和系统（在冷重启情况下）置为 0	0	U→S
% S50	使用字% SW49 到% SW53 更新日期和时间	一般置为 0，该位可被程序或操作显示置为 1 1）置为 0 时，日期和时间均只可读 2）置为 1 时，日期和时间可被更新 控制器内部 RTC 在% S50 下降沿被刷新	0	U→S
% S51	日历时钟状态	一般为 0，该位可被程序或操作显示置为 1 1）置为 0 时，日期和时间是不可变的 2）置为 1 时，日期和时间必须由用户初始化 当该位置为 1 时，日期时钟的时间数据无效。日期和时间可能从未配置过，电池可能电压低，或控制器 RTC 修正量不正确（未配置、修正值和保存值不同或超出范围）。状态 1 到状态 0 的转变强制写入修正常量到 RTC	0	U→S
% S52	RTC 错误	由系统管理的此位表示 RTC 修正值还未输入，且时间和日期是错误的 1）置为 0 时，日期和时间是不可变的 2）置为 1 时，日期和时间必须被初始化	0	S
% S59	使用字% SW59 更新日期和时间	一般置为 0，该位可被程序或操作显示置为 1 1）置为 0 时，不能管理系统字% SW59 2）置为 1 时，日期和时间根据% SW59 设置的控制位的上升沿增加或减少	0	U
% S66	BAT LED（电池指示灯）显示激活/关闭（仅有支持外部电池的控制器型号：TWDLCA ＊ 40DRF）	该系统位可由用户设定，它允许用户点亮或关掉 BAT LED（电池指示灯） 1）设为 0 时，BAT LED 被激活（在上电时，被系统复位到 0） 2）设为 1 时，BAT LED 被关闭（这时即使外部电池电压低或没有外部电池，LED 也不被点亮）	0	S 或 U→S
% S69	用户 STAT LED 显示	置为 0 时，STAT LED 关断 置为 1 时，STAT LED 打开	0	U
% S75	外部电池状态（仅有支持外部电池的控制器型号：TWDLCA ＊ 40DRF）	该系统位由系统设定，它指示外部电池的状态，可由用户读取 1）设定为 0 时，外部电池工作正常 2）设定为 1 时，外部电池电量低，或没装外部电池	0	S

（续）

系统位	功能	描　　述	初始状态	控　制
%S95	恢复存储字	当前面存储内存字到内部 EEPROM 时,可以设置该位。完成后系统将该位置回 0 且恢复的内存字数置于%SW97	0	U
%S96	备份程序完成	该位可在任何时刻被读取(被程序读或调整时读),特别是在冷启动或热重启之后 1)置为 0 时,备份程序无效 2)置为 1 时,备份程序有效	0	S
%S97	保存%MW 完成	该位可在任何时刻被读取(被程序读或调整时读),特别是在冷启动或热重启之后 1)置为 0 时,保存%MW 无效 2)置为 1 时,保存%MW 有效	0	S
%S100	TwidoSoft 通信电缆连接	显示 TwidoSoft 通信电缆是否已连接 1)置为 1 时,没有连接 TwidoSoft 通信电缆或 TwidoSoft 2)置为 0 时,TwidoSoft 通信电缆已连接	—	S
%S101	端口地址(Modbus 协议)改变	用系统字%SW101(端口 1)、%SW102 和(端口 2)来改变端口地址。为改变端口地址,%S101 必须置为 1 1)置为 0,地址不能被改变。%SW101 和%SW102 的值与当前端口地址相匹配 2)置为 1,通过改变%SW101(端口 1)和%SW102(端口 2)的值可修改其地址。系统字修改完毕后,%S101 必须被 0	0	U
%S103 %S104	使用 ASCII 协议	准许在 Comm1(%S103)或 Comm2(%S104)上使用 ASCII 协议。ASCII 协议通过系统字进行配置,%SW103 和%SW105 配置 Comm1,%SW104 和%SW106 配置 Comm2 1)设定为 0 时,它执行 TwidoSoft 中配置的协议 2)置为 1,ASCII 协议用于 Comm1(%S103)或 Comm2(%S104),%SW103 和%SW105 必须提前配置好,且用于 Comm1,%SW104 和%SW106 用于 Comm2	0	U
%S110	远程连接交换	由程序或终端将此位复位为 0 1)对主机,置为 1 表示所有的远程连接交换(仅远程 I/O)完成 2)对从机,置为 1 表示和主机的交换完成	0	S→U

（续）

系统位	功能	描　述	初始状态	控　制
%S111	单一远程连接交换	1）对主机，置为 0 表示单一远程连接交换完成 2）对主机，置为 1 表示单一远程连接交换处于进行中	0	S
%S112	连接远程连接	1）对主机，置为 0 表示远程连接处于激活状态 2）对主机，置为 1 表示远程连接处于非活动状态	0	U
%S113	远程连接配置/操作	1）对主机或从机，置为 0 表示远程连接配置/操作完成 2）对主机，置为 1 表示其远程连接配置/操作出错 3）对从机，置为 1 表示其远程连接配置/操作出错	0	S→U
%S118	远程 I/O 出错	一般置为 1。当远程连接检测到 I/O 故障时该位被置为 0	1	S
%S119	本地 I/O 出错	一般置为 1。当检测到 I/O 故障时该位被置为 0。%SW118 决定故障种类。当故障消除时复位到 1	1	S

2.5　机床电气 PLC 编程所应用的编程器或编程工具软件

2.5.1　从程序输入到程序运行的基本流程

根据上述的各种 PLC 的编程元件、梯形图和指令字指令系统等，凭借经验、参照传统电气（"继-接"）控制系统的设计方法，便可以设计出具有一定功能的 PLC 控制程序。有了编写好的 PLC 控制程序（梯形图、指令表、SFC 等），还必须通过编程器将其输入到 PLC 中，才能使 PLC 执行并完成预定的控制功能。因此，程序的编辑、修改、检查和监控是机床电气 PLC 编程应用中不可缺少的重要内容，是程序正确运行的重要环节。从程序输入到程序运行的基本流程如图 2-24 所示。

用户程序的输入由编程器完成，所以学会了编程器的使用也就学会了程序的输入方法。

2.5.2　图形编程器主要功能及常用编程软件的使用说明

编程器按结构、大小分为便携式编程器和图形编程器两大类。

便携式编程器又称简易编程器，具有体积小、重量轻、价格低廉、使用灵活方便等优点，但只能有指令字形式编程，通过显示器上的指令输入，并由液晶显示器加以显

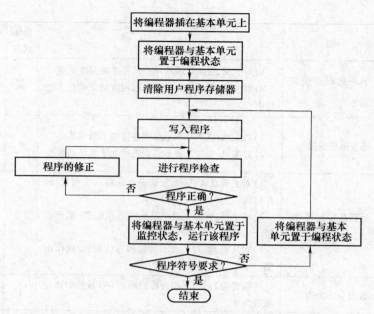

图 2-24　从程序输入到程序运行的基本流程

示。这种编程器的监控功能少，仅适用于小型、微型 PLC 的编程要求。

　　图形编程器的功能比简易编程器要强得多。在程序的输入、编辑方面，它不仅可以使用所有编程语言进行程序的输入与编辑，而且还可以对 PLC 程序、I/O 信号、内部编程元件等加文字注释与说明，为程序的阅读、检查提供了方便。在调试、诊断方面，图形编程器可以进行梯形图程序的实时、动态显示，显示的图形形象直观，可以监控与显示的内容也远比简易编程器要多。在使用操作方面，图形编程器不但可以与 PLC 联机使用，也能进行离线编程，而且还可以通过仿真软件进行系统仿真。图形编程器的主要功能如图 2-25 所示。

　　图形编程器一般体积都比较大，现场调试与服务时使用、携带均不方便。微机加上适当的硬件接口和软件包，也可用来作为图形编程器。该方式可直接编制梯形图，监控和测试功能也很强。对众多拥有微机的用户，可省去 1 台编程器，并可充分利用原有微机的资源。

　　概言之：手动编程的特点是编程器携带方便，但输入程序时对操作人员要求较高；而专用图形编辑编程器的使用范围受到一定的局限，价格通常较高，且其功能与安装了程序开发软件后的通用计算机无实质性的区别，目前已逐步被通用笔记本计算机所代替；计算机编程直观简单，灵活多变，且设计和改动程序方便，是 PLC 首选的编程工具。随着手提计算机和笔记本计算机的应用越来越广泛，手动编程的特点也已经显示不出其优越性。因此，目前 PLC 一般都采用计算机编程。

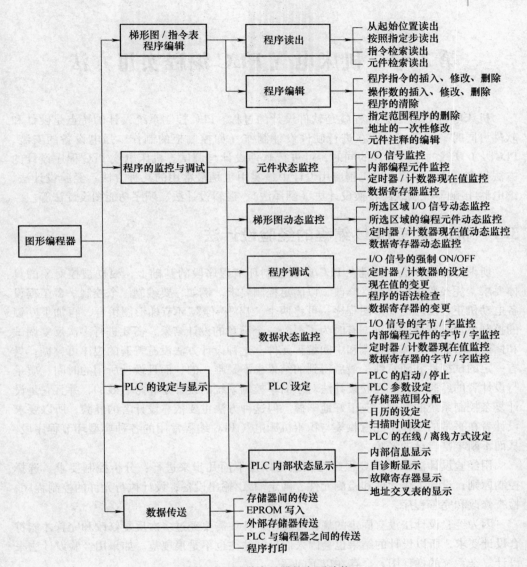

图 2-25　图形编程器的主要功能

第 3 章　机床电气 PLC 编程实用方法

机床电气 PLC 编程过程就是软件设计的过程。PLC 控制系统设计的特点是硬件和软件可同时平行进行。即在进行硬件设计制作（如控制柜的制作、强电设备的安装、PLC 及 I/O 线的连接等）的同时，可进行软件设计与调试。机床电气 PLC 程序设计的方法很多，这里主要介绍工程应用设计中最实用也是最常用的几种方法：经验设计法、继电器-接触器控制线路转换设计法（翻译法）、逻辑设计法、顺序功能图设计法等。

3.1　机床电气 PLC 编程的经验设计法

所谓经验设计法，就是在 PLC 典型控制环节程序段的基础上，根据被控对象的具体要求，凭经验进行组合、修改，以满足控制要求。例如，要编制一个控制一台工程设备电动机正、反转的梯形图程序，可将两个"启-保-停"环节梯形图组合，再加上互锁的控制要求进行修改即可。有时为了得到一个满意的设计结果，需要进行多次反复调试和修改，增加一些辅助触点和中间编程元件。这种设计方法没有普遍的规律可遵循，具有一定的试探性和随意性，最后得到的结果也不是唯一的，而且设计所用的时间、质量与设计者的经验有关。经验设计法对于简单控制系统的设计是非常有效的，并且它是设计复杂控制系统的基础，应很好地掌握。但这种方法主要依靠设计者的经验，所以要求设计者在平常的工作中注意收集与积累机床电气 PLC 编程常用的各种典型环节程序段，从而不断丰富自己的经验。

用经验设计法设计 PLC 程序时大致可以按下面几步来进行：分析控制要求、选择控制原则；设计主令元件和检测元件、确定输入/输出设备；设计执行元件的控制程序；检查修改和完善程序。

因为经验设计法没有固定的规律可遵循，往往需要经过多次反复修改和完善才能符合设计要求，所以设计的结果也会因人而异，往往也不是很规范。如果用经验设计法来设计复杂系统的梯形图，会存在以下问题。

1）考虑不周、设计麻烦、设计周期长。用经验设计法设计复杂系统的梯形图时，需要用大量的中间元件来完成记忆、联锁、互锁等功能，由于需要考虑的因素很多，它们往往又交织在一起，分析起来非常困难，并且也很容易遗漏一些问题。修改某一局部程序时，很有可能会对系统其他部分程序产生意想不到的影响。往往花了很长时间，还得不到一个满意的结果。

2）梯形图的可读性差、系统维护困难。用经验设计法设计的梯形图是按设计者的经验和习惯的思路进行的，没有规律可遵循。因此即使是设计者的同行，要分析这种程序也有一定的困难，更不用说维护人员了，这就给 PLC 系统的维护和改进带来许多困难。

3.1.1 经验设计法编程常用的基本电路环节

1. 自锁、互锁和联锁控制

自锁、互锁和联锁控制是机床电气 PLC 编程中最常用的基本环节。常用于对输入开关和输出映像寄存器的控制电路。

（1）自锁控制　自锁控制是 PLC 控制程序中常用的控制程序形式，也是人们常说的电动机“启-保-停”控制，如图 3-1 所示。

```
LD    L0.1
O     Q0.0
AN    I0.0
AN    I0.2
=     Q0.0
```

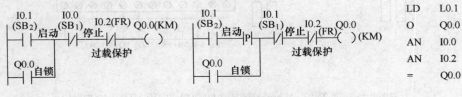

图 3-1　自锁控制

这种依靠自身触点保持继电器（接触器）线圈得电的自锁控制常用于以无锁定开关作启动开关，或用只接通一个扫描周期的触点去启动一个持续动作的控制电路。

（2）互锁控制　互锁控制就是在两个或两个以上输出映像寄存器网络中，只能保证其中一个输出映像寄存器接通输出，而不能让两个或两个以上输出映像寄存器同时输出，避免了两个或两个以上不能同时输出的输出映像寄存器的控制对象同时动作。如图 3-2 所示，Q0.1 和 Q0.0 不能同时动作。电动机的正转和反转、Y-△、高/低速、能耗制动，工作台的前进和后退，摇臂的松开和夹紧，等等都需要这样的控制。

（3）联锁控制　图 3-3 所示是一种互相配合的控制程序段实例。它实现的功能是：只有当 Q0.0 接通时，Q0.1 才有可能接通；只要 Q0.0 断开，Q0.1 就不可能接通。也就是说，一方的动作是以另一方的动作为前提的。这种相互配合的联锁控制常用于一方的动作后才允许另一方动作的对象，例如机床控制中只有冷却风机或油泵电动机先起动后才允许主轴电动机起动等控制电路中。

```
LD    I0.1
O     Q0.0
AN    Q0.1
AN    I0.0
=     Q0.0
LD    I0.2
O     Q0.1
AN    Q0.0
AN    I0.0
=     Q0.1
```

图 3-2　互锁控制

a)

```
LD    I0.1
O     Q0.0
AN    I0.0
=     Q0.0
LD    I0.2
O     Q0.1
A     Q0.0
AN    I0.0
=     Q0.1
```

b)

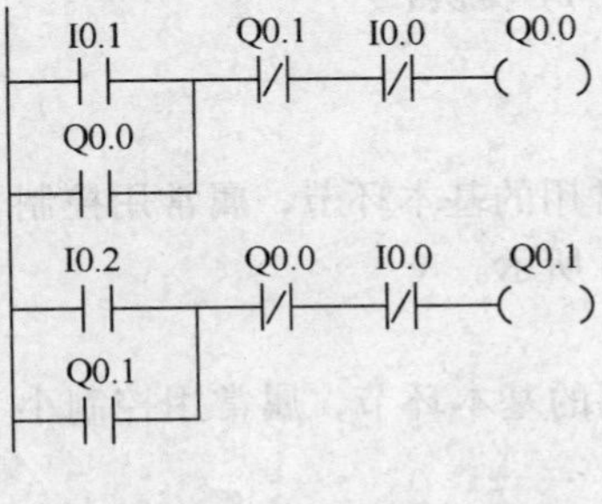

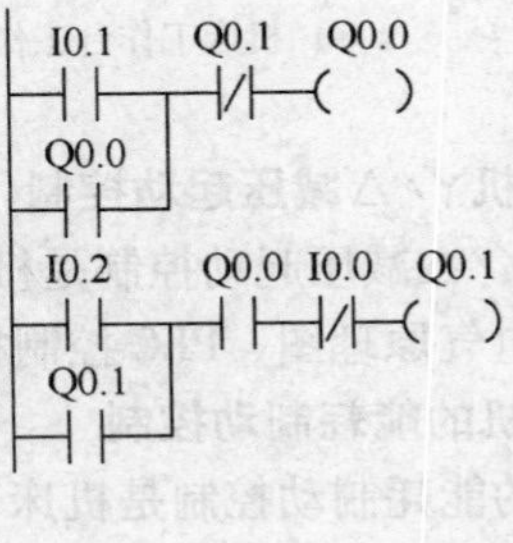

图 3-3　联锁控制

a）梯形图　b）语句表

2. 行程开关控制的机床工作台自动循环控制电路

机床工作台工作示意图、PLC 控制接线图如图 3-4 所示。

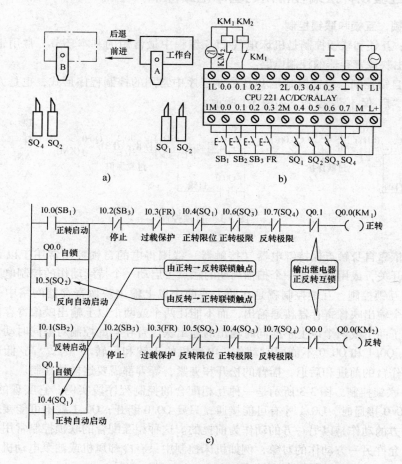

图 3-4 机床工作台工作示意图及 PLC 控制接线图

a) 机床工作台工作示意图 b) PLC 控制接线图 c) 梯形图

3. 电动机丫/△减压起动控制

电动机丫/△减压起动控制是机床电气 PLC 编程中最常用的基本环节，属常用控制小系统。其电气原理图、PLC 控制接线图与梯形图如图 3-5 所示。

4. 电动机的能耗制动控制

电动机的能耗制动控制是机床电气 PLC 编程中最常用的基本环节，属常用控制小系统。

（1）桥式整流能耗制动 桥式整流能耗制动的电气原理图、PLC 控制接线图与梯形图如图 3-6 所示。

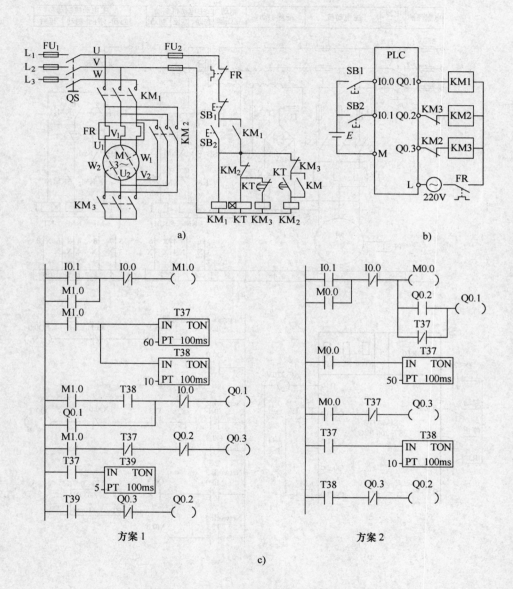

图 3-5　电动机丫/△起动的电气原理图、PLC 控制接线图与梯形图

a) 电气原理图　b) PLC 控制接线图　c) 梯形图

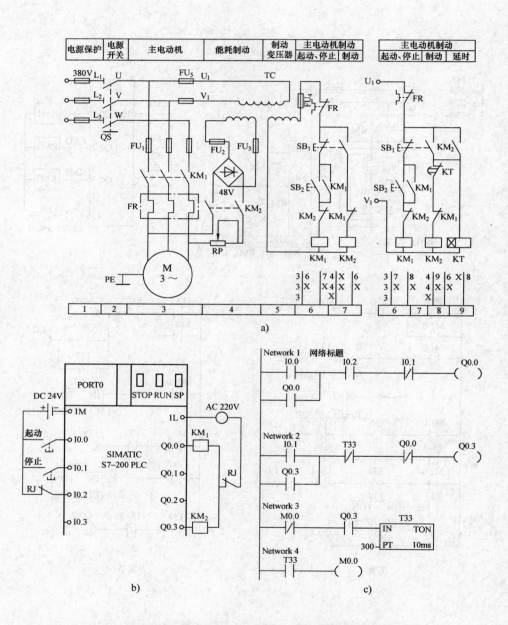

a)

b)

c)

图 3-6　桥式整流能耗制的电气原理图、PLC 控制接线图与梯形图

a) 电气原理图　b) PLC 控制接线图　c) 梯形图

（2）单管半波整流能耗制动控制　单管半波整流能耗制动的电气原理图、PLC 控制接线图与梯形图如图 3-7 所示。

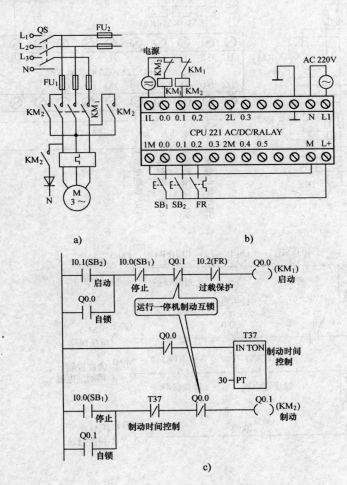

图 3-7　单管半波整流能耗制的电气原理图、
PLC 控制接线图与梯形图
a) 电气原理图　b) PLC 控制接线图　c) 梯形图

5. 电动机串电阻减压起动和反接制动控制

电动机串电阻减压起动及反接制动控制的主电路、PLC 控制接线图与梯形图如图 3-8 所示。

6. 计数控制

在机床电气 PLC 编程中，计数器的应用也很广泛。例如根据按钮动作次数控制信号灯亮的梯形图和语句表程序如图 3-9 所示。

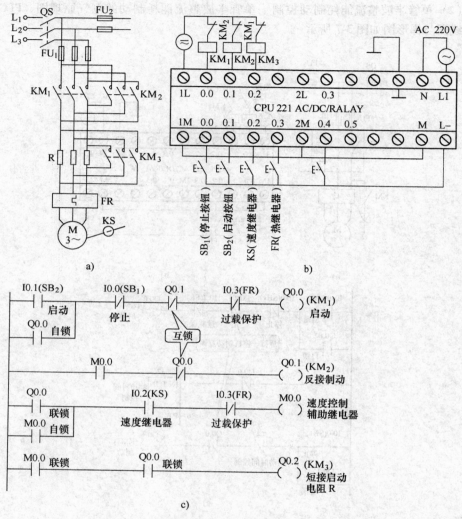

图 3-8 电动机串电阻减压起动及反接制动控制的
主电路、PLC 控制接线图与梯形图
a) 电气原理图 b) PLC 控制接线图 c) 梯形图

7. 时间控制

在机床电气 PLC 编程中，时间控制用得非常多，其中大部分用于延时和定时控制。

（1）瞬时接通/延时断开控制　瞬时接通/延时断开控制要求：在输入信号有效时，马上有输出；而输入信号无效后，输出信号延时一段时间才停止。瞬时接通/延时断开电路的梯形图和时序图如图 3-10 所示。

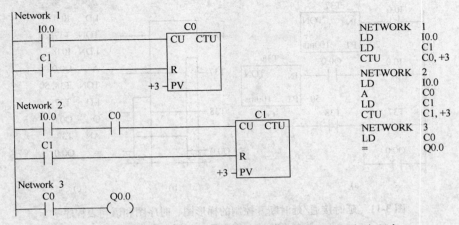

图 3-9 根据按钮动作次数控制信号灯亮的梯形图和语句表程序

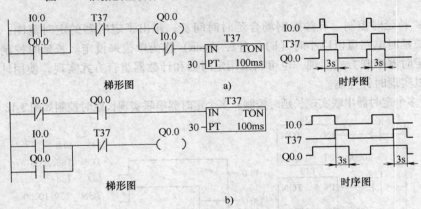

图 3-10 瞬时接通/延时断开电路的梯形图和时序图

a）方法 1 b）方法 2

其语句表编写如下：

图3-10a 的语句表		图3-10b 的语句表	
LD	I0.0	LDN	I0.0
O	Q0.0	A	Q0.0
AN	T37	TON	T37, 30
=	Q0.0	LD	I0.0
AN	I0.0	O	Q0.0
TON	T37, 30	AN	T37

（2）延时接通/延时断开控制 延时接通/延时断开控制要求：在输入信号 ON 后，停一段时间后输出信号才接通；输入信号 OFF 后，输出信号延时一段时间才断开。延时接通/延时断开控制的梯形图、时序图和语句表程序如图 3-11 所示。

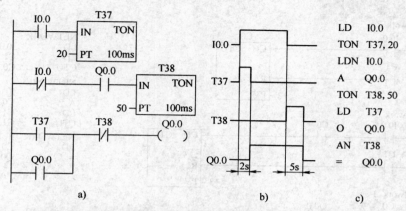

图 3-11　延时接通/延时断开控制的梯形图、时序图和语句表程序
a) 梯形图　b) 时序图　c) 语句表

（3）长延时控制　有些控制场合延时时间长，超出了定时器的定时范围，称为长延时。长延时电路可以以小时（h）、分钟（min）作为单位来设定。长延时控制可以使用多个定时器串联方式实现，也可以采用定时器和计数器组合方式实现，使用计数器组合也可以实现时钟控制。

1）多个定时器串联实现长延时控制。多个定时器串联实现长延时控制如图 3-12 所示。

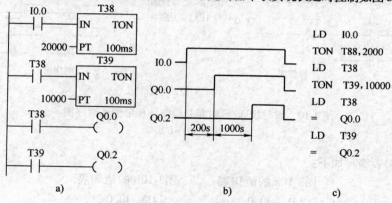

图 3-12　多个定时器串联实现长延时控制
a) 梯形图　b) 时序图　c) 语句表

2）定时器和计数器组合实现长延时控制。定时器和计数器组合实现长延时控制如图 3-13 所示。

3）计数器串联组合实现日时钟控制。计数器串联组合实现日时钟控制如图 3-14 所示。

8. 顺序控制

顺序控制在机床电气 PLC 编程中应用十分广泛。传统的控制器件"继电器-接触

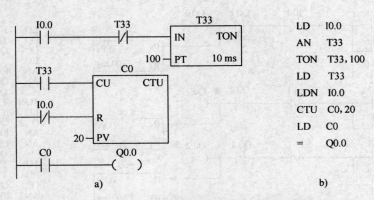

图 3-13　定时器和计数器组合实现长延时控制

a）梯形图　b）语句表

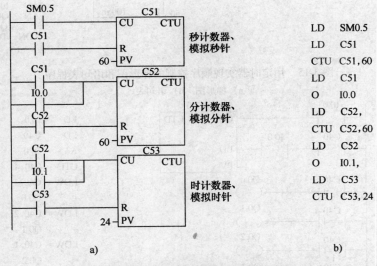

图 3-14　采用计数器串联组合实现时钟控制

a）梯形图　b）语句表

器"只能进行一些简单控制,且整个系统十分笨重庞杂,接线复杂,故障率高,有些更复杂的控制可能根本实现不了。而用 PLC 进行顺序控制则变得轻松愉快,可以用各种不同指令编写出形式多样、简洁清晰的控制程序,甚至一些非常复杂的控制也变得十分简单。

（1）用定时器实现顺序控制　用定时器实现顺序控制的梯形图和语句表程序如图 3-15 所示。

（2）用计数器实现顺序控制　用计数器实现顺序控制的梯形图和语句表程序如图 3-16 所示。

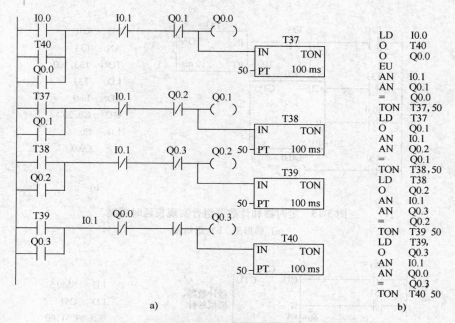

图 3-15　用定时器实现顺序控制的梯形图和语句表程序

a) 梯形图　b) 语句表

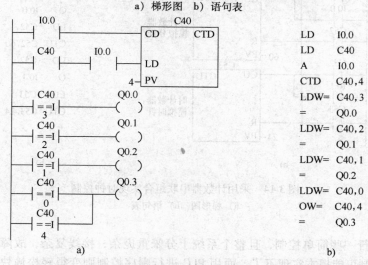

图 3-16　用计数器实现顺序控制的梯形图和语句表程序

a) 梯形图　b) 语句表

（3）用移位指令实现正启逆停顺序控制　用移位指令实现：按下启动按钮时，6 个信号灯按正方向顺序逐个被点亮；按下停止按钮时，6 个信号灯按反方向顺序逐个熄灭；灯亮或灯灭移位间隔 1s（用内部特殊存储位 SM0.5 控制）。其参考程序如图 3-17 所示。

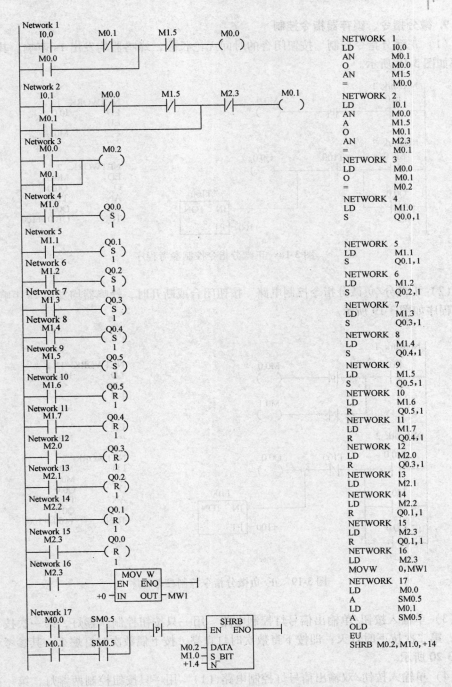

图 3-17　用移位指令实现信号灯正序导通、反序关断控制参考程序

9. 微分指令、锁存器指令控制

（1）正微分指令控制　按钮闭合的时间无论长短，蜂鸣器均发出 1s 声响。其参考程序如图 3-18 所示。

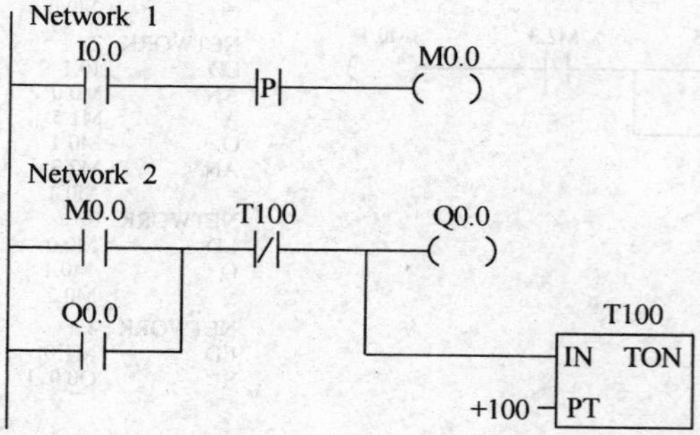

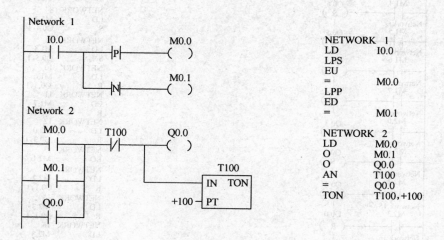

图 3-18　正微分指令控制参考程序

（2）正微分/负微分指令控制电路　按钮闭合或断开时，蜂鸣器均发出 1s 声响。其参考程序如图 3-19 所示。

图 3-19　正/负微分指令控制参考程序

（3）单输入按钮/单输出信号灯控制电路　用一只按钮控制一盏灯，第一次按下时灯亮；第二次按下时灯灭；即按下奇数次时灯点亮，按下偶数次时灯熄灭。其参考程序如图 3-20 所示。

（4）单输入按钮/双输出信号灯控制电路（1）　用一只按钮控制两盏灯，第一次按下时第一盏灯亮；第二次按下时第一盏灯灭，同时第二盏灯亮；第三次按下时两盏灯灭，按此规律循环执行。其参考程序如图 3-21 所示。

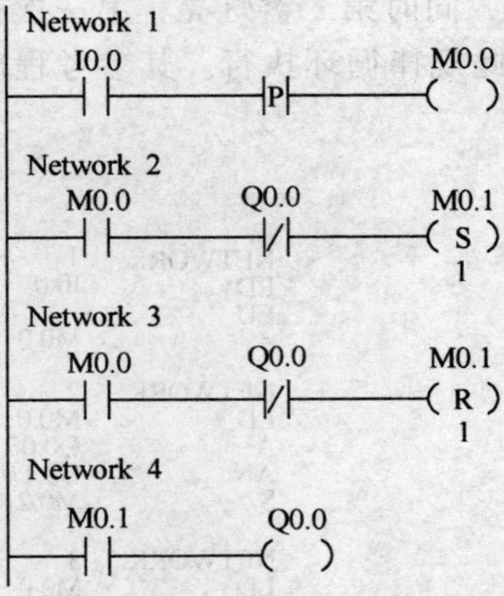

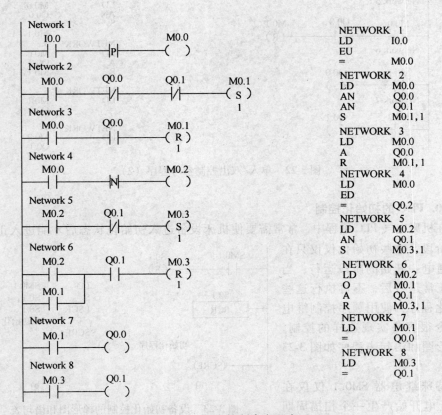

图 3-20　单入/单出控制参考程序

图 3-21　单入/双出控制参考程序（1）

（5）单输入按钮/双输出信号灯控制电路（2）　用一只按钮控制两盏灯，第一次按下时第一盏灯亮；第二次按下时第一盏灯灭，同时第二盏灯亮；第三次按下时两盏灯同时亮；第四次按下时两盏灯同时灭，按此规律循环执行。其参考程序如图3-22所示。

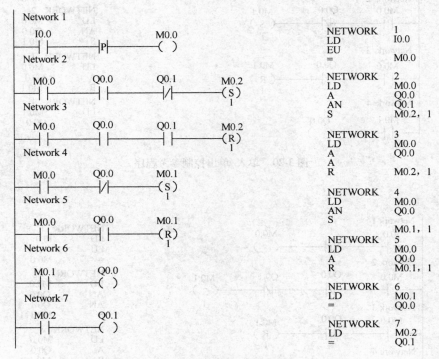

图 3-22　单入/双出控制参考程序（2）

10. PLC 的初始化控制

在机床电气 PLC 编程中，常常需要使机床设备进入初始化状态后才能进入正常的控制阶段。这些初始化仅仅只在 PLC 通电一开始的阶段运行，当 PLC 正常运行后，不再执行这些初始化程序，使用顺序控制继电器指令很容易实现这样的控制。其梯形图和语句表程序如图3-23所示。

特殊继电器 SM0.1 仅仅在 PLC 上电开始产生一个扫描周期的接通，因此 S0.1 所控制的顺序

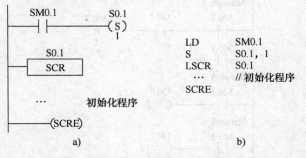

图 3-23　设备初始化控制的梯形图和语句表
a）梯形图　b）语句表

程序段仅仅在 PLC 上电的第一个扫描周期内运行，也就是实现了设备的初始化控制。

11. PLC 故障控制

在机床 PLC 控制系统运行过程中会出现许多意想不到的故障，为了避免故障所带来的严重后果，需要采用一定的手段保证 PLC 正常运行或者使其停止运行。在这些情况下往往会用到有条件结束指令、停止指令以及看门狗复位指令。

PLC 故障控制的梯形图和语句表如图 3-24 所示。

在这个过程中，PLC 在以下 3 种情况下会执行 STOP 停止指令，从而停止 PLC 的运行，以防止事故的发生。

1）在 PLC 运行过程中如果现场出现了特殊情况，按下与 I0.1 相连接的按钮，使得 I0.1 位为 1。

2）PLC 系统出现 I/O 错误。

3）PLC 监测到系统程序出现了问题。

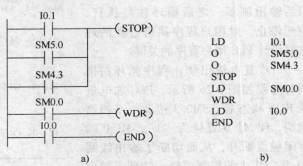

图 3-24　PLC 故障控制的梯形图和语句表
a）梯形图　b）语句表

当循环程序很多或者中断很多时，虽然 PLC 是正常运行的，但会大大延长 PLC 的扫描周期而造成 WDT 故障。为了使 PLC 顺利运行，可以在适当的位置执行看门狗复位指令，重新触发 WDT，使其复位。

在 PLC 运行过程中，若不希望运行某一部分程序，则可在这段不希望运行的程序前面加上图 3-24 所示的最后一条指令，这样只要接通与 I0.0 相连的按钮，就会执行 END 指令，PLC 就会返回主程序起点，重新执行。

12. PLC 的复电输出禁止控制

在实际机床 PLC 控制中，可能遇到突发停电情况。在复电时，控制环境可能仍处于原先得电的工作状态，从而会使相应的设备立即恢复工作，这极易引发设备动作逻辑错乱，甚至发生严重事故。为了避免这种情况的发生，在 PLC 控制程序中需要对一些关键设备的控制端口（PLC 输出端口）做复电输出禁止控制。

复电输出禁止程序运用了西门子 PLC 的特殊标志位存储器 SM0.3，SM0.3 为加电接通一个扫描周期，使 M1.0 置位为"1"，Q1.0 和 Q1.1 无论在 I2.0、I2.1 处于什么状态，均无输出，该程序如图 3-25 所示。

由"继电器-接触器"控制电路的工作原理可知，"继电器-接触器"控制电路图中各行元器件是并列执行的，而复电输出禁止程序反映了 PLC 程序（用户程序）执行时不是并列

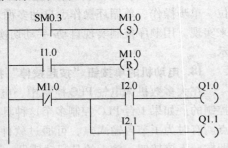

图 3-25　复电输出禁止程序

执行的，而是按先后顺序执行的。这完全是由 PLC 的扫描工作原理所决定的，这对于正确编制 PLC 控制程序是至关重要的。

在 PLC 复电进入 RUN 状态后，PLC 在自检及通信处理后，进行输入采样，而后按用户梯形图程序指令的要求，对于输出线圈按照从上到下的顺序执行，对于同一线圈按照由左向右的顺序依次执行，动作不可逆转（使用跳转指令的情况除外），最后输出刷新，之后循环往复执行，直至停止。对用户程序执行过程的理解是设计 PLC 用户程序的关键。

第 1 个 PLC 循环 I1.0=0	第 2 个 PLC 循环 I1.0=1
SM0.3=1，M1.0=1	SM0.3=0，M1.0=1
I1.0=0，M1.0=1	I1.0=1，M1.0=0
I2.0=1，Q1.0=1	I2.0=1，Q1.0=1
I2.1=1，Q1.1=0	I2.1=1，Q1.1=1

图 3-26　PLC 复电输出禁止
程序循环扫描执行过程

PLC 复电输出禁止程序循环扫描执行过程如图 3-26 所示。PLC 加电进入 RUN 状态后，SM0.3 接通一个扫描周期，使 M1.0 置位为"1"，M1.0 的常闭触点断开，从而切断了输出线圈 Q1.0、Q1.1 的控制逻辑，达到了输出被禁止的目的。当 Q1.0、Q1.1 所控制的设备准备好之后，譬如进入第 2 个循环时，可以转换 I1.0 的状态，使其为"1"，则 M1.0 被复体为"0"，对输出 Q1.0、Q1.1 的控制解除，并将控制权转移给 I2.0、I2.1，此时若 I2.0、I2.1 为"1"，Q1.0、Q1.1 置位为"1"。这样就避免了 PLC 复电后倘若 I2.0、I2.1 均处于 ON 状态导致 Q1.0、Q1.1 直接输出。

复电输出禁止程序在工程实际中经常能用到，本程序可以根据工程具体情况，稍加改造就可应用。

13. PLC 系统的多工况选择控制

在机床电气 PLC 编程的许多场合，不仅仅需要有自动控制的功能，还需要有手动控制的功能。若选择开关（或按钮）处于自动挡的时候，PLC 自动执行自动控制程序而不执行手动程序；若选择开关（或按钮）处于手动挡的时候，PLC 自动执行手动控制程序而不执行自动控制程序。以此类推，还可以有更多的工况功能选择，如返回原位、单步操作、单循环操作、自动多循环操作等。这种多工况选择功能可以用顺序控制来实现。用顺序控制实现自动/手动切换的程序梯形图和其所对应的语句表如图 3-27 所示。

14. 电动机的单按钮"按起按停"控制

在大多数机床电气 PLC 控制中，电动机的起动和停止操作通常是由 2 只按钮分别控制的。如果 1 台 PLC 控制多个这种具有起动/停止操作的设备时，势必占用很多输入点。有时为了节省输入点，可通过软件编程，实现用单按钮控制电动机的起动/停止。即按一下该按钮，输入的是起动信号；再按一下该按钮，输入的则是停止信号；单数次为起动信号，双数次为停止信号。若单按钮 PLC 控制的接线图如图 3-28 所示，可实现

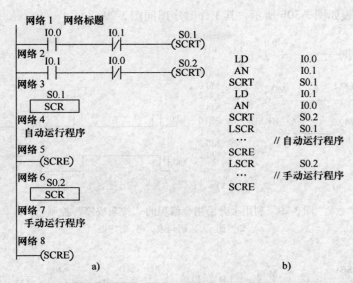

图 3-27　用顺序控制实现自动/手动切换的程序梯形图和语句表

a）梯形图　b）语句表

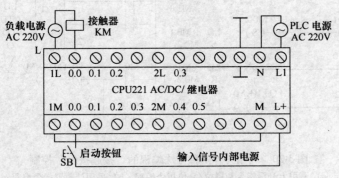

图 3-28　单按钮 PLC 控制的接线图

的编程方法如下。

（1）利用上升沿指令编程　PLC 控制电路的梯形图如图 3-29a 所示。I0.0 作为起动/停止按钮相对应的输入继电器，第一次按下时 Q0.0 有输出（起动）；第二次按下时 Q0.0 无输出（停止）；第三次按下时 Q0.0 又有输出；第四次按下时 Q0.0 无输出（停止）；……图 3-29b 和图 3-29c 分别为其语句表和工作时序图。

（2）采用上升沿指令和置位/复位指令编程　采用上升沿指令和置位/复位指令编程的"按起按停"PLC 控制电路的梯形图和语句表如图 3-30a 所示，其工作时序图同图 3-29c。

（3）采用计数器指令编程　采用计数器指令编程的"按起按停"PLC 控制电路的

梯形图和语句表如图 3-30b 所示，其工作时序图同图 3-29c。

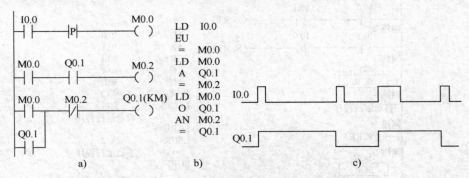

图 3-29　利用上升沿指令编程的"按起按停"控制

a）梯形图　b）语句表　c）时序图

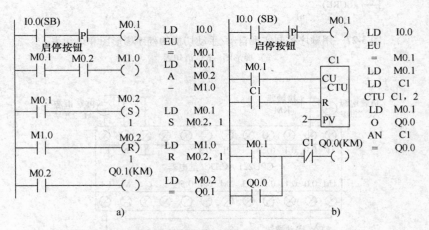

图 3-30　利用另外两种方法编程的"按起按停"控制

a）采用上升沿指令和置位/复位指令编程　b）采用计数器指令编程

15. 报警控制

故障报警控制是机床电气 PLC 编程中不可缺少的重要环节，也是机床电气 PLC 编程中的常用环节。标准的报警功能应该是声光报警，报警控制方式有单故障报警控制与多故障报警控制。

（1）单故障报警控制　单故障报警控制为用蜂鸣器和警告灯对一个故障实现的声光报警控制。单故障报警控制的梯形图、时序图及语句表如图 3-31 所示。输入端子 I0.0 为故障报警输入条件，即 I0.0 = ON 要求警告。输出 Q0.0 为警告灯，Q0.1 为报警蜂鸣器。输入条件 I0.1 为报警响应。I0.1 接通后，Q0.0 警告灯从闪烁变为常亮，同时 Q0.1 报警蜂鸣器关闭。输入条件 I0.2 为警告灯的测试信号。I0.2 接通，则 Q0.0 接通。

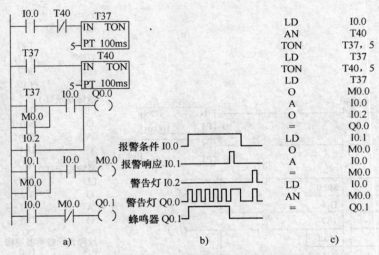

图 3-31　单故障报警控制的梯形图、时序图及语句表

a）梯形图　b）时序图　c）语句表

用定时器 T37 和定时器 T40 构成振荡控制程序，当故障报警条件 I0.0 接通后，每 0.5s Q0.0 和 Q0.1 通断声光报警一次，反复循环，直到报警结束。

（2）多故障报警控制　在实际的机床电气 PLC 编程中，出现的故障可能不止一个，而是多个，这时的报警控制程序与单个故障的报警程序不一样。在声光多故障报警控制中，一种故障要对应于一个指示灯，而蜂鸣器只要共用一个就可以了，因此，程序设计时要将多个故障共用一个蜂鸣器鸣响。

两种故障标准报警控制的梯形图及语句表如图 3-32 所示。图中故障 1 用输入信号 I0.0 表示，故障 2 用 I0.1 表示，I1.0 为消除蜂鸣器按钮，I1.1 为试灯、试蜂鸣器按钮。故障 1 指示灯用信号 Q0.0 输出，故障 2 指示灯用信号 Q0.1 输出，Q0.3 为报警蜂鸣器输出信号。

在两种故障标准报警控制梯形图程序设计中，关键是当任何一种故障发生时，按消除蜂鸣器按钮后，不能影响其他故障发生时报警蜂鸣器的正常鸣响。该程序由脉冲触发控制、故障指示灯、蜂鸣器逻辑控制和报警控制电路四部分组成，采用模块化设计，值得读者在实际使用时参考。照此方法可以设计更多的故障报警控制。

16. 对常闭触点输入的编程处理

在机床电气 PLC 编制时，对输入外部控制信号的常闭触点要特别小心，否则可能导致编程错误。现以一个常用的机床起动、停止控制电路为例，进行分析说明。

机床起动和停止控制电路如图 3-33a 所示，使用 PLC 控制的输入输出接线图如图 3-33b 或图 3-33d 所示，对应的梯形图如图 3-33c 或图 3-33e 所示。从图 3-33b 中可见，由于停止按钮 SB$_2$（常闭触点）和 PLC 的公共端 COM 已接通，在 PLC 内部电源作用下输入继电器 I0.1 线圈接通，这时在图 3-33e 中的常闭触点 I0.1 已断开，所以按下起动按

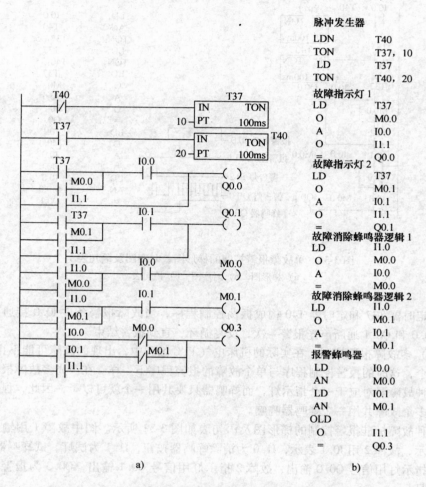

图 3-32　两种故障标准报警控制的梯形图及语句表

a）梯形图　b）语句表

钮 SB₁（常开触点）时，输出继电器 Q0.0 不会动作，电动机不能起动。解决这类问题的方法有两种：一是把图 3-33e 中常闭触点 I0.1 改为常开触点 I0.1，如图 3-33c 所示；二是把停止按钮 SB2 改为常开触点，如图 3-33d 所示。

从上面分析可知，如果外部输入为常开触点，则编制的梯形图与继电器控制原理图一致；但是，如果外部输入为常闭触点，那么编制的梯形图与继电器控制原理图刚好相反。一般为了与继电器控制原理图相一致，减少对外部输入为常闭触点处理上的麻烦，在机床电气 PLC 编制中，对 PLC 的实际输入接线，尽可能不使用常闭触点，而改用常开触点，如图 3-42d 所示。

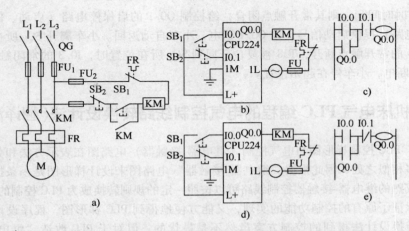

图 3-33　对电动机起动停止控制电路中常闭触点输入的编程处理

3.1.2　经验设计法的简单编程举例

图 3-34 所示为机床送料小车运行示意图，小车开始时停在左限位开关 SQ_1 处。按下右行起动按钮 SB_2，小车右行，到限位开关 SQ_2 处时停止运动，10s 后定时器 T38 的定时到，小车自动返回起始位置。试设计该机床送料小车左行和右行控制的梯形图。

机床送料小车的左行和右行控制的实质是电动机的正反转控制。因此可以在电动机正反转 PLC 控制设计的基础上，设计出满足要求的 PLC 的外部接线图和梯形图，如图 3-35 所示。

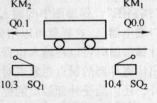

图 3-34　机床送料小车运行示意图

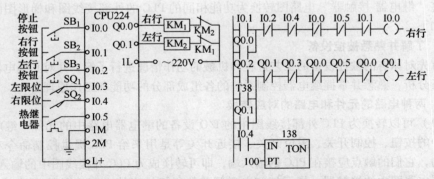

图 3-35　机床送料小车左行和右行 PLC 控制的接线图（输入改常开）和梯形图

为了使小车向右的运动自动停止，将右限位开关对应的 I0.4 的常闭触点与控制右行的 Q0.0 串联。为了在右端使小车暂停 10s，用 I0.4 的常开触点来控制定时器 T38。

T38 的定时时间到，则其常开触点闭合，给控制 Q0.1 的启保停电路（启动、保持、停止控制电路）提供启动信号，使 Q0.1 通电，小车自动返回。小车离开 SQ₂ 所在的位置后，I0.4 的常开触点断开，T38 被复位。回到 SQ₁ 所在位置时，I0.3 的常闭触点断开，使 Q0.1 断电，小车停在起始位置。

3.2　机床电气 PLC 编程的电气控制线路转换设计法（翻译法）

由于 PLC 控制梯形图与电气控制（继电器-接触器）电路图在表示方法和分析方法上有很多相似之处，因此根据"继电器-接触器"电路图来设计梯形图是一条捷径。对于一些成熟的继电器-接触器控制线路可以按照一定的规则转换成为 PLC 控制的梯形图。这样既保证了原有的控制功能的实现，又能方便地得到 PLC 梯形图，程序设计也十分方便。转换设计法得到的控制方案虽然不是最优的，但对于 PLC 改造"继电器-接触器"控制老旧设备是一种十分有效和快速的方法。同时由于这种设计方法一般不需要改动控制面板，因而保持了系统原有的外部特性，操作人员不需改变长期形成的操作习惯。

在分析 PLC 控制系统的功能时，可以将它想象成一个"继电器-接触器"控制系统中的控制箱，其外部接线图描述了这个控制箱的外部接线，梯形图是这个控制箱的内部"线路图"。梯形图中的输入位寄存器和输出位寄存器是控制箱与外部世界联系的"接口继电器"，这样就可以用分析继电器电路图的方法来分析 PLC 控制系统。在分析和设计梯形图时可以将输入位寄存器的触点想象成对应的外部输入器件的触点或电路，将输出位寄存器的触点想象成对应的外部负载的线圈。外部负载的线圈除了受梯形图的控制外，还可能受外部触点的控制。

3.2.1　转换设计法编程的一般步骤

将"继电器-接触器"电路图转换为功能相同的 PLC 的外部接线图和梯形图的一般步骤如下。

1. 了解并熟悉被控设备

首先对原有的被控设备的工艺过程和机械的动作情况进行了解，并对其继电器电路图进行分析，熟悉并掌握继电器控制系统的各组成部分的功能和工作原理。

2. 两种电路的元件和电路的对应转换

（1）可以转换为 PLC 外部接线图中的 I/O 设备的继电器电路中的元件　继电器电路图中的按钮、控制开关、限位开关、接近开关等是用来给 PLC 提供控制命令和反馈信号的，它们的触点应接在 PLC 的输入端，即可转换成为 PLC 外接线图中的输入设备。继电器电路图中的接触器、指示灯和电磁阀等执行机构应接入 PLC 的输出端，由 PLC 的输出位寄存器来控制，即它们可转换成为 PLC 外接线图中的输出设备。据此可画出 PLC 的外部接线图，同时也就确定了 PLC 的各输入信号和输出负载对应的输入位寄存器和输出位寄存器的元件号。

（2）可以转换为 PLC 内部梯形图中的继电器电路中的元件　继电器电路图中的中间继电器和时间继电器的功能用 PLC 的内部标志位存储器和定时器来完成，与 PLC 的输入位寄存器和输出位寄存器无关。因此，首先应确定继电器电路图的中间继电器、时间继电器对应的梯形图中的内部标志位存储器（M）和定时器（T）的元件号。在建立继电器电路图中的元件和 PLC 外接电路及内部梯形图中的元件号之间的对应关系后，列出 PLC 的 I/O 地址分配表，画出 PLC 的外部实际接线图，为 PLC 梯形图的设计打下基础。

3. 设计梯形图

根据两种电路转换得到的 PLC 外部电路和梯形图元件及其元件号，将原继电器电路的控制逻辑转换成对应的 PLC 控制的梯形图。

3.2.2　转换设计法编程的注意事项

梯形图和继电器电路虽然表面上看起来差不多，实质上却有着本质区别。继电器电路是硬件组成的电路，而梯形图是一种软件，是 PLC 图形化的程序。在继电器电路图中，由同一继电器的多对触点控制的多个继电器的状态可能同时（并行）变化。而 PLC 的 CPU 是串行（循环扫描）工作的，即 CPU 同时只能处理一条与触点和输出位寄存器（线圈）有关的指令。根据继电器电路图设计 PLC 的外部接线图和梯形图时应注意以下问题。

1. 应遵循梯形图语言中的语法规则

在继电器电路图中，触点可以放在线圈的左边，也可以放在线圈的右边（目前新制图标准件中也不提倡放在线圈的右边），但是在梯形图中，输出位寄存器（线圈）必须放在电路的最右边。

2. 设置中间单元

在梯形图中，若多个线圈都受某一触点串并联电路控制，为了简化编程电路，可以设置用该电路控制的内部标志位存储器，它类似于继电器电路中的中间继电器。

3. 尽量减少 PLC 的输入信号和输出信号

PLC 的价格与 I/O 点数有关，每一输入信号和每一输出信号分别要占用一个输入点和一个输出点，因此减少输入信号和输出信号的点数是降低硬件费用的主要措施。

与继电器电路不同，一般只需要同一输入器件的一个常开触点给 PLC 提供输入信号，在梯形图中，可以多次使用同一输入位的常开触点和常闭触点。

在继电器电路图中，如果几个输入器件的触点的串并联电路总是作为一个整体出现，可以将它们作为 PLC 的一个输入信号，只占 PLC 的一个输入点。

某些器件的触点如果在继电器电路图中只出现一次，并且与 PLC 输出端的负载串联（例如有锁存功能的热继电器的常闭触点），不必将它们作为 PLC 的输入信号，可以将它们放在 PLC 外部的输出回路，仍与相应的外部负载串联。

继电器控制系统中某些相对独立且比较简单的部分，可以用继电器电路控制，这样同时减少了所需的 PLC 的输入点和输出点。

4. 设立外部联锁电路

为了防止控制电动机正反转或不同电压调速的两个或多个接触器同时动作造成电源短路或不同电压的混接，应在 PLC 外部设置硬件互锁电路。即在转换为 PLC 控制时，除了在梯形图中设置与它们对应的输出位寄存器串联的常闭触点组成的互锁电路外，还在 PLC 外部电路中设置硬件互锁电路，以保证系统可靠运行。

5. 注意梯形图的优化设计

为了减少语句表指令的指令条数，注意编程的规律和技巧，例如在串联电路中单个触点应放在最右边，在并联电路中单个触点应放在最下面等。

6. 外部负载电压/电流应匹配

PLC 的继电器输出模块和晶闸管输出模块只能驱动电压不高于 220V 的负载，如果原系统的交流接触器的线圈电压为 380V，应将线圈换成 220V 的，也可设置外部中间继电器；同时它们的电流也必须要匹配。

3.2.3　转换设计法编程的简单举例

图 3-36 所示是某机床用三速异步电动机起动和自动加速的继电器控制电路图，接触器 KM$_1$ 控制电动机起动；KM$_2$ 用于控制电动机加速，加速时间到后，用 KM$_3$ 控制电动机稳定运行；KA 为辅助的中间继电器；KT$_1$ 和 KT$_2$ 为时间继电器，用于电动机的起动和加速阶段的时间控制。继电器控制电路图中的接触器用 PLC 的输出位来控制，接在 PLC 的输出端；按钮接在 PLC 的输入端，其外部接线图如图 3-37 所示。在梯形图中，继电器控制电路图中的中间继电器和时间继电器（KA、KT$_1$ 和 KT$_2$）的功能用 PLC 的内部标志位存储器（M）和定时器（T）来完成，与接触器 KM$_1$、KM$_2$ 和 KM$_3$ 对应的 PLC 的输出位寄存器（Q）成为 PLC 的输出位；它们（M、T、Q）的触点与按钮对应的 PLC 的输入位寄存器（I）的触点构成 PLC 的输入位，设计出与图 3-36 具有相同功能的 PLC 控制系统的梯形图如图 3-38 所示。

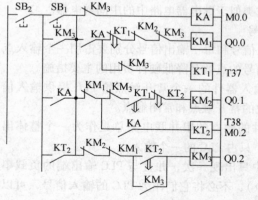

图 3-36　继电器控制图

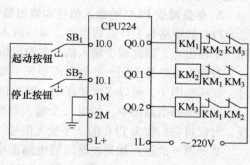

图 3-37　PLC 外部接线图

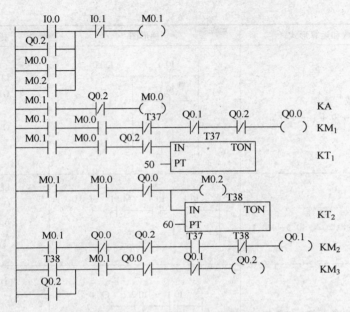

图 3-38　电动机起动、加速、运行梯形图

3.3　机床电气 PLC 编程的逻辑设计法

逻辑设计法的理论基础是逻辑代数。在机床电气 PLC 编程中，各输入/输出状态是以 0 和 1 形式表示断开和接通，其控制逻辑符合逻辑运算的基本规律，可用逻辑运算的形式表示。逻辑设计法是以组合逻辑的方法和形式设计控制系统，因此，非常适合于 PLC 控制系统中应用程序的设计。这种设计方法既有严密可循的规律性、明确可行的设计步骤，又具有简便、直观和十分规范的特点。

3.3.1　逻辑函数和运算形式与 PLC 梯形图、指令语句的对应关系

由于逻辑代数的 3 种基本运算"与"、"或"、"非"都有着非常明确的物理意义，其逻辑函数表达式的结构也与 PLC 指令表程序完全一样，因此可以直接转化。逻辑函数和运算形式与 PLC 梯形图、指令语句的对应关系见表 3-1。

表 3-1　逻辑画数和运算形式与 PLC 梯形图、指令语句的对应关系表

逻辑函数和运算形式	梯形图	指令语句
"与"运算 $Q0.0 = I0.0 \cdot I0.1 \cdot \cdots \cdot I0.n$	I0.0　I0.1　　I0.n　Q0.0	LD　I0.0 A　I0.1 ⋮　⋮ A　I0.n =　Q0.0

（续）

逻辑函数和运算形式	梯形图	指令语句
"或" 运算 $Q0.0 = I0.0 + I0.1 + \cdots + I0.n$	I0.0　　Q0.0 I0.1 ⋮ I0.n	LD　I0.0 O　I0.1 ⋮　⋮ O　I0.n =　Q0.0
"或与" 运算 $Q0.0 = (I0.1 + I0.2) \cdot I0.3 \cdot M0.1$	I0.1　I0.3　M0.1　Q0.0 I0.2	LD　I0.1 O　I0.2 A　I0.3 A　M0.1 =　Q0.0
"与或" 运算 $Q0.0 = I0.1 \cdot I0.2 + I0.3 \cdot I0.4$	I0.1　I0.2　Q0.0 I0.3　I0.4	LD　I0.1 A　I0.2 LD　I0.3 A　I0.4 OLD =　Q0.0
"非" 运算 $Q0.0 (I0.1) = \overline{I0.1}$	I0.1　Q0.0	LDN　I0.1 =　Q0.0

3.3.2 逻辑设计法编程的一般步骤

用逻辑设计法对 PLC 组成的控制系统进行编程一般可以分为以下几步。

1. 明确控制系统的任务和控制要求

通过分析生产工艺过程，明确控制系统的任务和控制要求，绘制工作循环和检测元件分布图，得到各种执行元件功能表。

2. 绘制 PLC 控制系统状态转换表

通常 PLC 控制系统状态转换表由输出信号状态表、输入信号状态表、状态转换主令表和中间元件状态表 4 个部分组成。状态转换表全面、完整地展示了 PLC 控制系统各部分、各时刻的状态和状态之间的联系及转换，非常直观，对建立 PLC 控制系统的整体联系、动态变化的概念有很大帮助，是进行 PLC 控制系统分析和设计的有效工具。

3. 建立逻辑函数关系

有了状态转换表，便可建立控制系统的逻辑函数关系，内容包括列写中间元件的逻辑函数式和列出执行元件（输出端子）的逻辑函数式两个内容。这两个函数式组既是生产机械或生产过程内部逻辑关系和变化规律的表达形式，又是构成控制系统实控制目标的具体程序。

4. 编制 PLC 程序

编制 PLC 程序就是将逻辑设计的结果转化为 PLC 的程序。PLC 作为工业控制计算机，逻辑设计的结果（逻辑函数式）能够很方便地过渡到 PLC 程序，特别是语句表形式，其结构和形式都与逻辑函数非常相似，很容易直接由逻辑函数式转化。当然，如果设计者需要由梯形图程序作为一种过渡，或者选用的 PLC 的编程器具有图形输入功能，也可以首先由逻辑函数式转化为梯形图程序。

5. 程序的完善和补充

程序的完善和补充是逻辑设计法的最后一步。包括手动调整工作方式的设计、手动与自动工作方式的选择、自动工作循环、保护措施等。

3.3.3　逻辑设计法编程的简单举例

现要求在 3 个不同的地点独立控制一台机床设备，任何一地点的开关动作都可以使机床的状态发生改变。即不管开关是开还是关，只要有开关动作则机床的状态就发生改变。按此要求分配 PLC 的 I/O 地址如下：

1）输入点：I0.0——A 地点开关 S_1，I0.1——B 地点开关 S_2，I0.2——C 地点开关 S_3。

2）输出点：Q0.0——机床设备。

假如作如下规定：输入量为逻辑变量 I0.0、I0.1、I0.2，分别代表输入开关；输出量为逻辑函数 Q0.0，代表输出位寄存器；常开触点为原变量，常闭触点为反变量，常开触点闭合为 1，断开为 0，Q0.0 通电为 1，断电为 0。这样就可以把继电控制的逻辑关系变成数字逻辑关系。

表 3-2 就是实现上面控制要求的逻辑函数真值表。

表 3-2　三地控制一台机床设备逻辑函数真值表

I0.0	I0.1	I0.2	Q0.0
0	0	0	0
0	0	1	1
0	1	1	0
0	1	0	1
1	1	0	0
1	1	1	1
1	0	1	0
1	0	0	1

真值表按照每相邻两行只允许一个输入变量变化的规则排列，这样便可满足控制要求。根据此真值表可以写出输出与输入之间的逻辑函数关系式

$$Q0.0 = \overline{I0.0} \cdot \overline{I0.1} \cdot \overline{I0.2} + \overline{I0.0} \cdot I0.1 \cdot \overline{I0.2} + I0.0 \cdot I0.1 \cdot I0.2 + I0.0 \cdot \overline{I0.1} \cdot \overline{I0.2}$$

根据逻辑表达式可画出 PLC 的梯形图程序，如图 3-39a 所示，其对应的语句表程序如图 3-39b 所示。

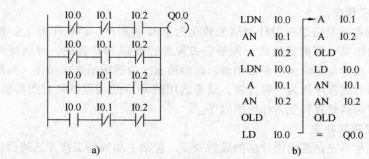

图 3-39　三地控制一台机床设备的 PLC 程序（1）
a）梯形图　b）语句表

借用了数字电路中组合逻辑电路的设计方法，使程序者有章可循，更便于初学者掌握。当然根据控制要求也可设计如图 3-40 所示的梯形图和语句表。这个程序虽可实现控制要求，但其设计方法对初学者来说不易掌握。

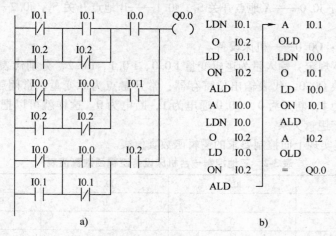

图 3-40　三地控制一台机床设备的 PLC 程序（2）
a）梯形图　b）语句表

这里所举的例子是三个地点控制一台机床设备，属于多个地点控制的范畴。读者从这个程序中可以探讨找出其编程规律，并很容易地举一反三，把它扩展到四个地点、五个地点甚至更多（N）地点的控制。

3.4　机床电气 PLC 编程的顺序功能图设计法

　　顺序功能图设计法是在顺控指令的配合下设计复杂的控制程序。一般比较复杂的程序，都可以根据生产工艺和工序所对应的顺序或时序分成若干个功能比较简单的程序段，一个程序段可以看成整个控制过程中的一步。每一个时段对应设备运作的一组动作（步、路径和转换），该动作完成后根据相应的条件转换到下一个时段完成后续动作，并按系统的功能流程依次完成状态转换。从这个角度看，一个复杂系统的控制过程是由这样若干个步组成的。系统控制的任务实际上可以认为在不同时刻或者在不同进程中去完成对各个步的控制。为此，一般 PLC 生产厂家都在自己的 PLC 中增加了步进顺控指令。在画完各个步进的状态流程图之后，就可以利用步进顺控指令方便地编写控制程序。顺序功能图设计法能清晰地反映系统的控制时序或逻辑关系。

3.4.1　顺序功能图设计法编程概述

　　用经验设计法编制机床 PLC 控制梯形图时，没有一套固定的方法和步骤可以遵循，具有很大的试探性和随意性，对于不同的 PLC 控制系统，没有一种通用的容易掌握的编程方法。在设计复杂机床 PLC 控制系统的梯形图时，要用大量的中间单元来完成记忆、联锁和互锁等功能，由于需要考虑的因素很多，它们往往又交织在一起，分析起来非常困难，并且很容易遗漏一些应该考虑的问题。修改某一局部电路时，很可能会"牵一发而动全身"，对系统的其他部分产生意想不到的影响，因此梯形图的修改很麻烦，往往花了很长的时间还得不到一个满意的结果。用经验设计法编制出的梯形图也往往很难阅读，对机床 PLC 控制系统的维修和改进都带来了很大的困难。

　　所谓顺序控制，就是按照生产工艺预先规定的顺序，在各个输入信号的作用下，根据内部状态和时间的顺序，在生产过程中各个执行机构自动地有秩序地进行操作。使用顺序功能图设计法编程时首先应根据系统的工艺过程，画出顺序功能图，然后再根据顺序功能图编制出梯形图。有些 PLC 还为用户提供有顺序功能图语言，在编程软件中生成顺序功能图后便完成了编程工作。这是一种先进的编程方法，很容易被初学者接受，对于有经验的工程师，也会提高编程的效率，程序的调试、修改和阅读也很方便。

　　顺序功能图是描述控制系统的控制过程、功能和特性的一种图形，也是编制 PLC 顺序控制程序的有力工具。顺序功能图并不涉及所描述的控制功能的具体技术，它是一种通用的技术语言，可以供进一步编程和不同专业的人员之间进行技术交流之用。

　　在 IEC 的 PLC 编程语言标准（IEC 61131-3）中，顺序功能图被确定为 PLC 位居首位的编程语言。我国也在 1986 年颁布了顺序功能图的国家标准。顺序功能图主要由步、有向连线、转换、转换条件和动作（或命令）组成。S7-300/400 的 S7Graph 是典型的顺序功能图语言。

　　对于没有配备顺序功能图语言的 PLC（包括 S7-200），也可以先用顺序功能图来描述系统的功能，再根据它来人工编制梯形图程序。

3.4.2 顺序功能图的三大要素

顺序功能图是（SFC，或称状态转移图）用来编制顺序控制程序的。步、动作和转换是顺序功能图的三大要素，如图3-41所示。步是一种逻辑块，即对应于特定控制任务的编程逻辑；动作是控制任务的独立部分；转换是从一个任务变换到另一个任务的原因或条件。

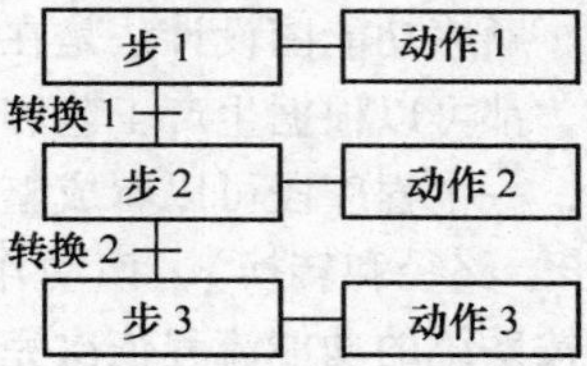

```
步1   ——   动作1
转换1 ┤
步2   ——   动作2
转换2 ┤
步3   ——   动作3
```

图 3-41　顺序功能图

1. 步的基本概念

顺序控制设计法最基本的思想是将系统的一个工作周期划分为若干个顺序相连的阶段，这些阶段称为步（Step），并用编程元件（例如位存储器 M 和顺序控制继电器 S）来代表各步。步是根据输出量的状态变化来划分的。在任何一步之内，各输出量的 ON/OFF 状态不变，但是相邻两步输出量总的状态是不同的。步的这种划分方法使代表各步的编程元件的状态与各输出量的状态之间有着极为简单的逻辑关系。

顺序控制设计法用转换条件控制代表各步的编程元件，让它们的状态按一定的顺序变化，然后用代表各步的编程元件去控制 PLC 的各输出位。

图3-42所示的波形图给出了 PLC 控制机床油泵和主机的要求。即按下启动按钮 I0.0 后，应先开油泵，延时 12s 后再开主机。按下停止按钮 I0.1 后，应先停主机，10s 后再停油泵。根据 Q0.0 和 Q0.1 的 ON/OFF 状态变化，显然一个工作周期可以分为 3 步，分别用 M0.1～M0.3 来代表这 3 步，另外还应设置一个等待启动的初始步。图3-43所示是描述该系统的顺序功能图，图中用矩形方框表示步，方框中可以用数字表示该步的编号，也可以用代表该步的编程元件的地址作为步的编号，例如 M0.0（S7-200 中的 S0.0、FX_{2N} 中的 M1、S1）等，这样在根据顺序功能图设计梯形图时特别方便。

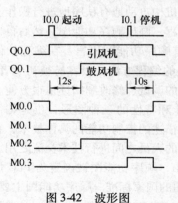

图 3-42　波形图

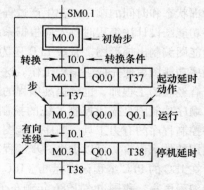

图 3-43　顺序功能图

（1）初始步　与系统的初始状态相对应的步称为初始步，初始状态一般是系统等待启动命令的相对静止的状态。初始步用双线方框表示，每一个顺序功能图至少应该有一个初始步。

（2）活动步　当系统正处于某一步所在的阶段时，该步处于活动状态，称该步为"活动步"。步处于活动状态时，相应的动作被执行；处于不活动状态时，相应的非存储型动作被停止执行。

2. 与步对应的动作（或命令）

可以将一个控制系统划分为被控系统和施控系统。例如在车床 PLC 控制系统中，PLC 是施控系统，而车床是被控系统。对于被控系统，在某一步中要完成某些"动作"；对于施控系统，在某一步中则要向被控系统发出某些"命令"。为了叙述方便，通常将动作或命令统称为动作，并用矩形框中的文字或符号表示动作，该矩形框应与相应的步的符号相连。

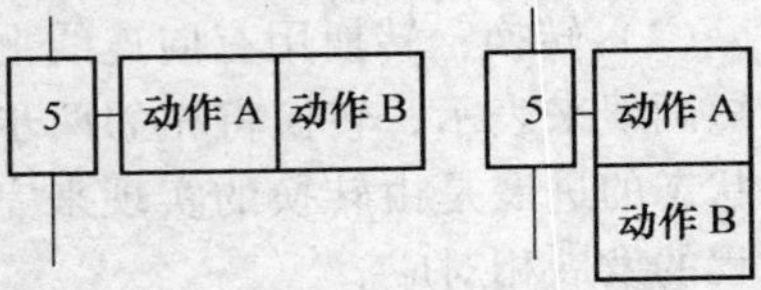

如果某一步有几个动作，可以用图 3-44 中的两种画法来表示，但是并不隐含这些动作之间的任何顺序。说明命令的语句应清楚地表明该命令是存储型的还是非存储型的。例如某步的存储型命令"打开 1 号阀并保持"，是指该步活动时 1 号阀打开，该步不活动时继续打开；非存储型命令"打开 1 号阀"，是指该步活动时打开，不活动时关闭。

图 3-44　多动作的两种画法

除了以上的基本结构之外，使用动作的修饰词（见表 3-3）可以在一步中完成不同的动作。修饰词允许在不增加逻辑的情况下控制动作。例如，可以使用修饰词 L 来限制配料阀打开的时间。

表 3-3　动作的修饰词

N	非存储型	当步变为不活动步时动作终止
S	置位（存储）	当步变为不活动步时动作继续，直到动作被复位
R	复位	被修饰词 S、SD、SL 或 DS 起动的动作被终止
L	时间限制	步变为活动步时动作被起动，直到步变为不活动步或设定时间到
D	时间延迟	步变为活动步时延迟定时器被起动，如果延迟之后步仍然是活动的，动作被起动和继续，直到步变为不活动步
P	脉冲	当步变为活动步，动作被起动并且只执行一次
SD	存储与时间延迟	在时间延迟之后动作被起动，直到动作被复位
DS	延迟与存储	在延迟之后如果步仍然是活动的，动作被起动直到被复位
SL	存储与时间限制	步变为活动步时动作被起动，直到设定的时间到或动作被复位

由图 3-43 可知，在连续的 3 步内输出位 Q0.0 均为 1 状态，为了简化顺序功能图和梯形图，可以在第 2 步将 Q0.0 置位，返回初始步后将 Q0.0 复位，如图 3-45 所示。

3. 有向连线与转换条件

（1）有向连线　在顺序功能图中，随着时间的推移和转换条件的实现，将会发生步的活动状态的进展，这种进展按有向连线规定的路线和方向进行。在画顺序功能图时，将代表各步的方框按它们成为活动步的先后次序顺序排列，并用有向连线将它们连接起来。步的活动状态习惯的进展方向是从上到下或从左至右，在这两个方向有向连线上的箭头可以省略。如果不是上述的方向，应在有向连线上用箭头注明进展方向。在可以省略箭头的有向连线上，为了更易于理解也可以加上箭头。

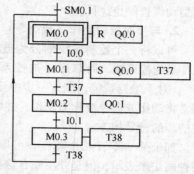

如果在画图时有向连线必须中断（例如在复杂的图中，或用多个图来表示一个顺序功能图时），应在有向连线中断之处标明下一步的标号和所在的页数，例如步 58、05 页。

（2）转换　转换用有向连线上与有向连线垂直的短画线来表示，转换将相邻两步分隔开。步的活动状态的进展是由转换的实现来完成的，并与控制过程的发展相对应。

图 3-45　图 3-43 简化的顺序功能图

（3）转换条件　使系统由当前步进入下一步的信号称为转换条件。转换条件可以是外部的输入信号，例如按钮、指令开关、限位开关的接通或断开等，也可以是 PLC 内部产生的信号，例如定时器、计数器常开触点的接通等，转换条件还可能是若干个信号的与、或、非逻辑组合。

图 3-43 中的起动按钮 I0.0 和停止按钮 I0.1 的常开触点、定时器延时接通的常开触点是各步之间的转换条件。图中有两个 T37，它们的意义完全不同。与步 M0.1 对应的和方框相连的动作框中的 T37 表示 T37 的线圈应在步 M0.1 所在的阶段"通电"，在梯形图中，T37 的指令框与 M0.1 的线圈并联。而转换旁边的 T37 对应于 T37 延时接通的常开触点，它被用来作为步 M0.1 和 M0.2 之间的转换条件。

转换条件是与转换相关的逻辑命题，转换条件可以用文字语言、布尔代数表达式或图形符号标注在表示转换的短线旁边，使用得最多的是布尔代数表达式，如图 3-46 所示。

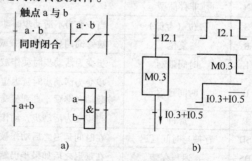

转换条件 I0.5 和 $\overline{I0.5}$ 分别表示当输入信号 I0.5 为 ON 和 OFF 时转换实现。符号 ↑I0.5 和 ↓I0.5 分别表示当 I0.5 从 0 状态到 1 状态和从 1 状态到 0 状态时转换实现。实际上不加符号"↑"，转换也是在 I0.5 的上升沿实现的，因此一般不加"↑"。

图 3-46　转换与转换条件

图 3-46b 中用高电平表示步 M0.3 为活动步，反之则用低电平表示。转换条件 I0.3 + $\overline{I0.5}$ 表示 I0.3 的常开触点或 I0.5 的常闭触点闭合，在梯形图中则用两个触点的并联电路来表示这样一个"或"逻辑关系。

在顺序功能图中，只有当某一步的前级步是活动步时，该步才有可能变成活动步。如果用没有断电保持功能的编程元件代表各步，进入 RUN 工作方式时，它们均处于

OFF 状态，必须用初始化脉冲 SM0.1 的常开触点作为转换条件，将初始步预置为活动步（见图 3-43 或图 3-45），否则因顺序功能图中没有活动步，系统将无法工作。如果系统有自动、手动两种工作方式，顺序功能图是用来描述自动工作过程的，这时还应在系统由手动工作方式进入自动工作方式时，用一个适当的信号将初始步置为活动步。

3.4.3 顺序功能图的基本结构

1. 单序列

单序列由一系列相继激活的步组成，每一步的后面仅有一个转换，每一个转换的后面只有一个步，如图 3-47a 所示。单序列没有下述的分支与合并。

2. 选择序列

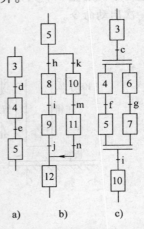

选择序列的开始称为分支，如图 3-47b 所示，转换符号只能标在水平连线之下。如果步 5 是活动步，并且转换条件 h = 1，则发生由步 5→步 8 的进展。如果步 5 是活动步，并且 k = 1，则发生由步 5→步 10 的进展。如果将转换条件 k 改为 k·$\overline{h}$，则当 k 和 h 同时为 ON 时，将优先选择 h 对应的序列，一般只允许同时选择一个序列。

选择序列的结束称为合并，如图 3-47b 所示。几个选择序列合并到一个公共序列时，用与需要重新组合的序列相同数量的转换符号和水平连线来表示，转换符号只允许标在水平连线之上。如果步 9 是活动步，并且转换条件 j = 1，则发生由步 9→步 12 的进展。如果步 11 是活动步，并且 n = 1，则发生由步 11→步 12 的进展。

图 3-47 顺序功能图的基本结构

3. 并行序列

并行序列用来表示系统的几个同时工作的独立部分工作情况。并行序列的开始称为分支，如图 3-47c 所示。当转换的实现导致几个序列同时激活时，这些序列称为并行序列。当步 3 是活动的，并且转换条件 e = 1，步 4 和步 6 同时变为活动步，同时步 3 变为不活动步。为了强调转换的同步实现，水平连线用双线表示。步 4 和步 6 被同时激活后，每个序列中活动步的进展将是独立的。在表示同步的水平双线之上，只允许有一个转换符号。

并行序列的结束称为合并，如图 3-47c 所示。在表示同步的水平双线之下，只允许有一个转换符号。当直接连在双线上的所有前级步（步 5 和步 7）都处于活动状态，并且转换条件 i = 1 时，才会发生步 5 和步 7 到步 10 的进展，即步 10 变为活动步，而步 5 和步 7 同时变为不活动步。

4. 顺序功能图基本结构的举例

图 3-48 所示为某剪板机床的工作示意图，开始时压钳和剪刀都在上限位置，限位开关 I0.0 和 I0.1 为 ON。按下启动按钮 I1.0，工作过程如下：首先板料右行（Q0.0 为 ON）至限位开关 I0.3 动作，然后压钳下行（Q0.1 为 ON 并保持）。压紧板料后，压力

继电器 I0.4 为 ON，压钳保持压紧，剪刀开始下行（（Q0.2 为 ON）。剪断板料后，I0.2 变为 ON，压钳和剪刀同时上行（Q0.3 和 Q0.4 为 ON，Q0.1 和 Q0.2 为 OFF），它们分别碰到限位开关 I0.0 和 I0.1 后，分别停止上行。都停止后，又开始下一周期的工作。剪完 10 块料后停止工作并停在初始状态。

系统的顺序功能图如图 3-49 所示。图中有选择序列、并行序列的分支与合并。步 M0.0 是初始步，加计数器 C0 用来计量剪料的次数，每次工作循环 C0 的当前值在步 M0.7 加 1。没有剪完 10 块料时，C0 的当前值小于设定值 10，其常闭触点闭合，转换条件 $\overline{C0}$ 满足，将返回步 M0.1，重新开始下一周期的工作。剪完 10 块料后，C0 的当前值等于设定值 10，其常开触点闭合，转换条件 C0 满足，将返回初始步 M0.0，等待下一次启动命令。

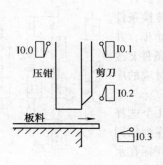

图 3-48 某剪板机床的工作示意图

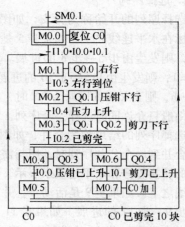

图 3-49 某剪板机床的顺序功能图

步 M0.5 和步 M0.7 是等待步，它们用来同时结束两个子序列。只要步 M0.5 和步 M0.7 都是活动步，就会发生步 M0.5、步 M0.7 到步 M0.0 或步 M0.1 的转换，即步 M0.0 或步 M0.1 变为活动步，而步 M0.5、步 M0.7 同时变为不活动步。

3.4.4 PLC 的步进顺序控制指令与编程

1. FX$_{2N}$ 系列 PLC 的步进梯形指令与编程

（1）FX$_{2N}$ 系列 PLC 状态继电器（S0 ~ S999，共 1 000 点） 它是用于编制顺序控制程序的一种编程元件。状态继电器分为初始状态继电器 S0 ~ S9（共 10 点）、一般状态继电器 S10 ~ S499（共 490 点）、断电保持状态继电器 S500 ~ S899（共 400 点）和信号报警状态继电器 S900 ~ S999（共 100 点）四类。

状态继电器 S0 ~ S499 没有断电保持功能，但是用程序可以将它们设定为有断电保持功能。

供报警用的状态继电器，可用于外部故障诊断的输出。

不对状态继电器使用步进梯形指令时，可以把它当作一般辅助继电器使用。

（2）FX$_{2N}$ 系列 PLC 的 2 条步进梯形指令

1）FX$_{2N}$ 系列 PLC 的 2 条步进梯形指令 SLT 和 SLT 的功能、梯形图表示、操作组件和程序步见表 3-4。

表 3-4　SLT 和 SLT 指令助记符及功能

指令助记符与名称	功　　能	步进梯形图的表示	程序步
STL　步进接点指令	步进接点驱动	S $\dashv\vert\vert\dashv$ ⊸	1
RET　步进返回指令	步进程序结束返回	── RET	1

2）指令说明。

① STL。步进触点开始指令。

② RET。步进结束指令。

STL 指令只能和状态元件 S 配合使用，表示状态元件 S 的常开触点（只有常开触点，无常闭触点）与左母线相连。STL 触点可直接连接线圈或通过触点驱动线圈。与 STL 相连的起始触点要使用 LD 或 LDI 指令。使用 STL 指令后使 LD 点移到 STL 触点的右侧，一直到出现下一条 STL 指令或者出现 RET 指令为止。RET 指令用于步进操作结束时，使 LD 点返回左母线。使用 STL 指令使新的状态置位，前一状态复位。

STL 触点接通后，与此相连的电路开始执行；当 STL 触点断开时，与此相连的电路停止执行。但要注意，在 STL 触点由接通变为断开时，还要执行一个扫描周期。

STL 指令和 RET 指令是一对步进指令。在一系列 STL 指令的最后，必须写入 RET 指令，表明步进指令的结束。

（3）状态继电器与步进梯形指令的编程应用　状态继电器与顺序功能图（SFC 图）和 STL 指令（步进梯形指令）一起使用，专门用于步进式顺序控制的编程，如图 3-50 所示。

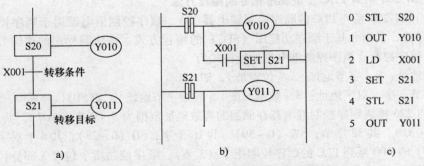

图 3-50　状态继电器与步进梯形指令的编程应用

a）状态转移图　b）状态梯形图　c）指令表

（4）FX$_{2N}$ 系列 PLC 步进梯形指令的编程举例 例如机床电气控制中常采用电动机的丫/△起动控制电路，若采用步进梯形图控制，其状态转移图和步进梯形图如图 3-51 所示。

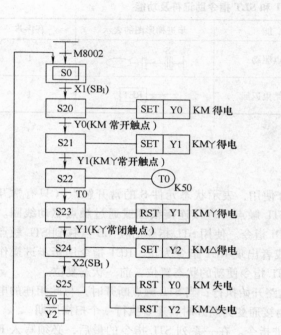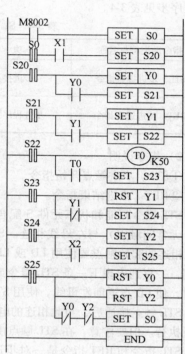

图 3-51 电动机的丫/△起动 PLC 控制状态转移图和步进梯形图

2. S7-200 系列 PLC 步进梯形指令的编程方法

（1）S7-200 系列 PLC 的顺序控制继电器（S） 顺序控制继电器用于顺序控制（或步进控制），其指令基于顺序功能图（SFC）的编程方式，将控制程序的逻辑分段，从而实现顺序控制。顺序控制继电器地址格式为

位地址：S［字节地址］.［位地址］，如 S31.1。

字节、字、双字地址：S［数据长度］［起始字节地址］，如 SB31、SW30、SD28。

CPU226 模块顺序控制继电器存储器的有效地址范围为 S（0.0~31.7），共 256 点；SB（0~31），共 32 字节；SW（0~30），共 16 个字；SD（0~28），共 8 个双字。

（2）S7-200 系列 PLC 的顺序控制指令（3 条） 顺序控制指令包含 3 部分：段开始指令 LSCR、段转移指令 SCRT 和段结束指令 SCRE。

1）段开始指令 LSCR。段开始指令的功能是标记一个顺控程序段（或一个步）的开始，其操作数是状态继电器 Sx.y（如 S0.0）。Sx.y 是当前顺控程序段的标志位，当

4. 过载及断相保护

热继电器 FR_1、FR_2 分别对电动机 M_1 和 M_2 进行保护，由于快速移动电动机 M_3 为短时工作制，不需要过载保护。

当发生过载或断相时：热继电器 FR_1 或 FR_2 动作→FR_1 或 FR_2 的动合触点闭合→输入继电器 I0.2 或 I0.3 得电 → #I0.2 或 #I0.3 断开 → 输出继电器 Q0.0 失电──┐

┌──┘
├ KM_1 失电释放 → 电动机 M_1 停止运转
└ ◎Q0.0[2] 断开 → 输出继电器 Q0.1 失电 → KM_2 失电释放 → 电动机 M_2 停止运转

4.2　C650 中型普通车床的 PLC 控制编程实例

4.2.1　C650 中型普通车床的结构组成和主要运动

C650 中型卧式车床的外形图如图 4-6 所示。它主要由床身、主轴箱、尾座、进给箱、丝杠、光杆、刀架和溜板箱等组成。

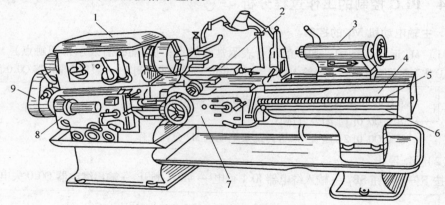

图 4-6　C650 中型普通车床的外形图

1—主轴箱　2—溜板与刀架　3—尾座　4—床身　5—丝杠
6—光杆　7—溜板箱　8—进给箱　9—挂笼箱

车削加工的主运动是主轴通过卡盘或顶尖带动工件作旋转运动，它承受车削加工时的主要切削功率。进给运动是溜板带动刀架的纵向或横向运动。

为了保证螺纹加工的质量，要求工件的旋转运动和刀具的移动速度之间具有严格的比例关系。为此，C650 车床溜板箱和主轴箱之间通过齿轮传动来连接，同用一台电动机拖动。

在车削加工中一般不要求反转，但加工螺纹时，为避免乱扣，加工完毕后要求反转退刀，通过主电动机的正反转来实现主轴的正反转。当主轴反转时，刀架也跟着后退。车削加工时，工作点的温度往往很高，需要配备冷却泵及电动机。由于 C650 车床的床

Sx. y 为 1 时，允许该顺控程序段工作。

2）段转移指令 SCRT。段转移指令的功能是将当前的顺控程序段切换到下一个顺控程序段，其操作数是下一个顺控程序段的标志位 Sx. y（如 S0.1）。当允许输入有效时，进行切换，即停止当前顺控程序段工作，启动下一个顺控程序段工作。

3）段结束指令 SCRE。段结束指令的功能是标记一个顺控程序段（或一个步）的结束，每一个顺控程序段都必须使用段结束指令来表示该顺控程序段的结束。

在梯形图中，段开始指令以功能框的形式编程，段转移指令和段结束指令以线圈形式编程，顺序控制指令格式见表 3-5。

表 3-5　顺序控制指令格式

指令名称	梯形图	STL
段开始指令 LSCR	??.? SCR	LSCR Sx. y
段转移指令 SCRT	??.? —(SCRT)	SCRT Sx. y
段结束指令 SCRE	—(SCRE)	SCRE

（3）顺序控制指令的特点

1）顺控指令仅仅对元件 S 有效，状态继电器 S 也具有一般继电器的功能。

2）顺控程序段的程序能否执行取决于 S 是否被置位，SCRE 与下一个 LSCR 指令之间的指令逻辑不影响下一个顺控程序段程序的执行。

3）不能把同一个元件 S 用于不同程序中，例如，如果在主程序中用了 S0.1，则在子程序中就不能再使用它。

4）在顺控程序段中不能使用 JMP 和 LBL 指令，就是说不允许跳入、跳出或在内部跳转，但可以在顺控程序段的附近使用跳转指令。

5）在顺控程序段中不能使用 FOR、NEXT 和 END 指令。

6）在步发生转移后，所有的顺控程序段的元件一般也要复位，如果希望继续输出，可使用置位/复位指令。

7）在使用功能图时，状态继电器的编号可以不按顺序安排。

（4）顺序控制指令的编程　顺序功能图中除了使用内部位存储器 M 代表各步外，还可以使用顺序控制继电器 S 代表各步。使用 S 代表各步的顺序功能图设计梯形图程序时，需要用 SCR 指令。使用 SCR 指令时顺序功能图中的步用 S-bit 表示，其顺序功能图如图 3-52 所示。它与前面所述的顺序功能图完全相似，所不同的是要将代表各步的内部位存储器 M 换成顺序控制继电器 S。

对图 3-52，使用 SCR 指令编程时，在 SCR 段中使用 SM0.0 的常开触点驱动该步中的输出线圈，使用转换条件对应的触点或电路驱动转换到后续步的 SCR 指令。虽然 SM0.0 一直为 1，但是只有当某一步活动时相应的 SCR 段内的指令才能执行。使用 SCR 指令编写的梯形图如图 3-53 所示。

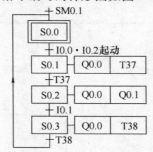

图 3-52　使用 SCR 指令的顺序功能图

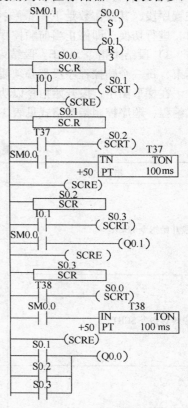

图 3-53　使用 SCR 指令编写的梯形图

3.4.5　顺序功能图中转换实现的基本规则

1. 转换实现的条件

在顺序功能图中，步的活动状态的进展是由转换的实现来完成的。转换实现必须同时满足两个条件：

1）该转换所有的前级步都是活动步。

2）相应的转换条件得到满足。

这两个条件是缺一不可的。以剪板机床为例，如果取消了第一个条件，假设在板料被压住时因误操作按了启动按钮，也会使步 M0.1 变为活动步，欲使板料右行，因此造成了设备的误动作。

如果转换的前级步或后续步不止一个，转换的实现称为同步实现，如图 3-54 所示。为了强调同步实现，有向连线的水平部分用双线表示。

2. 转换实现应完成的操作

转换实现时应完成以下两个操作：

1）使所有由有向连线与相应转换符号相连的后续步都变为活动步。

2）使所有由有向连线与相应转换符号相连的前级步都变为不活动步。

转换实现的基本规则是根据顺序功能图设计梯形图的基础，它适用于顺序功能图中的各种基本结构和各种顺序控制梯形图的编程方法。

在梯形图中，用编程元件（例如 M 和 S）代表步，当某步为活动步时，该步对应的编程元件为 ON。当该步之后的转换条件满足时，转换条件对应的触点或电路接通，因此可以将该触点或电路与代表所有前级步的编程元件的常开触点串联，作为与转换实现的两个条件同时满足所对应的电路。

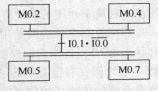

图 3-54　转换的同步实现

图 3-54 中的转换条件为 $I0.1 \cdot \overline{I0.0}$，步 M0.2 和步 M0.4 是该转换的前级步，应将 I0.1、M0.2、M0.4 的常开触点和 I0.0 的常闭触点串联，作为转换实现的两个条件同时满足所对应的电路。在梯形图中，该电路接通时，应使所有代表前级步的编程元件（步 M0.2 和步 M0.4）复位（变为 OFF 并保持），同时使所有代表后续步的编程元件（步 M0.5 和步 M0.7）置位（变为 ON 并保持）。

以上规则可以用于任意结构中的转换，其区别如下：在单序列中，一个转换仅有一个前级步和一个后续步；在并行序列的分支处，转换有几个后续步（见图 3-54），在转换实现时应同时将它们对应的编程元件置位；在并行序列的合并处，转换有几个前级步，它们均为活动步时才有可能实现转换，在转换实现时应将它们对应的编程元件全部复位；在选择序列的分支与合并处，一个转换实际上只有一个前级步和一个后续步，但是一个步可能有多个前级步或多个后续步。

3. 绘制顺序功能图时的注意事项

针对绘制顺序功能图时常见的错误应注意以下事项。

1）两个步绝对不能直接相连，必须用一个转换将它们分隔开。

2）两个转换也不能直接相连，必须用一个步将它们分隔开。第 1 条和第 2 条可以作为检查顺序功能图是否正确的依据。

3）顺序功能图中的初始步一般对应于系统等待启动的初始状态，这一步可能没有什么输出处于 ON 状态，因此有的初学者在画顺序功能图时很容易遗漏这一步。初始步是必不可少的，一方面因为该步与它的相邻步相比，从总体上说输出变量的状态各不相同；另一方面如果没有该步，无法表示初始状态，系统也无法返回等待启动的停止状态。

4）自动控制系统应能多次重复执行同一工艺过程，因此在顺序功能图中一般应有由步和有向连线组成的闭环，即在完成一次工艺过程的全部操作之后，应从最后一步返回初始步，系统停留在初始状态（即单周期操作，见图 3-43），在连续循环工作方式时，应从最后一步返回下一工作周期开始运行的第一步（见图 3-49）。换句话说，在顺序功能图中不能有"到此为止"的死胡同。

4. 顺序控制设计法的本质

经验设计法实际上是试图用输入信号 I 直接控制输出信号 Q（见图 3-55a），如果无法直接控制，或者为了实现记忆、联锁、互锁等功能，只好被动地增加一些辅助元件和辅助触点。由于不同系统的输出量 Q 与输入量 I 之间的关系各不相同，以及它们对联锁、互锁的要求千变万化，不可能找出一种简单通用的设计方法。

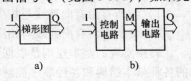

图 3-55　信号关系图

顺序控制设计法则是用输入量 I 控制代表各步的编程元件（例如内部位存储器 M 和状态器 S），再用它们控制输出量 Q（见图 3-55b）。步是根据输出量 Q 的状态划分的，M 与 Q 之间具有很简单的 "与" 或相等的逻辑关系，输出电路的设计极为简单。任何复杂系统的代表步的位存储器 M 的控制电路，其设计方法都是相同的，并且很容易掌握，所以顺序控制设计法具有简单、规范、通用的优点。由于 M 是依次顺序变为 ON/OFF 状态的，所以实际上已经基本解决了经验设计法中的记忆、联锁等问题。

3.4.6　顺序功能图设计法常用三种编程方法的应用举例

状态转移图（顺序功能图）是顺序功能图设计法编程的重要工具。其编程的一般设计思想是：将一个复杂的控制过程分解为若干个工作状态，弄清各工作状态的工作细节（状态功能、转移条件和转移方向），再依据总的控制顺序要求，将这些工作状态联系起来，就构成了状态转移图（SFC 图），然后再转换为梯形图。其常用的编程方法有以下三种。

1. 用 PLC 的专用步进指令进行编程

（1）用三菱 F 系列 PLC 的步进指令编程举例

1）某机床送料台车自动往返控制的要求。某机床送料台车的工作示意图如图 3-56 所示，其控制的要求如下。

①按下起动钮 SB，电动机 M 正转，送料台车前进，碰到限位开关 SQ_1 后，电动机 M 反转台车后退。

②送料台车后退碰到限位开关 SQ_2 后，送料台车电动机 M 停转，送料台车停车 5s 后，第二次前进碰到限位开关 SQ_3，再次后退。

③当后退再次碰到限位开关 SQ_2 时，送料台车停止。

2）建立 SFC 图的方法。

①首先将整个工作过程按工序要求分解。将整个工作过程按工序要求分解的图示如图 3-57 所示。

②然后对每个工序分配状态元件，说明每个状态的功能与作用、转移条件。工作分配状态列表见表 3-6。

③根据状态表可绘出送料台车状态转移图如图 3-58 所示。图中初始状态 S0 要用双框，驱功 S0 的电路要在对应的状态梯形图中的开始处绘出。SFC 图和状态梯形图结束时要使用 RET 和 END。

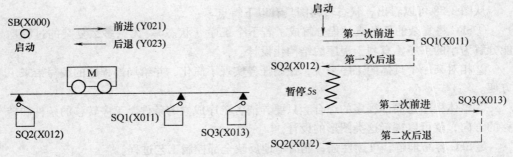

图 3-56　某机床送料台车的工作示意图　　图 3-57　将整个工作过程按工序要求分解的图示

表 3-6　工序分配状态列表

工　序	分配的状态元件	功能与作用	转移条件
0 初始状态	S0	PLC 上电做好工作准备	M8002
1 第一次前进	S20	驱动输出线圈 Y021，M 正转	X000（SB）
2 第一次后退	S21	驱动输出线圈 Y023，M 反转	X011（SQ_1）
3 暂停 5s	S22	驱动定时器 T0 延时 5s	X012（SQ_2）
4 第二次前进	S23	驱动输出线圈 Y021，M 正转	T0
5 第二次后退	S24	驱动输出线圈 Y023，M 反转	X013（SQ_3）

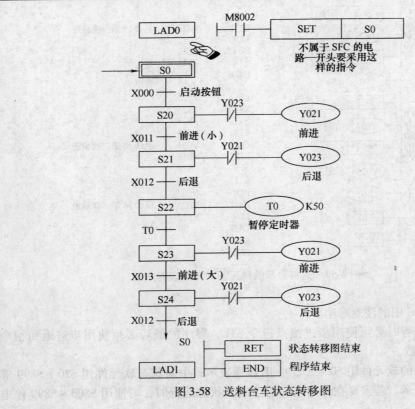

图 3-58　送料台车状态转移图

从图 3-58 可以看出，状态转移图具有以下特点。

①SFC 将复杂的任务或过程分解成了若干个工序（状态）。无论多么复杂的过程均能分解为小的工序，有利于程序的结构化设计。

②相对某一个具体的工序来说，控制任务实现了简化，并给局部程序的编写带来了方便。

③整体程序是局部程序的综合。只要弄清各工序成立的条件、工序转移的条件和转移的方向，就可以进行这类图形的设计。

④SFC 容易理解，可读性强，能清晰地反映全部控制工艺过程。

3）将状态转移图（SFC）转换成状态梯形图（STL）、指令表程序。根据编程规律，将状态转移图（SFC）转换成梯形图（STL）和指令表程序，如图 3-59 所示。

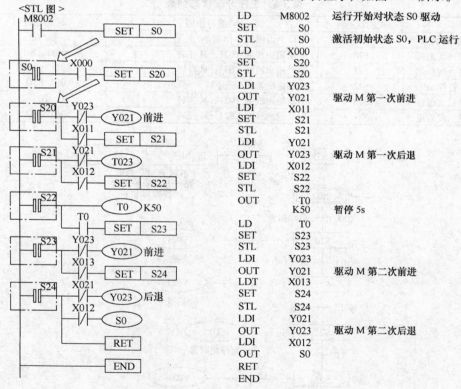

LD	M8002	运行开始对状态 S0 驱动
SET	S0	
STL	S0	激活初始状态 S0，PLC 运行
LD	X000	
SET	S20	
STL	S20	
LDI	Y023	
OUT	Y021	驱动 M 第一次前进
LDI	X011	
SET	S21	
STL	S21	
LDI	Y021	
OUT	Y023	驱动 M 第一次后退
LDI	X012	
SET	S22	
STL	S22	
OUT	T0	
	K50	暂停 5s
LD	T0	
SET	S23	
STL	S23	
LDI	Y023	
OUT	Y021	驱动 M 第二次前进
LDT	X013	
SET	S24	
STL	S24	
LDI	Y021	
OUT	Y023	驱动 M 第二次后退
LDI	X012	
OUT	S0	
RET		
END		

图 3-59 送料台车的梯形图和指令表程序

4）编制 SFC 图的注意事项。

①对状态编程时必须使用步进接点指令 STL，程序的最后必须使用步进返回指令 RET，返回主母线。

②初始状态的软元件用 S0～S9，并用双框表示；中间状态软元件用 S20～S899 等状态，用单框表示。若需要在停电恢复后继续原状态运行时，可使用 S500～S899 停电

保持状态元件。此外 S10 ~ S19 在采用状态初始化指令 FNC 60（IST）时，可用于特殊目的。

③状态编程顺序为：先进行驱动，再进行转移，不能颠倒。

④当同一负载需要连续多个状态驱动时，可使用多重输出；在状态程序中，不同时"激活""双线圈"是允许的。另外，相邻状态使用的 T、C 元件，编号不能相同。

⑤负载的驱动、状态转移条件可能为多个元件的逻辑组合，视具体情况，按串、并联关系处理，不能遗漏。

⑥顺序状态转移用置位指令 SET。若顺序不连续转移，不能使用 SET 指令进行状态转移，应改用 OUT 指令进行状态转移。

（2）用西门子 S7-200 系列 PLC 的顺控指令编程举例

1）某机床送料小车自动往返控制的要求。某机床送料小车的工作示意图如图 3-60 所示，其控制的要求如下：

设小车在初始位置时停在左边，限位开关 I0.2 为 1 状态。按下启动按钮 I0.0 后，小车向右运动（简称右行），碰到限位开关 I0.1 后，停在该处；3s 后开始左行，碰到 I0.2 后返回初始步，停止运动。

图 3-60 送料小车的工作示意图

2）建立 SFC 图。根据 Q0.0 和 Q0.1 状态的变化，显然一个工作周期可以分为左行、暂停和右行 3 步；另外还应设置等待启动的初始步；分别用 S0.0 ~ S0.3 来代表这 4 步。启动按钮 I0.0 和限位开关的常开触点、T37 延时接通的常开触点是各步之间的转换条件。依此画出送料小车 SFC 图，如图 3-61 所示。

3）设计梯形图。在设计梯形图时，用 LSCR（梯形图中为 SCR）和 SCRE 指令表示 SCR 段的开始和结束。在 SCR 段中用 SM0.0 的常开触点来驱动在该步中应为 1 状态的输出点（Q）的线圈，并用转换条件对应的触点或电路来驱动转换到后续步的 SCRT 指令。送料小车的梯形图如图 3-62 所示。

如果用编程软件的"程序状态"功能来监视处于运行模式的梯形图，可以看到因为直接接在左侧电源线上，每一个 SCR 方框都是蓝色的，但是只有

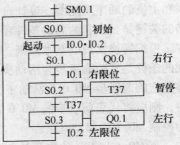

图 3-61 送料小车的 SFC 图

活动步对应的 SCRE 线圈通电，并且只有活动步对应的 SCR 区内的 SM0.0 的常开触点闭合，不活动步的 SCR 区内的 SM0.0 的常开触点处于断开状态，因此 SCR 区内的线圈受到对应的顺序控制继电器的控制，SCR 区内的线圈还可以受与它串联的触点的控制。

首次扫描时 SM0.1 的常开触点接通一个扫描周期，使顺序控制继电器 S0.0 置位，初始步变为活动步，只执行 S0.0 对应的 SCR 段。如果小车在最左边，I0.2 为 1 状态，此时按下启动按钮 I0.0，指令"SCET S0.1"对应的线圈得电，使 S0.1 变为 1 状态，操作系统使 S0.0 变为 0 状态，系统从初始步转换到右行步，只执行 S0.1 对应的 SCR 段。

在该段中 SM0.0 的常开触点闭合，Q0.0 的线圈得电，小车右行。在操作系统没有执行 S0.1 对应的 SCR 段时，Q0.0 的线圈不会通电。

右行碰到右限位开关时，I0.1 的常开触点闭合，将实现右行步 S0.1 到暂停步 S0.2 的转换。定时器 T37 用来使暂停步持续 3s。延时时间到时 T37 的常开触点接通，使系统由暂停步转换到左行步 S0.3，直到返回初始步。

2. 用启保停电路进行编程

根据顺序功能图编制梯形图时，可以用存储器位 M 来代表步。当某一步为活动步时，对应的存储器位为 1 状态；当某一转换实现时，该转换的后续步变为活动步，前级步变为不活动步。用启保停电路进行编程仅仅使用与触点和线圈有关的指令，任何一种 PLC 的指令系统都有这一类指令，因此这是一种通用的编程方法，可以用于任意型号的 PLC。

图 3-43 中给出了 PLC 控制机床油泵和主机的顺序功能图。设计启保停电路的关键是找出它的启动条件和停止条件。根据转换实现的基本规则，转换实

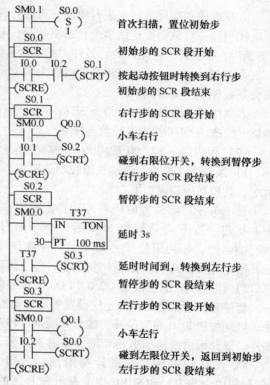

图 3-62 送料小车的梯形图

现的条件是它的前级步为活动步，并且满足相应的转换条件，步 M0.1 变为活动步的条件是它的前级步 M0.0 为活动步，且两者之间的转换条件 I0.0 为 1 状态。在启保停电路中，则应将代表前级步的 M0.0 的常开触点和代表转换条件的 I0.0 的常开触点串联，作为控制 M0.1 的起动电路。

当 M0.1 和 T37 的常开触点均闭合时，步 M0.2 变为活动步，这时步 M0.1 应变为不活动步，因此可以将 M0.2 为 1 状态作为使存储器位 M0.1 变为 OFF 的条件，即将 M0.2 的常闭触点与 M0.1 的线圈串联。上述的逻辑关系可以用逻辑代数式表示为

$$M0.1 = (M0.0 \cdot I0.0 + M0.1) \cdot \overline{M0.2}$$

在这个例子中，可以用 T37 的常闭触点代替 M0.2 的常闭触点。但是当转换条件由多个信号经"与、或、非"逻辑运算组合而成时，需要将它的逻辑表达式求反，再将对应的触点串并联电路作为启保停电路的停止电路，不如使用后续步对应的常闭触点这样简单方便。

根据上述的编程方法和顺序功能图，很容易画出梯形图（见图 3-63）。以初始步 M0.0 为例，由顺序功能图可知，M0.3 是它的前级步，T38 的常开触点接通是两者之间

的转换条件，所以应将 M0.3 和 T38 的常开触点串联，作为 M0.0 的启动电路。PLC 开始运行时应将 M0.0 置为 1，否则系统无法工作，故将仅在第一个扫描周期接通的 SM0.1 的常开触点与上述串联电路并联、启动电路还并联了 M0.0 的自保持触点。后续步 M0.1 的常闭触点与 M0.0 的线圈串联，M0.1 为 1 状态时 M0.0 的线圈"断电"，初始步变为不活动步。

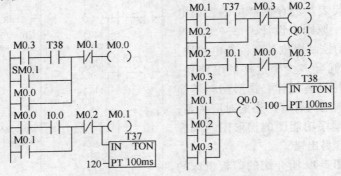

图 3-63　PLC 控制机床油泵和主机的梯形图

　　当控制 M0.0 启保停电路的启动电路接通后，M0.0 的常闭触点使 M0.3 的线圈断电，在下一个扫描周期，因为后者的常开触点断开，使 M0.0 的启动电路断开，由此可知启保停电路的启动电路接通的时间只有一个扫描周期。因此必须使用不具有记忆功能的电路（例如启保停电路或置位/复位电路）来控制代表步的存储器位。

　　下面介绍设计顺序控制梯形图的输出电路部分的方法。由于步是根据输出变量的状态变化来划分的，它们之间的关系极为简单，可以分为以下两种情况来处理。

　　1）某一输出量仅在某一步中为 ON，例如图 3-63 中的 Q0.1 就属于这种情况，可以将它的线圈与对应步的存储器位 M0.2 的线圈并联。

　　有人也许会说，既然如此，不如用这些输出位来代表该步，例如用 Q0.1 代替 M0.2。当然这样做可以节省一些编程元件，但是存储器位 M 是完全够用的，多用一些不会增加硬件费用，在设计和输入程序时也多花不了多少时间。全部用存储器位来代表步具有概念清楚、编程规范、梯形图易于阅读和查错的优点。

　　2）如果某一输出在几步中都为 ON，应将代表各有关步的存储器位的常开触点并联后，驱动该输出的线圈。图 3-63 中 Q0.0 在 M0.1～M0.3 这 3 步中均应工作，所以用 M0.1～M0.3 的常开触点组成的并联电路来驱动 Q0.0 的线圈。

　　如果某些输出量像 Q0.0 一样，在连续的若干步均为 1 状态，可以用置位、复位指令来控制它们（见图 3-63）。

3. 以转换为中心的顺序控制编程

　　在顺序功能图中，如果某一转换所有的前级步都是活动步并且满足相应的转换条件，则转换实现。即所有由有向连线与相应转换符号相连的后续步都变为活动步，而所有由有向连线与相应转换符号相连的前级步都变为不活动步。在以转换为中心的编程方法中，将该转换所有前级步对应的存储器位的常开触点与转换对应的触点或电路串联，该串联电路即为启保停电路中的启动电路，用它作为使所有后续步对应的存储器位置位（使用 S 指令），和使所有前级步对应的存储器位复位（使用 R 指令）的条件。在任何情况下，代表步的存储器位的控制电路都可以用这一原则来设计，每一个转换对应一个这样的控制置位和复位的电路块，有多少个转换就有多少个这样的电路块。这种设计方法特别有规律，梯形图与转换实现的基本规则之间有着严格的对应关系，在设计复杂的顺序功能图的梯形图时既容易掌握，又不容易出错。

例如对于图 3-49 所介绍的剪板机床的顺序功能图，其用以转换为中心的编程方法编制的梯形图程序如图 3-64 所示。顺序功能图中共有 9 个转换（包括 SM0.1），转换条件 SM0.1 只需对初始步 M0.0 置位。除了与并行序列的分支、合并有关的转换以外，其余的转换都只有一个前级步和一个后续步，对应的电路块均由代表转换实现的两个条件的触点组成的串联电路、一条置位指令和一条复位指令组成。在并行序列的分支处，用 M0.3 和 I0.2 的常开触点组成的串联电路对两个后续步 M0.4 和 M0.6 置位，和对前级步 M0.3 复位。在并行序列的合并处的水平双线之下，有一个选择序列的分支。剪完了计数器 C0 设定的块数时，C0 的常开触点闭合，将返回初始步 M0.0。所以应将该转换之前的两个前级步 M0.5 和 M0.7 的常开触点和 C0 的常开触点串联，作为对后续步 M0.0 置位和对前级步 M0.5 和 M0.7 复位的条件。没有剪完计数器 C0 设定的块数时，C0 的常闭触点闭合，将返回步 M0.1，所以将两个前级步 M0.5 和 M0.7 的常开触点和 C0 的常闭触点串联，作为对后续步 M0.1 置位和对前级步 M0.5 利 M0.7 复位的条件。

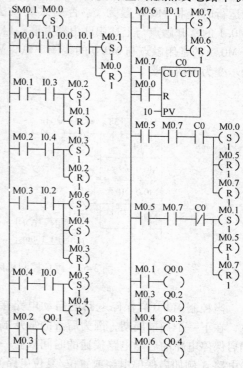

图 3-64　用以转换为中心的编程方法
编制的梯形图程序

第 4 章　用翻译法进行机床电气 PLC 编程的实例

用翻译法对机床电气进行 PLC 改造设计编程一般只是改变其控制电路部分，而对机床主电路通常都原样保留。控制电路的编程方案，通常包括 PLC 的 I/O 接线及梯形图的编制。

将机床电气的"继电器-接触器"控制电路功能换用 PLC 梯形图实现可以有两种思路。一种思路是套用继电器控制电路的结构编制梯形图，采用这种方式时，先进行电器元件的代换，具体代换方法为：按钮、传感器等主令传感设备用输入继电器代替；接触器、电磁阀、指示灯等执行器件用输出继电器代替；原图中的中间继电器、计数器、定时器则用 PLC 机内同类功能的编程元件代替。这种方式转换的问题是转换出来的梯形图大多不符合梯形图的结构原则，还需要进行调整。另一种思路是根据"继电器-接触器"控制电路图上反映出来的电气元件中的控制逻辑要求重新进行梯形图的设计。这种方法可以利用 PLC 中有许多辅助继电器的特点，将继电器控制电路图中的复杂结构化解为简单结构。

4.1　CA6140 小型普通车床的 PLC 控制编程实例

4.1.1　CA6140 小型普通车床的结构组成和主要运动

1. CA6140 小型普通车床的实物图及结构外形图（见图 4-1）

a)

图 4-1　CA6140 小型普通车床的实物图及结构外形图

a) 实物图

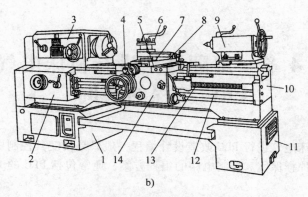

图 4-1 CA6140 小型普通车床的实物图及结构外形图（续）

b）结构外形图

1、11—床卧 2—进给箱 3—主轴箱 4—床鞍 5—中溜板 6—刀架 7—回转盘
8—小溜板 9—尾座 10—床身 12—光杠 13—丝杠 14—溜板箱

2. CA6140 小型普通车床的主要运动形式及控制要求

普通车床传动系统的框图如图 4-2 所示，其主要运动形式及控制要求见表 4-1。

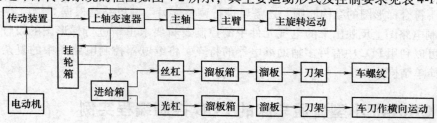

图 4-2 普通车床传动系统的框图

表 4-1 CA6140 小型车床的主要运动形式及控制要求

运动种类	运动形式	控制要求
主运动	主轴通过卡盘或顶尖带动工件的旋转运动	1）主轴电动机选用三相笼型异步电动机，不进行调整，主轴采用齿轮箱进行机械有级调速 2）车削螺纹时要求主轴有正反转，一般由机械方法实现，主轴电动机只作单向旋转 3）主轴电动机的容量不大，可采用直接起动
进给运动	刀架带动刀具的直线运动	由主轴电动机拖动，主轴电动机的动力通过挂轮箱传递给进给箱来实现刀具的纵向和横向进给。加工螺纹时，要求刀具的移动和主轴转动有固定的比例关系
辅助运动	刀架的快速移动	由刀架快速移动电动机拖动，该电动机可直接起动，不需要正反转和调速
	尾架的纵向移动	由手动操作控制
	工件的夹紧与放松	由手动操作控制
	加工过程的冷却	冷却泵电动机和主轴电动机要实现顺序控制，冷却泵电动机也不需要正反转和调速

4.1.2 CA6140 小型普通车床的电气控制

CA6140 小型普通车床的电气控制电路如图 4-3 所示。

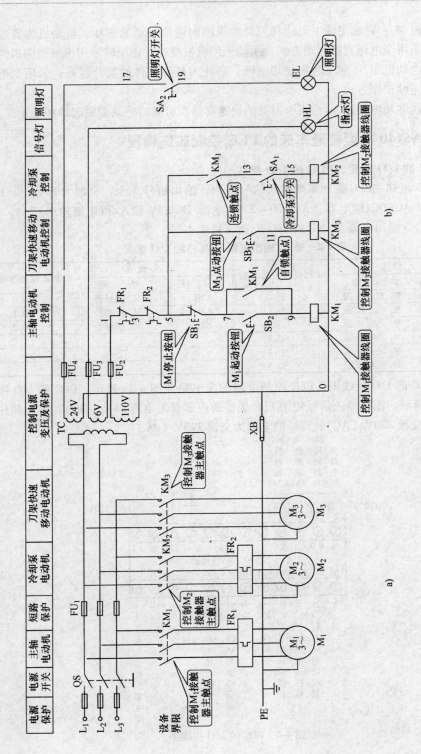

图 4-3　CA6140 小型普通车床的电气控制电路
a) 主电路　b) 控制电路

主电动机 M_1：完成主轴主运动和刀具的纵横向进给运动的驱动，电动机为笼型异步电动机，采用全电压直接起动方式；主轴采用机械变速，正反转采用机械换向机构。

冷却泵电动机 M_2：加工时提供切削液，防止刀具和工件的温升过高；采用全电压直接起动和连续工作方式。

刀架快速移动电动机 M_3：用于刀架的快速移动，可随时手动控制起动和停止。

4.1.3 CA6140 小型普通车床的 PLC 控制改造编程

1. PLC 的 I/O 配置、PLC 的 I/O 接线

由图 4-3 可知，PLC 控制需要输入信号 6 个，输出信号 3 个，全部为开关量。PLC 选用 CPU221 AC/DC/继电器（AC 100～230V 电源/DC 24V 输入/继电器输出）。

（1）输入/输出电器及 PLC 的 I/O 配置（见表 4-2）

表 4-2 输入/输出电器与 PLC 的 I/O 配置

输入设备		PLC 输入继电器	输出设备		PLC 输出继电器
符 号	功 能		符 号	功 能	
SB_2	M_1 起动按钮	I0.0	KM_1	M_1 接触器	Q0.0
SB_1	M_1 停止按钮	I0.1	KM_2	M_2 接触器	Q0.1
FR_1	M_1 热继电器	I0.2	KM_3	M_3 接触器	Q0.2
FR_2	M_2 热继电器	I0.3			
SA_1	M_2 转换开关	I0.4			
SB_3	M_3 点动按钮	I0.5			

（2）PLC 的 I/O 接线图　PLC 控制电路的主电路如图 4-3a 所示，PLC 的 I/O 接线图如图 4-4 所示。图中输入信号使用 PLC 提供的内部直流电源 24V（DC）；负载使用的外部电源为交流 220V（AC）；PLC 的电源为交流 220V（AC）。

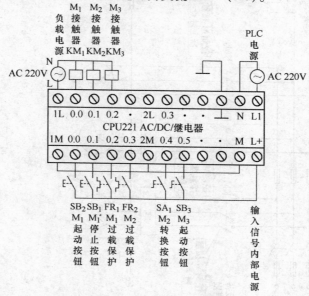

图 4-4　PLC 的 I/O 接线图

2. PLC 控制的梯形图程序

用翻译法编制的 PLC 控制的梯形图程序如图 4-5 所示。

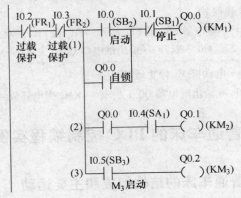

图 4-5　PLC 控制的梯形图程序

4.1.4　PLC 控制的工作过程分析

1. 主轴电动机 M_1 的控制

（1）M_1 运行（图中：加◎前缀者表示常开触点；加#前缀者表示常闭触点）

①按下起动按钮 SB_2 →②输入继电器 I0.0 得电→③◎I0.0 闭合→④输出继电器 Q0.0 得电→

⎧⑥KM_1 得电吸合→⑦主轴电动机 M_1 全压起动并运行

⎨⑧◎Q0.0[1] 闭合，自锁

⎩⑤◎Q0.0[2] 闭合→⑨冷却泵电动机 M_2 允许工作

（2）M_1 停止

按下停止按钮 SB_1 →输入继电器 I0.1 得电→#I0.1 断开→输出继电器 Q0.0 失电→

⎧KM_1 失电释放→电动机 M_1 断开电源，停止运行

⎨◎Q0.0[1] 断开，解除自锁

⎩◎Q0.0[2] 断开→冷却泵电动机 M_2 禁止工作

2. 冷却泵电动机 M_2 的控制

◎Q0.0[2] 闭合，冷却泵电动机 M_2 允许工作，接下来按下面的顺序执行。

（1）M_2 运行　合上转换开关 SA_1 →输入继电器 I0.4 得电→◎I0.4 闭合→输出继电器 Q0.1 得电→KM_2 得电吸合→冷却泵电动机 M_2 全电压直接起动后运行

（2）M_2 停止　断开转换开关 SA_1 →输入继电器 I0.4 失电→◎I0.4 断开→输出继电器 Q0.1 失电→KM_2 失电释放→冷却泵电动机 M_2 停止运行

3. 刀架快速移动电动机 M_3 的控制

按下起动按钮 SB_3 →输入继电器 I0.5 得电→◎I0.5[3] 闭合→输出继电器 Q0.2 得电→KM_3 得电吸合→快速移动电动机 M_3 点动运行

4. 过载及断相保护

热继电器 FR_1、FR_2 分别对电动机 M_1 和 M_2 进行保护,由于快速移动电动机 M_3 为短时工作制,不需要过载保护。

当发生过载或断相时:热继电器 FR_1 或 FR_2 动作→FR_1 或 FR_2 的动合触点闭合→输入继电器 $I0.2$ 或 $I0.3$ 得电 → #$I0.2$ 或 #$I0.3$ 断开 → 输出继电器 $Q0.0$ 失电——

$$\begin{cases} KM_1 \text{ 失电释放} \rightarrow \text{电动机 } M_1 \text{ 停止运转} \\ ◎Q0.0[2] \text{ 断开} \rightarrow \text{输出继电器 } Q0.1 \text{ 失电} \rightarrow KM_2 \text{ 失电释放} \rightarrow \text{电动机 } M_2 \text{ 停止运转} \end{cases}$$

4.2 C650 中型普通车床的 PLC 控制编程实例

4.2.1 C650 中型普通车床的结构组成和主要运动

C650 中型卧式车床的外形图如图 4-6 所示。它主要由床身、主轴箱、尾座、进给箱、丝杠、光杆、刀架和溜板箱等组成。

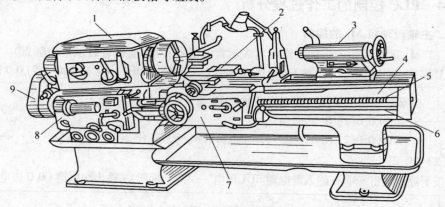

图 4-6 C650 中型普通车床的外形图
1—主轴箱 2—溜板与刀架 3—尾座 4—床身 5—丝杠
6—光杆 7—溜板箱 8—进给箱 9—挂笼箱

车削加工的主运动是主轴通过卡盘或顶尖带动工件作旋转运动,它承受车削加工时的主要切削功率。进给运动是溜板带动刀架的纵向或横向运动。

为了保证螺纹加工的质量,要求工件的旋转运动和刀具的移动速度之间具有严格的比例关系。为此,C650 车床溜板箱和主轴箱之间通过齿轮传动来连接,同用一台电动机拖动。

在车削加工中一般不要求反转,但加工螺纹时,为避免乱扣,加工完毕后要求反转退刀,通过主电动机的正反转来实现主轴的正反转。当主轴反转时,刀架也跟着后退。车削加工时,工作点的温度往往很高,需要配备冷却泵及电动机。由于 C650 车床的床

　　将转换开关 SA₅ 扳至"自动"挡位置（SA₅₋₂），按下按钮 SB₁₀，接触器 KM₁₁ 和电磁铁 YA 通电，自动进给电动机 M₆ 起动运转，带动工作台自动向下工进，对工件进行磨削加工。加工完毕，压合行程开关 ST₄、时间继电器 KT₂ 通电闭合并自锁，YA 断电，工作台停止进给。经过一定的时间后，接触器 KM₁₁、KT₂ 失电，自动进给电动机 M₆ 停转。

　　冷却泵电动机 M₅ 由手动开关 SA₃ 控制。

2. M7475 型立轴圆台平面磨床电磁吸盘的控制

　　图 4-20 所示为 M7475 型立轴圆台平面磨床电磁吸盘充、去磁电路的原理图。电磁吸盘又称为电磁工作台，它也是安装工件的一种夹具，具有夹紧迅速、不损伤工件、且一次能吸牢若干个工件、工作效率高、加工精度高等优点。但它的夹紧程度不可调整，电磁吸盘要用直流电源，且不能用于加工非磁性材料的工件。

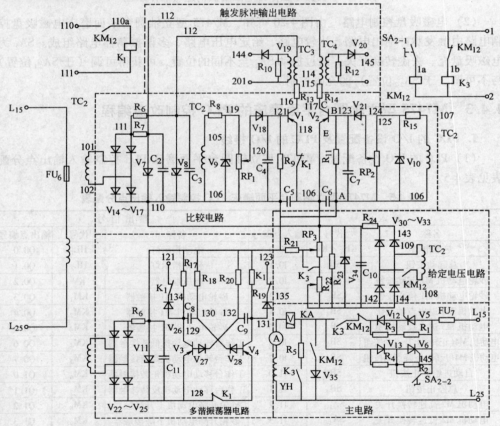

图 4-20　M7475 型立轴圆台平面磨床电磁吸盘充、去磁电路的原理图

　　（1）电磁吸盘构造与工作原理　平面磨床上使用的电磁吸盘有长方形与圆形两种，形状不同，但工作原理是一样的。长方形工作台电磁吸盘构造与工作原理如图 4-21 所示。电磁吸盘主要为钢制吸盘体，在它的中部凸起的心体上绕有线圈，钢制盖板被绝缘层材料隔成许多小块，而绝磁层材料由铅、铜及巴氏合金等非磁性材料制成。它的作用

是使绝大多数磁力线都通过工件再回到吸盘体，而不致通过盖板直接回去，以便吸牢工件。在线圈中通入直流电时，心体磁化，磁力线由心体经过盖板→工件→盖板→吸盘体→心体构成闭合磁路，工件被吸住达到夹持工件的目的。

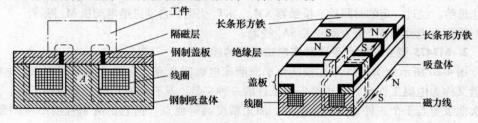

图 4-21　长方形工作台电磁吸盘构造与工作原理

（2）电磁吸盘控制电路　由图 4-20 可知，M7475 型立轴圆台平面磨床电磁吸盘控制电路由触发脉冲输出电路、比较电路、给定电压电路、多谐振荡器电路组成。SA_2 为电磁吸盘充、去磁转换开关，通过扳动 SA_2 至不同的位置，可获得可调（于 SA_{2-1} 位置）与不可调（于 SA_{2-2} 位置）的充磁控制。

4.4.3　M7475 型立轴圆台平面磨床的 PLC 控制改造编程

1. PLC 的 I/O 设备配置及 PLC 的 I/O 接线

（1）PLC 的 I/O 设备配置　M7475 型立轴圆台平面磨床 PLC 控制输入输出点分配表见表 4-5。

表 4-5　M7475 型立轴圆台平面磨床 PLC 控制输入输出点分配表

输 入 信 号			输 出 信 号		
名称	代号	输入点编号	名称	代号	输出点编号
热继电器	$KR_1 \sim KR_6$	I0.0	电动指示灯	HL_1	Q0.0
总起动按钮	SB_1	I0.1	砂轮指示灯	HL_2	Q0.1
砂轮电动机 M1 起动按钮	SB_2	I0.2	电压继电器	KV	Q0.2
砂轮电动机 M1 停止按钮	SB_3	I0.3	砂轮电动机 M1 接触器	KM_1	Q0.3
电动机 M3 退出点动按钮	SB_4	I0.4	砂轮电动机 M1 接触器	KM_2	Q0.4
电动机 M3 进入点动按钮	SB_5	I0.5	砂轮电动机 M1 接触器	KM_3	Q0.5
电动机 M4(正转)上升点动按钮	SB_6	I0.6	工作台转动电动机低速接触器	KM_4	Q0.6
电动机 M4(反转)下降点动按钮	SB_7	I0.7	工作台转动电动机高速接触器	KM_5	Q0.7
自动进给停止按钮	SB_8	I1.0	工作台移动电动机正转接触器	KM_6	Q1.0
总停止按钮	SB_9	I1.1	工作台移动电动机反转接触器	KM_7	Q1.1
电动机 M2 高速转换开关	SA_{1-1}	I1.2	砂轮升降电动机上升接触器	KM_8	Q1.2
电动机 M2 低速转换开关	SA_{1-2}	I1.3	砂轮升降电动机下降接触器	KM_9	Q1.3
自动进给起动按钮	SB_{10}	I1.4	冷却泵电动机接触器	KM_{10}	Q1.4
电磁吸盘充磁可调控制	SA_{2-1}	I1.5	自动进给电动机接触器	KM_{11}	Q1.5
电磁吸盘充磁不可调控制	SA_{2-2}	I1.6	电磁吸盘控制接触器	KM_{12}	Q1.6
冷却泵电动机控制	SA_3	I1.7	自动进给控制电磁铁	YA	Q1.7
砂轮升降电动机手动控制开关	SA_{5-1}	I2.0	中间继电器	K_1	Q2.0
自动进给控制	SA_{5-2}	I2.1	中间继电器	K_2	Q2.1

（续）

输入信号			输出信号		
名称	代号	输入点编号	名称	代号	输出点编号
工作台退出限位行程开关	ST_1	I2.2	中间继电器	K_3	Q2.2
工作台进入限位行程开关	ST_2	I2.3			
砂轮升降上限位行程开关	ST_3	I2.4			
自动进给限位行程开关	ST_4	I2.5			
电磁吸盘欠电流控制	KA	I2.6			

（2）7475 型立轴圆台平面磨床 PLC 控制接线图　7475 型立轴圆台平面磨床 PLC 控制接线图如图 4-22 所示。

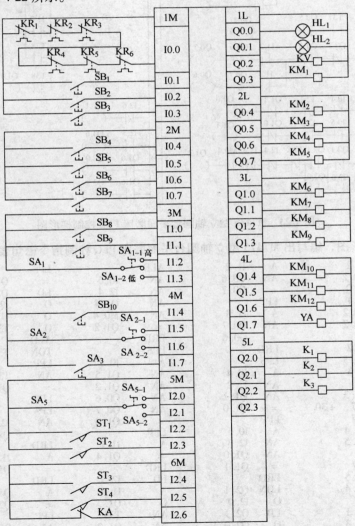

图 4-22　M7475 型立轴圆台平面磨床 PLC 控制接线图

2. PLC 控制的梯形图程序

PLC 控制的梯形图程序如图 4-23 所示。

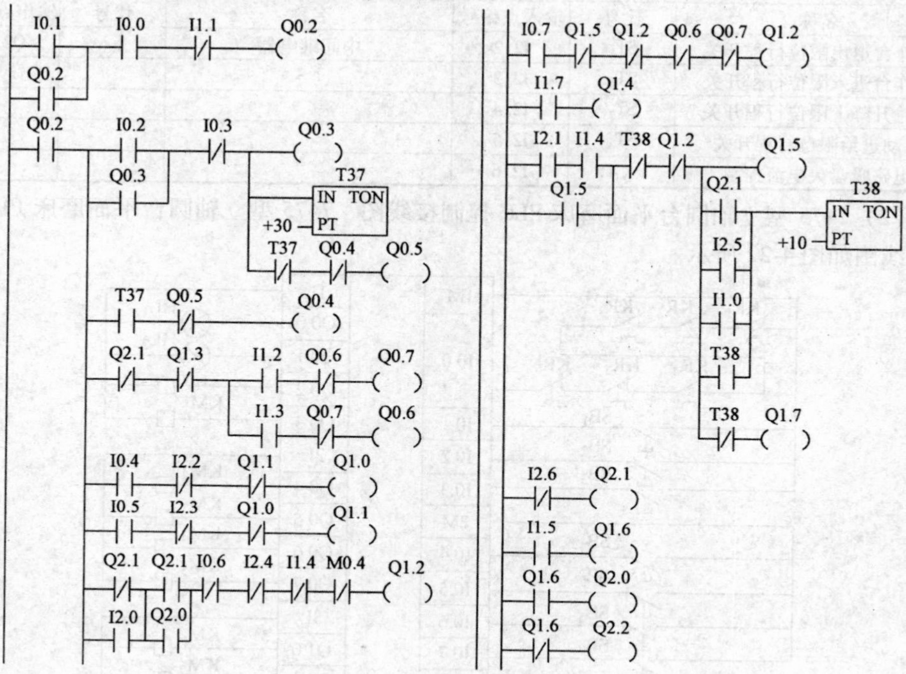

图 4-23　M7475 型立轴圆台平面磨床 PLC 控制梯形图

对照梯形图，编写出 M7475 型立轴圆台平面磨床 PLC 控制指令语句表程序如下：

LD	I0.1	A	I1.2	ALD		LPS	
O	Q0.2	AN	Q0.6	AN	I0.6	=	Q1.5
A	I0.0	=	Q0.7	AN	I2.4	LD	Q2.1
AN	I1.1	LPP		AN	Q1.4	O	I2.5
=	Q0.2	A	I1.3	AN	M0.4	O	I1.0
LD	Q0.2	AN	Q0.7	=	Q1.2	O	T38
LPS		=	Q0.6	LRD		ALD	
LD	I0.2	LRD		LPS		TON	T38，+10
O	Q0.3	LPS		A	I0.7	LPP	
AN	I0.3	A	I0.4	AN	Q1.5	AN	T38
ALD		AN	I2.2	AN	Q1.2	=	Q1.7
=	Q0.3	AN	Q1.1	AN	Q0.6	LPP	
TON	T37，+30	=	Q1.0	AN	Q0.7	LPS	
AN	T37	LPP		=	Q1.2	AN	I2.6
AN	Q0.4	A	I0.5	LPP		=	Q2.1
=	Q0.5	AN	I2.3	A	I1.7	LRD	
LRD		AN	Q1.0	=	Q1.4	A	I1.5
A	T37	=	Q1.1	LRD		=	Q1.6
AN	Q0.5	LRD		LD	I2.1	LRD	
=	Q0.4	LDN	Q2.1	A	I1.4	A	Q1.6
LRD		O	I2.0	O	Q1.5	=	Q2.0
AN	Q2.1	LD	Q2.1	AN	T38	LPP	
AN	Q1.3	O	Q2.0	AN	Q1.2	AN	Q1.6
LPS		ALD		ALD		=	Q2.2

4.5　T610 型卧式镗床的 PLC 控制编程实例

镗床是一种精密加工机床，主要用于加工工件上的精密圆柱孔。这些孔的轴心线往往要求严格地平行或垂直，相互间的距离也要求很准确，这些要求都是钻床难以达到的。而镗床本身刚性好，其可动部分在导轨上的活动间隙很小，且有附加支承，所以，能满足上述加工要求。

镗床除能完成镗孔工序外，在万能镗床上还可以进行镗、钻、扩、铰、车及铣等工序，因此，镗床的加工范围很广。

按用途的不同，镗床可分为卧式镗床、坐标镗床、金刚镗床及专门化镗床等。本节仅以最常用的卧式镗床为例介绍它的电气与 PLC 控制线路。

卧式镗床用于加工各种复杂的大型工件，如箱体零件、机体等，是一种功能很全的机床。除了镗孔外，还可以进行钻、扩、铰孔以及车削内外螺纹、用丝锥攻螺纹、车外圆柱面和端面。安装了端面铣刀与圆柱铣刀后，还可以完成铣削平面等多种工作。因此，在卧式镗床上，工件一次安装后，即能完成大部分表面的加工，有时甚至可以完成全部加工，这在加工大型及笨重的工件时，具有特别重要的意义。

4.5.1　T610 型卧式镗床的结构组成和主要运动

1. 卧式镗床的结构

卧式镗床的外形结构如图 4-24 所示，主要由床身、尾架、导轨、后立柱、工作台、镗床、前立柱、镗头架、下溜板、上溜板等组成。

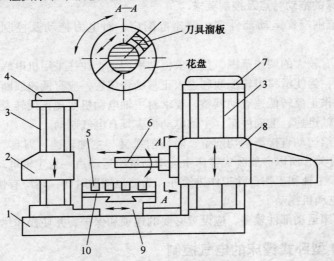

图 4-24　卧式镗床的外形结构

1—床身　2—尾架　3—导轨　4—后立柱　5—工作台　6—镗床
7—前立柱　8—镗头架　9—下溜板　10—上溜板

2. 卧式镗床的主要运动

卧式镗床的床身 1 是由整体的铸件制成，床身的一端装有固定不动的前立柱 7，在前立柱的垂直导轨上装有镗头架 8，可以上下移动。镗头架上集中了主轴部件、变速箱、进给箱与操纵机构等部件。切削刀具安装在镗轴前端的锥孔里，或装在平旋盘的刀具溜板上。在工作过程中，镗轴一面旋转，一面沿轴向做进给运动。平旋盘只能旋转，装在上面的刀具溜板可在垂直于主轴轴线方向的径向做进给运动。平旋盘主轴是空心轴，镗轴穿过其中空部分，通过各自的传动链传动，因此可独立转动。在大部分工作情况下，使用镗轴加工，只有在用车刀切削端面时才使用平旋盘。

卧式镗床后立柱 4 上安装有尾架 2，用来夹持装在镗轴上的镗杆的末端。尾架 2 可随镗头架 8 同时升降，并且其轴心线与镗头架轴心线保持在同一直线上。后立柱 4 可在床身导轨上沿镗轴轴线方向上做调整移动。

加工时，工件安放在床身 1 中部的工作台 5 上，工作台在溜板上面，上溜板 10 下面是下溜板 9，下溜板安装在床身导轨上，并可沿床身导轨运动。上溜板又可沿下溜板上的导轨运动，工作台相对于上溜板可做回转运动。这样，工作台就可在床身上作前、后、左、右任一个方向的直线运动，并可做回旋运动。再配合镗头架的垂直移动，就可以加工工件上一系列与轴线相平行或垂直的孔。

由以上分析，可将卧式镗床的运动归纳如下。

主运动：镗轴的旋转运动与平旋盘的旋转运动。

进给运动：镗轴的轴向进给、平旋盘刀具溜板的径向进给、镗头架的垂直进给、工作台的横向进给与纵向进给。

辅助运动：工作台的回旋、后立柱的轴向移动及垂直移动。

3. 卧式镗床的拖动特点及控制要求

镗床加工范围广，运动部件多，调速范围广，对电力拖动及控制提出了要求如下。

1）主轴应有较大的调速范围，且要求恒功率调速，往往采用机电联合调速。

2）变速时，为使滑移齿轮能顺利进入正常啮合位置，应有低速或断续变速冲动。

3）主轴能作正反转低速点动调整，要求对主轴电动机实现正反转及点动控制。

4）为使主轴迅速、准确停车，主轴电动机应具有电气制动。

5）由于进给运动直接影响切削量，而切削量又与主轴转速、刀具、工件材料、加工精度等因素有关，所以一般卧式镗床主运动与进给运动由一台主轴电动机拖动，由各自传动链传动。主轴和工作台除工作进给外，为缩短辅助时间，还应有快速移功，由另一台快速移动电动机拖动。

6）由于镗床运动部件较多，应设置必要的连锁和保护，并使操作尽量集中。

4.5.2　T610 型卧式镗床的电气控制

T610 型卧式镗床的电气控制电路图和液压系统均较为复杂。它主要包括机床中的主轴旋转、平旋盘旋转、工作台转动、尾架升降所采用的电动机拖动；主轴和平旋盘刀架进给、主轴箱进给、工作台的纵向及横向进给、各部件的夹紧所采用的液压传动控制等。

T610 型卧式镗床电气控制电路原理图如图 4-25 所示。

从图 4-25a 可知，T610 型卧式镗床由主轴电动机 M_1、液压泵电动机 M_2、润滑泵电动机 M_3、工作台电动机 M_4、尾架电动机 M_5、钢球无级变速电动机 M_6、冷却泵电动机 M_7 拖动。

图 4-25b 所示为机床各种工作状态的指示灯及机床照明灯电路控制原理图。

1. 液压泵电动机 M_2、润滑泵电动机 M_3 的控制

T610 型卧式镗床在对工件进行加工前必须先起动液压泵电动机 M_2 和润滑泵电动机 M_3。在图 4-25 第 28 区中，按下按钮 SB_1，接触器 KM_5、KM_6 线圈通电吸合并自锁，液压泵电动机 M_2、润滑泵电动机 M_3 起动运转；按下按钮 SB_2，接触器 KM_5、KM_6 失电释放，液压泵电动机 M_2、润滑泵电动机 M_3 停止运转。

2. 机床起动准备控制电路

液压泵电动机 M_2、润滑泵电动机 M_3 起动运转后，当机床中的液压油具有一定压力时，压力继电器 KP_2 动作，第 52 区中 KP_2 常开触点闭合，KP_2 的常闭触点断开，为主轴电动机 M_1 的正转点动和反转点动作好了准备。当压力继电器 KP_3 动作时，接通中间继电器 K_{17} 和 K_{18} 线圈的电源，为主轴平旋盘进给、主轴箱进给及工作台进给作准备。

3. 主轴电动机 M_1 的控制

主轴电动机 M_1 可进行正、反转 Y-△ 减压起动控制，也可进行正、反转点动控制和停止制动控制。

（1）主轴电动机 M_1 正、反转 Y-△ 减压起动控制　按下 30 区中的按钮 SB_4，中间继电器 K_1 线圈通电吸合并自锁，中间继电器 K_1 线圈通电吸合，中间继电器 K_1 在 17 区中 204 号线与 207 号线间的常开触点、31 区中 9 号线与 10 号线间的常开触点、35 区中 9 号线与 15 号线间的常开触点、38 区中 21 号线与 22 号线间的常开触点闭合。继而接通信号指示灯 HL_4 的电源，HL_4 点亮，表示主轴电动机 M_1 正在正向旋转，并为接通时间继电器 KT_1 线圈电源作好了准备。中间继电器 K_1 的闭合，也接通了接触器 KM_1 线圈的电源，接触器 KM_1 通电吸合。

接触器 KM_1 闭合，切断接触器 KM_2 线圈的电源通路及中间继电器 K_3 线圈的电源通路，接通主轴电动机 M_1 的正转电源，为主轴钢球无级变速作好准备；继而 38 区中的时间继电器 KT_1 线圈和 40 区中的接触器 KM_3 线圈通电吸合，主轴电动机 M_1 绕组接成 Y 联结正向减压起动。

经过一定的时间，时间继电器 KT_1 动作，切断接触器 KM_3 线圈的电源，接触器 KM_3 失电释放；继而接通接触器 KM_4 线圈的电源，接触器 KM_4 通电闭合，主轴电动机 M_1 的绕组接成 △ 联结正向全压运行。

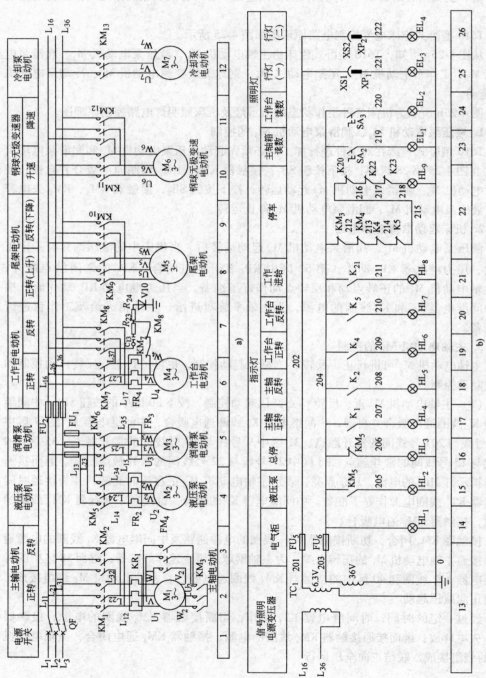

图 4-25　T610 型卧式镗床电气控制电路原理图

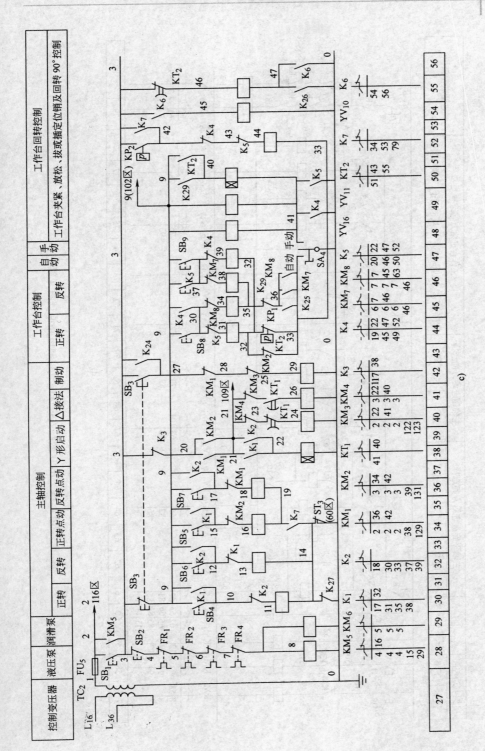

图 4-25　T610 型卧式镗床电气控制电路原理图（续一）

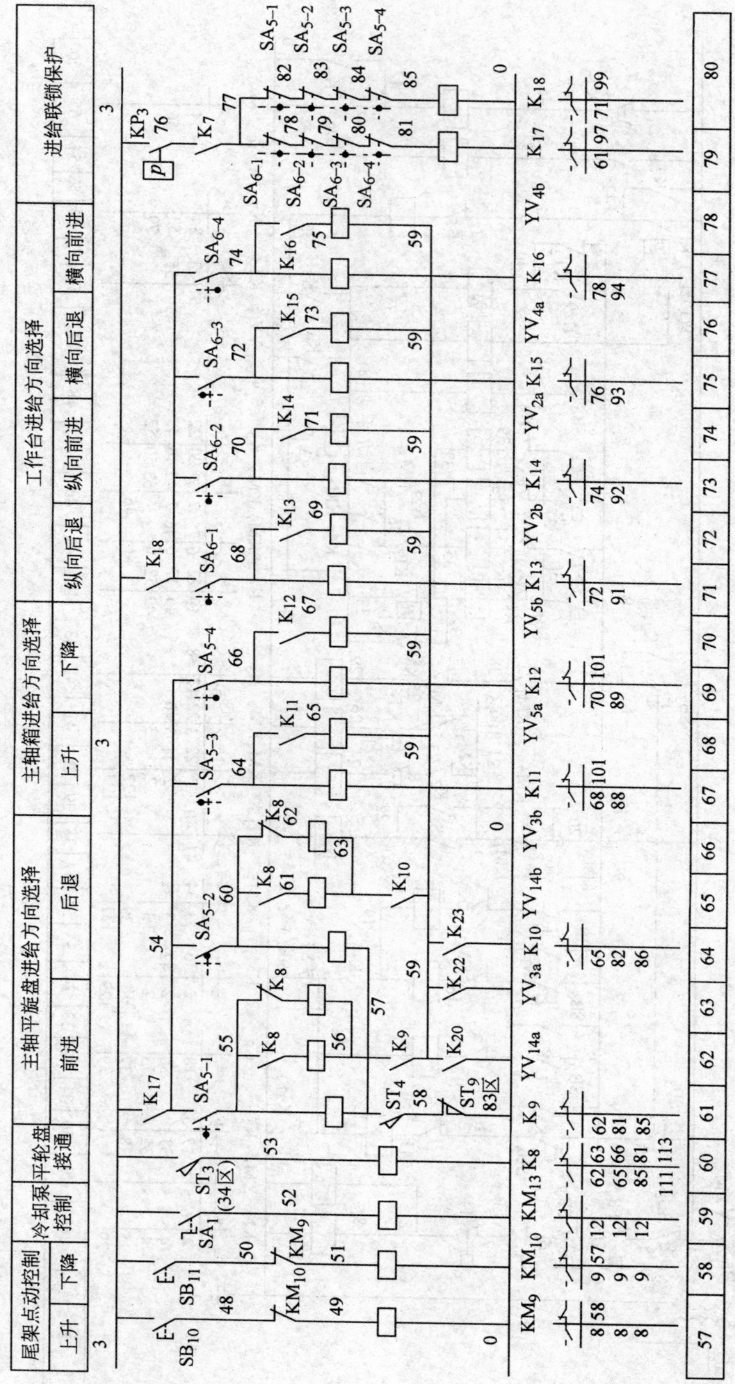

d)

图 4-25 T610 型卧式镗床电气控制电路原理图（续二）

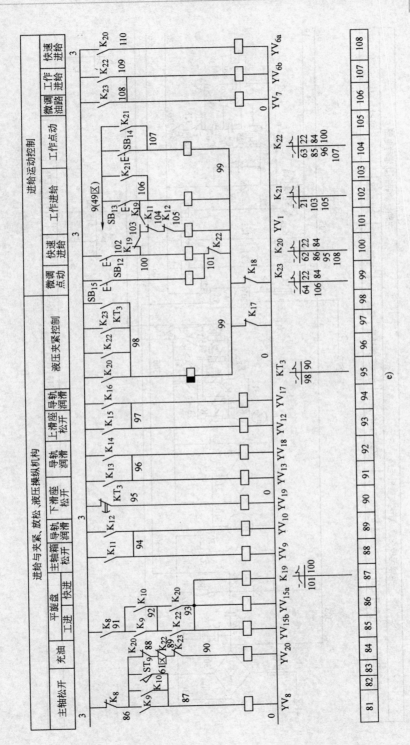

图 4-25 T610 型卧式镗床电气控制电路原理图（续三）

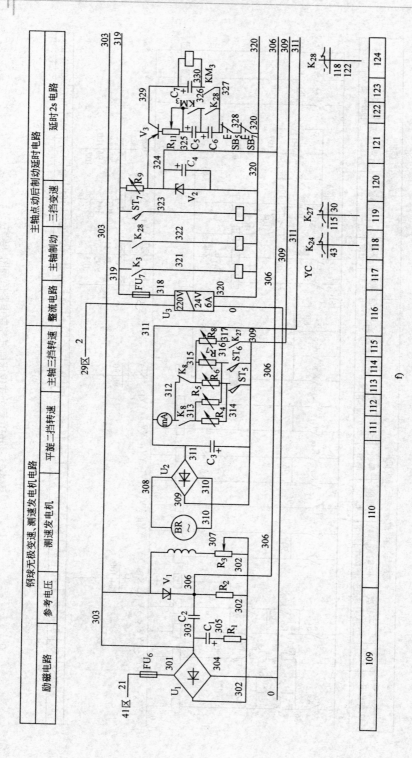

图 4-25 T610 型卧式镗床电气控制电路原理图（续四）

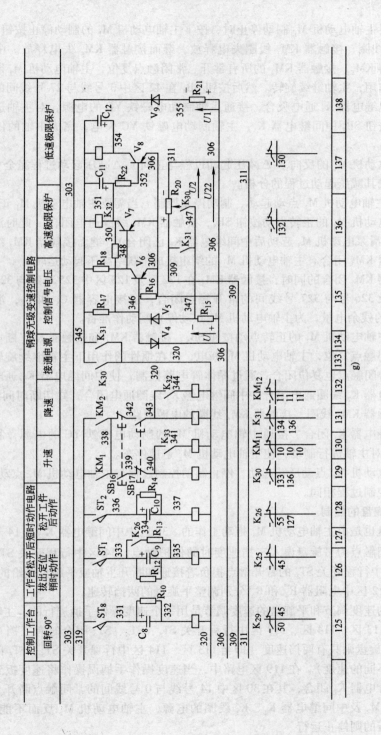

图 4-25　T610 型卧式镗床电气控制电路原理图（续五）

g)

当需要主轴电动机 M_1 制动停止时，按下主轴电动机 M_1 的制动停止按钮 SB_3，中间继电器 K_1 线圈、接触器 KM_1 线圈失电释放，继而接触器 KM_4 失电释放。中间继电器 K_1、接触器 KM_1、接触器 KM_4 的所有常开、常闭触点复位，主轴电动机 M_1 断电。但由于惯性的作用，主轴继续旋转。然后按钮 SB_3 在 42 区中 3 号线与 27 号线间的常开触点闭合，中间继电器 K_3 通电吸合，接通主轴制动电磁铁 YC 的电源，对主轴进行抱闸制动。松开按钮 SB_3 中间继电器 K_3，主轴制动电磁铁 YC 失电，完成主轴的停车制动过程。

主轴电动机 M_1 的反向丫-△减压起动过程与正向丫-△减压起动过程完全相同，请读者自行完成其减压起动过程的分析。

（2）主轴电动机 M_1 点动起动、制动停止控制 当需要主轴电动机 M_1 正转点动时，按下主轴电动机 M_1 的正转点动按钮 SB_5，接触器 KM_1 线圈通电闭合（此时液压泵电动机 M_2 和润滑泵电动机 M_3 起动后中间继电器 K_7 已闭合），继而接触器 KM_3 线圈通电闭合，接触器 KM_3 闭合。主轴电动机 M_1 的绕组接成丫联结减压起动运转。

接触器 KM_3 闭合的同时，接触器 KM_3 在 122 区及 123 区中 325 号线与 326 号线间的常开触点及 326 号与 327 号线间的常开触点闭合，短接电容器 C_5 和 C_6，消除电容器 C_5、C_6 上的残余电量，为主轴电动机 M_1 点动停止制动作准备。

松开主轴电动机 M_1 的正转点动按钮 SB_5，接触器 KM_1 和接触器 KM_3 断电释放，其常开、常闭触点复位，主轴电动机 M_1 断电，但在惯性的作用下主轴继续旋转。此时按钮 SB_5 的常闭触点也复位闭合，通过晶体管电路控制，使中间继电器 K_{28} 通电闭合，继而中间继电器 K_{24} 线圈通电闭合，中间继电器 K_3 线圈通电闭合，并切断时间继电器 KT_1 线圈、接触器 KM_3 线圈、接触器 KM_4 线圈的电源通路。

中间继电器 K_3 闭合，接通主轴电动机 M_1 的制动电磁铁 YC 的电源，制动电磁铁 YC 动作，对主轴进行制动，使主轴电动机 M_1 迅速停车。

主轴电动机 M_1 点动反转起动、停止制动控制过程与主轴电动机 M_1 点动正转起动、停止制动控制过程相同。

4. 平旋盘的控制

平旋盘也是由主轴电动机 M_1 拖动工作的。30 区中间继电器 K_{27} 在 14 号线与 0 号线间的常闭触点为平旋盘误入三挡速度时的保护触点；34 区中行程开关 ST_3 的常闭触点及 60 区中行程开关 ST_3 的常开触点担负着接通和断开主轴或平旋盘进给的转换作用；111 区和 112 区中电阻器 R_4 和 R_5 分别调整平旋盘的两挡转速。

主轴的速度调节和平旋盘的速度调节是用一个速度操作手柄进行的，主轴有三挡速度（即当 113 区、114 区、119 区中行程开关 ST_5、ST_6、ST_7 闭合时有三挡不同的主轴速度）。平旋盘则只有两挡速度（即当 113 区、114 区中行程开关 ST_5、ST_6 闭合时平旋盘有两挡不同的速度）。在 119 区电路中，当速度操作手柄误操作将速度扳到三挡位置时，中间继电器 K_{27} 闭合，其在 30 区中 14 号线与 0 号线间的常闭触点断开，切断接触器 KM_1、KM_2 及中间继电器 K_1、K_2 线圈的电源，主轴电动机 M_1 反而不能起动运转，已起动运行的则停止运行。

5. 主轴及平旋盘的调速控制

主轴及平旋盘的调速是通过电动机 M_6 拖动钢球无级变速器实现的。当钢球变速拖动电动机 M_6 拖动钢球无级变速器正转时，变速器的转速就上升；当钢球变速拖动电动机 M_6 拖动钢球无级变速器反转时，变速器的转速就下降。当变速器的转速为 3000r/min 时，测速发电机 BR 发出的电压约为 50V，此时有关元件应立即动作，切断钢球拖动电动机 M_6 的正转电源，使变速器的转速不再上升。当变速器的转速为 500r/min 时，测速发电机 BR 发出的电压约为 8.3V，有关元件也应立即动作，切断钢球拖动电动机 M_6 的反转电源，使变速器的转速不再下降。

（1）主轴升速控制　当需要主轴升速时，按下 129 区中钢球无级变速升速起动按钮 SB_{16}，按钮 SB_{16} 在 130 区中 338 号线与 339 号线间的常开触点闭合，接通中间继电器 K_{30} 线圈的电源，中间继电器 K_{30} 通电吸合，其在 133 区 320 号线与 345 号线间的常开触点和 136 区中 347 号线与电阻器 R_{20} 的中间抽头线相连接的常开触点闭合。

中间继电器 K_{30} 在 133 区中 320 号线与 345 号线间的常开触点闭合，接通了钢球无级变速电子控制电路的电源；中间继电器 K_{30} 在 136 区中 347 号线与电阻器 R_{20} 的中间抽头线相连接的常开触点闭合，接通了从 110 区中交流测速发电机 BR 发出的电压经整流滤波后由 309 号线和 311 号线输出加在电阻器 R_{20} 上经中间抽头分压后的部分电压 $U2$。这个电压 $U2$ 与由 303 号线与 306 号线从 109 区中引来加在 138 区中电阻 R_{21} 上的参考电压 $U1$ 经过电阻 R_{15} 后反极性串联进行比较，并在电阻 R_{15} 上产生一个控制电压 U，$U = |U2 - U1|$。当参考电压 $U1$ 高于测速发电机 BR 输出电压中的部分电压 $U2$ 时，在电阻 R_{15} 中有电流流过，亦即在 135 区中 306 号线与 347 号线之间有电流流过，且电流方向是从 306 号线流向 347 号线，此时 306 号线的电位高于 347 号线。由于 306 号线与 135 区中晶体管 V_6 的发射极相连接，而 347 号线与 135 区中的二极管的阳极相连接，故晶体管 V_6 处于截止状态，此时控制电压 U 对钢球无级变速电子控制电路不起作用。晶体管 V_6 在由 306 号线和 320 号线在 120 区中稳压二极管 V_2 两端取出的给定电压作用下饱和导通。其通路为：120 区中 306 号线→135 区 306 号线→晶体管 V_6 发射极→晶体管 V_6 基极→346 号线→电阻 R_{17}→345 号线→中间继电器 K_{30} 常开触点→133 区 320 号线→120 区 320 号线。由于晶体管 V_6 饱和导通，故晶体管 V_7 截止，而晶体管 V_8 饱和导通，此时中间继电器 K_{32} 串联在晶体管 V_8 的基极回路中，流过中间继电器 K_{32} 的电流较小，因此中间继电器 K_{32} 不闭合，但中间继电器 K_{33} 通电闭合。中间继电器 K_{33} 在 130 区中 340 号线与 341 号线间的常开触点闭合，接通接触器 KM_{11} 线圈的电源，接触器 KM_{11} 通电吸合，其在 10 区的主触点接通钢球变速拖动电动机 M_6 的正转电源，钢球拖动电动机 M_6 正向起动运转，拖动钢球无级变速器升速。当升到所需的转速时，松开钢球无级变速升速起动按钮 SB_{16}，中间继电器 K_{30} 失电释放，其 133 区、136 区中的常开触点复位断开，使得中间继电器 K_{33} 和接触器 KM_{11} 相继失电释放，钢球变速拖动电动机 M_6 停止正转，完成升速控制过程。

若按下主轴升速起动按钮 SB_{16} 一直不松开，则主轴的转速一直上升，而与主轴同轴相连的测速发电机 BR 的转速也随之上升。当变速器的转速达到 3000r/min，从测速发电机 BR 发出的电压经整流滤波后取出的取样电压 $U2$ 略高于参考电压 $U1$；在 135 区电阻 R_{15} 两端的电压中，347 号线的电位高于 306 号线的电位，故流过电阻 R_{15} 上的电流方向为从 347 号线流入 306 号线。此时控制电压 U 使二极管 V_4 和 V_5 立即导通，晶体管 V_6 的发射极加上反偏电压，晶体管 V_6 立即截止；晶体管 V_7 基极电压降低，立即进入饱和状态，其集电极电位急剧下降，使晶体管 V_8 基极电位上升而截止；中间继电器 K_{33} 失电释放，继而接触器 KM_{11} 失电释放，钢球变速拖动电动机 M_6 停止正转。而晶体管 V_7 饱和导通，中间继电器 K_{32} 通电吸合动作，132 区中的常开触点虽然闭合，但此时按钮 SB_{16} 并未松开，按钮 SB_{16} 在 131 区中 338 号线与 342 号线间的触点没有复位闭合，且按钮 SB_{17} 也没有按下去，按钮 SB_{17} 在 131 区中 342 号线与 343 号线间的常开触点也没有闭合，因此中间继电器 K_{31} 和接触器 KM_{12} 不会通电吸合，钢球拖动电动机 M_6 不会反转。

（2）主轴降速控制　当需要主轴降速时，按下 131 区中钢球无级变速降速起动按钮 SB_{17}，按钮 SB_{17} 在 342 号线与 343 号线间的常开触点闭合，接通中间继电器 K_{31} 线圈的电源，中间继电器 K_{31} 通电吸合，其在 134 区 320 号线与 345 号线间的常开触点和 136 区中 309 号线与 347 号线间的常开触点闭合。中间继电器 K_{31} 在 134 区中 320 号线与 345 号线间的常开触点闭合，接通了钢球无级变速电子控制电路的电源；中间继电器 K_{31} 在 136 区中 309 号线与 347 号线间的常开触点闭合，接通了从 110 区中交流测速发电机 BR 发出的电压经整流滤波后由 309 号线和 311 号线输出加在电阻器 R_{20} 上的电压 $U22$。电压 $U22$ 与由 303 号线和 306 号线从 109 区中引来加在 138 区中电阻 R_{21} 上的参考电压 $U1$ 经过电阻 R_{15} 后反极性串联进行比较，并在电阻 R_{15} 上产生一个控制电压 U，$U = U22 - U1$。由于 $U22$ 大于 $U1$，因而在电阻 R_{15} 上产生的控制电压为上正下负，即 347 号线端为正，306 号线端为负。此时二极管 V_4、V_5 导通，晶体管 V_6 截止，晶体管 V_7 饱和导通，晶体管 V_8 截止。晶体管 V_7 饱和导通，使得中间继电器 K_{32} 通电动作，中间继电器 K_{32} 在 132 区中的常开触点闭合，接通接触器 KM_{12} 线圈的电源，接触器 KM_{12} 通电闭合，其 11 区中的主触点接通钢球变速拖动电动机 M_6 的反转电源，钢球变速拖动电动机 M_6 反向起动运转，拖动变速器减速。当转速降到所需速度时，松开钢球无级变速降速起动按钮 SB_{17}，中间继电器 K_{31} 失电释放，其 134 区、136 区中的常开触点复位断开，使得中间继电器 K_{32} 和接触器 KM_{12} 相继失电释放，钢球变速拖动电动机 M_6 停止反转，完成降速控制过程。

若按下主轴降速起动按钮 SB_{17} 一直不松开，则主轴的转速一直下降，而与主轴同轴相连的测速发电机 BR 的转速也随之下降。当变速器的转速下降至 500r/min，从测速发电机 BR 发出的电压经整流滤波后取出的取样电压 $U22$ 低于参考电压 $U1$；在 135 区电阻 R_{15} 两端的电压中，347 号线的电位低于 306 号线的电位，故流过电阻 R_{15} 上的电流方向为从 306 号线流入 347 号线。此时控制电压 U 使二极管 V_4 和 V_5 立即截止，晶体管 V_6 在由 306 号线和 320 号线在 12 区中稳压二极管 V_2 两端取出的给定电压作用下饱和导通，晶体管 V_7 立即截止，使得中间继电器 K_{32} 断电释放，继而接触器 KM_{12} 失电释放，钢球变速拖动电动机 M_6 停止反转，晶体管 V_8 饱和导通，中间继电器 K_{33} 通电吸合动作，130 区中的常开触点虽然闭合，但此时按钮 SB_{17} 并未松开，按钮 SB_{17} 在 129 区中

339 号线与 340 号线间的触点没有复位闭合，且按钮 SB_{16} 也没有按下去，按钮 SB_{16} 在 129 区中 338 号线与 339 号线间的常开触点也没有闭合，因此中间继电器 K_{30} 和接触器 KM_{11} 不会通电吸合，钢球拖动电动机 M_6 不会正转。

（3）平旋盘的调速控制　平旋盘的调速控制原理与主轴的调速控制原理相同，不同之处在于平旋盘调速时，应将平旋盘操作手柄扳至接通位置。

6. 进给控制

机床的进给控制分为主轴进给、平旋盘刀架进给、工作台进给及主轴箱的进给控制等。机床的各种进给运动都是由控制电路控制电磁阀的动作，从而控制液压系统对各种进给运动进行驱动的。

（1）主轴向前进给控制

1）初始条件。平旋盘通断操作手柄扳至"断开"位置；液压泵电动机 M_2 和润滑泵电动机 M_3 已起动且运转正常；压力继电器 KP_2（52 区）、KP_3（79 区）的常开触点已闭合；中间继电器 K_7（52 区）、K_{17}（79 区）、K_{18}（80 区）通电闭合。

2）操作。将十字开关 SA_5 扳至左边位置挡，中间继电器 K_{18} 失电释放，而中间继电器 K_{17} 仍然通电吸合。

3）松开主轴夹紧装置。当机床使用自动进给时，行程开关 ST_4 在 61 区中的常开触点闭合，中间继电器 K_9 通电闭合，为电磁阀 YV_{3a} 线圈的通电作好了准备。且 K_9 接通了电磁阀 YV_8 线圈的电源，YV_8 动作，接通主轴松开油路，使主轴夹紧装置松开。

4）主轴快速进给控制。当需要主轴快速进给时，按下 100 区中的点动快速进给按钮 SB_{12}，中间继电器 K_{20} 线圈和电磁阀 YV_1 线圈通电。电磁阀 YV_1 动作，关闭低压油泄放阀，使液压系统能推动进给机构快速进给。中间继电器 K_{20} 动作，使电磁阀 YV_{3a} 通电动作，主轴选择前进进给方向，且 K_{20} 接通快速进给电磁阀 YV_{6a} 线圈的电源，电磁阀 YV_{6a} 动作。电磁阀 YV_{3a} 和电磁阀 YV_{6a} 动作的组合使机床液压油按预定的方向进入主轴液压缸，驱动主轴快速前进。

松开点动快速进给按钮 SB_{12}，中间继电器 K_{20} 失电释放，电磁阀 YV_1、YV_{3a}、YV_{6a} 先后失电释放，完成主轴快速进给控制过程。

5）主轴工作进给控制。当需要主轴工作进给时，按下 102 区中的工作进给按钮 SB_{13}，中间继电器 K_{21} 线圈通电吸合并自锁，接通工作进给指示信号灯电源，工作进给指示灯亮，显示主轴正在工作进给，同时接通中间继电器 K_{22} 线圈的电源，继而接通了电磁阀 YV_{3a} 和 YV_{6b} 的电源，电磁阀 YV_{3a} 和 YV_{6b} 动作，主轴以工作进给速度移动。

当需要停止主轴工作进给时，按下 30 区中的主轴停止按钮，或将十字开关 SA_5 扳至中间位置挡，主轴停止工作进给。

6）主轴点动工作进给控制。当需要主轴点动工作进给时，按下 104 区中的主轴点动工作进给按钮 SB_{14}，中间继电器 K_{22} 通电闭合，继而接通了电磁阀 YV_{3a} 和 YV_{6b} 的电源，电磁阀 YV_{3a} 和 YV_{6b} 动作，使高压油按选择好的方向进入主轴液压缸，主轴以工作进给速度移动。

松开主轴点动工作进给按钮 SB_{14}，中间继电器 K_{22} 失电释放，继而电磁阀 YV_{3a} 和

YV_{6b} 失电，主轴停止进给。

7）主轴进给量微调控制。当主轴需要对进给量进行微调控制时，按下 99 区中主轴微调点动按钮 SB_{15}，中间继电器 K_{23} 通电闭合，继而接通电磁阀 YV_{3a} 和 YV_7 的电源，电磁阀 YV_{3a} 和 YV_7 通电动作，使主轴以很微小的移动量进给。

松开主轴微调点动按钮 SB_{15}，主轴停止微调量进给。

（2）平旋盘进给控制　平旋盘的进给控制与主轴的进给控制相同，它也有点动快速进给、工作进给、点动工作进给、点动微调进给控制，同样由按钮 SB_{12}、SB_{13}、SB_{14}、SB_{15} 分别控制。当需要对平旋盘进行控制时，只需将平旋盘通断操作手柄扳至接通位置，其他操作与主轴进给控制相同。

（3）主轴后退运动控制　主轴后退运动控制与主轴进给控制相同，也有点动快速进给、工作进给、点动工作进给、点动微调进给控制，同样由按钮 SB_{12}、SB_{13}、SB_{14}、SB_{15} 分别控制。当需要对主轴进行后退运动控制时，应将平旋盘通断操作手柄扳至断开位置，并将十字开关 SA_5 扳至右边位置挡，其他操作与主轴的进给控制相同。

（4）主轴箱的进给控制　主轴箱可上升或下降进给。将十字开关 SA_5 扳至上边位置挡，主轴箱上升进给；将十字开关 SA_5 扳至下边位置挡，主轴箱下降进给。

1）主轴箱上升进给控制。将十字开关 SA_5 扳至上边位置挡，67 区中的 SA_{5-3} 常开触点闭合，SA_5 其他常开触点断开；80 区中的 SA_{5-3} 常闭触点断开，SA_5 其他常闭触点闭合。中间继电器 K_{17} 闭合，同时中间继电器 K_{11} 通电闭合，继而接通电磁阀 YV_9、YV_{10} 的电源。电磁阀 YV_9 动作，驱动主轴箱夹紧机构松开；电磁阀 YV_{10} 动作，供给润滑油对导轨进行润滑。中间继电器 K_{11} 接通主轴箱向上进给电磁阀 YV_{5a} 的电源，主轴箱被选择为向上进给。分别按下按钮 SB_{12}、SB_{13}、SB_{14}、SB_{15}，可分别进行主轴箱上升的点动快速进给、工作进给、点动工作进给及点动微调进给控制。

2）主轴箱下降进给控制。将十字开关 SA_5 扳至下边位置挡，69 区中的 SA_{5-4} 常开触点闭合，SA_5 其他常开触点断开；80 区中的 SA_{5-4} 常闭触点断开，SA_5 其他常闭触点闭合。中间继电器 K_{17} 闭合，同时 69 区中间继电器 K_{12} 通电闭合。中间继电器 K_{12} 接通电磁阀 YV_9、YV_{10} 的电源，电磁阀 YV_9、YV_{10} 动作，驱动主轴箱夹紧机构松开及对导轨进行润滑。中间继电器 K_{12} 接通主轴箱向下进给电磁阀 YV_{5b} 的电源，主轴箱被选择为下降进给。分别按下按钮 SB_{12}、SB_{13}、SB_{14}、SB_{15}，可分别进行主轴箱下降的点动快速进给、工作进给、点动工作进给及点动微调进给控制。

（5）工作台的进给控制　工作台的进给控制分为纵向后退、纵向前进、横向后退和横向前进四个方向进给。

1）工作台纵向后退进给控制。将十字开关 SA_6 扳至左边位置挡，71 区中的 SA_{6-1} 常开触点闭合，SA_6 其他常开触点断开；79 区中的 SA_{6-1} 常闭触点断开，SA_6 其他常闭触点闭合。这使得中间继电器 K_{17} 断开，中间继电器 K_{18} 闭合。中间继电器 K_{18} 接通中间继电器 K_{13} 的电源，中间继电器 K_{13} 通电闭合，接通电磁阀 YV_{13}、YV_{18} 的电源。电磁阀 YV_{13}、YV_{18} 动作，驱动下滑座夹紧机构松开及供给导轨润滑油。中间继电器 K_{13} 接通工作台纵向后退进给电磁阀 YV_{2b} 的电源，工作台被选择为纵向后退进给。分别按下按钮 SB_{12}、

SB_{13}、SB_{14}、SB_{15}，可分别进行工作台纵向后退运动的点动快速进给、工作进给、点动工作进给及点动微调进给控制。

2）工作台纵向前进进给控制。工作台纵向前进进给控制的原理与工作台纵向后退进给控制原理相同。在对工作台进行纵向前进进给控制时，须将十字开关 SA_6 扳至右边位置挡。

3）工作台横向后退进给控制。当需要工作台横向后退进给时，将十字开关 SA_6 扳至上边位置挡，75 区中的 SA_{6-3} 常开触点闭合，SA_6 其他常开触点断开；79 区中的 SA_{6-3} 常闭触点断开，SA_6 其他常闭触点闭合。中间继电器 K_{17} 断开，中间继电器 K_{18} 闭合。中间继电器 K_{18} 接通中间继电器 K_{15} 的电源，中间继电器 K_{15} 接通电磁阀 YV_{12}、YV_{17} 的电源，电磁阀 YV_{12}、YV_{17} 动作，驱动上滑座夹紧机构松开及供给导轨润滑油。中间继电器 K_{15} 接通工作台横向后退进给电磁阀 YV_{4b} 的电源，工作台被选择为横向后退进给。分别按下按钮 SB_{12}、SB_{13}、SB_{14}、SB_{15}，可分别进行工作台纵向后退运动的点动快速进给、工作进给、点动工作进给及点动微调进给控制。

4）工作台横向前进进给控制。工作台横向前进进给控制的原理与工作台横向后退进给控制原理相同。在对工作台进行横向前进进给控制时，须将十字开关 SA_6 扳至下边位置挡。

7. 工作台回转控制

工作台回转运动由回转工作台电动机 M_4 拖动，工作台的夹紧及放松和回转 90°的定位由液压系统控制。可以手动控制机床工作台的回转运动，也可以自动进行控制。

（1）工作台自动回转控制　将 47 区中工作台回转自动及手动转换开关 SA_4 扳至"自动"挡，按下 44 区中工作台正向回转起动按钮 SB_8，中间继电器 K_4 通电闭合，继而接通电磁阀 YV_{16} 和 YV_{11} 的电源，电磁阀 YV_{16} 和 YV_{11} 通电动作。同时中间继电器 K_4 切断中间继电器 K_7 线圈的电源，中间继电器 K_7 失电释放，继而切断中间继电器 K_{17}、K_{18} 线圈的电源通路，使工作台在回转时其他进给不能进行。

电磁阀 YV_{16} 动作，接通工作台压力导轨油路，给工作台压力导轨充液压油。电磁阀 YV_{11} 动作，接通工作台夹紧机构的放松油路，使夹紧机构松开。工作台夹紧机构松开后，机械装置压下行程开关 ST_2，ST_2 在 128 区中的常开触点被压下闭合，中间继电器 K_{26} 在电子装置的控制下短时闭合，接通中间继电器 K_6 线圈的电源，中间继电器 K_6 通电闭合并自锁，并接通电磁阀 YV_{10} 的电源，YV_{10} 通电动作，将定位销拔出并使传动机构的蜗轮与蜗杆啮合。

在拔出定位销的过程中，机械装置压下行程开关 ST_1，ST_1 在 126 区中的常开触点被压下闭合，短时接通中间继电器 K_{25} 线圈的电源，中间继电器 K_{25} 短时闭合，接通接触器 KM_7 线圈电源，接触器 KM_7 通电闭合并自锁，使工作台回转拖动电动机 M_4 拖动工作台正向回转。

当工作台回转过 90°时，压合行程开关 ST_8，ST_8 在 125 区中的常开触点闭合，短时接通中间继电器 K_{29} 线圈的电源，中间继电器 K_{29} 通电闭合，切断接触器 KM_7 线圈电源通路，接触器 KM_7 失电释放，工作台回转电动机 M_4 断电停止正转，完成正向回转。同时，中间继电器 K_{29} 在 50 区中的常开触点闭合，接通通电延时时间继电器 KT_2 线圈的电源。时间继电器 KT_2 通电闭合并自锁，为中间继电器 K_4 断电作好了准备。

KT_2 在 55 区中的延时断开常闭触点经过通电延时一定时间后断开，切断中间继电器 K_6 线圈的电源，使电磁阀 YV_{10} 断电，传动机构的蜗轮与蜗杆分离，定位销插入销座，压力继电器 KP_1 动作，中间继电器 K_4 断电释放，时间继电器 K_2、电磁阀 YV_{11} 及 YV_{16} 失电，工作台夹紧，完成工作台自动回转的控制。

（2）工作台回转电动机 M_4 的停车制动控制 工作台回转电动机 M_4 的停车制动控制电路结构比较简单，它采用了电容式能耗制动线路。当工作台回转电动机 M_4 停车时，接触器 KM_7 或 KM_8 失电释放，在 7 区中接触器 KM_7 或 KM_8 的常闭触点复位闭合，电容器 C_{13} 通过电阻 R_{23} 对工作台回转电动机 M_4 绕组放电产生直流电流，从而产生制动力矩对工作台回转电动机 M_4 进行能耗制动，工作台回转电动机 M_4 迅速停止转动。

（3）工作台手动回转控制 将 48 区中的工作台回转自动及手动转换开关 SA_4 扳至"手动"挡，则可对工作台进行手动回转控制。此时电磁阀 YV_{16}、YV_{11} 通电动作，电磁阀 YV_{11} 使工作台松开，电磁阀 YV_{16} 使压力导轨充油。工作台松开后，压下 128 区中的行程开关 ST_2，ST_2 的常开触点被压下闭合，继而中间继电器 K_{26}、K_6 及电磁阀 YV_{10} 先后通电动作并将定位销拔出，此时即可用手轮操作工作台微量回转，实现工作台手动回转控制。

8. 尾架电动机 M_5 和冷却泵电动机 M_7 的控制

（1）尾架电动机 M_5 的控制 尾架电动机 M_5 的控制电路为点动控制电路。当按下尾架电动机 M_5 的正转点动按钮 SB_{10} 时，尾架电动机 M_5 正向起动运转，尾架上升；当按下尾架电动机 M_5 的反转点动按钮 SB_{11} 时，尾架电动机 M_5 反向起动运转，尾架下降。

（2）冷却泵电动机 M_7 的控制 冷却泵电动机 M_7 由单极开关 SA_1 控制接触器 KM_{13} 线圈电源的通断来进行控制。当单极开关 SA_1 闭合时，冷却泵电动机 M_7 通电运转；当单极开关 SA_1 断开时，冷却泵电动机 M_7 停转。

4.5.3 T610 型卧式镗床的 PLC 控制改造编程

1. PLC 的 I/O 设备配置及 PLC 的 I/O 接线

（1）PLC 的 I/O 设备配置 T610 型卧式镗床 PLC 控制的 I/O 配置表见表 4-6。

表 4-6 T610 型卧式镗床 PLC 控制的 I/O 配置表

输 入 信 号			输 出 信 号		
名称	代号	输入点编号	名称	代号	输出点编号
电动机 M_2、M_3 起动按钮	SB_1	I0.0	电动机 M_1 正转接触器	KM_1	Q0.0
电动机 M_2、M_3 停止按钮、热继电器	SB_2、$KR_1 \sim KR_4$	I0.1	电动机 M_1 反转接触器	KM_2	Q0.1
主轴电动机 M_1 制动停止按钮	SB_3	I0.2	电动机 M_1 丫起动接触器	KM_3	Q0.2

（续）

输 入 信 号			输 出 信 号		
名称	代号	输入点编号	名称	代号	输出点编号
电动机 M_1 正转 Y-△ 降压起动按钮	SB_4	I0.3	电动机 M_1 △运行接触器	KM_4	Q0.3
电动机 M_1 反转 Y-△ 降压起动按钮	SB_5	I0.4	液压泵电动机 M_2 接触器	KM_5	Q0.4
主轴电动机 M_1 正转点动按钮	SB_6	I0.5	润滑泵电动机 M_3 接触器	KM_6	Q0.5
主轴电动机 M_1 反转点动按钮	SB_7	I0.6	工作台电动机 M_4 正转接触器	KM_7	Q0.6
工作台电动机 M_4 正转起动按钮	SB_8	I0.7	工作台电动机 M_4 反转接触器	KM_8	Q0.7
工作台电动机 M_4 反转起动按钮	SB_9	I1.0	尾架电动机 M_5 正转接触器	KM_9	Q1.0
尾架电动机 M_5 正转点动	SB_{10}	I1.1	尾架电动机 M_5 反转接触器	KM_{10}	Q1.1
尾架电动机 M_5 反转点动按钮	SB_{11}	I1.2	钢球变速拖动电动机 M_6 升速接触器	KM_{11}	Q1.2
机床快速点动进给按钮	SB_{12}	I1.3	钢球变速拖动电动机 M_6 降速接触器	KM_{12}	Q1.3
机床工作进给按钮	SB_{13}	I1.4	冷却泵电动机 M_7 接触器	KM_{13}	Q1.4
机床工作点动进给按钮	SB_{14}	I1.5	平旋盘接通继电器	K_8	Q1.5
机床微动进给点动按钮	SB_{15}	I1.6	电磁阀	YV_0	Q1.6
钢球变速拖动电动机 M_6 升速按钮	SB_{16}	I1.7	电磁阀	YV_1	Q1.7
钢球变速拖动电动机 M_6 降速按钮	SB_{17}	I2.0	电磁阀	YV_{2a}	Q2.0
压力继电器	KP_1	I2.1	电磁阀	YV_{2b}	Q2.1
压力继电器	KP_2	I2.2	电磁阀	YV_{3a}	Q2.2
压力继电器	KP_3	I2.3	电磁阀	YV_{3b}	Q2.3
冷却泵电动机 M_7 手动控制开关	SA_1	I2.4	电磁阀	YV_{4a}	Q2.4

（续）

输 入 信 号			输 出 信 号		
名称	代号	输入点编号	名称	代号	输出点编号
工作台回转自动控制开关	SA_{4-1}	I2.5	电磁阀	YV_{4b}	O2.5
工作台回转手动控制开关	SA_{4-2}	I2.6	电磁阀	YV_{5a}	O2.6
主轴、平旋盘"前进"方向进给	SA_{5-1}	I2.7	电磁阀	YV_{5b}	Q2.7
主轴、平旋盘"后退"方向进给	SA_{5-2}	I3.0	电磁阀	YV_{6a}	Q3.0
主轴箱"上升"	SA_{5-3}	I3.1	电磁阀	YV_{6b}	Q3.1
主轴箱"下降"	SA_{5-4}	I3.2	电磁阀	YV_7	Q3.2
工作台"纵向后退"	SA_{6-1}	I3.3	电磁阀	YV_8	Q3.3
工作台"纵向前进"	SA_{6-2}	I3.4	电磁阀	YV_9	Q3.4
工作台"横向后退"	SA_{6-3}	I3.5	电磁阀	YV_{10}	Q3.5
工作台"横向前进"	SA_{6-4}	I3.6	电磁阀	YV_{11}	Q3.6
行程开关	ST_1	I3.7	电磁阀	YV_{12}	Q3.7
行程开关	ST_2	I4.0	电磁阀	YV_{13}	Q4.0
行程开关	ST_3	I4.1	电磁阀	YV_{14a}	Q4.1
行程开关	ST_4	I4.2	电磁阀	YV_{14b}	Q4.2
行程开关	ST_5	I4.3	电磁阀	YV_{15a}	Q4.3
行程开关	ST_6	I4.4	电磁阀	YV_{15b}	Q4.4
行程开关	ST_7	I4.5	电磁阀	YV_{16}	Q4.5
行程开关	ST_8	I4.6	电磁阀	YV_{17}	Q4.6
行程开关	ST_9	I4.7	电磁阀	YV_{18}	Q4.7
继电器	K_{32}	I5.0	电磁阀	YV_{19}	Q5.0
继电器	K_{33}	I5.1	电磁阀	YV_{20}	Q5.1
			停车动电磁铁	YC	Q5.2
			停车指示灯	HI_9	Q5.3
			三挡变速控制继电器	K_{27}	Q5.4
			主轴（平旋盘）一挡	K_{34}	Q5.5
			主轴（平旋盘）二挡	K_{35}	Q5.6

（2）T610 型卧式镗床 PLC 控制接线图　T610 型卧式镗床 PLC 控制接线图如图 4-26 所示。

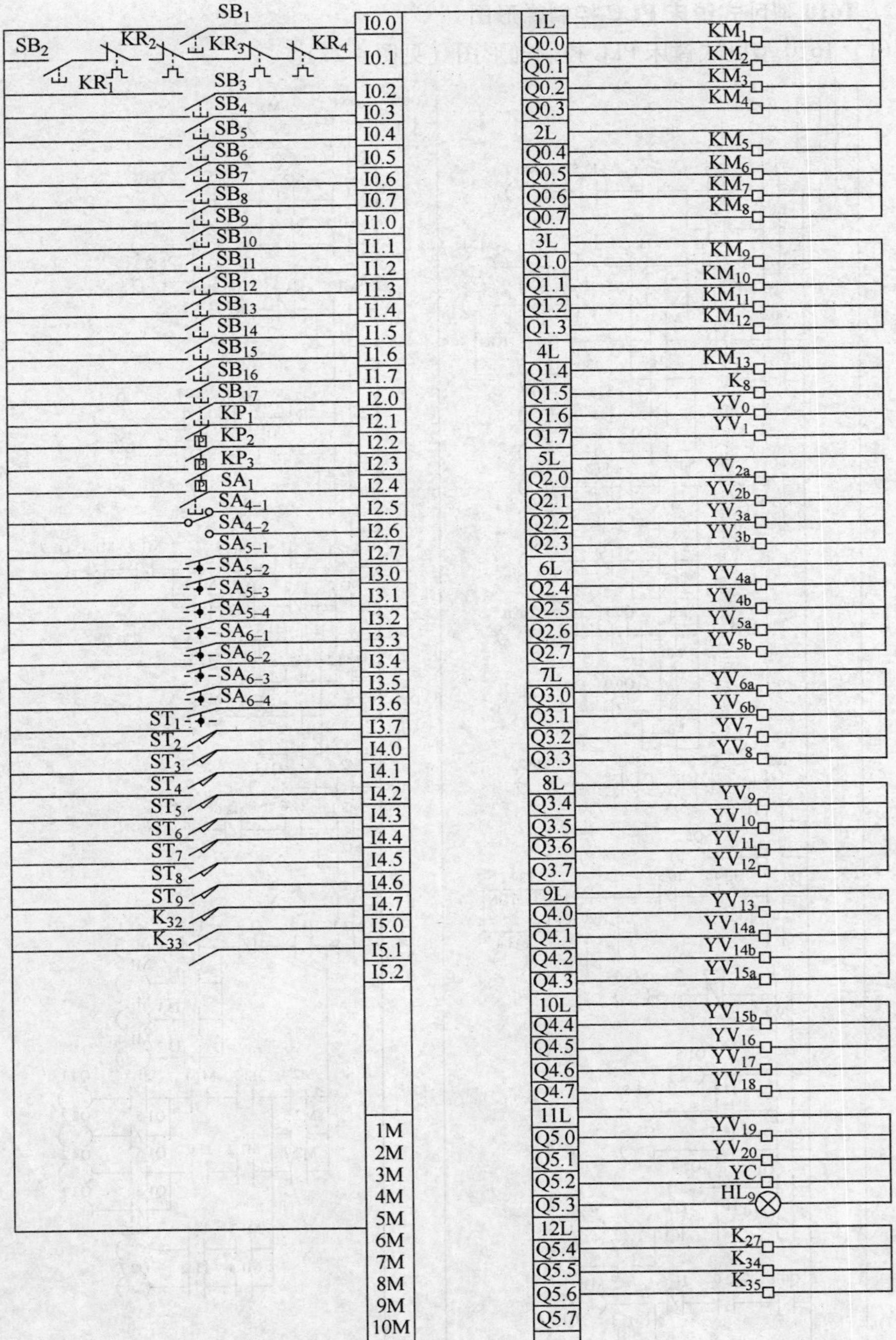

SB$_2$　KR$_2$　SB$_1$　KR$_3$　KR$_4$	I0.0	1L	KM$_1$
KR$_1$　SB$_3$	I0.1	Q0.0	KM$_2$
SB$_4$	I0.2	Q0.1	KM$_3$
SB$_5$	I0.3	Q0.2	KM$_4$
SB$_6$	I0.4	Q0.3	
SB$_7$	I0.5	2L	KM$_5$
SB$_8$	I0.6	Q0.4	KM$_6$
SB$_9$	I0.7	Q0.5	KM$_7$
SB$_{10}$	I1.0	Q0.6	KM$_8$
SB$_{11}$	I1.1	Q0.7	
SB$_{12}$	I1.2	3L	KM$_9$
SB$_{13}$	I1.3	Q1.0	KM$_{10}$
SB$_{14}$	I1.4	Q1.1	KM$_{11}$
SB$_{15}$	I1.5	Q1.2	KM$_{12}$
SB$_{16}$	I1.6	Q1.3	
SB$_{17}$	I1.7	4L	KM$_{13}$
KP$_1$	I2.0	Q1.4	K$_8$
KP$_2$	I2.1	Q1.5	YV$_0$
KP$_3$	I2.2	Q1.6	YV$_1$
SA$_1$	I2.3	Q1.7	
SA$_{4-1}$	I2.4	5L	YV$_{2a}$
SA$_{4-2}$	I2.5	Q2.0	YV$_{2b}$
SA$_{5-1}$	I2.6	Q2.1	YV$_{3a}$
SA$_{5-2}$	I2.7	Q2.2	YV$_{3b}$
SA$_{5-3}$	I3.0	Q2.3	
SA$_{6-1}$	I3.1	6L	YV$_{4a}$
SA$_{6-2}$	I3.2	Q2.4	YV$_{4b}$
SA$_{6-3}$	I3.3	Q2.5	YV$_{5a}$
SA$_{6-4}$	I3.4	Q2.6	YV$_{5b}$
ST$_1$	I3.5	Q2.7	
ST$_2$	I3.6	7L	YV$_{6a}$
ST$_3$	I3.7	Q3.0	YV$_{6b}$
ST$_4$	I4.0	Q3.1	YV$_7$
ST$_5$	I4.1	Q3.2	YV$_8$
ST$_6$	I4.2	Q3.3	
ST$_7$	I4.3	8L	YV$_9$
ST$_8$	I4.4	Q3.4	YV$_{10}$
ST$_9$	I4.5	Q3.5	YV$_{11}$
K$_{32}$	I4.6	Q3.6	YV$_{12}$
K$_{33}$	I4.7	Q3.7	
	I5.0	9L	YV$_{13}$
	I5.1	Q4.0	YV$_{14a}$
	I5.2	Q4.1	YV$_{14b}$
		Q4.2	YV$_{15a}$
		Q4.3	
		10L	YV$_{15b}$
		Q4.4	YV$_{16}$
		Q4.5	YV$_{17}$
		Q4.6	YV$_{18}$
		Q4.7	
	1M	11L	YV$_{19}$
	2M	Q5.0	YV$_{20}$
	3M	Q5.1	YC
	4M	Q5.2	HL$_9$
	5M	Q5.3	
	6M	12L	K$_{27}$
	7M	Q5.4	K$_{34}$
	8M	Q5.5	K$_{35}$
	9M	Q5.6	
	10M	Q5.7	
	11M		

图 4-26　T610 型卧式镗床 PLC 控制接线图

2. T610 型卧式镗床 PLC 控制梯形图

（1）T610 型卧式镗床 PLC 控制梯形图（见图 4-27）。

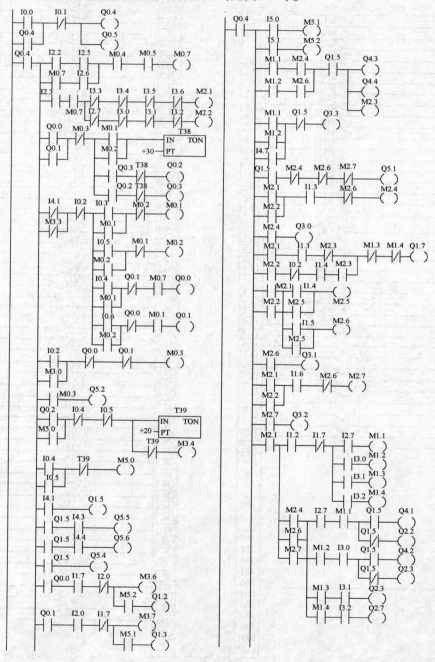

图 4-27　T610 型卧式镗床 PLC 控制梯形图

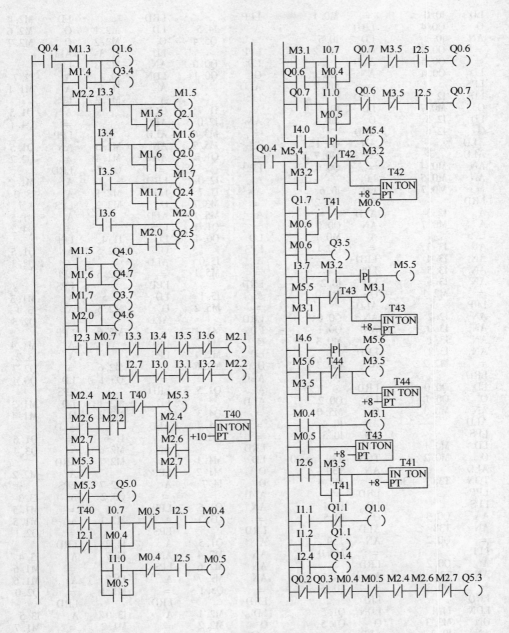

图 4-27　T610 型卧式镗床 PLC 控制梯形图（续）

（2）T610 型卧式镗床 PLC 控制指令语句表程序　对照梯形图，可编写 T610 型卧式镗床 PLC 控制指令语句表程序。

```
LD   I0.0      =    M0.1      LPP            LRD            LD   M2.4
O    Q0.4      LRD             A    I4.5      LD   M2.1      O    M2.6
AN   I0.1      LD   I0.5      =    Q5.4      O    M2.2      O    M2.7
=    Q0.4      O    M0.2      LPP            LD   I1.3      ALD
=    Q0.5      ALD             LD   Q0.0      AN   M2.3      LPS
LD   Q0.4      AN   M0.1      O    Q0.1      LDN  I0.2      A    I2.7
LPS             =    M0.2      ALD             A    I1.4      A    M1.1
LD   I2.2      LRD             LPS             A    M2.3      LPS
O    M0.7      LD   I0.4      A    I1.7      OLD             A    Q1.5
LD   I2.5      O    M0.1      AN   I2.0      ALD             =    Q4.1
O    I2.6      ALD             =    M3.6      ALD             LPP
ALD             AN   Q0.1      A    M5.2      AN   M1.3      AN   Q1.5
ALD             A    M0.7      =    Q1.2      AN   M1.4      =    Q2.2
AN   M0.4      =    Q0.0      LPP            =    Q1.7      LRD
AN   M0.5      LPP             A    I2.0      =               A    M1.2
=    M0.7      LD   I0.6      AN   I1.7      LRD             A    I3.0
LRD             O    M0.2      =    M3.7      LD   M2.1      LPS
A    I2.3      ALD             A    M5.1      O    M2.2      A    Q1.5
A    M0.7      AN   Q0.0      =    Q1.3      ALD             =    Q4.2
LPS             A    M0.1      LD   Q0.4      LPS             LPP
AN   I3.3      =    Q0.1      LPS             LD   I1.4      AN   Q1.5
AN   I3.4      LRD             A    I5.0      O    M2.5      =    Q2.3
AN   I3.5      LPS             =    M5.1      ALD             LPS
AN   I3.6      LD   I0.2      LRD             =    M2.5      A    M1.3
=    M2.1      O    M3.0      A    I5.1      LPP             A    I3.1
LPP             ALD             =    M5.2      LD   I1.5      =    Q2.3
AN   I2.7      AN   Q0.0      LRD             O    M2.5      LPP
AN   I3.0      AN   Q0.1      LD   M1.1      ALD             A    M1.4
AN   I3.1      =    M0.3      O    M1.2      =    M2.6      A    I3.2
AN   I3.2      LRD             LD   M2.4      LRD             =    Q2.7
=    M2.2      A    M0.3      O    M2.6      LPS             LD   Q0.4
LRD             =    Q5.2      ALD             A    M2.6      LPS
LD   Q0.0      LRD             A    Q1.5      =    Q3.1      LD   M1.3
O    Q0.1      LD   Q0.2      ALD             LRD             O    M1.4
AN   M0.3      O    M5.0      =    Q4.3      LD   M2.1      ALD
ALD             AN   I0.4      =    Q4.4      O    M2.2      =    Q1.6
LPS             AN   I0.5      =    M2.3      ALD             =    Q3.4
LD   M0.1      ALD             LRD             A    I1.6      LRD
O    M0.2      TON  T39, +20  LD   M1.1      AN   M2.6      A    M2.2
ALD             AN   T39      O    M1.2      =    M2.7      LPS
TON  T38, +30  =    M3.4      O    I4.7      LPP             A    I3.3
LPP             LRD             ALD             A    M2.7      =    M1.5
LPS             LD   I0.4      AN   Q1.5      =    Q3.2      A    M1.5
A    Q0.3      O    I0.5      =    Q3.3      LPP             =    O2.1
AN   T38      ALD             LRD             A    M2.1      LRD
=    Q0.2      AN   T39      A    Q1.5      LPS             A    I3.4
LPP             =    M5.0      AN   M2.4      A    I4.2      =    M1.6
A    Q0.2      LRD             AN   M2.6      AN   I4.7      A    M1.6
AN   T38      A    I4.1      AN   M2.7      LPS             =    Q2.0
=    Q0.3      =    Q1.5      =    Q5.1      A    I2.7      LRD
LRD             LRD             LRD             =    M1.1      A    I3.5
LDN  I4.1      LDN  Q1.5      LD   M2.1      LRD             A    M1.7
ON   M3.3      O    Q1.5      O    M2.2      A    I3.0      A    M1.7
AN   I0.2      ALD             ALD             =    M1.2      =    Q2.4
ALD             LPS             A    I1.3      LRD             LPP
LPS             A    I4.3      AN   M2.6      A    I3.1      A    I3.6
LD   I0.3      =    Q5.5      =    M2.4      =    M1.3      =    M2.0
O    M0.1      LPP             LRD             LPP             A    M2.0
ALD             A    I4.4      A    M2.4      A    I3.2      =    Q2.5
AN   M0.2      =    Q5.6      =    Q3.0      =    M1.4
```

LRD	LD M2.1	LD M3.1	LD Q1.7	LD M0.4
LPS	O M2.2	O Q0.6	O M0.6	O M0.5
LD M1.5	ALD	O Q0.7	ALD	O I2.6
O M1.6	AN T40	ALD	AN T41	ALD
ALD	ALD	LPS	= M0.6	= M3.1
= Q4.0	= M5.3	LD I0.7	LRD	TON T43, +8
= Q4.7	LDN M2.4	O M0.4	LPS	LD M3.5
LRD	ON M2.6	ALD	A M0.6	O T41
LD M1.7	ON M2.7	AN Q0.7	= Q3.5	ALD
O M2.0	ALD	AN M3.5	LPP	TON T41, +8
ALD	TON T40, +10	A I2.5	A I3.7	LPP
= Q3.7	LRD	= Q0.6	A M3.2	LPS
= Q4.6	AN M5.3	LPP	EU	A I1.1
LPP	= Q5.0	LD I1.0	= M5.5	AN Q1.1
A I2.3	LRD	O M0.5	LRD	= Q1.0
A M0.7	LDN T40	ALD	LD M5.5	LRD
LPS	ON I2.1	AN Q0.6	O M3.1	A I1.2
AN I3.3	ALD	AN M3.5	AN T43	= Q1.1
AN I3.4	LPS	A I2.5	ALD	LPP
AN I3.5	LD I0.7	= Q0.7	= M3.1	A I2.4
AN I3.6	O M0.4	LPP	TON T43, +8	= Q1.4
= M2.1	ALD	A I4.0	LRD	LDN Q0.2
LPP	AN M0.5	EU	A I4.6	= Q0.3
AN I2.7	A I2.5	= M5.4	EU	= M0.4
AN I3.0	= M0.4	LD Q0.4	= M5.6	= M0.5
AN I3.1	LPP	LPS	LRD	= M2.4
AN I3.2	LD I1.0	LD M5.4	O M3.5	= M2.6
= M2.2	O M0.5	O M3.2	AN T44	AN M2.7
LRD	ALD	AN T42	ALD	= Q5.3
LD M2.4	AN M0.4	ALD	= M3.5	
O M2.6	A I2.5	= M3.2	TON T44, +8	
O M2.7	= M0.5	TON T42, +8	LRD	
O M5.3	LRD	LRD		

4.6　B2012A 型龙门刨床的 PLC 控制编程实例

龙门刨床是机械加工中重要的工作母机。龙门刨床主要用于加工各种平面、槽及斜面，特别是大型及狭长的机械零件和各种机床床身、工作导轨等。龙门刨床的电气控制电路比较复杂，它的主拖动动作完全依靠电气自动控制来执行。

4.6.1　B2012A 型龙门刨床的结构组成和主要运动

1. 龙门刨床的机械结构

龙门刨床主要用于加工大型零件上长而窄的平面或同时加工几个中、小型零件的平面。

龙门刨床主要由床身、工作台、横梁、顶梁、主柱、立刀架、侧刀架、进给箱等部分组成，其外形与结构如图 4-28 所示。龙门刨床因有一个龙门式的框架而得名。

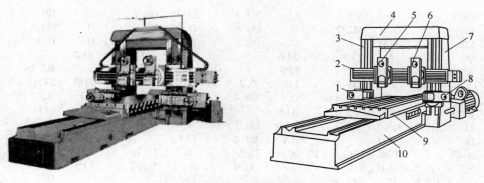

图 4-28　龙门刨床机床的组成结构图
1、8—侧刀架　2—横梁　3、7—主柱　4—顶梁　5、6—立刀架　9—工作台　10—床身

2. 龙门刨床的运动

龙门刨床在加工时，床身水平导轨上的工作台带动工件作直线运动，实现主运动。

装在横梁上的立刀架 5、6 可沿横梁导轨作间歇的横向进给运动，以刨削工件的水平平面。刀架上的滑板（溜板）可使刨刀上、下移动，作切入运动或刨削竖直平面。滑板还能绕水平轴调整至一定的角度，以加工倾斜平面。装在立柱上的侧刀架 1 和 8 可沿立柱导轨在上下方向间歇进给，以刨削工件的竖直平面。横梁还可沿立柱导轨升降至一定位置，以根据工件高度调整刀具的位置。

3. 龙门刨床生产工艺对电控的要求

龙门刨床加工的工件质量不同，用的刀具不同，所需要的速度就不同，加之 B2012A 型龙门刨床是刨磨联合机床，所以要求调速范围一定要宽。该机床采用以电动机扩大机作励磁调节器的直流发电机-电动机系统，并加两级机械变速（变速比 2:1），从而保证了工作台调速范围达到 20:1（最高速 90r/min，最低速 4.5r/min）。在低速挡和高速挡的范围内，能实现工作台的无级调速。B2012A 型龙门刨床能完成图 4-29 中所示三种速度图中的要求。

在高速加工时，为了减少刀具承受的冲击和防止工件边缘的剥型，切削工作的开始，要求刀具慢速切入；切削工作的末尾，工作台应自动减速，以保证刀具慢速离开工件。为了提高生产效率，要求工作台返回速度要高于切削速度（见图 4-29a）。图中，0 ~ t_1 为工作台前进起动阶段；t_1 ~ t_2 为刀具慢速切入工件阶段；t_2 ~ t_3 为加速至稳定工作速度阶段；t_3 ~ t_4 为切削工件阶段；t_4 ~ t_5 为刀具减速退出工件阶段；t_5 ~ t_6 为反向制动到后退起动阶段；t_6 ~ t_7 为高速返回阶段；t_7 ~ t_8 为后退减速阶段；t_8 ~ t_9 为后退反向制动阶段。

若切削速度与冲击为刀具所能承受，利用转换开关，可取消慢速切入环节，如图 4-29b 所示。

当机床作磨削加工时，利用转换开关，可把慢速切入和后退减速都取消，如图 4-29c 所示。

为了提高加工精度，要求工作台的速度不因切削负荷的变化而波动过大，即系统的机械特性应具有一定硬度（静差度为 10%）。同时，系统的机械特性应具有陡峭的挖土机特性（下垂特性），即当电动机短路或超过额定转矩时，工作台拖动电动机的转速应快速下降，以致停止，使发电机、电动机、机械部分免于损坏。

机床应能单独调整工作行程与返回行程的速度；能作无级变速，且调速时不必停车；要求工作台运动方向能迅速平滑地改变，冲击小；刀架进给和抬刀能自动进行，并有快速回程；有必要的联锁保护，通用化程度高，成本低，系统简单，易于维修等。

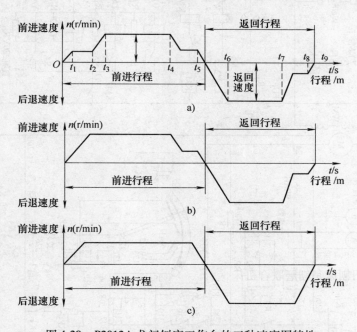

图 4-29　B2012A 龙门刨床工作台的三种速度图特性

4.6.2　B2012A 型龙门刨床的电气控制

1. B2012A 型龙门刨床的电气控制电路原理图

B2012A 型龙门刨床电气控制电路原理图如图 4-30 ~ 图 4-33 所示。其中图 4-30 为直流发电-拖动系统电路原理图，图 4-31 为 B2012A 型龙门刨床主拖动系统及抬刀电路原理图，图 4-32 为主拖动机组 丫/△ 起动及刀架控制电路原理图，图 4-33 为 B2012A 型龙门刨床横梁及工作台控制电路原理图。

（1）直流发电-拖动系统组成　直流发电-拖动系统主电路如图 4-30 所示，它包括电动机放大机 AG、直流发电机 G、直流电动机 M 和励磁发电机 GE。

电动机放大机 AG 由交流电动机 M_2 拖动。电动机放大机 AG 的主要作用是根据刨床各种运动的需要，通过控制绕组 WC 的各个控制量调节其向直流发电机 G 励磁绕组供电的输出电压，从而调节直流发电机发出的电压。

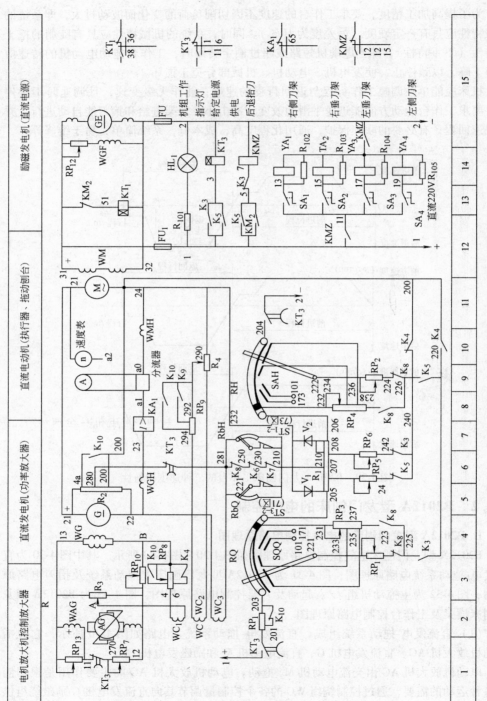

图 4-30 B2012A 型龙门刨床直流发电·拖动系统电路原理图

直流发电机 G 和励磁发电机 GE 由交流电动机 M_1 拖动。直流发电机 G 的主要作用是发出直流电动机 M 所需要的直流电压，满足直流电动机 M 拖动刨床运动的需要。

励磁发电机的主要作用是由交流电动机 M_1 拖动，发出直流电压，向直流电动机 M 的励磁绕组供给励磁电源。直流电动机 M 的主要作用是拖动刨床往返交替作直线运动，对工件进行切削加工。

（2）交流机组拖动系统组成　B2012A 型龙门刨床交流机组拖动系统主电路原理图如图 4-31 所示。交流机组共由 9 台电动机拖动：拖动直流发电机 G、励磁发电机 GE 用交流电动机 M_1，拖动电动机放大机用电动机 M_2，拖动通风用电动机 M_3，润滑泵电动机 M_4，垂直刀架电动机 M_5，右侧刀架电动机 M_6，左侧刀架电动机 M_7，横梁升降电动机 M_8 和横梁放松、夹紧电动机 M_9。

2. B2012A 型龙门刨床的电气控制电路原理图的识读分析

（1）主拖动机组电动机 M_1 控制电路　由交流电动机 M_1 拖动直流发电机 G 和励磁发电机 GE 组成主拖动机组，其控制电路如图 4-32 所示。其中 33 区中的按钮 SB_2 为交流电动机 M_1 的起动按钮，按钮 SB 为交流电动机 M_1 的停止按钮。

当需要主拖动电动机 M_1 拖动直流发电机 G 和励磁发电机 GE 工作时，按下 33 区中主拖动交流电动机 M_1 的起动按钮 SB_2，33 区中的接触器 KM_1 线圈、35 区中的时间继电器 KT$_2$ 线圈、36 区中的接触器 KM$_Y$ 线圈通电吸合，主拖动交流电动机 M_1 的定子绕组接成丫接法减压起动，被拖动的直流励磁发电机 GE 利用剩磁开始发电。

接触器 KM_2 通电闭合自锁，其在 20 区中的主触点闭合，接通交流电动机 M_2、M_3 的电源，交流电动机 M_2、M_3 分别拖动电动机放大机 AG 和通风机工作。同时，接触器 $KM_\triangle$ 通电闭合。此时接触器 KM_1 和接触器 $KM_\triangle$ 的主触点将交流电动机 M_1 的定子绕组接成△接法全压运行，交流电动机 M_1 拖动直流发电机 G 和励磁发电机 G 全速运行，完成主拖动机组的起动控制过程。

（2）横梁控制电路　在图 4-33 所示的电路中，50 区中的按钮 SB_6 为横梁上升起动按钮，51 区中的按钮 SB_7 为横梁下降起动按钮，53 区中的行程开关 ST_7 为横梁上升的上限位保护行程开关，55 区中的行程开关 ST_8 和 ST_9 为横梁下降的下限位保护行程开关，52 区和 59 区中的行程开关 ST_{10} 为横梁放松及上升和下降动作行程开关。

1）横梁的上升控制。当需要横梁上升时，按下 50 区中的横梁上升起动按钮 SB_6，中间继电器 K_2 线圈通电闭合，接触器 KM_{13} 通电闭合并自锁。横梁放松、夹紧电动机 M_9 通电反转，使横梁放松。

此时，行程开关 ST_{10} 在 59 区中的常闭触点断开，接触器 KM_{13} 失电释放，横梁放松夹紧电动机 M_9 停止反转。行程开关 ST_{10} 在 52 区的常开触点闭合，接触器 KM_{10} 通电闭合，交流电动机 M_8 正向运转，带动横梁上升。当横梁上升到要求高度时，松开横梁上升起动按钮 SB_6，接触器 KM_{10} 线圈失电释放，横梁停止上升。继而接触器 KM_{12} 闭合，交流电动机 M_9 正向起动运转，使横梁夹紧。然后行程开关 ST_{10} 常开触点复位断开，59 区中行程开关 ST_{10} 的常闭触点复位闭合，为下一次横梁升降控制作准备。

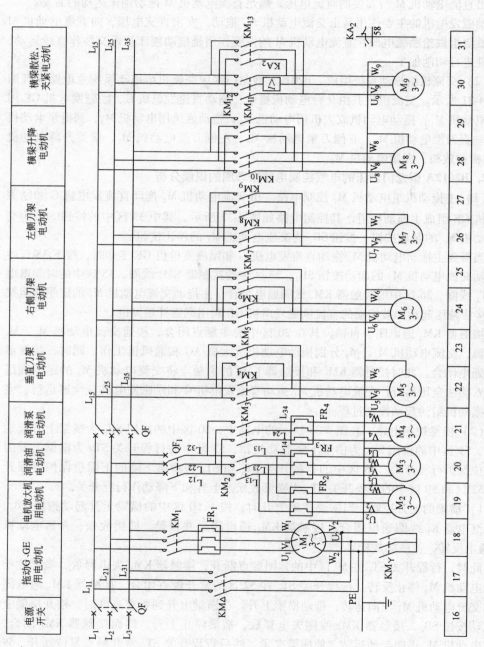

图 4-31 B2012A 型龙门刨床主拖动系统及抬刀电路原理图

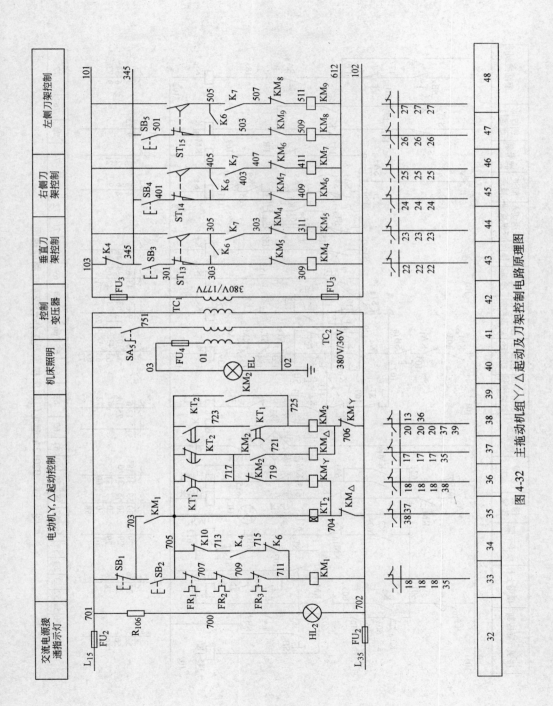

图 4-32　主拖动机组丫／△起动及刀架控制电路原理图

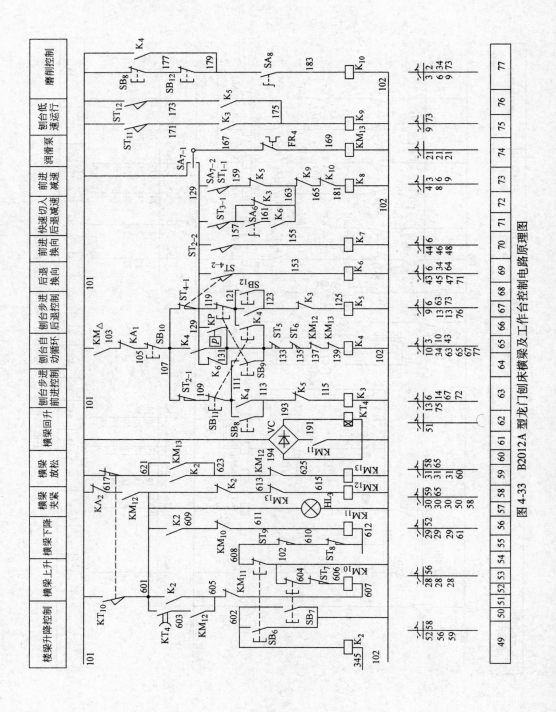

图 4-33 B2012A 型龙门刨床横梁及工作台控制电路原理图

但由于 58 区接触器 KM_{12} 继续通电闭合，因而电动机 M_9 继续正转。随着横梁的进一步夹紧，电动机 M_9 的电流增大。电流继电器 KA_2 吸合动作，接触器 KM_{12} 失电释放，横梁放松夹紧电动机 M_9 停止正转，完成横梁上升控制过程。

2）横梁下降控制。当需要横梁下降时，按下 51 区中的横梁下降起动按钮 SB_7，中间继电器 K_2 线圈通电闭合，接触器 KM_{13} 通电闭合并自锁。横梁放松夹紧电动机 M_9 通电反转，使横梁放松。横梁放松后，行程开关 ST_{10} 在 59 区中的常闭触点断开，接触器 KM_{13} 失电释放，横梁放松夹紧电动机 M_9 停止反转。行程开关 ST_{10} 在 52 区中的常开触点闭合，接触器 KM_{11} 通电闭合，横梁升降电动机 M_8 反向运转，带动横梁下降。当横梁下降到要求高度时，松开横梁下降起动按钮 SB_7，横梁停止下降。接触器 KM_{12} 接通横梁放松夹紧电动机 M_9 的正转电源，交流电动机 M_9 正向起动运转，使横梁夹紧。继而接触器 KM_{10} 通电闭合，电动机 M_8 起动正向旋转，带动横梁作短暂的回升后停止上升，然后横梁进一步夹紧。

（3）工作台自动循环控制电路　工作台自动循环控制电路分为慢速切入控制、工作台工进速度前进控制、工作台前进减速运动控制、工作台后退返回控制、工作台返回减速控制、工作台返回结束并转入慢速控制等。

工作台自动循环控制主要通过安装在龙门刨床工作台侧面上的四个撞块 A、B、C、D 按一定的规律撞击安装在机床床身上的四个行程开关 ST_1、ST_2、ST_3、ST_4，使行程开关 ST_1、ST_2、ST_3、ST_4 的触点按照一定的规律闭合或断开，从而控制工作台按预定的要求进行运动。

（4）工作台步进、步退控制　工作台的步进、步退控制主要用于在加工工件时调整机床工作台的位置。

当需要工作台步进时，按下 62 区中的工作台步进起动按钮 SB_8，工作台步进；松开按钮 SB_8，工作台可迅速制动停止。

当需要工作台步退时，按下 68 区中的工作台步退起动按钮 SB_{12}，工作台步退；松开按钮 SB_{12}，工作台也可迅速制动停止。

（5）刀架控制电路　在龙门刨床上装有左侧刀架、右侧刀架和垂直刀架，分别由交流电动机 M_7、M_6、M_5 拖动。各刀架可实现自动进给运动和快速移动运动，由装在刀架进刀箱上的机械手柄来进行控制。刀架的自动进给采用拨叉盘装置来实现，拨叉盘由交流电动机拖动，依靠改变旋转拨叉盘角度的大小来控制每次的进给量。在每次进刀完成后，让拖动刀架的电动机反向旋转，使拨叉盘复位，以便为第二次自动进刀作准备。

刀架控制电路由自动进刀控制、刀架快速移动控制电路组成。

4.6.3　B2012A 型龙门刨床 PLC 控制改造编程

1. B2012A 型龙门刨床 PLC 控制输入输出点分配及控制接线图

（1）B2012A 型龙门刨床 PLC 控制输入输出点分配表（见表 4-7）

表 4-7 B2012A 型龙门刨床 PLC 控制输入输出点分配表

输入信号			输出信号		
名称	代号	输入点编号	名称	代号	输出点编号
热继电器	$KR_1 \sim KR_4$	I0.0	交流电动机 M_1 起动接触器	KM_1	Q0.0
电动机 M_1 停止按钮	SB_1	I0.1	交流电动机 M_2、M_3 接触器	KM_2	Q0.1
电动机 M_1 起动按钮	SB_2	I0.2	交流电动机 M_1 Y 起动接触器	KM_Y	Q0.2
垂直刀架控制按钮	SB_3	I0.3	交流电动机 M_1 △ 运行接触器	$KM_\triangle$	Q0.3
右侧刀架控制按钮	SB_4	I0.4	交流电动机 M_4 接触器	KM_3	Q0.4
左侧刀架控制按钮	SB_5	I0.5	交流电动机 M_5 正转接触器	KM_4	Q0.5
横梁上升起动按钮	SB_6	I0.6	交流电动机 M_5 反转接触器	KM_5	Q0.6
横梁下降起动按钮	SB_7	I0.7	交流电动机 M_6 正转接触器	KM_6	Q0.7
工作台步进起动按钮	SB_8	I1.0	交流电动机 M_6 反转接触器	KM_7	Q1.0
工作台自动循环起动按钮	SB_9	I1.1	交流电动机 M_7 正转接触器	KM_8	Q1.1
工作台自动循环停止按钮	SB_{10}	I1.2	交流电动机 M_7 反转接触器	KM_9	Q1.2
工作台自动循环后退钮	SB_{11}	I1.3	交流电动机 M_8 正转接触器	KM_{10}	Q1.3
工作台步进起动按钮	SB_{12}	I1.4	交流电动机 M_8 反转接触器	KM_{11}	Q1.4
工作台循环前进减速行程开关	ST_{1-1}	I1.5	交流电动机 M_9 正转接触器	KM_{12}	Q1.5
工作台循环前进换向行程开关	ST_2	I1.6	交流电动机 M_9 反转接触器	KM_{13}	Q1.6
工作台循环后退减速行程开关	ST_3	I1.7	工作台步进控制继电器	K_3	Q1.7
工作台循环后退换向行程开关	ST_4	I2.0	工作台自动循环控制继电器	K_4	Q2.0
工作台前进终端限位行程开关	ST_5	I2.1	工作台步退控制继电器	K_5	Q2.1
工作台后退终端限位行程开关	ST_6	I2.2	工作台后退换向继电器	K_6	Q2.2
横梁上升限位行程开关	ST_7	I2.3	工作台前进换向继电器	K_7	Q2.3
横梁下降限位行程开关	ST_8	I2.4	工作台前进减速继电器	K_8	Q2.4
横梁下降限位行程开关	ST_9	I2.5	工作台低速运行继电器	K_9	Q2.5
横梁放松动作行程开关	ST_{10}	I2.6	磨削控制继电器	K_{10}	Q2.6
工作台低速运行行程开关	ST_{11}	I2.7			
工作台低速运行行程开关	ST_{12}	I3.0			
自动进刀控制行程开关	ST_{13}	I3.1			
自动进刀控制行程开关	ST_{14}	I3.2			
自动进刀控制行程开关	ST_{15}	I3.3			
润滑泵电动机 M_4 手动控制	SA_{7-1}	I3.4			
润滑泵电动机 M_4 自动控制	SA_{7-2}	I3.5			
磨削控制开关	SA_8	I3.6			
压力继电器	KP	I3.7			
过电流继电器	KA_1	I4.0			
过电流继电器	KA_2	I4.1			
时间继电器	KT_1	I4.2			
手动控制开关	SA_6	I4.3			

（2）B2012A 型龙门刨床 PLC 控制接线图（见图 4-34）

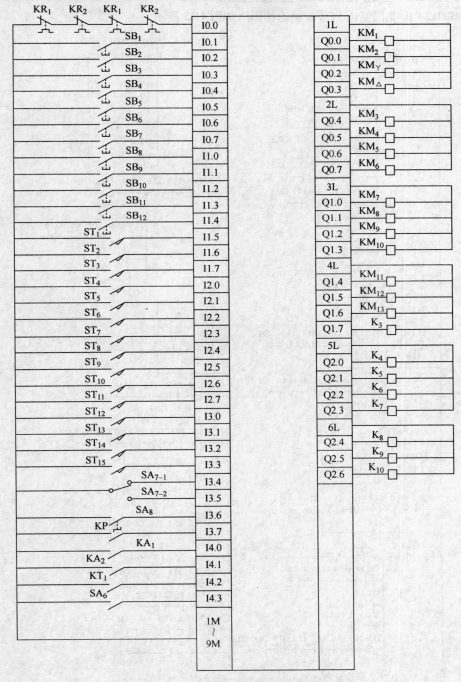

图 4-34　B2012A 型龙门刨床 PLC 控制接线图

2. B2012A 型龙门刨床 PLC 控制的梯形图

B2012A 型龙门刨床 PLC 控制的梯形图如图 4-35 所示。

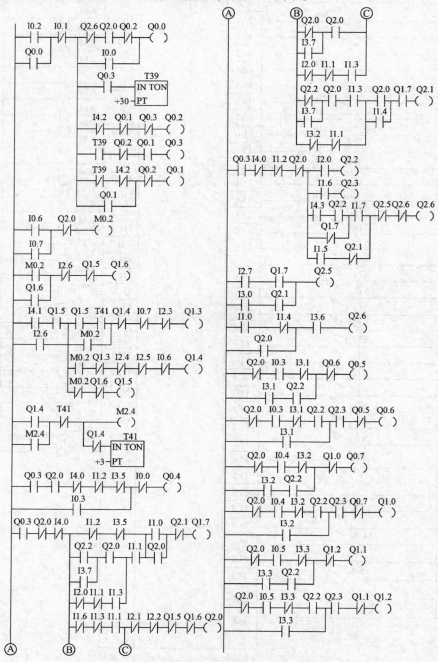

图 4-35　B2012A 型龙门刨床 PLC 控制的梯形图

对照梯形图，编写的 B2012A 型龙门刨床 PLC 控制指令语句表程序如下：

LD	I0.2	O	I2.6	O	I3.7	O	I1.4	AN	Q0.6
O	Q0.0	LPS		A	Q2.0	ALD		=	Q0.5
AN	I0.1	LD	Q1.5	LDN	I2.0	AN	Q1.7	LDN	Q2.0
LPS		A	T41	AN	I1.1	=	Q2.1	A	I0.3
LDN	Q2.6	O	M0.2	LD	Q0.3	LD	Q0.3	AN	I3.1
A	Q2.0	ALD		OLD		AN	I4.0	O	I3.1
AN	Q2.2	AN	Q1.4	AN	I4.0	AN	I1.2	A	I2.3
O	I0.0	AN	I0.7	AN	I1.1	AN	Q2.0	AN	Q0.5
ALD		AN	I2.3	OLD		LPS		=	Q0.6
=	Q0.0	=	Q1.3	ALD		A	I2.0	LDN	Q2.0
LRD		LPP		LD	I1.0	=	Q2.2	A	I0.4
A	Q0.3	LPS		O	Q2.0	LRD		AN	I3.2
TON	T39, +30	A	M0.2	ALD		A	I1.6	LD	I3.2
LRD		AN	Q1.3	AN	Q2.1	=	Q2.3	A	Q2.2
LDN	I4.2	AN	I2.4	=	Q1.7	LPP		OLD	
O	T39	AN	I2.5	LPP		LD	I4.3	AN	Q1.0
ALD		AN	I0.6	LPS		A	Q2.2	=	Q0.7
LPS		=	Q1.4	LDN	I1.6	ON	Q1.7	LDN	Q2.0
AN	Q0.1	LPP		AN	I1.3	AN	I1.7	A	I0.4
AN	Q0.3	AN	M0.2	A	I1.1	AN	Q1.5	AN	I3.2
=	Q0.2	AN	Q1.6	LDN	Q2.0	AN	Q2.1	A	Q2.2
LPP		=	Q1.5	O	I3.7	OLD		O	I3.2
AN	Q0.2	LD	Q1.4	A	Q2.0	ALD		A	Q2.3
A	Q0.1	O	M2.4	OLD		A	Q2.5	AN	Q0.7
=	Q0.3	AN	T41	LDN	I2.0	AN	Q2.6	=	Q1.0
LPP		=	M2.4	AN	I1.1	=	Q2.4	LDN	Q2.0
LDN	T39	AN	Q1.4	A	I1.3	LD	I2.7	A	I0.5
AN	I4.2	TON	T41, +3	OLD		A	Q1.7	AN	I3.3
O	Q0.1	LD	Q0.3	ALD		LD	I3.0	LD	I3.3
ALD		A	Q2.0	AN	I2.1	A	Q2.1	A	Q2.2
AN	Q0.2	AN	I4.0	AN	I2.2	OLD		OLD	
=	Q0.1	AN	I1.2	AN	Q1.5	=	Q2.5	AN	Q1.2
LD	I0.6	AN	I3.5	AN	Q1.6	LDN	I1.0	O	Q1.1
O	I0.7	O	I3.3	=	Q2.0	AN	I1.4	=	Q1.2
AN	M0.2	AN	I0.0	LPP		O	Q2.0	LDN	Q2.0
LD	M0.2	=	Q0.4	LDN	Q2.2	=	Q2.6	A	I0.5
O	Q1.6	LD	Q0.3	O	I3.7	LDN	Q2.0	AN	I3.3
AN	I2.6	AN	I4.0	A	Q2.0	A	I0.3	A	Q2.2
AN	Q1.5	AN	Q2.0	A	I1.3	AN	I3.1	O	I3.3
=	Q1.6	LPS		LDN	I3.2	LD	I3.1	A	Q2.3
LDN	I4.1	LDN	I1.2	AN	I1.1	A	Q2.2	AN	Q1.1
A	Q1.5	AN	I3.5	OLD		OLD		=	Q1.2
		LDN	Q2.2	ALD					
				LD	Q2.0				

4.7　双面单工液压传动组合机床的电气 PLC 控制编程

前面主要介绍了几种典型通用机床的电气 PLC 控制编程。其特点是在机床加工中工序只能一道一道地进行，不能实现多道、多面同时加工；生产效率低，加工质量不稳定，操作频繁。为了改善生产条件，满足生产发展的专业化、自动化要求，人们经过长期生产实践的不断探索、不断改进、不断创造，逐步形成了各类专用机床。专用机床是为完成工件某一道工序的加工而设计制造的，可采用多刀加工，具有自动化程度高、生产效率高、加工精度稳定、机床结构简单、操作方便等优点。但当零件结构与尺寸改变时，须重新调整机床或重新设计、制造，因而专用机床又不利于产品的更新换代。

为了克服专用机床的不足，在生产中又发展了一种新型的加工机床。它以通用部件为基础，配合少量的专用部件组合而成，具有结构简单、生产效率和自动化程度高等特点。一旦被加工零件的结构与尺寸改变时，能较快地进行重新调整，组合成新的机床。这一特点有利于产品的不断更新换代，目前在许多行业都得到广泛的应用。本节所要介绍的就是这种组合机床。

4.7.1 组合机床的结构组成和工作特点

1. 组合机床的结构组成

组合机床是由一些通用部件及少量专用部件组成的高效自动化或半自动化专用机床，可以完成钻孔、扩孔、铰孔、镗孔、攻螺纹、车削、铣削及精加工等多道工序，一般采用多轴、多刀、多工序、多面、多工位同时加工，适用于大批量生产，能稳定地保证产品的质量。图4-36所示为单工位三面复合式组合机床结构示意图，它由底座、立柱、滑台、切削头、动力箱等通用部件，多轴箱、夹具等专用部件以及控制、冷却、排屑、润滑等辅助部件组成。

通用部件是经过系列设计、试验和长期生产实践考验的，其结构稳定、工作可靠，由专业生产厂成批制造，经济效果好、使用维修方便。一旦被加工零件的结构与尺寸改变时，这些通用部件可根据需要组合成新的机床。在组合机床中，通用部件一般占机床零部件总量的70%~80%，其他20%~30%的专用部件由被加工件的形状、轮廓尺寸、工艺和工序决定。

组合机床的通用部件主要包括以下几种：

1）动力部件。动力部件用来实现主运动或进给运动，有动力头、动力箱、各种切削头。

2）支承部件。支承部件主要为各种底座，用于支承、安装组合机床的其他零部件，它是组合机床的基础部件。

3）输送部件。输送部件用于多工位组合机床，用来完成工件的工位转换，有直线移动工作台、回转工作台、回转鼓轮工作台等。

4）控制部件。用于组合机床完成预定的工作循环程序。它包括液压元件、控制挡铁、操纵板、按钮盒及电气控制部分。

5）辅助部件。辅助部件包括冷却、排屑、润滑等装置，以及机械手、定位、夹紧、导向等部件。

2. 组合机床的工作特点

组合机床主要由通用部件装配组成，各种通用部件的结构虽有差异，但它们在组合机床中的工作却是协调的，能发挥较好的效果。

组合机床通常是从几个方向对工件进行加工，它的加工工序集中，要求各个部件的动作顺序、速度、起动、停止、正向、反向、前进、后退等均应协调配合，并按一定的程序自动或半自动地进行。加工时应注意各部件之间的相互位置，精心调整每个环节，避免大批量加工生产中造成严重的经济损失。

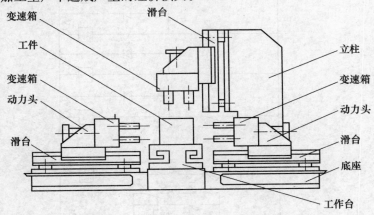

图 4-36　单工位三面复合式组合机床结构示意图

4.7.2　双面单工液压传动组合机床的电气控制

双面单工液压传动组合机床电气控制电路原理图如图 4-37 所示。双面单工液压传动组合机床由左、右动力头电动机 M_1、M_2 及冷却泵电动机 M_3 三台电动机拖动。在双面单工液压传动组合机床控制电路中，手动开关 SA_1 为左动力头单独调整开关，SA_2 为右动力头单独调整开关，SA_3 为冷却泵电动机的工作选择开关。

各电磁阀及液压继电器的工作动作表见表 4-8，左、右动力头的工作循环图如图 4-38 所示。当左、右动力头在原位时，行程开关 ST_1、ST_2、ST_3、ST_4、ST_5、ST_6 被压下。

当需要机床工作时，将手动开关 SA_1、SA_2 扳至自动循环位置，按下机床起动按钮 SB_2，接触器 KM_1、KM_2 通电闭合并自锁，其主触点闭合，左、右动力头电动机 M_1、M_2 起动运转。然后按下"前进"按钮 SB_3，中间继电器 K_1、K_2 通电闭合并自锁，电磁阀 YV_1、YV_3 线圈通电动作，左、右动力头离开原位快速前进。此时行程开关 ST_1、ST_2、ST_5、ST_6 首先复位，接着行程开关 ST_3、ST_4 也复位。由于行程开关 ST_3、ST_4 复位，因而中间继电器 K 通电闭合并自锁，为左、右动力头自动停止作好准备。动力头在快速前进的过程中，由各自的行程阀自动转换为工进，并压下行程开关 ST_1，使得接触器 KM_3 通电闭合，冷却泵电动机 M_3 起动运转，供给机床切削液。左动力头加工完毕后，压下行程开关 ST_7，并通过挡铁机械装置动作使油压系统油压升高，压力继电器 KP_1 动作，使图 4-37 电路中 14 区压力继电器 KP_1 的常开触点闭合，中间继电器 K_3 闭合并自锁，K_1 失电释放。同理，右动力头加工完毕后，压下行程开关 ST_8，使得压力继电器 KP_2 动作，19 区中压力继电器 KP_2 的常开触点闭合，中间继电器 K_4 闭合并自锁，K_2 失电释放。由于中间继电器 K_1、K_2 失电释放，YV_1、YV_3 失电且 YV_2、YV_4 通电，根据表

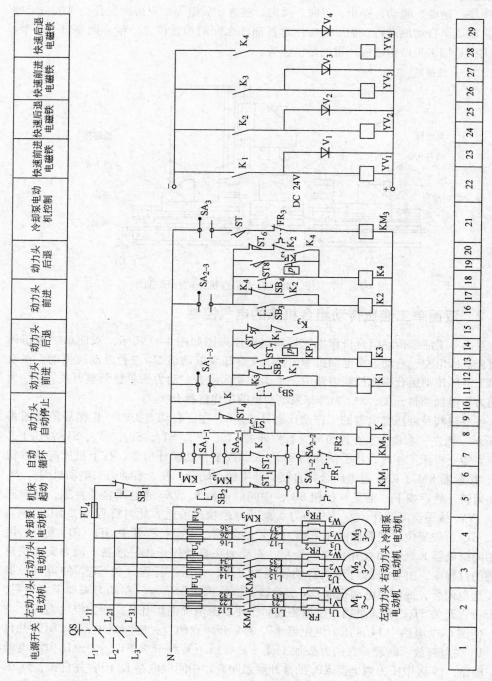

图 4-37 双面单工液压传动组合机床电气控制电路原理图

4-7 中各电磁阀及液压继电器的工作动作表可知，此时左、右动力头快速后退。当左、右动力头退回至行程开关 ST 处时，ST 复位，接触器 KM_3 失电释放，冷却泵电动机 M_3 停转。而当左、右动力头退回至原位时，首先压下行程开关 ST_3、ST_4，然后压下行程开关 ST_1、ST_2、ST_5、ST_6，接触器 KM_1、KM_2 失电释放，左、右动力头电动机 M_1、M_2 停转，完成一次循环加工过程。

表 4-8　各电磁阀及液压继电器动作表

工步	YV_1	YV_2	YV_3	YV_4	KP_1	KP_2
快进	+	−	+	−		
工进	+	−	+	−		
挡铁停留	+	−	+	−	+	+
快退	−	+	−	+		
原位停止	−	−	−	−		

注：表格中"+"代表相应的元件接通，"−"代表相应的元件断电。

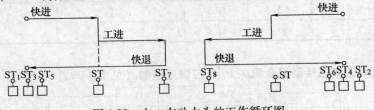

图 4-38　左、右动力头的工作循环图

　　图中按钮 SB_4 为左、右快退手动操作按钮，按下 SB_4，能使左、右动力头退至原位停止。

4.7.3　双面单工液压传动组合机床 PLC 控制编程

1. 双面单工液压传动组合机床 PLC 控制输入输出点分配表（见表 4-9）

表 4-9　双面单工液压传动组合机床 PLC 控制输入输出点分配表

输 入 信 号			输 出 信 号		
名称	代号	输入点编号	名称	代号	输出点编号
总停止按钮	SB_1	I0.0	左动力头电动机 M_1 接触器	KM_1	Q0.0
总起动按钮	SB_2	I0.1	右动力头电动机 M_2 接触器	KM_2	Q0.1
动力头前进按钮	SB_3	I0.2	冷却泵电动机 M_3 接触器	KM_3	Q0.2
动力头退回原位按钮	SB_4	I0.3	电磁阀	YV_1	Q0.4
自动循环行程开关	ST_1、ST_2	I0.4	电磁阀	YV_2	Q0.5
动力头自动停止行程开关	ST_3、ST_4	I0.5	电磁阀	YV_3	Q0.6
自动循环行程开关	ST_5	I0.6	电磁阀	YV_4	Q0.7

（续）

输 入 信 号			输 出 信 号		
名称	代号	输入点编号	名称	代号	输出点编号
自动循环行程开关	ST$_6$	I0.7			
左动力头后退行程开关、压力继电器	ST$_7$、KP$_1$	I1.0			
左动力头后退行程开关、压力继电器	ST$_8$、KP$_2$	I1.1			
切削液泵电动机起停行程开关及控制元件	ST、SA$_3$、KR$_3$	I1.2			
热继电器	KR$_1$	I1.3			
热继电器	KR$_2$	I1.4			
手动开关	SA$_1$	I1.5			
手动开关	SA$_2$	I1.6			

2. 双面单工液压传动组合机床 PLC 控制接线图（见图 4-39）

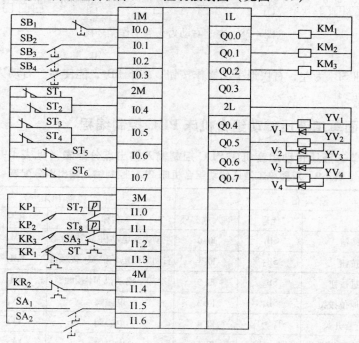

图 4-39　双面单工液压传动组合机床 PLC 控制接线图

3. 双面单工液压传动组合机床 PLC 控制梯形图（见图 4-40）

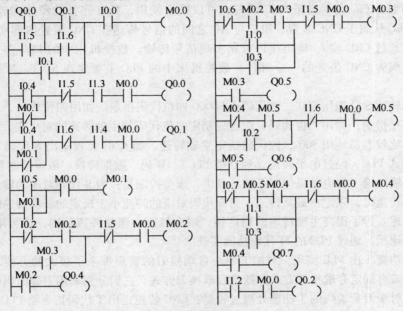

图 4-40　双面单工液压传动组合机床 PLC 控制梯形图

4. 双面单工液压传动组合机床 PLC 控制指令语句表程序

根据梯形图，可编制双面单工液压传动组合机床 PLC 控制指令语句表程序如下：

LD	Q0.0	AN	I1.6	LDN	I0.6	LD	M0.5
O	I1.5	A	I1.4	A	M0.2	=	O0.6
LD	Q0.1	A	M0.0	A	M0.3	LDN	I0.7
O	I1.6	=	Q0.1	O	I1.0	A	M0.5
ALD		LD	I0.5	O	I0.3	A	M0.4
O	I0.1	O	M0.1	AN	I1.5	O	I1.1
A	I0.0	A	M0.0	A	M0.0	O	I0.3
=	M0.0	=	M0.1	=	M0.3	AN	I1.6
LD	I0.4	LDN	I0.2	LD	M0.3	A	M0.0
ON	M0.1	A	M0.2	=	Q0.5	=	M0.4
AN	I1.5	O	M0.0	LDN	M0.4	LD	M0.4
A	I1.3	AN	I1.5	A	I1.6	=	Q0.7
A	M0.0	A	M0.0	O	I0.2	LD	I1.2
=	Q0.0	=	M0.2	AN	I1.6	A	M0.0
LD	I0.4	LD	M0.2	A	M0.0	=	Q0.2
ON	M0.1	=	Q0.4	=	M0.5		

4.8　PLC 在数控机床中的工程应用编程

4.8.1　数控机床中 PLC 的主要功能

数控机床中的 PLC 主要是用来代替传统机床中继电器逻辑控制，利用 PLC 的逻辑运算功能实现各种开关量的控制。应用形式主要有独立型和内装型两种。独立型 PLC 又称通用型 PLC，它不属于 CNC 装置，可以独立使用，具有完备的硬件和软件结构；内装型 PLC 从属于 CNC 装置，PLC 与 NC 之间的信号传送在 CNC 装置内部实现。PLC 与机床间通过 CNC 输入/输出接口电路实现信号传输。数控机床中的 PLC 多采用内装式，它已成为 CNC 装置的一个部件。数控机床中的 PLC 主要实现 S、T、M 等辅助功能。

主轴转速 S 功能用 S00 二位代码或 S0000 四位代码指定。如用四位代码，则可用主轴速度直接指定；如用二位代码，应首先制定二位代码与主轴转速的对应表，通过 PLC 处理可以比较容易地用 S00 二位代码指定主轴转速。如 CNC 装置送出 S 代码（如二位代码）进入 PLC，经过电平转换（独立型 PLC）、译码、数据转换、限位控制和 D/A 变换，最后输出给主轴电动机伺服系统。其中，限位控制是：当 S 代码对应的转速大于规定的最高转速时，限定在最高转速；当 S 代码对应的转速小于规定的最低转速时，限定在最低转速。为了提高主轴转速的稳定性，增大转矩，调整转速范围，还可增加 1 ~ 2 级机械变速挡。通过 PLC 的 M 代码功能实现。

刀具功能 T 由 PLC 实现，对加工中心自动换刀的管理带来了很大的方便。自动换刀控制方式有固定存取换刀方式和随机存取换刀方式，它们分别采用刀套编码制和刀具编码制。对于刀套编码的 T 功能处理过程是：CNC 装置送出 T 代码指令给 PLC，PLC 经过译码，在数据表内检索，找到 T 代码指定的新刀号所在的数据表的表地址，并与现行刀号进行判别、比较；如不符合，则将刀库回转指令发送给刀库控制系统，直至刀库定位到新刀号位置时，刀库停止回转，并准备换刀。

FLC 完成的 M 功能是很广泛的。根据不同的 M 代码，可控制主轴的正反转及停止；主轴齿轮箱的变速；切削液的开、关；卡盘的夹紧和松开；以及自动换刀装置机械手取刀、归刀等运动。

PLC 给 CNC 的信号，主要有机床各坐标基准点信号，S、T、M 功能的应答信号等。PLC 向机床传递的信号，主要是控制机床执行件的执行信号，如电磁铁、接触器、继电器的动作信号以及确保机床各运动部件状态的信号及故障指示。

4.8.2　PLC 与机床之间的信号处理过程

在信息传递过程中，PLC 处于 CNC 装置和机床之间。CNC 装置和机床之间的信号传送处理包括 CNC 装置向机床传送和机床向 CNC 装置传送两个过程。

1. CNC 装置向机床传送信号

CNC 装置向机床传送信号的处理如下：

1）CNC 装置控制程序将输出数据写到 CNC 装置的 RAM 中。

2）CNC 装置的 RAM 数据传送给 PLC 的 RAM 中。

3）由 PLC 的软件进行逻辑运算处理。

4）处理后的数据仍在 PLC 的 RAM 中。对内装型 PLC，存在 PLC 存储器 RAM 中已处理好的数据再传回 CNC 装置的 RAM 中，通过 CNC 装置的输出接口送至机床；对独立型 PLC 上，其 RAM 中已处理好的数据通过 PLC 的输出接口送至机床。

2. 机床向 CNC 装置传送信号

1）对于内装型 PLC，信号传送处理如下：

①从机床输入开关量数据，送到 CNC 装置的 RAM。

②从 CNC 装置的 RAM 传送给 PLC 的 RAM。

③PLC 的软件进行逻辑运算处理。

④处理后的数据仍在 PLC 的 RAM 中，并被传送到 CNC 装置的 RAM 中。

⑤CNC 装置软件读取 RAM 中的数据。

2）对于独立型 PLC，输入的第①步是数据通过 PLC 的输入接口送到 PLC 的 RAM 中，然后进行上述的第③步，以下均相同。

4.8.3　数控机床中 PLC 控制程序的编制

1. 编制控制程序的步骤

数控机床中 PLC 的程序编制是指控制程序的编制。在编制程序时，主要根据被控制对象的控制流程的要求和 PLC 的型号及配置等条件编制控制程序，编制控制程序的步骤如下。

（1）编制 CNC 装置 I/O 接口文件　CNC 装置 I/O 的主要接口文件有 I/O 地址分配表和 PLC 所需数据表。这些文件是设计梯形图程序的基础资料之一。梯形图所用到的数控机床内部和外部信号、信号地址、名称、传输方向，以及与功能指令等有关的设定数据和与信号有关的电气元件等都反映在 I/O 接口文件中。

（2）设计数控机床的梯形图　用前面介绍的 PLC 程序设计方法设计数控机床的梯形图程序。若控制系统比较复杂，可采用"化整为零"的方法，等待每一个控制功能梯形图设计出来后，再"积零为整"完善相互关系，使设计出的梯形图实现其根据控制任务所确定的顺序的全部功能。完善的梯形图程序除能满足数控机床（被控对象）控制要求外，还应具有最小的步数、最短的顺序处理时间和容易理解的逻辑关系。

（3）数控机床中 PLC 控制程序的调试　编好的 PLC 控制程序需要经过运行调试，以确认是否满足数控机床控制的要求。一般来说，控制程序要经过"仿真调试"（或称模拟调试）和"联机调试"合格后，并制作成程序的控制介质，才算编程完毕。

下面以数控机床的主轴控制为例，介绍内装型 PLC 在数控机床控制中的应用程序设计。

2. PLC 在数控机床主轴中的控制程序设计

数控机床的主轴控制是数控机床中重要部件的控制，它控制的好坏，直接关系到数控机床的性能。数控机床的主轴控制包括主轴运动控制和定向控制两方面。

（1）数控机床的主轴运动控制　数控机床的主轴运动控制包括起/停控制、速度控制、顺时针和逆时针等旋向控制、手动控制和自动控制，还有主轴故障等。在分析清楚主轴运动控制的基础上，根据数控机床中 PLC 的配置和主轴控制的相关地址，编制 I/O 接口文件；根据 I/O 接口分配和控制要求，结合硬件连接，进行程序设计。下面就以

PLC 控制系统代替某数控机床主轴运动的"继电器-接触器"控制系统的局部梯形图程序为例，分析该梯形图程序控制原理，为相关控制系统设计提供思路和示范。

数控机床主轴运动控制的局部梯形图如图 4-41 所示。图中包括主轴旋转方向控制（顺时针旋转或逆时针旋转）、主轴齿轮换挡控制（低速挡或高速挡）和主轴错误等，控制方式分手动和自动两种操作方式。

下面就该梯形图进行工作过程分析。

当数控机床操作面板上的工作方式开关选在手动时，I0.3（HSM）信号为 1，M1.0（HAND）接通，使网络中 M1.0 的常开触点闭合，线路自保，从而处于手动工作方式。

当工作方式开关选在自动位置时，此时 I0.2（ASM）= 1，使系统处于自动方式。在自动方式下，通过程序给出主轴顺时针旋转指令 M03，或逆时针旋转指令 M04，或主轴停止旋转指令 M05，分别控制主轴的旋转方向和停止。梯形图中 DECO 为译码功能指令。当零件加工程序中有 M03 指令，在输入执行时经过一段时间延时（约几十毫秒），V1.0（MF）= 1，开始执行 DECO 指令，译码确认为 M03 指令后，M0.3（M03）接通，其接在"主轴顺转"中的 M0.3 常开触点闭合，使输出位寄存器 Q1.7（SPCW）接通（即为 1），主轴顺时针（在自动控制方式下）旋转。若程序上有 M04 指令或 M05 指令，控制过程与 M03 指令类似。由于手动、自动方式网络中输出位寄存器的常闭触点互相接在对方的控制线路中，使手动和自动工作方式之间互锁。

在"主轴顺时针旋转"网络中，M1.0（HAND）= 1，当主轴旋转方向旋钮置于主轴顺时针旋转位置时，I1.3（CWM 顺转开关信号）= 1，又由于主轴停止旋钮开关 I1.5（OFFM）没接通，Q1.2（SPOPF）常闭触点为 1，使主轴手动控制顺时针旋转。

当逆时针旋钮开关置于接通状态时，与顺时针旋转分析方法相同，使主轴逆时针旋转。由于主轴顺转和逆转输出位寄存器的常闭触点 Q1.7（SPCW）和 Q1.6（SPCCW）互相接在对方的自保线路中，再加上各自的常开触点接通，使之自保并互锁。同时 I1.3（CWM）和 I1.4（CCWM）两个旋钮的两个位置也起互锁作用。

在"主轴停"网络中，手动时，如果把主轴旋钮开关接通（即 I1.5 = 1），则 Q1.2（SPOFF）通电，其常闭触点（分别接在主轴顺转和主轴逆转网络中）断开，主轴停止转动（正转和逆转）。自动时，如果 CNC 装置得到 M05 指令，PLC 译码使 M0.5 = 1，则 Q1.2（SPOFF）通电，主轴停止。

在机床运行的程序中，需执行主轴齿轮换挡时，零件加工程序上应给出换挡指令。M41 代码为主轴齿轮低速挡指令，M42 代码为主轴齿轮高速挡指令。下面以变低速挡齿轮为例，分析自动换挡的控制过程。

带有 M41 代码的程序输入执行，经过延时，V1.0（MF）= 1，DECO 译码功能指令执行，译出 M41 后，使 M0.6 接通，其接在"变低速挡齿轮"网络中的常开触点 M0.6 闭合，从而使输出位寄存器 Q2.1（SPL）接通，齿轮箱齿轮换在低速挡。Q2.1 的常开触点接在延时网络中，此时闭合，定时器 T38 开始工作。定时器 T38 延时结束后，如果齿轮换挡成功，I2.1（SPLGEAR）= 1，使换挡成功 M2.6（GEAROK）接通（即为 1），Q0.3（SPERR）为 0，没有主轴换挡错误。如果主轴齿轮换挡不顺利或出现卡住现象

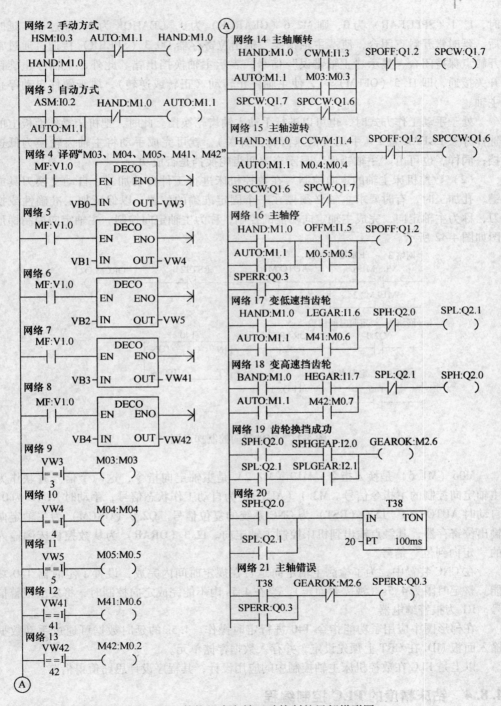

图 4-41　数控机床主轴运动控制的局部梯形图

时，I2.1（SPLGEAR）为 0，则 M2.6（GEAROK）为 0，GEAHOK 为 0，经过 T38 延时后，延时常开触点闭合，使"主轴错误"输出位寄存器 Q0.3（SPERR）接通，通过常开触点保持闭合，显示"主轴错误"信号，表示主轴换挡出错。此外，主轴停止旋钮开关接通，即 I1.5（OFFM）=1，使主轴停止转动（正转或逆转），属于硬件自动停止主轴。

处于手动工作方式时，也可以进行手动主轴齿轮换挡。此时，把机床操作面板上的选择开关 LGEAR 置 1（手动换低速齿轮挡开关），就可完成手动将主轴齿轮换为低速挡；同样，也可由"主轴错误"显示来表明齿轮换挡是否成功。

（2）数控机床主轴的定向控制　在数控机床进行工件自动加工、自动交换刀具或键、孔加工时，有时要求主轴必须停在一个固定准确的位置，以保证加工准确性或换刀，称为主轴定向，完成主轴定向功能的控制，称为主轴定向控制。主轴定向控制梯形图如图 4-42 所示。

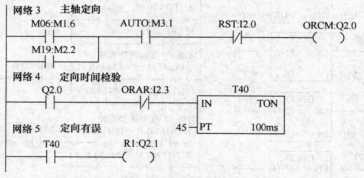

图 4-42　主轴定向控制梯形图

M06（M1.6）是换刀指令，M19（M2.2）是主轴定向指令，这两个信号并联作为主轴定向控制的主指令信号。M3.1（AUTO）为自动工作状态信号，手动时 AUTO 为 0，自动时 AUTO 为 1。I2.0（RST）为 CNC 系统的复位信号。Q2.0（ORCM）为主轴定向输出位寄存器，其触点输出到机床控制主轴定向。I2.3（ORAR）为从数控机床侧输入的"定向到位"信号。

在 CNC 装置中，为了检测主轴定向是否在规定时间内完成，设置了定时器 T40 功能。整定时限为 4.5s（视需要而定）。当在 4.5s 内不能完成定向控制时，将发出报警信号。R1 为报警继电器。

在梯形图中应用了功能指令 T40 进行定时操作。4.5s 的延时数据可通过手动数据输入面板 MDI 在 CRT 上预先设定，并存入数据存储单元。

以上是 PLC 在数控机床主轴控制中的应用设计，其程序设计思路值得借鉴。

4.8.4　钻床精度的 PLC 控制编程

PLC 的应用在机床数控行业十分重要，它是实现机电一体化的重要工具，也是机械工业技术进步的强大支柱。下面以钻床精度控制为例来介绍 PLC 在机床数控中的应用编程。

钻床主要由进给电动机 M_1、切削电动机 M_2、进给丝杆、上限位行程开关 SQ_1、下限位行程开关 SQ_2、旋转编码器和光电开关等组成。钻床的结构示意图如图 4-43 所示。

1. 确定编程任务

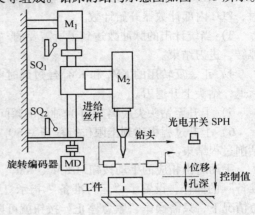

该钻床控制系统的控制要求是：M_1 转动，通过进给丝杆传动，使 M_2 和钻头产生位移，M_1 正转为进刀，反转为退刀。SQ_1、SQ_2 之间的距离即为钻头的移动范围，并且 SQ_2 提供下限位的超行程安全保护。安装于进给丝杆末端的旋转编码器 MD 是将进给丝杆的进给转数转换成电脉冲数的元件，可对进给量即钻头移动距离进行精确控制。光电开关 SPH 是钻头的检测元件，从 SPH 光轴线至工件表面的距离称为位移值，工件上的钻孔深度称为孔深

图 4-43　钻床的结构示意图

值，位移值和孔深值之和就是脉冲数的控制值。如进给丝杆的螺距为 10mm，MD 的转盘每转一周产生 1000 个脉冲，可知对应于 1 个脉冲的进给量就是 $10/1000 = 0.01$mm。如果要求孔深为 15.75mm，又已知工件表面至 SPH 光轴线的距离为 10mm，那么将控制值设为 $(15.75 + 10)/0.01 = 2575$ 个脉冲数就可以了。可见钻孔的深度可控制在 0.01mm 的精度内。该钻床的工作方式除了自动控制功能外，还要求设置手动控制环节，以便进行调整，或在 PLC 故障时改用手动操作。其控制时序图如图 4-44 所示。

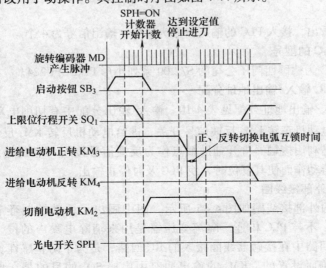

图 4-44　钻床的控制时序图

可结合时序图分析其控制系统的具体操作步骤：

1）按下起动按钮，正转接触器 KM_3 接通，进给电动机 M_1 正向起动，钻头下降，进刀，MD 开始产生脉冲。

2）在 SPH 检测到钻头尖的瞬间，便有导通信号输出，使切削电动机 M_2 起动，同时，PLC 内部计数器开始计数。

3）当统计出的脉冲数达到了所需要的"控制值"对应的设定值时，KM_3 断电，M_1 停转，进刀结束。

4）正、反转用的 KM_3 和 KM_4 经过延时电气互锁切换后，KM_4 接通，M_1 反向起动后退，钻头上升退刀。

5）上升至钻头尖脱离 SPH 光轴线的瞬间，SPH 的输出截止，KM_2 断电，M_2 停转。

6）上升过程中碰到上限位行程开关 SQ_1 时，SQ_1 动作，KM_4 断电，M_1 停转，自动钻削过程结束。

手动时由相应的手动按钮对 KM_2、KM_3、KM_4 进行点动控制。同时为了便于"运行准备"的操作，设置了"运行准备"指示灯，电源的引入使用电源接触器 KM_1。在紧急情况下，只需操作"紧急停止"按钮就可以便 PLC 控制系统切除电源。

2. 确定外围 I/O 设备

在此系统中，因手动控制只是要求点动控制，且只在 PLC 故障时使用，故这里将手动控制按钮直接与负载相连，不再经过 PLC。需要接入 PLC 的输入设备和输出设备如下。

1）输入设备。旋转编码器 MD、起动按钮 SB_3、上限位行程开关 SQ_1、光电开关 SPH、电动机继电器 KM_2、KM_3、KM_4 反馈信号开关。

2）输出设备。电动机 M_1、M_2 的继电器线圈 KM_2、KM_3、KM_4，起动异常信号灯 HL。

由此可以看出，接入 PLC 的输入信号为 7 个，输出信号为 4 个。

3. 选定 PLC 的型号

选用的 PLC 为德国西门子公司的 S7-200 系列小形 PLC-CPU224。

4. 进行 PLC 输入/输出地址分配

PLC 的输入/输出地址分配见表 4-10。输入/输出分配中有切削电动机 KM_2 反馈信号开关、进给电动机正转 KM_3 反馈信号开关、进给电动机反转 KM_4 反馈信号开关，设置这三者主要是利用接触器常开辅助触点作为反馈信号接入 PLC 的输入端，一旦电动机过载热继电器动作而使其复位时，使 PLC 及时停止输出。

5. PLC 的外部接线图

PLC 控制的外部接线图如图 4-45 所示。图中画出了手动控制环节，手动控制直接接到负载侧，不与 PLC 相连。隔离变压器是用来消除电噪声的侵入，提高系统的可靠性。输出回路中在接触器线圈接入的 RC 回路，是为了防止感性负载对 PLC 输出元件的不良影响而设置的。KM_3 的输出回路中串接 SQ_2 的目的是在出现超行程进给时，由 SQ_2 直接切断 KM_3，强制电动机 M_1 停转。电动机正、反转 KM_3 和 KM_4 之间设置了硬互锁环节。

表 4-10　PLC 输入/输出地址分配

编程元件	编程地址	说　　明
输入元件	I0.0	旋转编码器 MD
	I0.1	起动按钮 SB₃
	I0.2	上限位行程开关 SQ₁
	I0.3	光电开关 SPH
	I0.4	切削电动机 KM₂ 反馈信号开关
	I0.5	进给电动机正转 KM₃ 反馈信号开关
	I0.6	进给电动机反转 KM₄ 反馈信号开关
输出元件	Q0.0	切削电动机线圈 KM₂
	Q0.1	进给电动机正转线圈 KM₃
	Q0.2	进给电动机反转线圈 KM₄
	Q0.3	起动异常信号灯 HL

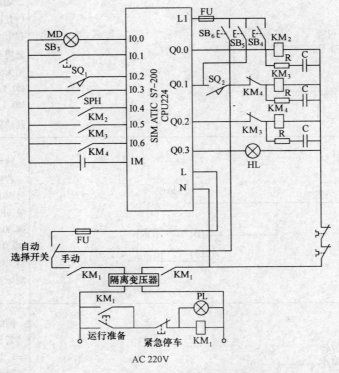

图 4-45　PLC 控制的外部接线图

6. 钻床精度的 PLC 控制编程

这里以切削电动机 M_2 的控制为例来介绍 PLC 编程。首先考虑的是切削电动机 M_2 的起动条件，当上限位行程开关 SQ_1 动作、光电开关检测到钻头时，切削电动机 M_2 才能起动，否则不能起动。在这段程序中，还进行了钻头检测标志 M_0 的设定和设置切削电动机 M_2 的自锁。

其次需要考虑的是进刀过程动作和退刀过程动作。进刀过程中，在光电开关检测到钻头尖的瞬间，就会通过 I0.3 向切削电动机 M_2 发出起动命令，在这里还设定了反馈信号 I0.4 的固有动作滞后时间、输入信号的响应滞后时间，为了保证 Q0.0 自锁前提条件下的 I0.4 触点可靠闭合，设置了定时器 T33，强制延长了切削电动机 M_2 起动信号的闭合时间。退刀时，钻头尖离开光开关的光轴线时，I0.3 复位，Q0.0 停止输出，切削电动机 M_2 停转。

钻床精度的 PLC 控制程序见表 4-11。

表 4-11 钻床精度的 PLC 控制程序

梯 形 图	注 释
网络 1 I0.0　　I0.2　　I0.3　　M0.1 ─┤├──┤├──┤├───（　） M0.1 ─┤├─	网络 1 　MD 产生脉冲 I0.0 = 1，且钻头碰到上限位行程开关 SQ_1，I0.2 = 1，光电开关 SPH 检测到钻头尖即 I0.3 接通，则 M0.1 接通且自锁。M0.1 为切削电动机 M_2 起动辅助信号
网络 2 M0.1　　　I0.3　　　　　　　M0.0 ─┤├────┤├─────────（　） M0.0　　　　　　　　　　　　T33 ─┤├───────────┐ 　　　　　　　　　　　　　　IN　　TON 　　　　　　　　　　　50─PT　　　10 ms	网络 2 　若切削电动机 M2 信号 M0.1 = 1，且光电开关 SPH 检测到钻头尖脚 I0.3 接通，则接通 M0.0 且自锁，起动定时器 T33，M0.0 为钻头检测标志
网络 3 M0.0　　　T33　　　M0.2 ─┤├───┤/├───（　）	网络 3 　若检测到钻头 M0.0 = 1，且定时时间未到，接通 M0.2。M0.2 为电动机 M_2 起动条件

（续）

梯 形 图	注 释
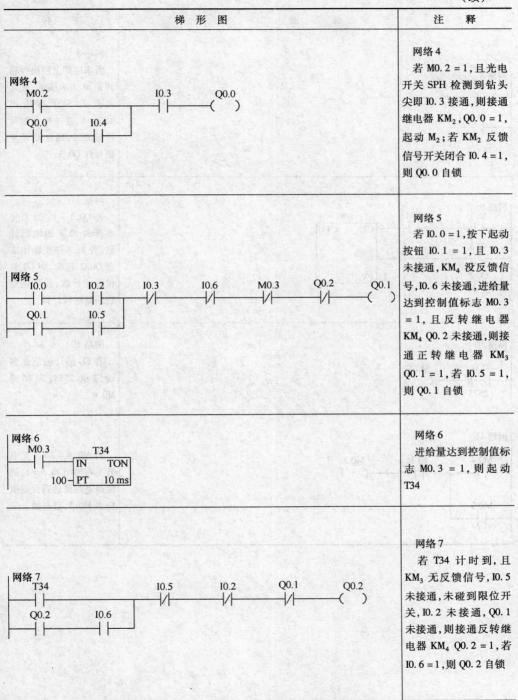	网络 4 　若 M0.2 = 1,且光电开关 SPH 检测到钻头尖即 I0.3 接通,则接通继电器 KM₂,Q0.0 = 1,起动 M₂;若 KM₂ 反馈信号开关闭合 I0.4 = 1,则 Q0.0 自锁
	网络 5 　若 I0.0 = 1,按下起动按钮 I0.1 = 1, 且 I0.3 未接通,KM₄ 没反馈信号,I0.6 未接通,进给量达到控制值标志 M0.3 = 1,且反转继电器 KM₄ Q0.2 未接通,则接通正转继电器 KM₃ Q0.1 = 1,若 I0.5 = 1,则 Q0.1 自锁
	网络 6 　进给量达到控制值标志 M0.3 = 1,则起动 T34
	网络 7 　若 T34 计时到,且 KM₃ 无反馈信号,I0.5 未接通,未碰到限位开关,I0.2 未接通,Q0.1 未接通,则接通反转继电器 KM₄ Q0.2 = 1,若 I0.6 = 1,则 Q0.2 自锁

（续）

梯 形 图	注 释
网络 8 I0.2　　I0.1　　Q0.3 ├─┤ ├──┤/├──（ ） I0.3 ├─┤ ├─	网络 8 　若未碰到上限位行程开关 I0.2 未接通，或光电开关 SPH 有输出 I0.3 = 1，且未按下起动按钮 I0.1，则起动异常信号灯 Q0.3
网络 9 I0.3　　Q0.1 ├─┤ ├──┤ ├──CU　CTU I0.3 ├─┤/├── Q0.2　　　　R ├─┤ ├── 　　1─PV	网络 9 　若 Q0.1 = 1，C0 对光电开关 I0.3 的输出计数；若 I0.3 停止输出或者 Q0.2 起动，则 C0 复位停止计数，此步是对进给量进行计算
网络 10 C0　　　M0.4 ├─== ├──（ ） 2575	网络 10 　若 C0 的计数值达到设定值 2575，则接通 M0.4
网络 11 M0.4　　I0.3　　M0.3 ├─┤ ├──┤ ├──（ ） M0.3 ├─┤ ├─	若 M0.4 = 1，且光电开关有输出 I0.3 = 1，则接通进给量达到设定值标志 M0.3，且自锁

第 5 章　用顺序功能图设计法进行
机床电气 PLC 编程的实例

　　顺序功能图设计法就是根据生产工艺和工序所对应的顺序和时序将控制输出划分为若干个时段，一个段又称为一步。每一个时段对应设备运作的一组动作（步、路径和转换），该动作完成后根据相应的条件转换到下一个时段完成后续动作，并按系统的功能流程依次完成状态转换。顺序功能图设计法能清晰地反映系统的控制时序和逻辑关系。但应注意的是：不同公司不同型号的 PLC 具有各自不同的专用顺序功能指令，使用中不能张冠李戴。

5.1　用西门子 S7-200 系列 PLC 进行双面钻孔组合机床电气 PLC 控制编程的实例

　　双面钻孔组合机床主要用于在工件的两相对表面上钻孔。

5.1.1　双面钻孔组合机床的工作流程及控制要求

1. 双面钻孔组合机床的工作流程图
双面钻孔组合机床的工作流程图如图 5-1 所示。

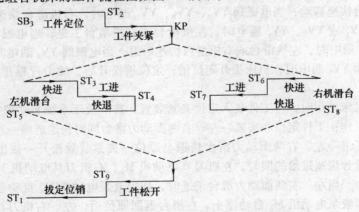

图 5-1　双面钻孔组合机床的工作流程图

2. 双面钻孔组合机床各电动机控制要求
　　双面钻孔组合机床各电动机只有在液压泵电动机 M_1 正常起动运转、机床供油系统正常供油后才能起动。刀具电动机 M_2、M_3 应在滑台进给循环开始时起动运转，滑台退回原位后停止运转。切削液压泵电动机 M_4 可以在滑台工进时自动起动,在工进结束后自动停止,也可以用手动方式控制其起动和停止。

3. 机床动力滑台、工件定位装置、夹紧装置控制要求

机床动力滑台、工件定位装置、夹紧装置由液压系统驱动。电磁阀 YV_1 和 YV_2 控制定位销液压缸活塞运动方向;YV_3、YV_4 控制夹紧液压缸活塞运动方向;YV_5、YV_6、YV_7 为左机滑台油路中的换向电磁阀;YV_8、YV_9、YV_{10} 为右机滑台油路中的换向电磁阀。各电磁阀动作状态见表 5-1。

表 5-1　各电磁阀动作状态表

	定位		夹紧		左机滑台			右机滑台			转换指令
	YV_1	YV_2	YV_3	YV_4	YV_5	YV_6	YV_7	YV_8	YV_9	YV_{10}	
工件定位	+										SB_4
工件夹紧			+								ST_2
滑台快进			+		+		+	+		+	KP
滑台工进			+		+			+			ST_3、ST_6
滑台快退			+			+			+		ST_4、ST_7
松开工件				+							ST_5、ST_8
拔定位销		+									ST_9
停止											ST_1

注:表中"+"表示电磁阀线圈接通。

从表 5-1 中可以看到,电磁阀 YV_1 线圈通电时,机床工件定位装置将工件定位;当电磁阀 YV_3 通电时,机床工件夹紧装置将工件夹紧;当电磁阀 YV_3、YV_5、YV_7 通电时,左机滑台快速移动;当电磁阀 YV_3、YV_8、YV_{10} 通电时,右机滑台快速移动;当电磁阀 YV_3、YV_5 或 YV_3、YV_8 通电时,左机滑台或右机滑台工进;当电磁阀 YV_3、YV_6 或 YV_3、YV_9 通电时,左机滑台或右机滑台快速后退;当电磁阀 YV_4 通电时,松开定位销;当电磁阀 YV_2 通电时,机床拔开定位销;定位销松开后,撞击行程开关 ST_1,机床停止运行。

当需要机床工作时,将工件装入定位夹紧装置,按下液压系统起动按钮 SB_4,机床按以下步骤工作:工件定位和夹紧→左、右两面动力滑台同时快速进给→左、右两面动力滑台同时工进→左、右两面动力滑台快退至原位→夹紧装置松开→拔出定位销。在左、右动力滑台快速进给的同时,左机刀具电动机 M_2、右机刀具电动机 M_3 起动运转,提供切削动力。当左、右两面动力滑台工进时,切削液泵电动机 M_4 自动起动。在工进结束后,切削液泵电动机 M_4 自动停止。在滑台退回原位后,左、右机刀具电动机 M_2、M_3 停止运转。

5.1.2　双面钻孔组合机床电气控制主电路

双面钻孔组合机床电气主电路由液压泵电动机 M_1、左机刀具电动机 M_2、右机刀具电动机 M_3 和切削液泵电动机 M_4 拖动,如图 5-2 所示。

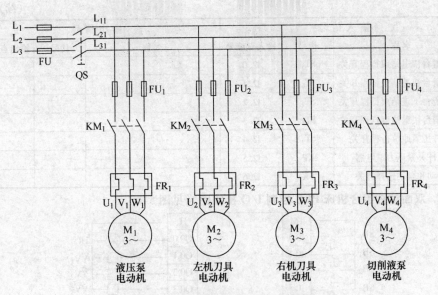

图 5-2　双面钻孔组合机床电气主电路

5.1.3　双面钻孔组合机床 PLC 控制编程

1. 双面钻孔组合机床 PLC 控制输入输出点分配表（见表 5-2）

表 5-2　双面钻孔组合机床 PLC 控制输入输出点分配表

输 入 信 号			输 出 信 号		
名称	代号	输入点编号	名称	代号	输出点编号
工件手动夹紧按钮	SB_0	I0.0	工件夹紧指示灯	HL	Q0.0
总停止按钮	SB_1	I0.1	电磁阀	YV_1	Q0.1
液压泵 M_1 起动按钮	SB_2	I0.2	电磁阀	YV_2	Q0.2
液压系统停止按钮	SB_3	I0.3	电磁阀	YV_3	Q0.3
液压系统起动按钮	SB_4	I0.4	电磁阀	YV_4	Q0.4
左刀具电动机 M_2 点动按钮	SB_5	I0.5	电磁阀	YV_5	Q0.5
右刀具电动机 M_3 点动按钮	SB_6	I0.6	电磁阀	YV_6	Q0.6
夹紧松开手动按钮	SB_7	I0.7	电磁阀	YV_7	Q0.7
左机快进点动按钮	SB_8	I1.0	电磁阀	YV_8	Q1.0
左机快退点动按钮	SB_9	I1.1	电磁阀	YV_9	Q1.1
右机快进点动按钮	SB_{10}	I1.2	电磁阀	YV_{10}	Q1.2
右机快退点动按钮	SB_{11}	I1.3	液压泵电动机 M_1 接触器	KM_1	Q1.3
松开工件定位行程开关	ST_1	I1.4	液压泵电动机 M_2 接触器	KM_2	Q1.4
工件定位行程开关	ST_2	I1.5	液压泵电动机 M_3 接触器	KM_3	Q1.5
左机滑台快进结束行程开关	ST_3	I1.6	液压泵电动机 M_4 接触器	KM_4	Q1.6
左机滑台工进结束行程开关	ST_4	I1.7			

（续）

输 入 信 号			输 出 信 号		
名称	代号	输入点编号	名称	代号	输出点编号
左机滑台快退结束行程开关	ST_5	I2.0			
右机滑台快进结束行程开关	ST_6	I2.1			
右机滑台工进结束行程开关	ST_7	I2.2			
右机滑台快退结束行程开关	ST_8	I2.3			
工件压紧原位行程开关	ST_9	I2.4			
工件夹紧压力继电器	KP	I2.5			
手动和自动选择开关	SA	I2.6			

2. 双面钻孔组合机床 PLC 控制 I/O 接线图（见图 5-3）

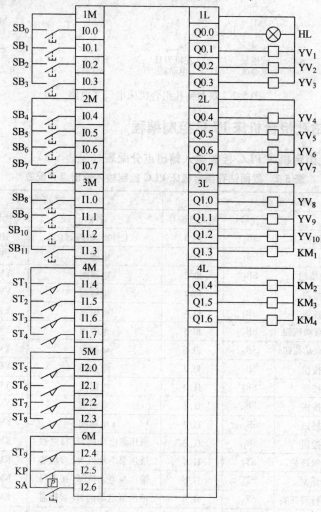

图 5-3　双面钻孔组合机床 PLC 控制接线图

3. 双面钻孔组合机床 PLC 控制编程

1）根据双面钻孔组合机床的控制要求，编制双面钻孔组合机床 PLC 控制梯形图如图 5-4 所示。

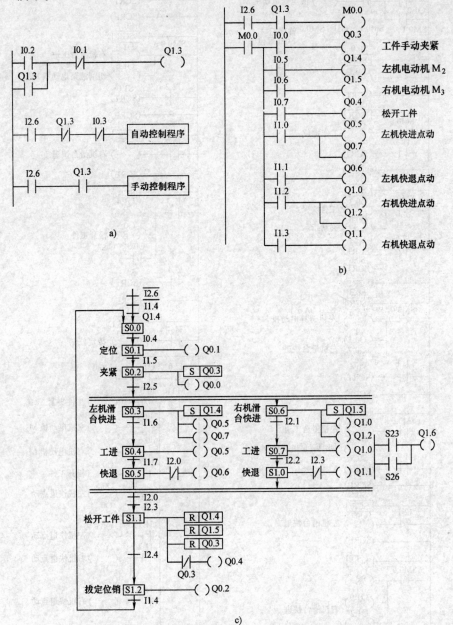

图 5-4　双面钻孔组合机床 PLC 控制梯形图

a）控制程序总框图　b）手动控制程序梯形图　c）自动控制顺序功能图（状态流程图）

2）双面钻孔组合机床 PLC 总控制梯形图如图 5-5 所示，图中标出了各逻辑行所控制机床的各状态。

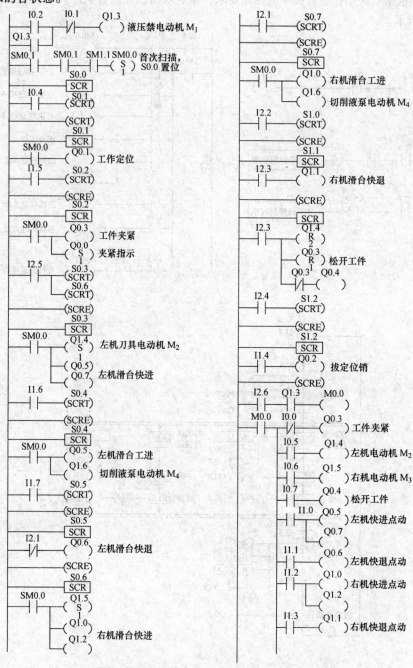

图 5-5 双面钻孔组合机床 PLC 总控制梯形图

3）根据接线图，参照梯形图，可编写出双面钻孔组合机床 PLC 控制指令语句表。

```
LD    I0.2    SCRT  S0.3    SCRE          LD    I2.3    =     Q1.4
O     Q1.3    SCRT  S0.6    LSCR  S0.6    R     Q1.4,2  LRD
AN    I0.1    SCRE          LD    SM0.0   R     Q0.3,1  A     I0.6
=     Q1.3    LSCR  S0.3    S     Q1.5,1  AN    Q0.3    =     Q1.5
LD    SM0.1   LD    SM0.0   =     Q1.0          Q0.4    LRD
=     S0.0    S     Q1.4,1  =     Q1.2    LD    I2.4    A     I0.7
LSCR  S0.0    =     Q0.5    LD    I2.1    SCRT  S1.2    =     Q0.4
LD    I0.4    =     Q0.7    SCRT  S0.7    SCRE          LRD
SCRT  S0.1    LD    I1.6    SCRE          LSCR  S1.2    A     I1.0
SCRE          SCRT  S0.4    LSCR  S0.7    LD    I1.4    =     Q0.5
LSCR  S0.1    SCRE          LD    SM0.0         Q0.2    =     Q0.7
LD    SM0.0   LSCR  S0.4    =     Q1.0    SCRE          LRD
=     Q0.1    LD    SM0.0   =     Q1.6    LD    I2.6    A     I1.1
LD    I1.5    =     Q0.5    LD    I2.2    A     Q1.3    =     Q0.6
SCRT  S0.2    =     Q1.6    SCRT  S1.1    =     M0.0    LRD
SCRE          LD    I1.7    SCRE          LD    M0.0    A     I1.2
LSCR  S0.2    SCRT  S0.5    LSCR  S1.0    LPS           =     Q1.0
LD    SM0.0   SCRE          LD    I2.3    AN    I0.0    =     Q1.2
=     Q0.3    LSCR  S0.5    =     Q1.1    =     Q0.3    LPP
S     Q0.0,1  LDN   I2.1    SCRE          LRD           A     I1.3
LD    I2.5          Q0.6    LSCR  S1.1    A     I0.5    =     Q1.1
```

5.2　用西门子 S7-200 系列 PLC 进行搬运机械手电气 PLC 控制编程的实例

5.2.1　单工况下的搬运机械手 PLC 控制编程

1. 机械手搬运工件的工作过程分析

机械手将工件从 A 点向 B 点移送的工作过程示意图如 5-6 所示。机械手的上升、下降与左移、右移都是由双线圈两位电磁阀驱动气缸来实现的。抓手对物件的松开、夹紧由一个单线圈两位电磁阀驱动气缸完成，只有在电磁阀通电时抓手才能夹紧。该机械手工作原点在左上方，按①下降→②夹紧→③上升→④右移→⑤下降→⑥放松→⑦上升→⑧左移的顺序依次运行。

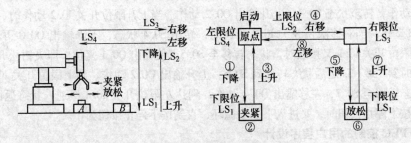

图 5-6　机械手工作过程示意图

2. PLC 的 I/O 接点地址

根据搬运机械手的工作过程和控制要求，选择 PLC，并对其进行 I/O 接点地址分配（见表 5-3）。必要时也可画出 PLC 控制的 I/O 实际接线图（这里从略）。

3. 机械手自动运行方式的状态转移图

状态转移图是状态编程法的重要工具。状态编程法的一般设计思想是：将一个复杂的控制过程分解为若干个工作状态，弄清各工作状态的工作细节（状态功能、转移条件和转移方向），再依据总的控制顺序要求，将这些工作状态联系起来，就构成了状态转移图，简称为 SFC 图。根据机械手搬运工件的工作过程，就可以编写出机械手自动运行方式下的状态转移图，如图 5-7 所示。

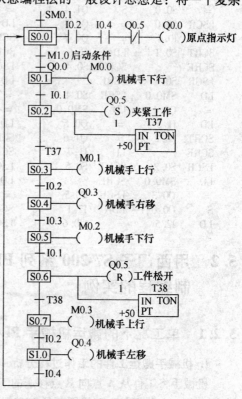

图 5-7　机械手自动运行方式下的状态转移图

表 5-3　输入/输出点地址分配

输 入 信 号		输 出 信 号	
启动按钮 SB$_1$	I0.0	原始位置指示灯 HL	Q0.0
启动按钮 SB$_2$	I0.5	下行电磁阀	Q0.1
下限位开关 LS$_1$	I0.1	上行电磁阀	Q0.2
上限位开关 LS$_2$	I0.2	右行电磁阀	Q0.3
右限位开关 LS$_3$	I0.3	左行电磁阀	Q0.4
左限位开关 LS$_4$	I0.4	夹紧电磁阀	Q0.5

S0.0 为初始状态，用双线框表示。当辅助继电器 M1.0、M1.1 接通时，状态从 S0.0 向 S0.1 转移，下降输出 Q0.0 动作。当下限位开关 I0.1 接通时，状态 S0.1 向 S0.2 转移，下降输出 Q0.0 切断，夹紧输出 Q0.1 接通并保持。同时启动定时器 T37。5s 后定时器 T37 的接点动作，转至状态 S0.3，上升输出 Q0.2 动作。当上升限位开关 I0.2 动作时，右移输出 Q0.3 动作。当右移限位开关 I0.3 接通时，转至 S0.4 状态，下降输出 Q0.0 再次动作。当下降限位开关 I0.1 又接通时，状态转移至 S0.5，使输出 Q0.1 复位，即夹钳松开，同时启动定时器 T38。3s 之后状态转移到 S0.6，上升输出 Q0.2 动作。到上限位开关 I0.2 接通时，状态转移至 S0.7，左移输出 Q0.4 动作，到达左限位开关 I0.4 接通，状态返回 S0.0，在没有按下停止按钮时，又进入下一个循环，直到按下停止按钮为止。

4. PLC 控制的用户程序设计

根据状态转移图就可以编写出机械手自动运行方式下的梯形图程序，如图 5-8 所示。

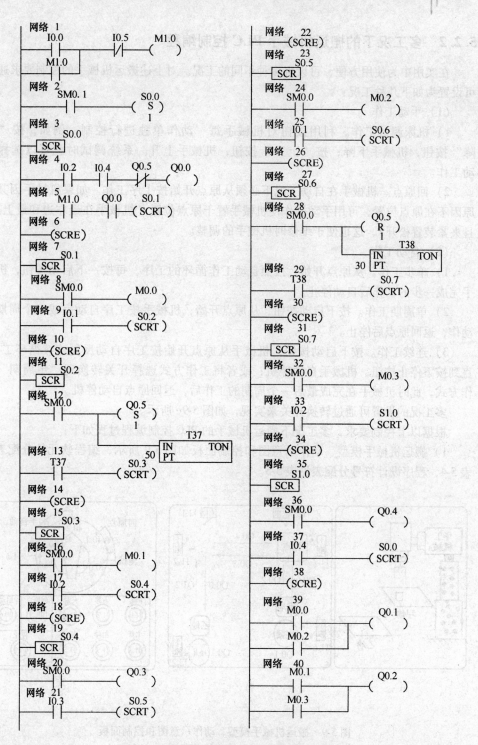

图 5-8　机械手自动运行方式的梯形图程序

5.2.2 多工况下的搬运机械手 PLC 控制编程

在实用中为使用方便，可设置多种不同的工况。对上述搬运机械手的控制要求通常可设置为如下几种工况：

（1）手动工作

1）机床调试工作。利用按钮对机械手每一动作单独进行控制。例如，按"下降"按钮，机械手下降；按"上升"按钮，机械手上升。系统调试时就可以选择手动工作。

2）回原点。机械手在自动工况下必须从原点开始按工序工作。如果机械手因某种原因不在原点位置，可用手动操作使机械手置于原点位置（机械手在最左边和最上面，且夹紧装置松开），这也便于维修时机械手的调整。

（2）自动工作

1）单步工作。从原点开始，按照自动工作循环的工序，每按一下启动按钮，机械手完成一步的动作后自动停止。

2）单周期工作。按下启动按钮，从原点开始，机械手按工序自动完成一个周期的动作，返回原点后停止。

3）连续工作。按下启动按钮，机械手从原点开始按工序自动反复连续循环工作，直到按下停止按钮，机械手自动停机；或者将工作方式选择开关转换到"单周期"工作方式，此时机械手在完成最后一个周期的工作后，返回原点自动停机。

多工况的设置可通过转换开关来实现，如图 5-9c 所示。

根据以上控制要求，多工况下搬运机械手的 PLC 控制编程过程如下：

1）搬运机械手模型、动作示意图和控制面板如图 5-9 所示，编程软元件分配表见表 5-4，程序设计符号分配表见表 5-5。

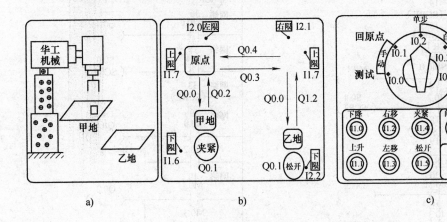

图 5-9　搬运机械手模型、动作示意图和控制面板

a）搬运机械手模型　b）动作示意图　c）控制面板

表 5-4　编程软元件分配表

符　号	地　址	符　号	地　址
调试挡	I0.0	空手上升1	S1.1
回原点挡	I0.1	空手左移	S1.2
单步	I0.2	原点缓冲	S1.3
半自动	I0.3	夹紧上升	S1.4
全自动	I0.4	空手上升2	S1.5
回原点	I0.5	夹紧下降	S1.6
起动	I0.6	放	S1.7
停止	I0.7	自动状态缓冲	S3.1
下降令	I1.0	左下降	S2.0
上升令	I1.1	夹紧状态	S2.1
右移令	I1.2	夹紧上升状态	S2.2
左移令	I1.3	夹紧右移状态	S2.3
夹紧令	I1.4	夹紧下降状态	S2.4
放松令	I1.5	松开状态	S2.5
甲下到位	I1.6	右空手上升	S2.6
上到位	I1.7	空手左移状态	S2.7
左限位	I2.0	单步挡标志	M0.1
右限位	I2.1	半自动标志	M0.2
乙下到位	I2.2	全自动标志	M0.3
自动转移管理	VB0	手动挡标志	M0.4
挡位管理	VB1	原点挡标志	M0.5
换挡允许	VB2	已回原点	M0.6
下	Q0.0	定义原点	M0.7
夹放	Q0.1	停止标志	M1.0
升	Q0.2	回原点停止	M1.2
右	Q0.3	起动回原点	M1.3
左	Q0.4	转移信号	M1.4
夹紧右移	S1.0	起动信号	M1.5

表 5-5　程序设计符号分配表

符　号	地　址	符　号	地　址
SHOU _ D	SBR0	DANG _ G	SBR3
HUI _ L	SBR1	INT _ 0	INT0
ZI _ D	SBR2	主	OB1

2) 搬运机械手各工况下的 PLC 控制程序采用主程序调用子程序的程序结构进行编制。按照控制要求先编制出各工况下及其各工况选择的子程序，然后再编制出系统主程序。所编制的各工况下及其各工况选择的子程序和系统主程序如图 5-10 ~ 图 5-14 所示。

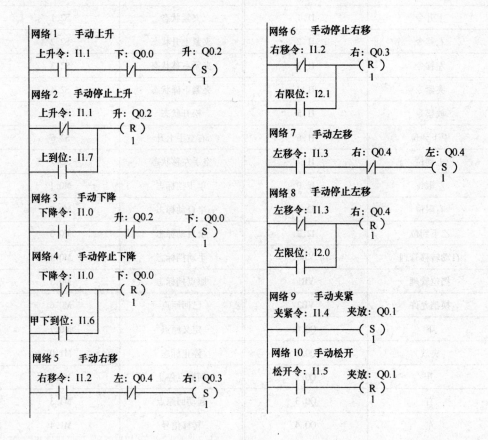

图 5-10　手动调试挡子程序（SBR0）

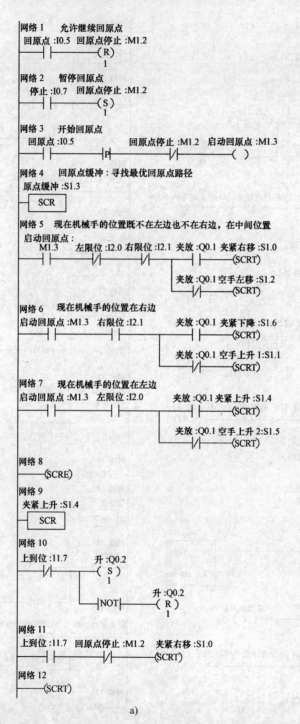

网络 1 允许继续回原点
回原点 :I0.5 回原点停止 :M1.2
├─┤ ├───(R)
                1

网络 2 暂停回原点
停止 :I0.7 回原点停止 :M1.2
├─┤ ├───(S)
                1

网络 3 开始回原点
回原点 :I0.5 回原点停止 :M1.2 启动回原点 :M1.3
├─┤ ├──┤P├──┤/├──( )

网络 4 回原点缓冲 :寻找最优回原点路径
原点缓冲 :S1.3
─┤ SCR ├

网络 5 现在机械手的位置既不在左边也不在右边，在中间位置
启动回原点 :
M1.3 左限位 :I2.0 右限位 :I2.1 夹放 :Q0.1 夹紧右移 :S1.0
├─┤ ├──┤/├──┤/├──┤ ├──(SCRT)
                                夹放 :Q0.1 空手左移 :S1.2
                                ┤/├──(SCRT)

网络 6 现在机械手的位置在右边
启动回原点 :M1.3 右限位 :I2.1 夹放 :Q0.1 夹紧下降 :S1.6
├─┤ ├──┤ ├──┤ ├──(SCRT)
                        夹放 :Q0.1 空手上升 1:S1.1
                        ┤/├──(SCRT)

网络 7 现在机械手的位置在左边
启动回原点 :M1.3 左限位 :I2.0 夹放 :Q0.1 夹紧上升 :S1.4
├─┤ ├──┤ ├──┤ ├──(SCRT)
                        夹放 :Q0.1 空手上升 2:S1.5
                        ┤/├──(SCRT)

网络 8
───(SCRE)

网络 9
夹紧上升 :S1.4
─┤ SCR ├

网络 10
上到位 :I1.7 升 :Q0.2
├─┤/├──(S)
          1
              升 :Q0.2
    ┤NOT├──(R)
          1

网络 11
上到位 :I1.7 回原点停止 :M1.2 夹紧右移 :S1.0
├─┤ ├──┤/├──(SCRT)

网络 12
───(SCRT)

a)

图 5-11 回原点子程序（SBR1）

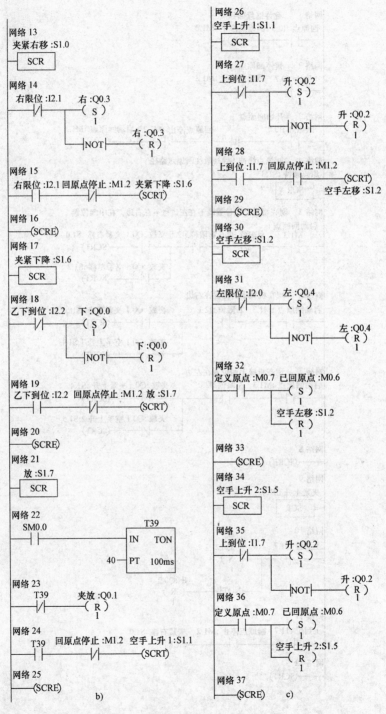

图 5-11　回原点子程序（SBR1）（续）

网格 1　允许继续，复位暂停标志位
启动：I0.6　停止标志：M1.0
┤├───────（R）
　　　　　　　1

网格 2　停止转移，相当于暂停，并置位停止标志位
停止：I0.7　停止标志：M1.0
┤├───────（S）
　　　　　　　1

网格 3　转移信号
单步挡标志：
M0.1　　　　　启动：I0.6　停止标志：M1.0　转移信号：M1.4
┤├─────────┤├───────┤/├──────（　）

半自动标志：M0.2
┤├

全自动标志：M0.3
┤├

网格 4　启动信号
全自动标志：
M0.3　　　　　　　　　　停止标志：M1.0　启动信号：M1.5
┤├────────────┤/├──────（　）

单步挡标志：
M0.1　　　　启动：I0.6
┤├────────┤├

半自动标志：
M0.2　　　　启动：I0.6
┤├────────┤├

网格 5　自动挡缓冲器
自动状态缓冲：S3.1
──┤ SCR ├

网格 6　转移管理
启动信号：M1.5　定义原点：M0.7　┌─ MOV_B ─┐
┤├──────────┤├──────┤EN　　ENO├──→
　　　　　　　　　　　　　　　1─┤IN　　OUT├─自动转移管理：VB0
　　　　　　　　　　　　　　　　└─────────┘

网格 7　允许转移
自动转移管理：VB0　左下降：S2.0
──┤ ==B ├───────（SCRT）
　　　1

网格 8
──（SCRE）

网格 9　空手下降，下降
左下降：S2.0
──┤ SCR ├

网格 10　一直下降到位
甲下到位：I1.6　下：Q0.0
──┤/├────┬──（S）
　　　　　　│　　1
　　　　　　│　　　　下：Q0.0
　　　　　　└┤NOT├──（R）
　　　　　　　　　　　1

a)

图 5-12　自动挡子程序（SBR2）

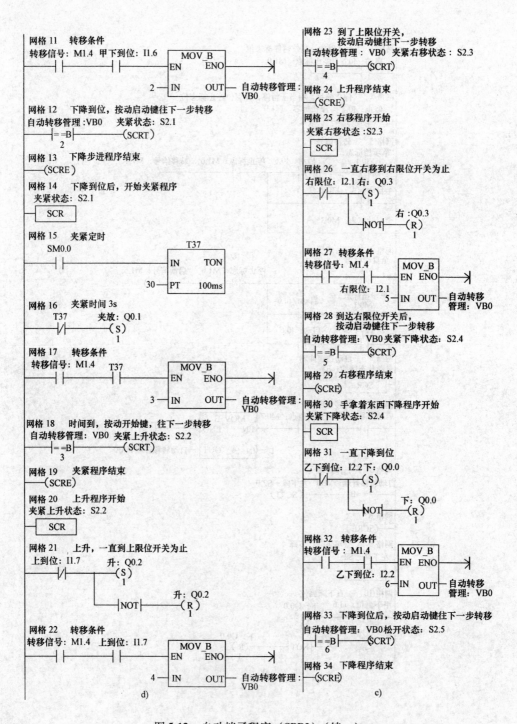

网格 11　转移条件
转移信号：M1.4　甲下到位：I1.6
MOV_B
EN ENO
2 — IN OUT — 自动转移管理：VB0

网格 12　下降到位，按动启动键下一步转移
自动转移管理：VB0　夹紧状态：S2.1
==B
2
(SCRT)

网格 13　下降步进程序结束
(SCRE)

网格 14　下降到位后，开始夹紧程序
夹紧状态：S2.1
SCR

网格 15　夹紧定时
SM0.0
T37
IN TON
30 — PT 100ms

网格 16　夹紧时间 3s
T37　夹放：Q0.1
(S)
1

网格 17　转移条件
转移信号：M1.4　T37
MOV_B
EN ENO
3 — IN OUT — 自动转移管理：VB0

网格 18　时间到，按动开始键，往下一步转移
自动转移管理：VB0　夹紧上升状态：S2.2
==B
3
(SCRT)

网格 19　夹紧程序结束
(SCRE)

网格 20　上升程序开始
夹紧上升状态：S2.2
SCR

网格 21　上升，一直到上限位开关为止
上到位：I1.7　升：Q0.2
(S)
1
NOT　升：Q0.2
(R)
1

网格 22　转移条件
转移信号：M1.4　上到位：I1.7
MOV_B
EN ENO
4 — IN OUT — 自动转移管理：VB0

d)

网格 23　到了上限位开关，
　　　　按动启动键往下一步转移
自动转移管理：VB0　夹紧右移状态：S2.3
==B
4
(SCRT)

网格 24　上升程序结束
(SCRE)

网格 25　右移程序开始
夹紧右移状态：S2.3
SCR

网格 26　一直右移到右限位开关为止
右限位：I2.1　右：Q0.3
(S)
1
NOT　右：Q0.3
(R)
1

网格 27　转移条件
转移信号：M1.4
右限位：I2.1
MOV_B
EN ENO
5 — IN OUT — 自动转移管理：VB0

网格 28　到达右限位开关后，
　　　　按动启动键往下一步转移
自动转移管理：VB0　夹紧下降状态：S2.4
==B
5
(SCRT)

网格 29　右移程序结束
(SCRE)

网格 30　手拿着东西下降程序开始
夹紧下降状态：S2.4
SCR

网格 31　一直下降到位
乙下到位：I2.2　下：Q0.0
(S)
1
NOT　下：Q0.0
(R)
1

网格 32　转移条件
转移信号：M1.4
乙下到位：I2.2
MOV_B
EN ENO
6 — IN OUT — 自动转移管理：VB0

网格 33　下降到位后，按动启动键往下一步转移
自动转移管理：VB0　松开状态：S2.5
==B
6
(SCRT)

网格 34　下降程序结束
(SCRE)

c)

图 5-12　自动挡子程序（SBR2）（续一）

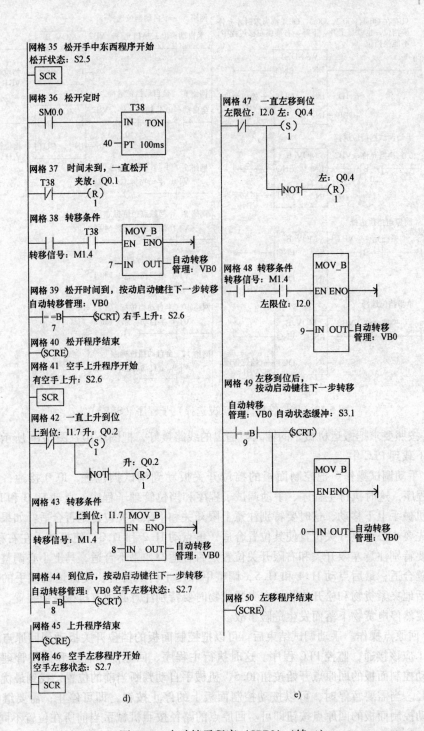

图 5-12 自动挡子程序（SBR2）（续二）

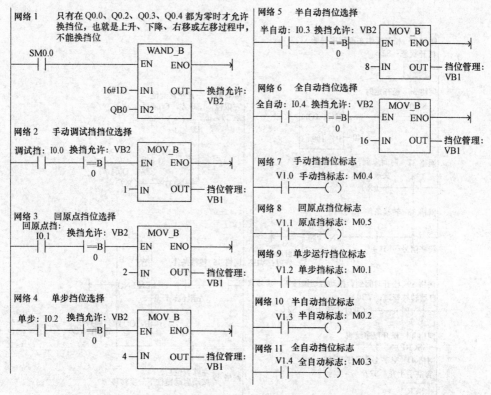

图 5-13 挡位管理（多工况选择）子程序（SBR3）

3）按照要求把搬运机械手的输入与输出的线路接好，把图 5-10 ~ 图 5-14 所示的控制程序下载到 PLC 中。

4）手动调试操作。把控制面板的挡位开关扳动到调试挡位置，I0.0 接通，监控 PLC 的程序，这时执行主程序、手动调试子程序和挡位管理子程序。点动 I1.0 和 I1.1，使搬运机械手上下移动，这时要特别注意上限开关和下限开关位置是否合适？如果不合适，首先要小心调整开关位置使其位置合适；再点动 I1.2 和 I1.3，使机械手左右移动，这时也要特别注意左限开关和右限开关位置是否合适？如果不合适，马上小心调整位置使其位置合适；最后点动 I1.4 和 I1.5，调整甲和乙平台的位置，使搬运机械手的手指能够灵活地夹紧货物和松开货物。在夹紧货物时要特别注意必须有机械联锁装置，以免在途中突然停电货物下落而发生危险事故。

5）回原点操作。手动调试结束后，可以把控制面板的挡位开关扳动到回原点挡位置，I0.1 应该接通，监控 PLC 程序。这时执行主程序、回原点子程序和挡位管理子程序，按动控制面板的回原点开始按钮 I0.5，机械手自动判断当前的位置，找到最优回原点的路径。当需要暂停时，可以按动控制面板上的停止按钮，即可停止；需要继续运行，按动控制面板的回原点按钮即可。回原点的路径按照机械手当前所在位置不同有 6 种情况，如图 5-15 所示。

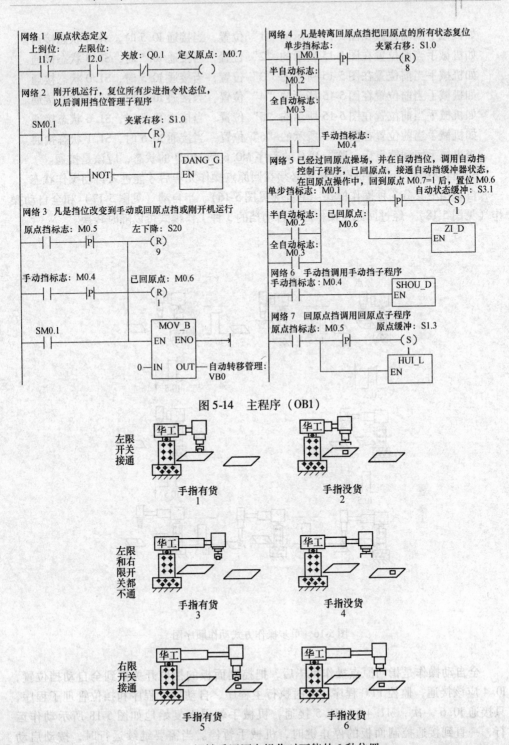

图 5-14　主程序（OB1）

图 5-15　机械手回原点操作时可能的 6 种位置

如机械手当前位置在图 5-15 所示的 "1" 位置，当接通 I0.5 时，S1.4 状态接通。
如机械手当前位置在图 5-15 所示的 "2" 位置，当接通 I0.5 时，S1.5 状态接通。
如机械手当前位置在图 5-15 所示的 "3" 位置，当接通 I0.5 时，S1.0 状态接通。
如机械手当前位置在图 5-15 所示的 "4" 位置，当接通 I0.5 时，S1.2 状态接通。
如机械手当前位置在图 5-15 所示的 "5" 位置，当接通 I0.5 时，S1.6 状态接通。
如机械手当前位置在图 5-15 所示的 "6" 位置，当接通 I0.5 时，S1.1 状态接通。
当机械手回到原点后，监控 PLC 的程序 M0.6 和 M0.7 的状态，应该是接通。

6）自动操作。注意每次开机都必须在回原点操作完毕后才能进入自动操作状态。

自动挡中又分 3 种操作模式：单步（见图 5-16）、半自动（见图 5-17）和全自动操作（见图 5-18）。经过回原点操作后，自动挡的 3 种工作模式可以随时转换。

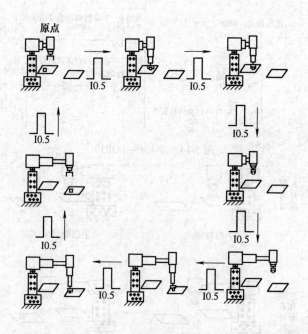

图 5-16　单步操作方式动作顺序图

全自动操作是指回原点操作完毕后，把控制面板的挡位开关扳到全自动挡位置，I0.4 应该接通，监控 PLC 程序，这时执行主程序、自动挡子程序和挡位管理子程序，只接通 I0.6 一次，M1.4 和 M1.5 接通，机械手就周而复始地如图 5-18 所示动作运行，一直到接通控制面板的停止键时，机械手暂停。当需要继续运行时，按动启动键即可。

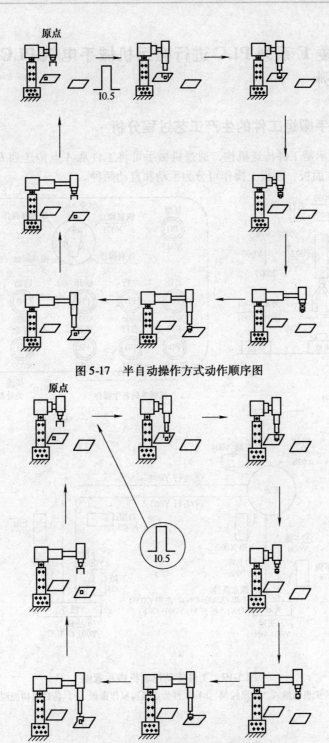

图 5-17　半自动操作方式动作顺序图

图 5-18　全自动操作方式动作顺序图

5.3 用三菱 F 系列 PLC 进行搬运机械手电气 PLC 控制编程的实例

5.3.1 机械手搬运工件的生产工艺过程分析

图 5-19a 所示是工件传送机构，通过机械手可将工件从 A 点传送到 B 点。图 5-19b 是机械手的操作面板，面板上操作可分为手动和自动两种。

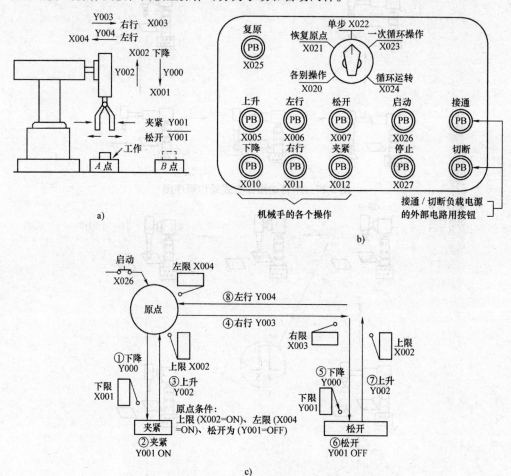

a)

b)

c)

图 5-19 工件传动控制机构示意图

a）工件传送机构输入、输出控制 b）工件传送机构操作面板 c）传送机构控制原理图

1. 手动

1）单个操作。用单个按钮接通或切断各负载的模式。

2）原点复位。按下原点复原按钮时，使机械自动复位到原点的模式。

2. 自动

1）单步。每次按下启动按钮，前进一个工序。

2）循环运行一次。在原点位置上按启动按钮时，进行一次循环的自动运行到原点停止。途中按停止按钮，工作停止；若再按启动按钮则在停止位置继续运行至原点停止。

3）连续运转。在原点位置上按启动按钮，开始连续反复运转。若按停止按钮，运转至原点位置后停止。

图 5-19c 是工件传送机构的原理图。左上为原点，按①下降→②夹紧→③上升→④右行→⑤下降→⑥松开→⑦上升→⑧左行的顺序从左向右传送。下降/上升、左行/右行使用的是双电磁阀（驱动/非驱动 2 个输入），夹紧使用的是单电磁阀（只在通电中动作）。

5.3.2　PLC 的 I/O 接点地址分配

根据操作面板模式和控制原理图，分配 I/O 接点地址。输入、输出接点地址分配表分别见表 5-6、表 5-7。

表 5-6　输入接点地址分配表

输入		输入		输入		输入	
各别操作	X020	复原	X025	左行	X006	上限位	X002
恢复原点	X021	启动	X026	右行	X011	右限位	X003
单步操作	X022	停止	X027	松开	X007	左限位	X004
一次循环	X023	上升	X005	夹紧	X012		
连续循环	X024	下降	X010	下限位	X001		

表 5-7　输出接点地址分配表

输出		输出		输出		输出	
下降	Y000	夹紧/松开	Y001	上升	Y002	右行	Y003
左行	Y004						

5.3.3　PLC 控制的用户程序编制

根据工件传送机构的原理图，就可以编写机械手状态转移图，如图 5-20 所示。步进状态初始化、单个操作、原点复位、自动运行（包括单步、循环一次、连续运行）四部分状态转移图如图 5-21 所示，指令表程序如图 5-22 所示。

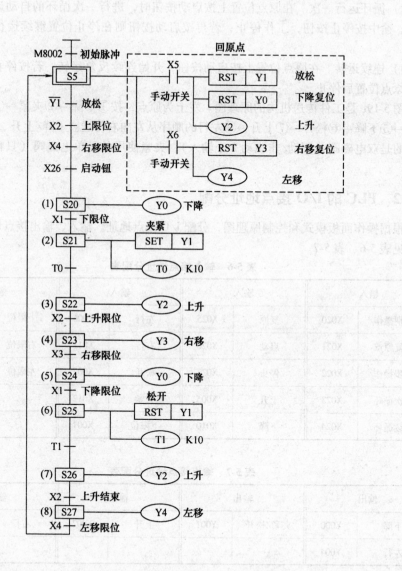

图 5-20 机械手状态转移图

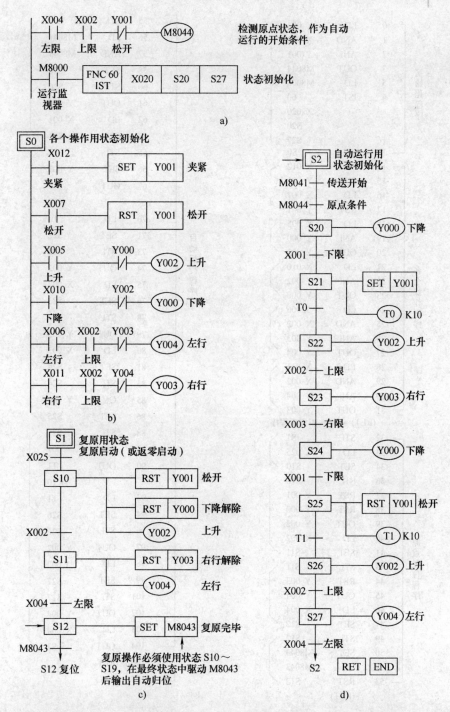

图 5-21　机械手搬运工件的步进状态初始化、单个操作、原点复位、自动运行四部分状态转移图

　　a) 初始化程序　b) 各个操作程序　c) 原点复位程序　d) 自动运行（单步/循环一次/连续）

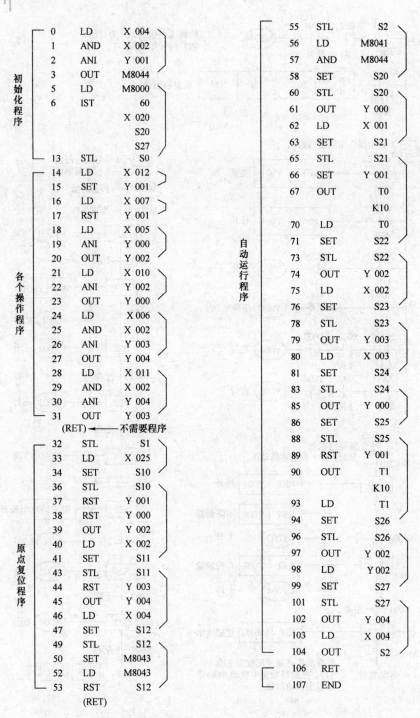

图 5-22　机械手搬运工件的步进状态初始化、单个操作、原点复位、

自动运行四部分指令表程序

5.4　用三菱 F 系列 PLC 进行某龙门钻床电气 PLC 控制编程的实例

5.4.1　某龙门钻床简化结构示意图和工艺说明

某龙门钻床的简化结构示意图如图 5-23 所示。图中在取工件位，工件是由图中对面的取工件推进液压缸，将图中对面传送装置上的工件取到图中所示取工件位。另外在取工件的同时，由卸工件位的卸工件液压缸将工件卸走，送到另一传送装置上。上述两部分在图中均未画处。取工件和卸工件液压缸共用一个换向阀控制，同时动作。

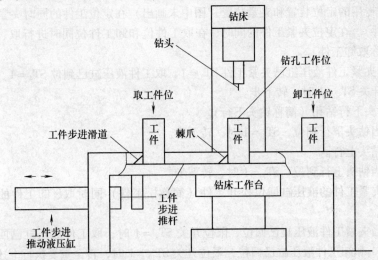

图 5-23　某龙门钻床的简化结构示意图

工件步进推进液压缸活塞杆和工件步进推杆连在一起。当液压缸活塞杆推进时，带动推杆，再由推杆上的棘爪将在工件滑道上取工件位的工件和钻孔工作位的工件同时向右推动一个工作位置。

所有液压缸都采用双电磁铁换向阀控制。液压缸的推进和回位、工件的夹紧和松开、钻头的上升和下降都采用限位开关限位控制。

各限位开关的作用是：ST_1 为工件步进推进液压缸推进到位限位开关；ST_2 为步进液压缸回位限位开关；ST_3 为夹紧工件液压缸推进夹紧工件到位限位开关；ST_4 为取工件液压缸取工件推进到位限位开关；ST_5 为卸工件液压缸卸工件推进到位限位开关；ST_6 为钻头下行钻孔到位限位开关；ST_7 为钻头上行回位限位开关；ST_8 为夹持工件液压缸回位限位开关（也称松件限位开关）；ST_9 为取工件液压缸回位限位开关；ST_{10} 为卸工件液压缸回位限位开关；ST_{11} 为取工件位有无工件检测开关（当取工件位有工件时，ST_{11} 限位开关常开触点被工件压下而闭合）。另外，SB_1 为系统工作的启动开关。

上述各开关配线全接在常开触点上，并且定义各常开触点闭合的情况为"1"状态，断开时为"0"状态。下面说明钻床的工作过程。

1）当钻床处于原位状态，所有液压缸在回位状态（限位开关 $ST_2=1$、$ST_7=1$、$ST_8=1$、$ST_9=1$、$ST_{10}=1$），取工件位有工件（$ST_{11}=1$）时为原位状态，即初始状态。

2）当按动起动开关 SB_1 时（钻床起动），系统开始工作。

3）由工件步进推动液压缸推动工件向右移动一个工作位置，此时在取工件位的工件被推到钻孔工作位的工作台上（简称上工件）。

4）当工件步进到位（简称步进到位）$ST_1=1$ 时，转下步。

5）步进液压缸回位（简称步进回位）。

6）当步进液压缸已回到位（简称步进回位）$ST_2=1$ 时，转下步。

7）由专用的定位装置和夹紧装置（图中未画出）在定位工件的同时夹紧工件（简称夹持工件）。在定位夹紧工件的同时，在取工件位和卸工件位同时进行取、卸工件的工作（简称取卸工件）。

8）当夹紧工件液压缸已夹紧工件 $ST_3=1$、取工件液压缸已到位 $ST_4=1$、卸工件已到位限位开关 $ST_5=1$ 时，转下步。

9）钻头下行钻孔（简称钻头下行）。

10）当钻头下行到位，$ST_6=1$ 时，转下步。

11）钻头上行。

12）当钻头上行到位，$ST_7=1$ 时，转下步。

13）夹紧工件的液压缸回位松开工件（简称松工件）同时取、卸工件的液压缸也回位。

14）当夹紧工件液压缸已回位，限位开关 $ST_8=1$ 时；取工件液压缸已回位，限位开关 $ST_9=1$ 和卸工件液压缸已回位，限位开关 $ST_{10}=1$ 时，转至重复执行上述过程。

5.4.2 龙门钻床工艺过程功能表图

龙门钻床一个循环的控制过程可分解成若干个清晰的连续的阶段，每个阶段称之为"步"，类似于人们平时所说的工作步骤。一个步可以是动作的开始、持续或结束。一个过程分解的步越多，描述就越精确。如在上述龙门钻床的工作过程中，其工作过程就可以分为：初始阶段；上工件；步进回位；夹持工件和与之同时动作的取卸工件；钻头下行钻孔；钻头上行回位；松开工件同时取卸工件液压缸回位共七个阶段，即七步，步与步之间是连续的。

每一步所要完成的工作称之为动作（或命令），如上述钻床的工作过程中的"上工件"、"钻头下行钻孔"等即称为动作（或命令）。

步与动作（或命令）的主要区别是：步是指某一过程循环所分解的若干连续的工作阶段；动作（或命令）是指某一阶段所要进行的工作。

一个步中可以有一个或多个动作（或命令）。当一步中有多个动作（或命令）时，这多个动作（或命令）之间应不隐含有顺序关系，否则还可分解成多个步。在上述钻床工作过程的第三步中定位夹紧工件和取卸工件是同一步的工作，两者是同时进行的。

当控制系统正在运行时，每一步又可根据该步当前是否处于工作状态，分为动步（又称为活动步）或静步。动步是指当前正在进行的步，当一个步处于动步时，该步相应的动作（或命令）被执行。静步是指当前没有进行的步。动步和静步的概念常用于分析系统动态的工作状态。

一般控制系统的控制过程开始的步与初始状态相对应，称为"初始步"。每个功能表图中至少含有一个初始步。

在功能表图中，会发生一个步向另一个步的活动进展。即一个步工作完后，转为下一步工作。这种进展是按有向连线的路线进行的。即有向连线的作用是：规定了步与步之间的活动进展方向。这种进展是由后面所要介绍的转换来实现的，有向连线将前步连到转换，再从转换连到后步。

在功能表图中，转换是指某一步的操作完成后，在向下一步进展时要通过转换来实现。转换条件是与转换相关的逻辑命题。当前一步的操作完成后，如果转换的转换条件满足，则转换得以实现，从而进展到后续步，使后续步变为动步，执行后续步的工作，此时前步被封锁变为静步。

可以将转换看作是硬件，而转换条件可以看作是软件。例如在上述钻床的控制过程中，第一步（上工件）工作完后向第二步（步进液压缸回位）进展时，是通过 ST_1 限位开关控制的。当限位开关 ST_1 常开触点闭合后，则向第二步进展。此处的 ST_1 限位开关为转换（属于硬件），而转换条件是 ST_1 限位开关常开触点的闭合。

通过以上解析，就可以画出龙门钻床工作过程的功能表图，如图 5-24 所示。

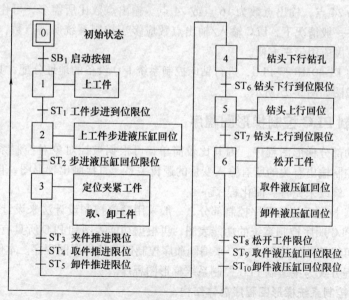

图 5-24　龙门钻床工作过程的功能表图

从图 5-24 中可以看出，用功能表图来描述上述龙门钻床的工作过程要比前面用文字说明来得更简单、更明确、更清晰、更容易看懂。这里应该特别注意：

1）步与步之间不能直接相连，必须用转换分开。

2）一个功能表图中至少应有一个初始步。

3）每一个转换必须与一个转换条件相对应。

4）每一步可与一个或一个以上的动作（或命令）相对应，但不隐含有顺序关系。

5.4.3 选择 PLC，绘制龙门钻床 PLC 工程应用设计的 I/O 端子实际接线图

根据哪些输入信号是由被控系统发送到 PLC 的，哪些负载是由 PLC 驱动控制的，由此确定所需的 PLC 输入/输出点数。同时还要确定输入/输出量的性质，如输入/输出是否是开关量？是直流量还是交流量？以及电压大小等级等。

在这一步中还要确定输入/输出硬件配置等，如输入采用哪类元件（如是触点类开关，还是无触点类开关或既有触点类还有无触点类的混合形式），输出控制采用哪类负载（如是感性负载还是阻性负载，是直接控制还是间接控制等）。

根据上述所确定的项目就可以选择 PLC 了。在本钻床控制中，向 PLC 输入的信号有 23 点，全部采用触点类开关元件作输入。由 PLC 输出驱动控制的负载有 9 点。其中 8 点负载为液压缸的换向阀电磁铁线圈，电磁铁线圈全部采用交流 220V 电源；1 点为交流 220V 的电铃，这 9 点均为感性负载。

根据上述分析情况，可选用 F1-40MR 或 FX_{2N}-48MR 型 PLC 作为钻床控制主机。其输入点数均为 24 点，输出点数为 16 点或 24 点。输出点数比所需多，可作备用或将来的功能扩展。一般情况下，PLC 输入/输出点数应多于控制系统所需点数，这样可为设计、检修和扩展应用带来方便。

如若选定 F1-40MR 型 PLC，进行钻床控制系统 I/O 设备的地址分配，其 PLC 的 I/O 端子实际接线图如图 5-25 所示。

5.4.4 编制 PLC 控制梯形图程序

对于手动部分梯形图程序，因其比较简单，可根据被控对象对控制系统的具体要求，通过与控制输出有关的所有输入变量的逻辑关系，直接画出梯形图，再通过不断的分析、调试、修改来完善、简化程序。

对于 PLC 控制系统的顺序控制部分，一般采用顺序控制设计法来设计梯形图程序。首先应画出 PLC 顺序控制系统的功能表图，再根据功能表图和 PLC 所具有的编程功能，选择一种尽可能简单的编程方式，来编制顺序控制部分的梯形图程序。本例主要以步进梯形指令编程方式为主编制 PLC 控制系统梯形图程序。

1. PLC 控制系统梯形图程序总体结构

一般 PLC 控制系统梯形图程序总体结构由通用程序、返回原位程序、手动操作程序和自动控制程序组成。由于返回原位程序可以用手动操作方式来完成，所以，一般情

况下可不设置返回原位操作方式（控制系统也可以只有自动部分的程序）。对于这样具有手动操作方式和自动操作方式的 PLC 控制系统梯形图总体结构可设计为如图 5-26 所示的工作方式区分选择电路。设计这种总体结构的关键是利用跳转换指令和转换开关来控制 PLC 是执行手动程序还是执行自动程序。

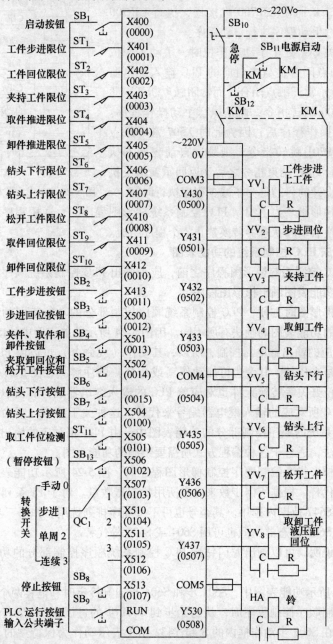

图 5-25　选定 F1-40MR（或 FX₂ₙ-48MR）进行龙门钻床控制的 PLC I/O 端子实际接线图

当选择工作方式转换开关 QC₁（见图 5-25）处于自动工作方式位置时（指步进或单周期或连续工作方式），选择开关在手动工作位的常开触点 $QC_{1.0}$（$QC_{1.0}$、$QC_{1.1}$、$QC_{1.2}$、$QC_{1.3}$ 为 QC₁ 的 4 组转换触点）必然是断开的，

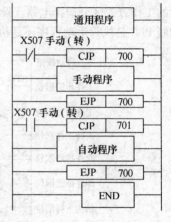

这样可使与之对应的输入继电器 X507 手动（转）的常闭触点接通，从而使 CJP700 也接通，执行 CJP700 跳转指令，跳过手动程序执行自动程序。

当转换开关 QC₁ 处于手动工作位时，手动工作位的 QC₁.₀ 常开触点闭合，与之对应的 PLC 输入继电器 X507 手动（转）常开触点闭合，而常闭触点断开，此时不执行 CJP700 跳转指令，而是执行手动操作程序。在执行完手动操作程序后，因为此时 X507 常开触点闭合，执行 CJP701 跳转指令，则跳过自动程序不执行，一直到执行 END 结束指令之后又返回重新从头执行程序。这样设计的目的是为了减少程序执行时间。

图 5-26　工作方式区分选择电路

当以步进梯形指令为主编制 PLC 控制系统梯形图程序时，通用程序由状态器初始化、状态器转换启动和状态器转换禁止 3 个程序组成。

2. 自动钻床 PLC 控制系统的功能表图

在编制 PLC 控制系统梯形图程序之前，应先画出 PLC 控制系统顺序控制部分的功能表图，再由功能表图画出梯形图程序。

为了编制梯形图时方便，PLC 控制系统顺序控制部分的功能表图的画法与图 5-24 钻床工作过程的功能表图的画法有所不同。因图 5-24 所示功能表图中的动作（或命令）是由 PLC 所对应的输出继电器控制，所以，其动作（或命令）可以由 PLC 所对应的输出继电器的编号来代替，其旁边可加动作（或命令）的注解。在图 5-24 所示功能表图中的按钮、限位开关等转换元件也对应着 PLC 的输入继电器编号，所以，一般这些转换元件也由 PLC 所对应的输入继电器编号来代替。这种关于动作（或命令）和转换元件在 PLC 控制系统的顺序控制部分的功能表图中，由 PLC 相对应的输出或输入继电器编号代替的方法，适合于各种编程方式所需要绘制的功能表图。

当以步进梯形指令编制顺序控制梯形图程序时，图 5-24 所示功能表图中的步序号需用状态器来代替。根据所需步数来确定所用状态器数量。对于 F1 系列 PLC 状态器编号可在 S600～S647 范围内选用。其编号也可不按顺序排列选用，如第三步用 S602 状态器，第四步用 S603 状态器，但也可用 S604 或 S607 等代替。

根据上述说明，可以画出龙门钻床 PLC 控制系统顺序控制部分的功能表图，如图 5-27 所示。

在图 5-27 所示功能表图中，S601 步和 S604 步加响铃定时和电铃两个动作。当用步进梯形指令编制顺序控制程序时，从初始步到 S601 步的进展由 M575 专用辅助继电器控制其转换。在 S603 步动作框内的 S 和 Y432 用于表示动作为保持型的，即当 S603 步变为动步时，Y432 输出（夹待工件），当 S603 由动步变为静步时，Y432 还保持输出，

一直到 S606 步变为动步时，才将 Y432 复位断开。

　　另外需特别注意，在这里所说的顺序控制程序就是自控程序部分。

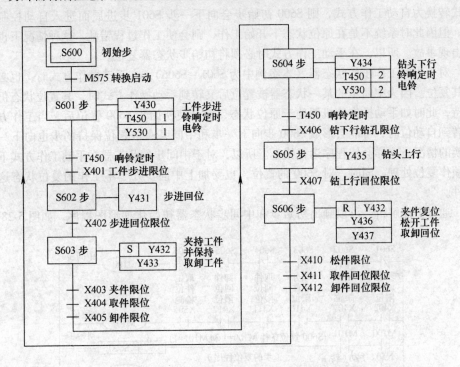

图 5-27　龙门钻床 PLC 控制系统顺序控制部分的功能表图

3. 初始步和中间步状态器的初始化梯形图程序（通用程序部分）

　　以步进梯形指令编程方式为主编制梯形图程序时，在通用程序部分要对 PLC 控制系统的功能表图中所用的初始步和中间工作步的状态器进行初始化处理（将状态器处理成工作开始所需要的初始状态）。

　　初始化程序一般包括两部分：一是对初始步状态器的置位或复位处理。在 F1 系列 PLC 中，一般将 S600 状态器作为初始步的状态器，当然也可以用其他状态器作为初始步的状态器。二是将表示中间步的状态器复位。本案例中中间工作步为 S601 ～ S606（见图 5-27）。

　　本案例中初始步状态器 S600 是在原位条件被满足和中间步状态器复位的情况下才被置位。当 S600 置位后，如果系统工作在自动方式，按功能表图所示，可以通过转换条件的建立，使 S600 进展到下一步（本例中为 S601），使下一步（S601）变为动步，同时 S600 被自动复位。此后随着工作过程的不断进展（按功能表图进展）依次进入下一步的转换，一直到一个循环过程结束，之后初始步状态又被置位，可进行下一个循环的工作。

但在手动工作方式时，必须对初始步的状态器 S600 复位，防止由于初始步状态器 S600 被置位后一直保持。此时，如果手动操作使系统不在原位状态，而又将手动工作方式转换为自动工作方式，则 S600 初始步会向下一步 S601 步进展而进入自动控制状态。但因此时系统不是在原位状态下开始工作，则会使工作过程错乱，这种情况下也可能出现事故。所以，在手动工作方式时必须将初始步状态器复位。

对于中间工作步的状态器（本案例中为 S601～S606），在手动操作方式时，也必须将其复位。因为中间步的某一状态器被置位后又转到手动操作方式时，其置位状态仍被保持，此时如手动操作使机器处于原位状态，而又使初始步 S600 置位后，当工作方式又转到自动位时，可能会形成 S600 步向下一步和中间某一被置位保持的步也向下一步转换的情况。这样会使程序运行错乱。所以，对于中间步的状态器在手动工作方式下也必须作复位处理。同时，对 S600 的置位，也要加上中间步处于不工作的复位状态这一条件。

通过上述解析，可以画出初始步和中间步状态器初始化梯形图程序，如图 5-28 所示。

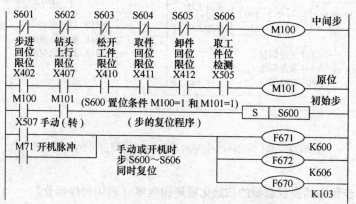

图 5-28 初始步和中间步状态器初始化梯形图程序

在图 5-28 中，利用所有中间状态器处于复位状态（其线圈未接通，常闭触点闭合）作为初始步 S600 置位条件之一。这样做的目的是：当执行自动程序时，中间步状态器必然有一个以上处于动步工作状态，其常闭触点此时必然是断开的，不能使 M100 接通，也就不能使初始步 S600 置位，这时即使误按启动按钮，也不可能作另外一次不正常的启动。

原位条件也是初始步置位条件之一。在钻床控制中，原位条件是所有液压缸回位、液压缸回位限位开关常开触点闭合、同时取工件位准备好工件。

在图 5-28 中，当系统工作在手动工作方式时，要利用工作方式选择开关 QC_1 在手动位时（X507 常开触点闭合），使初始步状态器 S600 复位（复位优先执行）。

中间步状态器的复位也是利用工作方式选择开关 QC_1（转换开关）在手动位（X507 常开触点闭合）使之复位。因状态器有断电保持功能，所以，表示步的状态器的复位应利用专用辅助继电器 M71 在 PLC 上电时所产生一个扫描周期的脉冲功能来给表示步的状态器复位。如果中间步状态器要在恢复供电时，从掉电前条件开始继续工作则不需要 M71。

在图 5-28 中，F670 K103 是对指定范围内的 Y、S、M 编程元件同时复位的功能指令。由设定线圈 F671 和在其后面的 K 后常数设定复位起始的编程元件编号，由设定线圈 F672 和在其后面的 K 后常数设定复位结束的编程元件编号。K 后常数为编程元件编号的号码，表示继电器类型的字母一律用符号 K 代表。本例中同时复位的范围是状态器 S600 ~ S606。

4. 表示步的状态器转换启动和转换禁止梯形图程序（通用程序部分）

F1 系列 PLC 有两个专供步进梯形指令和状态器编制顺序控制程序的专用辅助继电器 M575 和 M574。利用这两个专用辅助继电器可编制顺序控制功能表图中表示步的状态器的转换启动和转换禁止。还可通过对 M575、M574 编程实现手动和自动工作方式中步进、单周期、连续工作方式的选择。

M575 用于对表示步的状态器的转换启动。M575 线圈接通一次，则对 PLC 状态器的自动转换系统启动一次。M575 相当于是 PLC 状态器自动转换系统的启动按钮。初始步 S600 向下步（如 S601）的转换要通过 M575 的常开触点的闭合来实现。

M574 用于对表示步的状态器的自动转换禁止。当用步进梯形指令控制表示步的状态器向下一步状态器转换时，如果 M574 线圈被接通，则这种表示步的所有状态器的自动转换就被禁止。只要 M574 接通，即使转换启动 M575 接通，转换也被禁止。

表示步的状态器的转换启动和转换禁止的梯形图程序见图 5-29，该图也属于通用部分程序。在图 5-29 中，手动（转）或步进（转）或单周期（转）或连续（转）是指 PLC 选择工作方式的转换开关在其对应位的输入继电器常开、常闭触点。其程序功能解析如下：

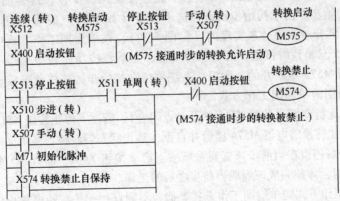

图 5-29　表示步的状态器的转换启动和转换禁止的梯形图程序

1）在手动工作方式下，从转换启动的梯形图中可以看出，当转换开关在手动位时，X507 手动（转）常闭触点此时是断开的，转换启动专用辅助继电器 M575 不可能接通。同时，在转换禁止梯形图中，X507 手动（转）常开触点应是闭合的，从而接通了转换禁止内部辅助继电器 M574。所以在手动方式下，禁止状态器转换。

2）在步进工作方式下，从转换禁止梯形图中可以看出，当转换开关在步进位时，X510 步进（转）的常开触点应处于闭合状态，通过 X510 常开触点的接通和 X400（启动按钮）的常闭触点而接通转换禁止继电器 M574，并使 M574 自保持。此时状态器向下一步转换一般是禁止的。但当按下启动按钮 X400 时，X400 常开触点闭合，可接通转换启动继电器 M575（无自保持功能，见转换启动梯形图）；与此同时，在按下启动按钮 X400 的同时，X400 常闭触点断开，同时断开了转换禁止辅助继电器 M574。所以，可以启动状态器转换系统，表示步的状态器可从当前步转换到下步（见转换禁止梯形图）。但在下步动作（或命令）完成后，此时虽然转换条件可能已经满足，但由于此时启动按钮已松开，X400 启动按钮常闭触点又闭合，则通过 X510 步进（转）和 X400 常闭触点接通转换禁止继电器 M574 并且自保持，使表示步的状态器不能向下一步转换。此时，只有再按一次启动按钮重新接通 M575 断开 M574 一次，才可进展一步。重复上述过程，就形成了按一次启动按钮进展一步的步进工作方式。

3）在单周期工作方式下，此时在转换禁止梯形图中，当转换开关在单周期位时，X511 单周期（转）的常开触点虽然闭合，但因为 X513 停止按钮的常开触点此时是断开的，所以，不能接通禁止转换继电器 M574，解除了对表示步的状态器的转换禁止。此时，若按下启动按钮使 X400 常开触点闭合，则接通转换启动继电器 M575（无自保持，启动按钮松开后 M575 线圈即断开），即可启动 PLC 状态器转换系统，实现表示步的状态器从当前步向下一步的转换。只要 PLC 状态器转换系统已被启动，除非 M574 禁止转换继电器被接通一次，否则，只要转换条件满足，从当前步向下一步的转换能一直进行下去（注意，因 F1 系列 PLC 状态器只有 40 个且在同一用 STL 编程方式所编的顺序控制程序中不能重复使用，所以，最多能转换 40 步），直到返回到初始步。由于初始步状态器向下一步（如 S601）的转换是通过转换启动继电器 M575 常开触点闭合来实现的（见图 5-29），在单周期工作方式中，按下启动按钮后，M575 只是暂时接通，无自保持功能，当系统按功能表图工作一个周期返回初始步时，因 M575 是断开的，所以，系统停留在初始步，这样就形成了按一次启动按钮进展一周期的单周期工作方式。

在单周期运行期间（此时 X511 常开触点闭合），若按下停止按钮 X513 常开触点也闭合，则使禁止转换继电器 M574 接通并自锁，禁止状态器转换，系统完成当前步的动作（或命令）后停留在当前步，直到重新按下启动按钮 X400，断开 M574，接通 M575（无自保持）时，才能完成该周期当前步之后的工作。

4）连续工作方式同单周期工作方式类似，不同点：一是在转换禁止梯形图中未设置 M574 接通电路，所以在连续工作方式下，完全解除了转换禁止；二是在转换启动梯形图中设置了 M575 继电器的转换启动后的自保持电路。在连续工作方式下，转换开关在连续工作位的 X512 连续（转）常开触点闭合，当按下启动按钮时，M575 线圈接通，M575 的常开触点也接通，使 M575 形成转换启动后的自保持状态。此时，当系统工作一个周期返回初始步 S600 时，因 M575 常开触点此时是闭合的，转换条件满足，则可从初始步 S600 向下一步（S601 步）继续转换，开始下一周期工作。系统将这样一直工作下去直到按下停止按钮（X513 常闭触点断开），断开 M575 线圈及其自保持电路，使之在完成当前周期工作后，不能进入下一个周期工作，而停留在初始步。

5. 自动控制部分梯形图程序的编制

图 5-30 是根据图 5-27，用步进梯形指令编程方式编制的龙门钻床 PLC 控制系统自动控制部分的梯形图程序，这也是单序列顺序控制的例子。

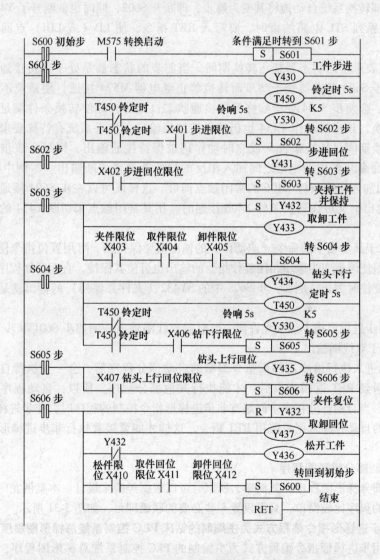

图 5-30　钻床 PLC 控制系统自动控制部分的梯形图程序

当用 F1 系列 PLC 并用步进梯形指令编制自动控制梯形图程序时，要注意以下几点：

1）初始步状态器 S600 向下一步（本例中为 S601）转换时，一般以 M575 的触点为转换条件。

2）步进梯形指令有使转换的原状态器自动复位断开的功能。例如，当步 S602 状态器接通为动步时，接通 Y431。此时，当转换条件 X402 常开触点闭合时，可将 S603 状态器置位，即转换到下一步（S603 步），使 S603 变为动步。而原状态器 S602 的复位是由 PLC 内部转换系统自动地将其变为静步，即断开 S602，同时也就断开了 Y431。

3）在系列 STL 电路结束时，要写入 RET 指令，使 LD（或 LDI）点回到原母线上。

4）在表示步的状态器禁止转换期间，当前步的状态器是处于保持接通状态。例如，当在步 S604 状态器处于动步而转换禁止继电器 M574 接通，使系统不能向下一步转换时，会使步 S604 处于始终保持接通状态；此时，即使转换条件满足，也不能向下步转换，该步的动作 Y434 也仍然保持接通输出。如果系统有特殊要求，不允许在禁止转换期间且转换条件又成立时动作仍被保持接通输出，则可在该步状态器和动作（或命令）输出继电器之间加入相反的转换条件来切断输出。本例中在步 S604 和 Y434 间加入转换条件 X406 的常闭触点即可。这样既可以在步 S604 接通时，不影响 Y434 输出，又可在转换条件 X406 接通时，用其常闭触点来切断 Y434 的输出（见图 5-30）。

5）对于某步当中的命令（或动作）的输出需要保持的，可用置位指令使其保持输出。此时即使该步变为静步，用置位指令的输出也可使其保持，直至后面程序中用复位指令将其复位时为止。例如，步 S603 中的 SY432（夹件并保持）的输出就是这样编程的。

6）用步进梯形指令编程允许同一继电器双线圈输出。例如步 S601 和步 S604 中的 Y530 就属于双线圈输出。

7）当进入执行由步进梯形指令编制的自动部分程序后，会一直执行自动部分程序，直到遇到 RET 返回指令后，才能执行其他部分程序。所以，自动程序末尾要用 RET 指令。当自动部分程序中间编有非步进梯形指令控制的程序时，非步进梯形指令控制程序前的自动程序末尾也要用 RET 指令，这样才能紧接着执行非步进梯形指令控制的程序。

6. 手动部分梯形图程序

手动部分梯形图程序因其简单，所以，可以根据经验来设计。本案例龙门钻床手动操作部分的程序比较简单，只需设置一些必要的联锁即可，如图 5-31 所示。

7. 以步进梯形指令编程方式为主编制的钻床 PLC 控制系统总梯形图程序

对于用步进梯形指令编程方式为主编制的 PLC 控制系统总梯形图程序，可将前面所介绍的通用程序（包括初始化、转换启动、转换禁止程序）、手动程序、自动程序按图 5-26 总体框图组合，即可得到图 5-32 所示的总梯形图程序。

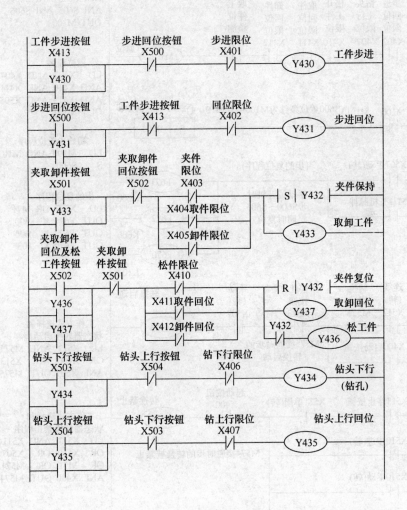

图 5-31　钻床手动操作部分的程序

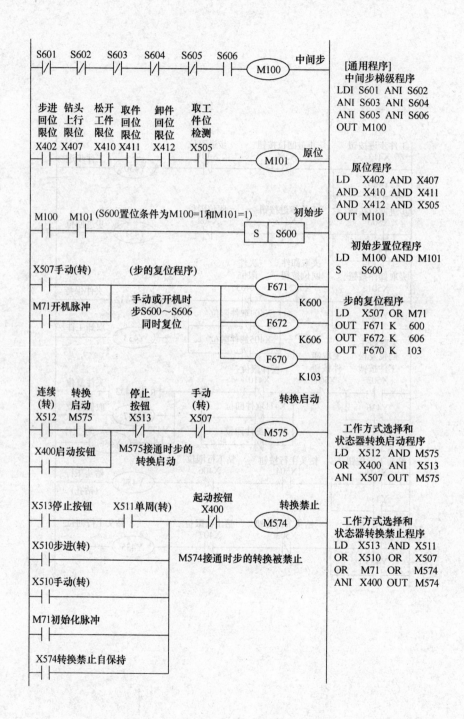

图 5-32　钻床 PLC 控制系统总梯形图程序

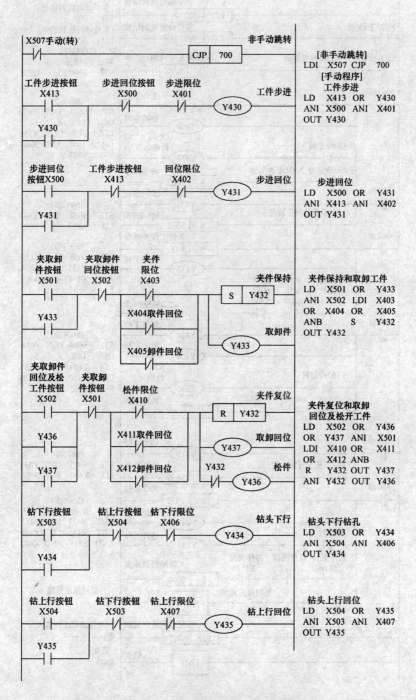

图 5-32 钻床 PLC 控制系统总梯形图程序（续一）

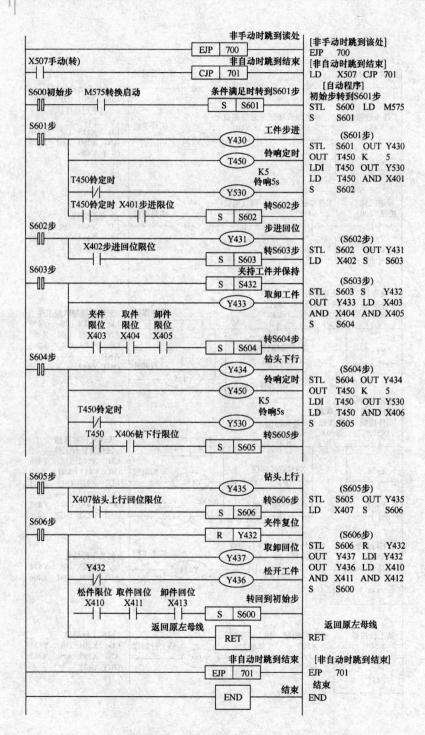

图 5-32　钻床 PLC 控制系统总梯形图程序（续二）

5.5　某加工控制中心系统的 PLC 控制编程实例

5.5.1　确定编程任务

T1 ~ T4 为钻头，用其实现钻功能。X 轴、Y 轴、Z 轴实现加工中心三坐标 6 个方向上的运动。围绕 T1 ~ T4 刀具，分别运用 X 轴的左右运动、Y 轴的前后运动、Z 轴的上下运动实现整个加工过程。该加工控制中心系统的结构组成和加工流程图如图 5-33 所示。

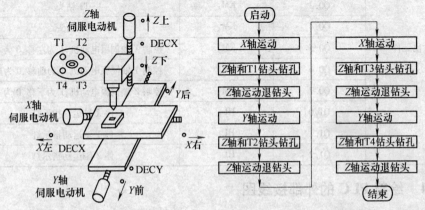

图 5-33　某加工控制中心系统的结构组成和加工流程图

5.5.2　确定外围 I/O 设备，选择 PLC 的型号

1）输入设备。2 个按钮（系统启动按钮、停止按钮各 1 个）。

2）输出设备。4 个指示灯（原点指示灯、停 X 轴运行指示灯、停 Y 轴运动指示灯、停 Z 轴运动指示灯），4 个接触器（控制钻头 T1 ~ T4 的电动机）。

3）选用的 PLC 为德国西门子公司的 S7-200 系列小型 PLC-CPU226。

5.5.3　进行 PLC 的 I/O 地址分配

加上控制中心系统共有 8 个输入，11 个输出，其 PLC 的 I/O 地址分配见表 5-8。

表 5-8　PLC 的 I/O 地址分配

编程软件	编程地址	电路器件	说　明
输入元件	I0.0	SB$_1$	启动加工系统
	I0.1	SB$_2$	停止加工系统
	I0.2	SQ$_1$	X 轴左限位开关
	I0.3	SQ$_2$	X 轴右限位开关
	I0.4	SQ$_3$	Y 轴前限位开关

（续）

编程软件	编程地址	电路器件	说　明
	I0.5	SQ₄	Y轴后限位开关
输入元件	I0.6	SQ₅	Z轴上限位开关
	I0.7	SQ₆	Z轴下限位开关
	Q0.0	L1	原点指示灯
	Q0.1	KM₁	T1 钻头
	Q0.2	KM₂	T2 钻头
	Q0.3	KM₃	T3 钻头
	Q0.4	KM₄	T4 钻头
输出元件	Q0.5	KM₅	控制 X 轴伺服电动机,1 为左移,0 为右移
	Q0.6	KM₆	控制 Y 轴伺服电动机,1 为前移,0 为后移
	Q0.7	KM₇	控制 Z 轴伺服电动机,1 为下移,0 为上移
	Q1.0	HL₁	停 X 轴运动指示灯
	Q1.1	HL₂	停 Y 轴运动指示灯
	Q1.2	HL₃	停 Z 轴运动指示灯

5.5.4　绘制 PLC 的外部接线图

　　本系统的工作电源采用 DC 24V 汇点输入、DC 24V 汇点输出的形式，根据外围 I/O 设备可绘出 PLC 的外部接线图，如图 5-34 所示。

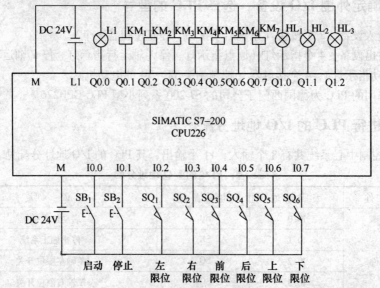

图 5-34　PLC 的外部接线图

5.5.5　进行 PLC 控制的编程

这是一个典型的顺序控制，可采用 PLC 的顺序控制命令进行编程，见表 5-9。

表 5-9　PLC 的控制编程

梯　形　图	注　　释
网络 1 SM0.1　　Q0.0 ┤├───（ R ） 　　　　　　8 　　　　　Q1.0 　　　　（ R ） 　　　　　　3	**网络 1** PLC 的第一个扫描周期，复位所有输出
网络 2 I0.2　　I0.3　　I0.4　　I0.5　　I0.7　　Q0.0 ┤/├──┤/├──┤/├──┤/├──┤├──（　）	**网络 2** 定义原点
网络 3 Q0.0　　I0.0　　I0.1　　　S0.1 ┤├───┤├───┤/├────（　）	**网络 3** 工件在原点，按下启动按钮，且未按下停止按钮 I0.1，则启动 X 轴左移步 S0.1
网络 4 S0.1 ┌─────┐ │ SCR │ └─────┘	**网络 4** X 轴左移步 S0.1 开始
网络 5 SM0.0　　Q0.5 ┤├───（ S ） 　　　　　　1	**网络 5** SM0.0 = 1，置位 Q0.5，X 轴开始左移
网络 6 I0.2　　S0.2 ┤├──（SCRT）	**网络 6** 碰到 X 轴左限位开关 I0.2，转移至 T1 钻头运动步 S0.2
网络 7 ──（SCRE）	**网络 7** 左移步 S0.1 结束

（续）

梯　形　图	注　　释
网络 8 S0.2 ┌─────┐ │ SCR │ └─────┘	**网络 8** T1 钻头运动步 S0.2 开始
网络 9 SM0.0　　　　Q1.0 ──┤├──────( ) 　　　　　　　Q0.1 　　　　　　　( ) 　　　　　　　Q0.7 　　　　　　　(S) 　　　　　　　　1	**网络 9** SM0.0 = 1，接通停 X 轴 Q1.0，置位 Z 轴 Q0.7，使其向下运动，接通 T1 钻头 Q0.1 开始
网络 10 I0.7　　　　S0.3 ──┤├──────(SCRT)	**网络 10** 碰到 Z 轴下限位开关，转移至退钻步 1S0.3
网络 11 ──(SCRE)	**网络 11** T1 钻头运动步 S0.2 结束
网络 12 S0.3 ┌─────┐ │ SCR │ └─────┘	**网络 12** 退钻步 1 从 S0.3 开始
网络 13 SM0.0　　　　Q0.7 ──┤├──────(R) 　　　　　　　　1 　　　　　　　Q0.1 　　　　　　　(R) 　　　　　　　　1	**网络 13** SM0.0 = 1，复位 Q0.7，Z 轴向上运动，复位 Q0.1，T1 钻头停止
网络 14 I0.6　　　　S0.4 ──┤├──────(SCRT)	**网络 14** 碰到 Z 轴上限位开关，转移至 Y 轴向前步 S0.4

（续）

梯　形　图	注　　释
网络 15 —（SCRE）	网络 15 退钻步 1S0.3 结束
网络 16 　S0.4 　┌SCR┐	网络 16 Y 轴向前步从 S0.4 开始
网络 17 　SM0.0　　　Q1.2 　├─┤├───（　） 　　　　　　　Q0.6 　　　　　　　（ S ） 　　　　　　　　1	网络 17 SM0.0 = 1,接通 Q1.2, 置位 Q0.6,Y 轴向前运动
网络 18 　I0.4　　　　S0.5 　├─┤├───（SCRT）	网络 18 碰到 Y 轴向前限位开 关,则转移至 T2 钻头运动 步 S0.5
网络 19 —（SCRE）	网络 19 Y 轴向前步 S0.4 结束
网络 20 　S0.5 　┌SCR┐	网络 20 T2 钻头运动步从 S0.5 开始
网络 21 　SM0.0　　　Q1.1 　├─┤├───（　） 　　　　　　　Q0.7 　　　　　　　（ S ） 　　　　　　　　1 　　　　　　　Q0.2 　　　　　　　（　）	网络 21 SM0.0 = 1,接通 Q1.1, 停 Y 轴,置位 Q0.7,Z 轴向 下运动,接通 Q0.2,T2 钻 头开始工作

（续）

梯　形　图	注　　释
网络 22 　┤ I0.7 ├──────S0.6 　　　　　　　　（SCRT）	**网络 22** 碰到 Z 轴下限位开关，转移至步 S0.6
网络 23 　──（SCRE）	**网络 23** T2 钻头运动步 S0.3 停止
网络 24 　┌─ S0.6 ─┐ 　│ SCR │	**网络 24** 退钻步 2 从 S0.6 开始
网络 25 　┤ SM0.0 ├──────Q0.7 　　　　　　　　（ R ） 　　　　　　　　　1 　　　　　　　　Q0.2 　　　　　　　　（ R ） 　　　　　　　　　1	**网络 25** SM0.0 = 1,复位 Q0.7,Z 轴开始上升,复位 Q0.2,T2 停止工作
网络 26 　┤ I0.6 ├──────S0.7 　　　　　　　　（SCRT）	**网络 26** 碰到 Z 轴的上限位开关 I0.6,转移至步 S0.7
网络 27 　──（SCRE）	**网络 27** 退钻步 2S0.6 结束
网络 28 　┌─ S0.7 ─┐ 　│ SCR │	**网络 28** X 轴左移步从 S0.7 开始
网络 29 　┤ SM0.0 ├──────Q1.2 　　　　　　　　（ ） 　　　　　　　　Q0.5 　　　　　　　　（ R ） 　　　　　　　　　1	**网络 29** SM0.0 = 1,接通 Q1.2,停 Z 轴,复位 Q0.5,X 轴向左移动

（续）

梯　形　图	注　释
网络 30 　I0.2　　　S1.0 ├─┤├──────(SCRT)	**网络 30** 碰到 X 轴限位开关 I0.2, 转移至 T3 钻头运动步 S1.0
网络 31 ├──(SCRE)	**网络 31** X 轴左移步 S0.7 结束
网络 32 　S1.0 ┌─────┐ │ SCR │ └─────┘	**网络 32** T3 钻头运动步从 S1.0 开始
网络 33 　SM0.0　　　　Q1.0 ├─┤├──────( ) 　　　　　　　　Q0.7 　　　　　├──(S) 　　　　　　　　　1 　　　　　　　　Q0.3 　　　　　└──(S) 　　　　　　　　　1	**网络 33** SM0.0 = 1,接通 Q1.0, 停 X 轴,置位 Q0.7,Z 轴向 下运动,置位 Q0.3,T3 钻 头开始工作
网络 34 　I0.7　　　S1.1 ├─┤├──────(SCRT)	**网络 34** 碰到 Z 轴下限位开关 I0.7,转移至退钻步 3S1.1
网络 35 ├──(SCRE)	**网络 35** T3 钻头运动步 S1.0 结 束
网络 36 　S1.1 ┌─────┐ │ SCR │ └─────┘	**网络 36** 退钻步 3 从 S1.1 开始
网络 37 　SM0.0　　　　Q0.7 ├─┤├──────(R) 　　　　　　　　　1 　　　　　　　　Q0.3 　　　　　└──(R) 　　　　　　　　　1	**网络 37** SM0.0 = 1,复位 Q0.7,Z 轴向上运动,复位 Q0.3,T3 停止工作

（续）

梯 形 图	注 释
网络 38 I0.6　　　　S1.2 ├─┤ ├─────(SCRT)	网络 38 碰到 Z 上限位开关,转移至 Y 轴后移 S1.2
网络 39 ├──(SCRE)	网络 39 退钻步 3S1.1 结束
网络 40 S1.2 ┌─────┐ │ SCR │ └─────┘	网络 40 Y 轴后移从 S1.2 开始
网络 41 SM0.0　　　Q1.2 ├─┤ ├──┬──( ) 　　　　　│ 　　　　　│　Q0.6 　　　　　└──(R) 　　　　　　　　1	网络 41 SM0.0 = 1,接通 Q1.2,停 Z 轴,复位 Q0.6,Y 轴后移
网络 42 I0.5　　　　S1.3 ├─┤ ├─────(SCRT)	网络 42 碰到 Y 轴后限位开关 I0.5,转移至 T4 工作步 S1.3
网络 43 ├──(SCRE)	网络 43 Y 轴后移 S1.2 结束
网络 44 S1.3 ┌─────┐ │ SCR │ └─────┘	网络 44 T4 工作步从 S1.3 开始
网络 45 SM0.0　　　Q1.1 ├─┤ ├──┬──( ) 　　　　　│ 　　　　　│　Q0.7 　　　　　├──(S) 　　　　　│　　1 　　　　　│　Q0.4 　　　　　└──( )	网络 45 SM0.0 = 1,接通 Q1.1,停 Y 轴,复位 Q0.7,Z 轴下移,接通 Q0.4,T4 开始工作

（续）

梯　形　图	注　　释
网络 46 　I0.7　　　　S1.4 　─┤├─　　　─(SCRT)	**网络 46** 碰到下限位开关,转移 至退钻步 4S1.4
网络 47 　──(SCRE)	**网络 47** T4 工作步 S1.3 结束
网络 48 　S1.4 ┌─────┐ │ SCR │ └─────┘	**网络 48** 退钻步 4 从 S1.4 开始
网络 49 　SM0.0　　　Q0.7 　─┤├─　┬─(R) 　　　　　│　　1 　　　　　│　Q0.4 　　　　　└─(R) 　　　　　　　1	**网络 49** SM0.0 = 1,复位 Q0.7,Z 轴上移,复位 Q0.4,T4 停 止工作
网络 50 　──(SCRE)	**网络 50** 退钻步 4S1.4 结束

第6章　全自动钢管表面除锈机 PLC 控制系统工程应用编程

钢铁是一种时代进步的产物，它具有成本低、强度高、韧性强、综合机械性能卓越等多种优良特性，是人类文明、社会进步、科学发展、国民经济必不可少的基础产业。它的产量和质量一直代表着一个国家的经济实力和发展水平。一个经济强国必然是钢铁大国，我国的钢铁产量目前已跃居世界各个国家的第一位。

但是，从它出现伊始，就有一个一直在困扰着人们而又急待解决的问题——钢铁的氧化锈蚀问题。根据权威研究报道，世界每年钢铁产量已达到几十亿吨，但每年却有 5% 的钢铁被氧化腐蚀掉。所以防锈很重要，而除锈也是必不可少。

钢铁的表面除锈工艺，传统的方法有两种：化学剂腐蚀法和物理打磨敲击法。化学剂腐蚀法除锈质量好、干净彻底，但工艺流程复杂、操作麻烦，且除锈用的化学剂危害操作人员的健康，特别是除锈后的残液严重污染生态环境，后处理困难，所以通常只在某些特殊场合或配合电镀工艺一起使用。物理除锈的方法很多，其中最具有代表性的有两种：喷丸喷砂除锈法和钢刷刮擦除锈法。喷丸喷砂除锈法是一种成本低、效率高的好方法，但它只适用于大面积的平面除锈。对于钢管这类表面形状变化大，并具有滚动截面的物体，用钢刷轮打磨除锈是最经济也是效率最高的方法。应用户的要求，笔者参加研制了一种全自动钢管表面除锈机。该课题是哈尔滨成套设备开发研究公司委托的横向科研项目，通过用户验收后即投入了生产运行。该机器主要针对锅炉和暖气用各种待除锈钢管直径繁多、长度不同的特点，专门设计了可变直径、变长度、由 PLC 操作控制的全自动化生产线，操作方便、使用安全可靠、工人劳动强度低。经过多年的运行使用证明，是一种经济、实用、高效、快速、自动化程度高的典型机电一体化高新技术产品，达到国内先进水平，深受用户喜爱，也为国民经济建设创造了显著的经济价值和社会效益。

本章就介绍笔者应用户要求而开发研究的这种全自动钢管表面除锈机。它采用钢刷轮打磨除锈工艺，全机采用 PLC 控制，从上料到打磨除锈及下料实现生产过程全自动化；操作方便，安全可靠，工人劳动强度低，适用于各种直径、各种长度的钢管除锈。

6.1　系统的结构组成、生产工艺流程及电控系统方案

6.1.1　结构组成及生产工艺流程

全自动钢管表面除锈机主要由主轴箱 A、工作滑台及纵向进给电动机 B 与横向进给

电动机 C、尾座及尾座顶紧液压缸 6、上料顶起及支承液压缸 1 ~ 5、拨上料液压缸 7 和 8、钢刷轮旋转电动机 D 和 E、液压集成箱 9、微机 PLC 系统操作控制台 10 等组成，其结构组成如图 6-1 所示。

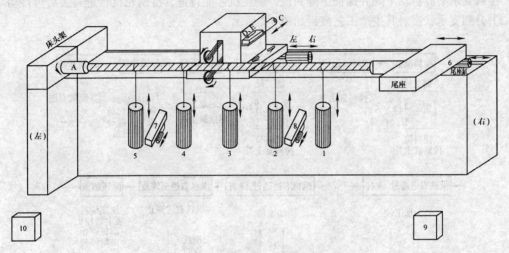

图 6-1　全自动钢管表面除锈机结构示意图

1 ~ 5—上料顶起及支承液压缸　6—尾座及顶紧液压缸　7、8—拨上料液压缸　9—液压集成箱
10—微机 PLC 系统操作控制台　A—主轴（主轴电动机带动）箱　B—纵向进给电动机　C—横向
进给电动机　D、E—钢刷轮旋转电动机

全自动钢管表面除锈机主要由机械主体、液压传动装置、PLC 全自动操作控制系统三部分构成。

机械主体由 13.5m 长的床身、床头、尾座、工作滑台、横向进给机构溜板箱、纵向进给机构溜板箱等机械结构组成。采用钢刷轮机械打磨方式进行除锈。为防止 12m 长的钢管在顶紧和打磨过程中弯曲变形，在床身上安装有 5 个钢管上料顶起及支承架；在打磨除锈过程中钢管的顶紧和旋转由床头上的主轴和可移动的尾座完成，刷轮的旋转由旋转电动机带动，横向进给由横向拖板上的横向进给电动机传动，纵向进给由纵向溜板上的纵向进给调速电动机拖动。

液压传动装置由油箱、油泵、上料顶起及支承架、2 个拨上料摆动液压缸、1 个尾座顶紧液压缸和输油管路组成。液压缸的动作由 7 个二位四通电磁阀和 1 个泄压阀控制，油压的调节由电接点压力表监控。油箱、油泵、电磁阀集成于一体构成液压集成箱结构。

由于该除锈机器的自动化程度要求高，生产过程复杂，各种动作机构的配合和制约关系繁乱，操作、测控以及保护的信号点太多，采用传统的继电器-接触器控制难于可靠实现。为此选用了日本三菱公司 F_1 系列 PLC 作为中心控制器，采用 34 个由国外进口、高灵敏度的接近开关作为行程监控、位置保护、工序转步的检测元件，配以各种输入指令开关及输出控制器，构成了一个 72 点输入、48 点输出的 PLC 控制系统。

该机器主要完成的控制动作为接料、送料、钢管顶紧、钢管支承、刷轮机打磨除锈及进给、自动下料等。刷轮机在打磨除锈的行进过程中，当接近某个接料支承架时，该接料支承架应自动下降并保证下降到位，刷轮机才能行进，待刷轮机行进过去后再自动上升到支承状态。其生产工艺流程如图 6-2 所示。

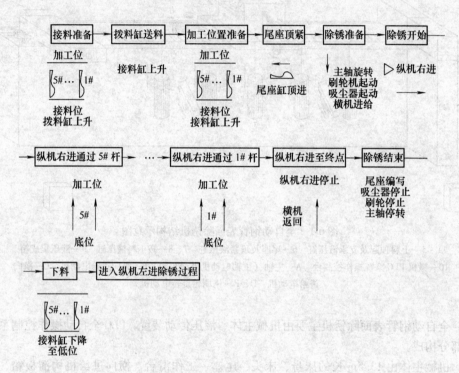

图 6-2　除锈生产过程工艺流程简图

6.1.2　电控系统方案

全自动钢管表面除锈机的电控系统由主传动电器控制、液压传动电液控制和系统 PLC 操作控制三部分组成。

1. 主传动电器控制电路图

主传动电器控制主要为油泵电动机、主轴电动机、纵向溜板电动机、横向拖板电动机、钢刷轮电动机和吸尘器电动机的控制。其中纵向溜板采用滑差电磁调速电动机，其余均为交流异步笼型电动机，其电路图如图 6-3 所示。

2. 液压传动电液控制简图

液压传动电液控制主要为 5 个接料顶起支承液压缸和 2 个拨料液压缸及 1 个尾座顶紧液压缸的传动，共用了 7 个二位四通电磁阀和 1 个泄压阀。其液压传动简图如图 6-4 所示。其动作过程见表 6-1。

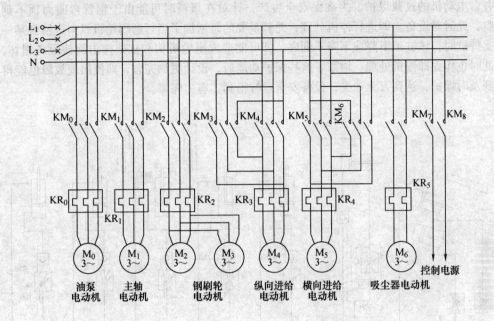

图 6-3　全自动钢管表面除锈机主传动电器控制电路图

3. PLC 控制系统构成原理框图

本系统采用日本三菱公司的 F_1-60MR 型 PLC 为主控基本单元、F_1-60ER 为扩展单元，利用各种按钮、转换开关、接近开关、压力开关、热继电器、触点等作为输入指令或转步及保护控制信号；以继电器、接触器、事故警铃或警灯等作为输出执行部件；配以调速控制器、交直流电源等电器元件设计构成。其系统构成原理框图如图 6-5 所示，它具有以下主要技术特点。

1）系统操作控制自动化程度高。全系统包括 7 台电动机、15 个电磁铁的操作控制、工况检测、故障诊断、状态显示及监控；从钢管自动送入接料架到顶紧、钢管旋转、刷轮横向进给至钢管上及纵向进给打磨除锈，并且行进速度无级调节、钢刷轮行进到各支承缸时该支承缸自动下降并待钢刷轮行进过后又自动上升到支承状态、钢管除锈结束自动下料并进入下一支钢管除锈循环状态，全部生产工序过程循环自动进行；启动时只需按一下启动按钮，其后的工作全由 PLC 控制完成。其工作速度连续无级可调，效率高、操作使用安全方便可靠、自动化程度高。

2）系统的适应性强。本系统的工作设有手动、自动、返回原位 3 种工作方式，可视工作需要进行选择。通常手动方式用于正常生产前的调机试车，待整机调试完毕后可使各部件及工序返回原位状态。当切入自动状态，机组便开始全自动循环工作。除锈钢管长度可在 0～12m 间调节，钢管的粗细可由更换拨料模具实现。

3）系统的保护功能齐全。按用户要求，系统设计有横向和纵向进给限位保护以及各台电动机的过载保护。为确保安全生产，针对在顶料时可能由于钢管弯曲而顶不到料，此时对设备立即进行停机处理；尤其重要的是增加了当打磨刷轮机纵向进给到某一支持缸时，该缸不下降或下降不到底，都可能造成刷轮机构和缸架撞击而使设备损坏，此时也作立即停机处理。增添了这些保护功能后，设计更加完善，即使出现故障也能得到及时保护，达到万无一失，设备安全运行得到了有力保障。

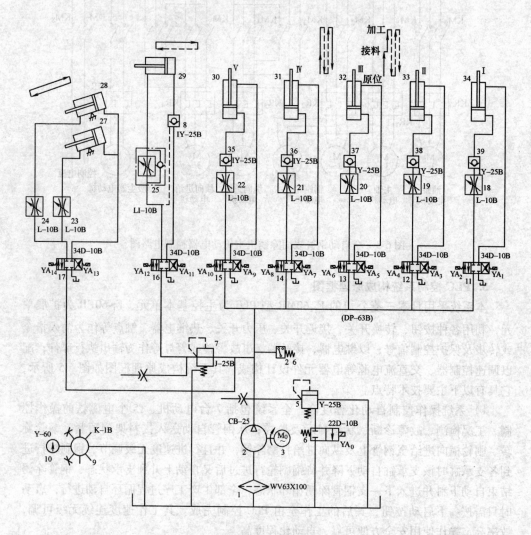

图 6-4 　液压传动简图

4）系统本身自诊断能力强。不仅 F1-60MR 中的 CPU 有自诊断功能，智能 I/O 模块及 I/O 子程序均有自己的自诊断功能；系统电源和直流电源均有自保护功能；系统掉电后具有现场保护的自恢复功能，保证了系统工作的准确性。

表 6-1　除锈机液压系统电器件动作表

动作内容	泵机	YA$_0$	YA$_1$	YA$_2$	YA$_3$	YA$_4$	YA$_5$	YA$_6$	YA$_7$	YA$_8$	YA$_9$	YA$_{10}$	YA$_{11}$	YA$_{12}$	YA$_{13}$	YA$_{14}$	Kp	主机	横机	纵机	轮机
泵起动	+	+																			
支料缸群升至接料位	+			+		+		+		+		+									
摆动缸后退送料	+															+					
摆动缸前移备料	+														+						
支料缸群再升至加工位	+			+		+		+		+		+									
尾架缸顶进	+	+																			
尾架缸顶止	+	+											+				+				
横机、主机、轮机起动	+	+																+	+		+
纵机起动、纵进	+	+																+		+	+
纵进至杆 I、杆 I 降	+		+														+	+		+	+
杆 I 降至终点	+																	+		+	+
杆 I 再升、至加工位	+	T		+														+		+	+
纵进至杆 II、杆 II 降	+				+												+	+		+	+
杆 II 降至终点	+					+												+		+	+
杆 II 再升、至加工位	+	T															+	+		+	+

（续）

动作内容	泵机	YA0	YA1	YA2	YA3	YA4	YA5	YA6	YA7	YA8	YA9	YA10	YA11	YA12	YA13	YA14	Kp	主机	横机	纵机	轮机
纵进至杆Ⅲ，杆Ⅲ降	+						+											+		+	+
杆Ⅲ降至终点	+	丁	+														+	+		+	+
杆Ⅲ再升，至加工位	+							+										+		+	+
纵进至杆Ⅳ，杆Ⅳ降	+								+									+		+	+
杆Ⅳ降至终点	+	丁								+							+	+		+	+
杆Ⅳ再升，至加工位	+										+							+		+	+
纵进至杆Ⅴ，杆Ⅴ降	+									+								+		+	+
杆Ⅴ降至终点	+	丁										+					+	+		+	+
杆Ⅴ再升，至加工位	+										+							+		+	+
纵进至终点，横机退回 快退	±	丁																+	⊕		+
横退至终点，主机、轮机停、纵					+															⊕	
支料缸群降	+		+	+	+	+															
支料缸降至终点	+	+															+				

注：1. +表示得电，一表示动作终了时得电，⊕表示反接。

2. YA0 受其余电磁阀制约，即其余电磁阀全部失电，YA0 均失电；即其余电磁阀向任何电磁阀得电，YA0 即剩得电。

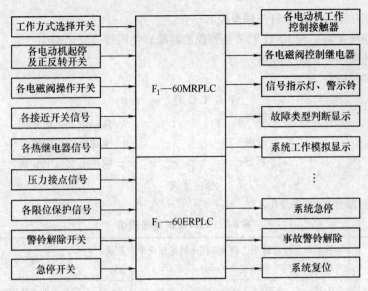

图 6-5 PLC 系统构成原理框图

6.2 钢刷轮打磨除锈纵向进给交流电磁调速系统设计

6.2.1 YCTG 电磁调速电动机的选用

1. 电磁调速电动机的型号规格

YCT 系列电磁调速电动机是一种控制简单的交流调速电动机，由 Y 系列三相异步电动机、涡流离合器和测速发电机组成，通常与 JD 系统、TKZ 系统控制器组成一套具有测速负反馈系统的交流无级平滑调速驱动装置，能在比较宽广的转速范围内进行平滑的无级调速。

YCT 系统电磁调速电动机广泛应用于恒转矩无级调速的各种机器设备上，例如：纺织、化工、印染、电影制作、化学纤维、冶金、水泥、石油、造纸、橡胶、电线电缆、制糖、塑料、电厂、机械等工业设备，更适用于拖动递减转矩的离心式水泵和风机负载，用调节转速代替开闭阀门来控制流量和压力，从而获得显著的节能效果。YCT 系统电磁调速电动机是原国家机械工业局大力推广应用的节能产品项目之一。

YCTG 是在 YCT 系列电动机的基础上派生的一种防护式产品。除安装尺寸、防护等级与 YCT 系列不同外，各项性能皆不变。它具有以下特点：

1）结构简单、运行稳定、维护方便。由于齿极采用齿轮的整体铸件，比爪极简单，可以长期用在如电厂给粉机、选矿球磨机、煤厂粉碎机等多粉尘场所，不致造成转子堵转现象，较爪式结构更为可靠。

2）直接使用三相交流电源，设备投资少。

3）起动性能好，起动力矩大。

4）控制功率小，便于自控和遥控。

5）调速精度高，与 JD 或 TKZ 系列控制器配套使用转速变化率小。

6）调速范围广，无失控区。

型号说明举例：

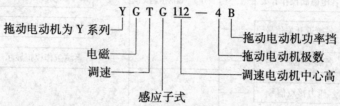

YCTG 的型号规格见表 6-2。

表 6-2 YCTG 的型号规格

型号	标称功率 /kW	额定转矩 /(N·m)	调速范围 /(r/min)	转速变化率 (%)	重量 /kg	备　注
YCTG112-4A	0.55	3.60	1250~125	3	65	南京调速电机股份有限公司
YCTG112-4B	0.75	4.90	1250~125	3	70	南京调速电机股份有限公司
YCTG132-4A	1.10	7.13	1250~125	3	90	南京调速电机股份有限公司
YCTG132-4B	1.50	9.72	1250~125	3	100	南京调速电机股份有限公司
YCTG160-4A	2.20	14.10	1250~125	3	140	南京调速电机股份有限公司
YCTG160-4B	3.00	19.20	1250~125	3	150	南京调速电机股份有限公司
YCTG180-4A	4.00	25.20	1250~125	3	205	南京调速电机股份有限公司
YCTG180-4B	5.50	35.10	1250~125	3	215	南京调速电机股份有限公司

注：标称功率即拖动电动机的额定输出功率。转速变化率 $= \dfrac{10\%额定负载时转速 - 额定负载时转速}{额定最高转速} \times 100\%$。

2. 结构特点

调速电动机的拖动电动机是 Y 系列三相节能型交流异步电动机，其前端盖和轴伸直径及前轴承均有特殊要求。

调速电动机的涡流离合器无集电环，采用空气自冷，其具体结构为单电枢感应子式，如图 6-6 所示。

其中主要零部件的作用如下。

1）导磁体。导磁体是结构件又是磁路的组成部分。

2）机座。机座是结构件也是磁路的一部分。

3）电枢。电枢为圆筒形实心钢体，直接安装在拖动电动机的轴伸上作恒转速运转，在运行时电枢中感应出电动势并产生涡流。

4）齿极。齿极为一齿轮形零件，固定在离合器输出轴的后端。当调整励磁电流的大小时，电枢中磁场发生变化，从而产生相应电磁力矩的传递，齿极转速则作相应的变化，带动负载机械动作，即达到调速的目的。

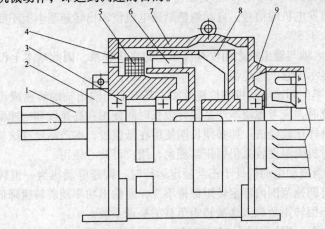

图 6-6　单电枢感应子式涡流离合器结构简图

1—轴　2—测速发电机　3—轴承　4—导磁体　5—励磁绕组

6—齿极　7—机座　8—电枢　9—拖动电动机

5）励磁绕组。励磁绕组由高强度聚酯漆包线绕制而成，B 或 F 级绝缘，固定在导磁体上。通过改变通入励磁绕组中的电流，可实现无级调速。

6）测速发电机。测速发电机为永磁式三相交流同步发电机，定子绕组为 B 级绝缘，当转速在 1000r/min 时输出电压高于 20V，低于 35V。

3. 机械特性

1）自然机械特性。涡流离合器具有较软的机械特性，如图 6-7a 所示。由自然特性可以看出，在一定的励磁电流（I_n）下，转速随着转矩的增加而下降。这种特性适用于张力控制要求不十分严格的收卷机械，如钢带、收线机等以某线速度收卷，直径增大，要求转速相应降低而保持线速度（收卷张力）不变，即与该曲线十分相近。在设计时，只要选用适当，开环控制即可达到收卷过程中转速与转矩的自动调整。

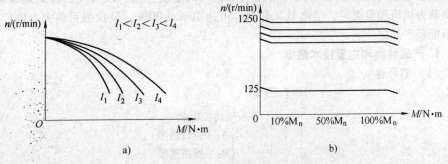

图 6-7　电磁调速电动机的机械特性

a）自然特性（开环特性）　b）人工机械特性（闭环控制特性）

2）人工机械特性。调速电动机配合 JD 或 TKZ 系列等型号的控制器组成闭环控制系统的机械特性如图 6-7b 所示。当负载在额定转矩 M_n 的 10% ~ 100% 范围变化时，控制器能根据测速发电机的信号，自动调整励磁电流使输出转速基本上不变。调速电动机转速变化率不大于 3%。

3）由于输入轴与输出轴之间没有机械上的直接联系，因此基本上没有失控区，这在许多场合中显示了它的优越性。

4）传递效率。调速电动机的传递效率，基本上与输出轴的转速成正比，所以用户在设计拖动系统时，应考虑使本产品最好较长时间使用在高速段和中速段。低速段仅在短时间使用，这样比较经济。如必须长期使用在低速段，本产品经过试验也保证能长期正常运行，此时机壳温度较高仍属正常现象，用户可放心使用。

5）转矩。当拖动电动机处于正常额定运行时，调速电动机为一恒转矩输出特性的电动机，在额定调速范围内额定转矩保持不变，而输出功率随着转速降低而降低，所以本产品最适用于恒转矩负载或递减转矩负载的拖动系统。

6）调速范围。调速范围为 1250 ~ 125 r/min。

调速电动机可选用配套设计的各种控制装置实现单台手控、自控、多台同步控制或比例控制。

4. YCTG 电磁调速电动机的选用

1）用户应按负载系统所要求的转矩，正确选用 YCTG 调速电动机。选择时应按额定转矩一栏选用，不要按标称功率选用。标称功率是借用拖动电动机的容量，不反映调速电动机的实际功率，仅作参考。

2）根据除锈机钢刷轮纵进机构机械设计转矩计算，本设计选用了 YCTG 112-4B 型。是按照既要保证生产工艺要求，又要满足工况条件而选用的。运行实践证明，该电动机的选用是合理的。

6.2.2 JD1 系列电磁调速电动机控制装置的选用

JD1 系列电磁调速电动机控制装置是原国家机械工业局（部）全国联合统一设计产品，用于电磁调速异步电动机（滑差电动机）的速度控制，以实现恒转矩无级调速。当负载为风机和泵类时，节电效果显著，可达 10% ~ 30%，是我国目前大力推广应用的节能新产品之一。

1. 产品种类和主要技术数据

（1）型号含义

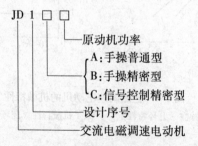

（2）使用条件

①海拔≤1000m。

②环境温度为 - 5 ~ 40℃。

③相对湿度≤90%（20℃以下时）。

④振动频率范围为 10 ~ 150Hz 时，其最大振动加速度≤0.5g。

⑤电网电压幅值波动≤10% 额定值。

⑥周围介质没有导电尘埃和能腐蚀金属及破坏绝缘的气体。

（3）主要产品和主要技术数据　主要产品和主要技术数据见表 6-3 ~ 表 6-5。

表 6-3　JD1 系列、ZLK 系列转差离合器控制装置

型号	被控电动机规范	操作方式	主　要　用　途
JD1A	YCT、JZT0. 55-90kW	手动	一般用于要求不高的手动调速
JD1B	YCT、JZT0. 55-90kW	手动（精密型）	一般用于要求较高的手动调速
JD1C	YCT、JZT0. 55-90kW	组合式自动控制	可与 ZKJ 系列组件任意组合构成 20 种以上速度自动控制方式
ZLK-10、11、12	YCT、JZT0. 55-200kW	自动	一般用于大型设备要求较高的自动调速
ZLK-1、JZT$_3$	YCT、JZT0. 55-30kW	手动	一般用于要求不高的手动调速
ZLK-5	JZTM0. 6-160kW	自动	火电厂给粉机速度自控
ZLT		同步操作器	与 ZLK-5 构成比例运行

表 6-4　ZLK 系列电磁调速电动机自动控制组件

名称	型号	用　途
操作器	ZKJ-C$_1$	电源通断，速度指示，手动速度给定
	ZKJ-C$_3$	电源通断，速度指示，手动速度整定，手动自动转换
	ZKJ-C$_5$	电源通断，速度指示
	ZKJ-C$_7$	电源通断，速度指示，配合 ZKJ-D 作电动（遥控）操作
	ZKJ-C$_9$	电源通断，速度指示，二级速度控制
电动操作器	ZKJ-D	与 C$_7$ 配合作电动（遥控）操作
比例控制器	ZKJ-B	作比例，联锁运转
主速整定器	ZKJ-Z	作比例，联锁运转的主速整定
位移检测器	ZKJ-J	张力自动控制（卷绕，恒张力控制，带附件）
缓冲控制器	ZKJ-S	缓冲调速，按给定速度起动、制动
PID 调节器	ZKJ-P	两种以上输入量的调节
前置放大器	ZKJ-Q$_1$	信号转换（0 ~ 10mA 转 0 ~ - 10V）
	ZKJ-Q$_2$、Q$_5$	信号转换，并带手动转换，有跟踪
	ZKJ-Q$_3$	信号转换（0 ~ 10mA）转换为（0 ~ - 10V）带手动转换，有跟踪

（续）

名称	型号	用　途
电流检测器	ZKJ-L	检测并控制负载力矩（挖土机特性）
手动控制器	ZKJ-W	高低速及点动运转，适于漏斗种类控制
自动换极控制器	ZKJ-H	原动机为双极的自动换极，配 JZTT 型电动机
制动力矩调节器	ZKJ-T₁、T₂	带制动力矩线圈的调速电动机
电磁制动控制器	ZKJ-M₁、M₂	控制电磁振动器的振幅或控制圆盘式制动器

注：南京调速电机股份有限公司还生产 YCT 系列和 JZT-Y 系列（JZT 向 YCT 过渡产品）电磁调速电动
　　机，规格从 0.55～7.5kW。可以配套使用。

表 6-5　主要技术数据

型　号	JD1 A-11	JD1 A-40	JD1 A-90
	JD1 B-11	JD1 B-40	JD1 B-90
	JD1 C-11	JD1 C-40	JD1 C-90
电源电压	～220（1±10%）V，50～60Hz		
最大输出电压/电流	直流 90V，3.15A	直流 90V，5A	直流 90V，8A
可控制电动机功率	0.55～11kW	15～40kW	45～90kW
测速发电机	单相或三相中频电压转速比为≥2V（100r/min）		
额定转速时转速变化率	JD1 A 型	JD1 B/C 型	
	≤3%	测速机外装时≤1%，测速机内装时≤2%	
稳速精度	≤1%	≤0.5%	
速度指令信号	JD1 C 型		
	0～10V		
输出控制电源	±15V 稳压（控制器内装）100mA		

注：当输出电流大于 8A 小于 12A 时，其工作时间不大于 30min。

2. 结构组成及工作原理

JD1 系列电磁调速电动机控制装置是由速度调节器（ASR）、移相触发器（CF）、晶闸管整流电路及速度负反馈等环节组成，其原理框图如图 6-8 所示。JD1 B 型电磁调速电动机控制装置的电路图如图 6-9 所示。

速度指令信号电压和速度负反馈信号比较后，其差值被送入速度调节器（或前置电压放大器）进行放大，放大后的信号电压与锯齿波叠加，控制晶体管集成触发器的导通时刻，从而产生随差值信号电压改变而移动的脉冲，从而控制晶闸管的开放角（触发器），即控制滑差离合器的励磁电流，这样滑差离合器的转速随着励磁电流的改变而改变。电磁调速电动机的恒转矩无级调速才得以实现。JD1B 的触发脉冲波形如图 6-10 所示。

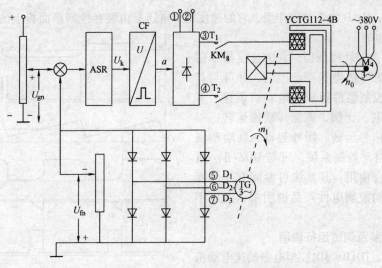

图 6-8 JD1 系列电磁调速电动机控制装置组成原理框图

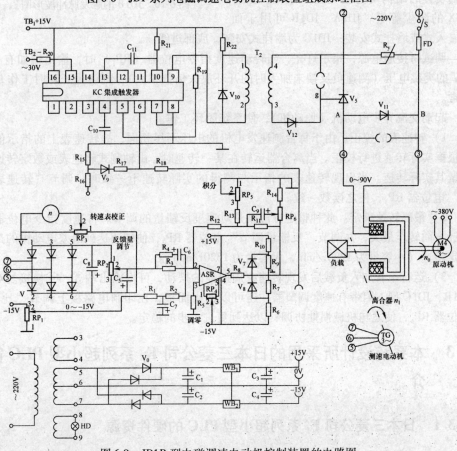

图 6-9 JD1B 型电磁调速电动机控制装置的电路图

JD1A、JD1B 为手动操作型，它的速度指令电压是由装在控制箱面板上的转速操作电位器产生的。

JD1C 为信号控制型，它的速度指令信号电压是由外接操作器产生的，并可与其他的自动控制组件组成单电动机调速、多电动机并联、比例、调速、联锁运转；根据调节器信号运转、缓冲起动、制动和联动控制等自动控制系统，可与 DDZ-Ⅱ、Ⅲ 型仪表配合使用。其接线可参阅有关的操作器及自动控制组件产品说明书，这里不作赘述。

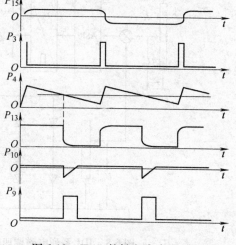

图 6-10　JD1B 的触发脉冲波形图

3. 安装及调试运行说明

JD1A、JD1B、JD1C 型电磁调速电动机控制装置的结构均为塑壳密封结构，具有 IP5X 的防尘等级。JD1A、JD1B 可用于面板嵌入式或墙挂式安装；JD1C 为墙挂式安装，底部进线。

调试时接通电源，指示灯亮，当转动速度指令电位器（RP$_1$）时，输出端如有 0 ～ 90V 的突跳电压（测速负反馈未加入时的开环放大倍数很大），则认为开环时工作基本正常。

起动交流异步电动机（原动机），使系统闭环工作。

1）转速表的校正。由于每台测速发电机的电压不尽相同，故转速表上的指示值必须根据实际转速进行校正。当离合器运转在某一转速时，由轴测式转速表或数字转速表测量其实际转速。当出现转速表的指示与测得的实际转速不一致时，调节"转速表校正"电位器 RP$_3$，使之读数一致。

2）最高转速整定。此种整定方法就是对速度反馈量的调节。将速度指令电位器顺时针方向转至最大，并调节"反馈量调节"电位器 RP$_2$，使转速达到滑差电动机的最高额定转速（小容量为 1200r/min，大容量为 1320r/min）。

3）运行中若加入负载后发现转速有周期性的摆动，可将输出端③、④换接。对于 JD1B、JD1C 型，因带有速度调节器，还可以抽出面板，在印制电路板上调节"比例"电位器 RP$_6$，使之与机械惯性协调，以达到更进一步的稳定。

6.3　本系统设计所采用的日本三菱公司 F$_1$ 系列超小型 PLC 简介

6.3.1　日本三菱公司 F$_1$ 系列超小型 PLC 的硬件资源

（1）型号说明　F$_1$ 系列 PLC 如 F$_1$-60MR 表示它是基本单元，其输入输出总点数为

60 点，采用继电器输出方式。具体说明如下：

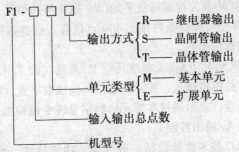

（2）机种及系统构成　F_1 系列 PLC 的机种及系统构成如下。

1）基本单元。F_1 系列 PLC 的基本单元有 5 种类型，其输入输出点数分别为：① F_1-12M 6 入/6 出；② F_1-20M 12 入/8 出；③ F_1-30M 16 入/14 出；④ F_1-40M 24 入/16 出；⑤ F_1-60M 36 入/24 出。

2）扩展单元。F_1 系列 PLC 由 4 种扩展单元，它作为主机输入/输出点数的扩充，内部不具有 CPU、ROM、RAM、C、T、M、S 等，不能单独使用，只能与主机单元相连接使用。通过不同主机单元，加上不同扩展单元的相连使用，可以方便构成 12 ~ 120 点的控制系统，以适应不同规模工业控制的需要。F1 系列 PLC 扩展单元类型及 I/O 点数分别为：① F_1-10E 4 入/6 出；② F_1-20E 12 入/8 出；③ F_1-40E 24 入/16 出；④ F_1-40E 36 入/24 出。

3）编程语言。可使用 F_1 系列 PLC 的编程器种类如下。

①简易手提式编程板 F_1-20P-E、F_2-20P-E。用于对 F_1 系列 PLC 编程、编辑、监控及故障诊断。F_2-20P-E 比 F_1-20P-E 多增加了录音接口。编程时要将编程板插入 PLC 的主机单元或通过电缆与主机相连，均用于对 PLC 的在线编程。

②程序存取器 F_2-20H-DE。将编程板 F_1-20P-E 或 F_2-20P-E 插入 F_2-20H-DE 后使用，具有离线编程功能。同时，还可通过打印机接口打印程序图、程序表以及元件表。

③手提式多功能图像编程器 GP-80F2A-E。具有大屏蔽液晶显示，其主要功能有：能用梯形图或语句表离线编程；与 PLC 之间进行程序传送；在 RUN 方式下，在线监视、强制和改变定时器/计数器常数；具有录音机、EPROM 写入器、打印机、磁盘驱动器等接口。

④IBM 个人计算机编程。IBM 个人计算机配上 MEDOC 软件包，能进行容量为 1K 或 2K 程序步的编程。

4）写入器。写入器分 F-20MW 和 GP-80ROW-E EPROM 两种类型。其功能是实现 PLC 和 EPROM 之间程序传送，即 PLC 中 RAM 区程序通过写入器能固化到程序存储卡中，或将程序存储卡中程序传送到 PLC 的 RAM 区中去。

5）特殊单元。特殊单元包括以下几种。

①模拟定时器 F-4T-E。通过 PLC 主机单元的扩展口接上模拟定时器 F-4T-E，使 PLC 又增加了 4 点定时器。定时范围是 0.1 ~ 600s，分四段区域 0.1 ~ 1s、1 ~ 10s、6 ~

60s、60 ~ 600s。可通过螺钉旋具来调节延时大小。

②位置控制器 F-20CM 及位控编程板 F-20CP。这个特殊单元是与 PLC 主机单元扩展口相连。此单元能有 10 个可编程条件接受 400 点位置。这些条件包括系统在哪一点进入低速、慢性补偿和精确度检查。

③模拟输入/输出单元 F_2-6A-E。本单元与 F_1 系列（除 F_1-12M 外）的基本单元的扩展口相连。它具有 4 点模拟输入，并将模拟量转换成数字量。PLC 能对这些数字量进行算术运算、比较等处理，之后通过本单元将数字量转变成模拟量输出。模拟输出有 2 点，以完成模拟量的输入/输出控制。

（3）技术性能 PLC 技术性能包括一般性能、功能特性、输入输出性能和其他性能等，是开发应用 PLC 的重要依据，必须认真了解掌握。其技术性能详见表 6-6 ~ 表 6-9。

表 6-6 F_1 系列 PLC 的一般性能

电源	AC110 ~ 120V/200 ~ 240V，单相 50/60Hz
电源波动	AC93.5 ~ 132V/187 ~ 264V，10ms 以下瞬时断电控制不受影响
环境温度	0 ~ 55℃
环境湿度	45% ~ 95%，无凝露
抗振动	10 ~ 55Hz，0.5mm，最大 2g（重力加速度）
抗冲击	10g，3 轴 X、Y、Z 方向各 3 次
抗噪声	1000V，1ms，30 ~ 100Hz（噪声防声器）
绝缘耐压	AC 1500V，1min（各端子对地）
绝缘电阻	5MΩ，DC500V（各端子对地）
接地	小于 100Ω（如果不可能，也可以不接地）
环境	无腐蚀气体，无导电尘埃

表 6-7 F_1 系列 PLC 的功能特性

执行方法		周期执行存储的程序，集中输入/输出
执行速度		平均 12ms/步
指令	逻辑指令	20 条（包括 MC/MCR，CJP/EJP，S/R）
	步进梯形指令	2 条（STL，REJ）
	功能块指令	87 个（包括 +、-、×、÷、>、=、<等）
程序记忆		内部配置 CMOS-RAM，EPROM/EEPROM 卡
定时器	0.1s 定时器	24 点（延时接通）0.1 ~ 999s
	0.01s 定时器	8 点（延时接通）0.01 ~ 99.9s
电池保护		锂电池，寿命约 5 年
诊断		程序检查，定时监视，电池电压，电源电压

（续）

程序语言		继电器和逻辑符号（梯形图）
程序容量		1000 步
辅助继电器	无锁存	128 点
	锁存	64 点
	状态（锁存）	64 点
	特殊	16 点
数据寄存器		64 点
计数器（锁存）		30 点减去计数（0～999）
高速计数器（锁存）		1 点加/减计数（0～999 999），最大 2kHz

表 6-8　F_1 系列 PLC 的输入输出特性

输入类型		无电压触点或 NPN 集电极开路晶体管
绝缘		光-电隔离
输入电压		内部电源 DC 24V ± 4V，外部电源 DC 24V ± 8V
输入阻抗		近似 3.3kΩ
工作电流（输入）	OFF→ON	DC 4mA（最小）
	ON→OFF	DC 1.5mA（最大）
响应时间（输入）	OFF→ON	近似 10ms（有 8 点可改变从 0～60ms）
	ON→OFF	近似 10ms（有 8 点可改变从 0～60ms）
输出类型		继电器输出方式
隔离		继电器隔离
冲击电流		0mA
输出负载	电阻性	2A/点
	电感性	500 000 次操作/35V·A
	电灯	100W
响应时间	OFF→ON	约 10ms
	ON→OFF	约 10ms

表 6-9　F_1 系列 PLC 的其他性能

型　号	F_1-12MR F_1-10ER	F_1-20MR F_1-20ER	F_1-30MR	F_1-40MR F_1-40ER	F_1-60MR F_1-60ER
输入点	6 点（F_1-12MR） 4 点（F_1-10ER）	12 点	16 点	24 点	36 点

（续）

型　号	F₁-12MR F₁-10ER	F₁-20MR F₁-20ER	F₁-30MR	F₁-40MR F₁-40ER	F₁-60MR F₁-60ER
输出点	6 点	8 点	14 点	16 点	24 点
端子块	固定端子			可拆卸端子	
功耗	10V·A	20V·A	22V·A	25V·A	40V·A
输入传感器电源	0.1A	0.1A	0.1A	0.1A	0.2A

（4）结构特点　F_1 系列 PLC 属于单元式整件结构，其特点是非常紧凑。它所有的电路都装在一个模块内，构成一个整体，这样体积小巧、成本低、安装方便。单元式 PLC 可以直接装在机床或电控柜中，它是机电一体化的特有产品。例如主机单元 F1 系列 PLC 在一个单体内集中了 CPU 板、输入板、输出板、电源板。对于某一单元的输入输出通常有一定的比例关系，F_1 系列输入输出之比多为 3：2。近期新发展的小型 PLC 吸收模块式的特点，各种不同点数的 PLC 都做成同宽同高、不同长度的模块，这样几个模块拼装起来就成了一个整齐长方体结构，组态更灵活，安装更方便。FX_2 系列 PLC 就是采用这种结构。

（5）F_1 系列 PLC 编程器件及其地址编号（见表 6-10）

表 6-10　F_1 系列 PLC 编程器件及其地址编号

机种	点数	基本单元		扩展单元		点数
输入 （X）	F₁-60	X₀₀₀ ~ X₀₀₇ （8 点）	X₀₁₀ ~ X₀₁₃ （4 点）	X₀₁₄ ~ X₀₄₇ （4 点）	X₀₂₀ ~ X₀₂₇ （8 点）	F₁-20
		X₄₀₀ ~ X₄₀₇ （8 点）	X₄₁₀ ~ X₄₁₃ （4 点）	X₄₁₄ ~ X₄₁₇ （4 点）	X₄₂₀ ~ X₄₂₇ （8 点）	F₁-40
		X₅₀₀ ~ X₅₀₇ （8 点）	X₅₁₀ ~ X₅₁₃ （4 点）	X₅₁₄ ~ X₅₁₇ （4 点）	X₅₂₀ ~ X₅₂₇ （8 点）	
输入 （Y）	F₁-60	Y₀₃₀ ~ Y₀₃₇（8 点）		Y₀₄₀ ~ Y₀₄₇（8 点）		F₁-20
		Y₄₃₀ ~ Y₄₃₇（8 点）		Y₄₄₀ ~ Y₄₄₇（8 点）		F₁-40
		Y₅₃₀ ~ Y₅₃₇（8 点）		Y₅₄₀ ~ Y₅₄₇（8 点）		
定时器 （T）	F₁-60M	T₀₅₀ ~ T₀₅₇（8 点）		0.1 ~ 999（s）		F₁-20M
		T₄₅₀ ~ T₄₅₇（8 点）		3 位数设定，		F₁-40M
		T₅₅₀ ~ T₅₅₇（8 点）		最小单位 0.1s		
计数器 （C）	F₁-60M	C₀₆₀ ~ C₀₆₇（8 点）				F₁-20M
		C₄₆₀ ~ C₄₆₇（8 点）		3 位计数器		F₁-40M
		C₅₆₀ ~ C₅₆₇（8 点）		计数常数 1 ~ 999		
		C₆₆₂ ~ C₆₆₇（6 点）				
		C₆₆₀ ~ C₆₆₁（2 点）		6 位高速计数器（1 ~ 999.999）		

（续）

机种	点数	基本单元	扩展单元	点数
辅助继电器 （M）		$M_{150} \sim M_{157}$（8 点）（通用型）	$M_{150} \sim M_{165}$（16 点）（掉电保护型）	F_1-20M
		$M_{100} \sim M_{227}$（128 点）（通用型）	$M_{300} \sim M_{363}$（64 点）（掉电保护型）	F_1-40/60M
控制功能辅助 继电器（M）	M_{70}	运行监视，运行时 ON	M_{470}	高速计数器选择
	M_{71}	初始化脉冲，运行时发脉冲	M_{471}	计数方向选择
	M_{72}	100ms 时钟	M_{472}	高速计数启动
	M_{73}	10ms 时钟	M_{473}	标志，计数值到接通
	M_{74}	常接通状态	M_{570}	出错标志
	M_{75}	常接通状态	M_{571}	进位标志，大于接通
	M_{76}	电池电压下跌指示	M_{572}	零位标志，等于接通
	M_{77}	输出禁止	M_{573}	借位标志，小于接通
移位寄存器		每 16 个辅助继电器可组成一个 16 位移位寄存器，编号为开头的辅助继电器号。		

6.3.2　日本三菱公司 F_1 系列 PLC 的指令系统

不同系列不同类型的 PLC，其指令系统也有所不同。早期的 F-20M 基本指令只有 14 条，F_1 系列 PLC 在 F-20M 基本指令的基础上又补充了 8 条，总共为 22 条（含步进指令 2 条）。掌握了 F_1 系列 PLC 的这些指令，也就初步掌握了 F_1 系列 PLC 的基本使用方法。为满足用户的一些特殊要求，现代众多的中小型 PLC 又加入了许多功能指令或称应用指令。这些指令实际上就是一个个功能不同的子程序。功能指令的出现，大大拓宽了 PLC 的应用范围。F_1 系列 PLC 有 87 条功能指令，可执行数据高速处理、数据传送、算术运算、专用计数器、模拟量数据处理等功能，可供用户选择使用。限于篇幅，这里仅简介基本指令。

F_1 系列 PLC 基本指令共有 22 条，指令语句由指令（操作码或助记符）和地址号（操作数或数据）组成。其格式为：指令地址号。编程时各条指令所对应的编程器件（等效继电器）及地址号（常数）一定要按照制造厂对产品的规定，必须在有效的范围内，绝不允许乱编，否则 PLC 将不执行。F_1 系列 PLC 的 22 条基本指令见表 6-11。

表 6-11　F_1 系列 PLC 的 22 条基本指令

类型	助记符	梯形图符号	名称（意义）	功能说明	编程元件
接点 指令	LD	—| |—	取数	用于母线分支电路开始的常开触点	X、Y、C、T、M、S
	LDI	—|/|—	取数求反	用于母线分支电路开始的常闭触点	

（续）

类型	助记符	梯形图符号	名称（意义）	功能说明	编程元件
接点指令	AND		"与"	与常开触点串联	X、Y、C、T、M、S
	ANI		"与反"	与常闭触点串联	
	OR		"或"	与常开触点并联	
	ORI		"或反"	与常闭触点并联	
连接指令	ANB		"块与"	区段（块）的串联	无
	ORB		"块或"	区域（块）的并联	
输出指令	OUT		输出	向线圈之输出	Y、C、T、M
	RST	RST	复位	计数器复位（置 K），移位寄存器复位（清零）	C、M（C661 除外）
	SFT	SFT	移位	移位寄存器移位	M
	PLS	PLS	脉冲	产生脉冲移位	M
特殊指令	NOP		空操作	空操作或该步不起作用	无
	END		结束	程序结束	无

（续）

类型	助记符	梯形图符号	名称（意义）	功能说明	编程元件
补充指令	R	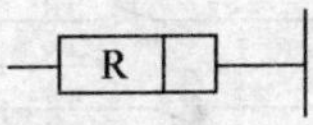 $\boxed{R}$	置位保持	对 Y、M、S 置位保持	Y、M、S
	S	 $\boxed{S}$	复位保持	对 Y、M、S 复位保持	
	MC	M_{100} —||— MC	主控开始	主控母线转移开始	$M_{100} \sim M_{177}$（64 点）
	MCR	 $\boxed{MCR}$	主控结束	主控母线转移结束	
	CJP	$\boxed{CJP}$	条件跳步	条件具备时跳步转移开始	$700 \sim 777$（64 点）
	EJP	$\boxed{EJP}$	跳步结束	跳步转移到目的地址号结束	
	STL	—||—	步进梯形	步进梯形开始	S600 ~ S647（40 点）
	RET	$\boxed{RET}$	步进结束	步进梯形结束	无

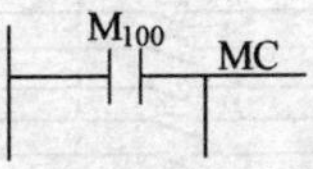

　　PLC 也可以选用新一代的 FX_{2N} 系列产品，其功能更强，编程更容易。FX_{2N} PLC 的基本指令共有 29 条。这里要特别注意 FX_{2N} 系列 PLC 的编程器件不是统一编址的，而 F_1 系列 PLC 却是统一编址的。

6.4　全自动钢管表面除锈机操作控制 PLC 系统设计

6.4.1　全自动钢管表面除锈机 PLC 的硬件实际接线图

　　按照 I/O 分配，画出全自动钢管表面除锈机 PLC 的硬件实际接线图，如图 6-11 所示。

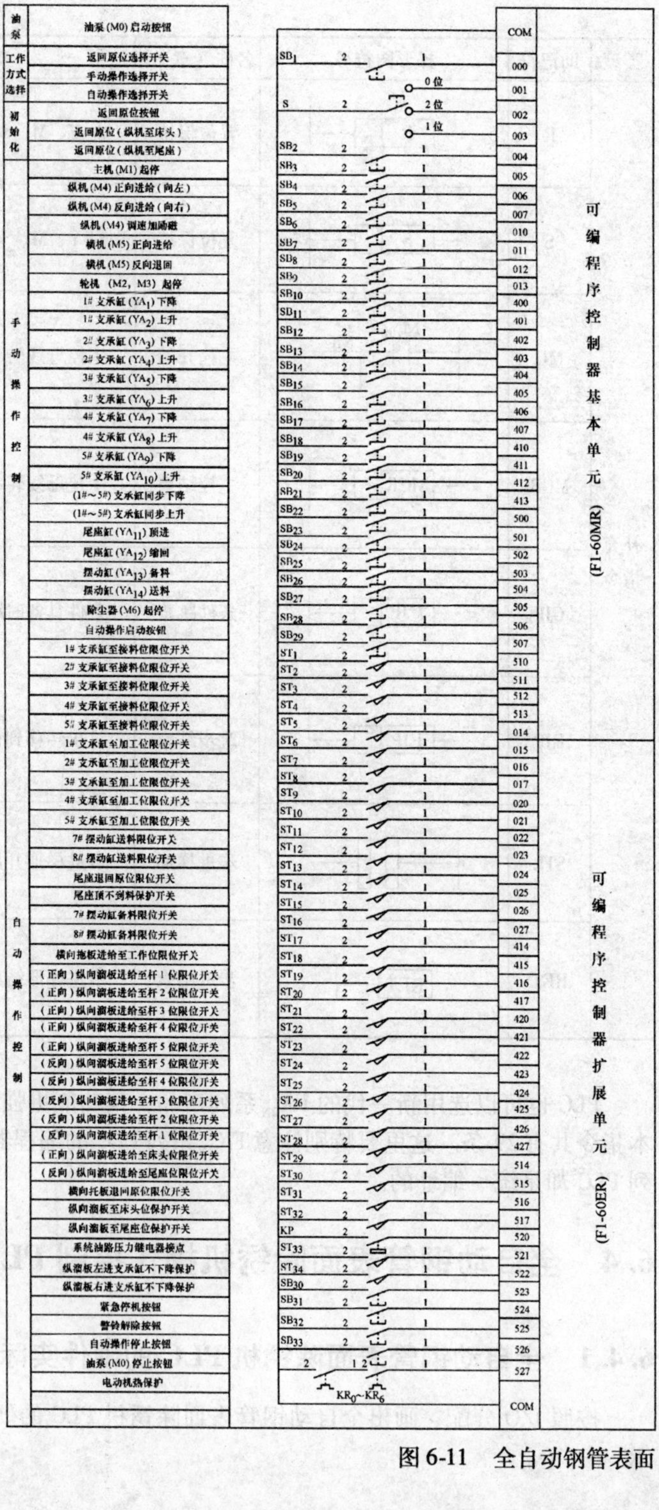

分组	说明	开关	输出地址
油泵	油泵(M0)启动按钮		COM
工作方式选择	返回原位选择开关	SD₁	000
	手动操作选择开关		001
	自动操作选择开关 (0位)		002
初始化	返回原点按钮 (2位)	S	003
	返回原位(纵机至床头) (1位)	SB₂	004
	返回原位(纵机至床尾)	SB₃	005
	主机(M1)起停	SB₄	006
	纵机(M4)正向进给(向左)	SB₅	007
	纵机(M4)反向进给(向右)	SB₆	010
	纵机(M4)调速加励磁	SB₇	011
	镗机(M5)正向进给	SB₈	012
	镗机(M5)反向退回	SB₉	013
	轮机(M2,M3)起停	SB₁₀	400
手动操作控制	1#支承缸(YA₁)下降	SB₁₁	401
	1#支承缸(YA₂)上升	SB₁₂	402
	2#支承缸(YA₃)下降	SB₁₃	403
	2#支承缸(YA₄)上升	SB₁₄	404
	3#支承缸(YA₅)下降	SB₁₅	405
	3#支承缸(YA₆)上升	SB₁₆	406
	4#支承缸(YA₇)下降	SB₁₇	407
	4#支承缸(YA₈)上升	SB₁₈	410
	5#支承缸(YA₉)下降	SB₁₉	411
	5#支承缸(YA₁₀)上升	SB₂₀	412
	(1#~5#)支承缸同步下降	SB₂₁	413
	(1#~5#)支承缸同步上升	SB₂₂	500
	尾座缸(YA₁₁)顶出	SB₂₃	501
	尾座缸(YA₁₂)缩回	SB₂₄	502
	摆动缸(YA₁₃)备料	SB₂₅	503
	摆动缸(YA₁₄)送料	SB₂₆	504
	除尘器(M6)起停	SB₂₇	505
	自动操作启动按钮	SB₂₈	506
	1#支承缸至接料位限位开关	SB₂₉	507
	2#支承缸至接料位限位开关	ST₁	510
	3#支承缸至接料位限位开关	ST₂	511
	4#支承缸至接料位限位开关	ST₃	512
	5#支承缸至接料位限位开关	ST₄	513
	1#支承缸至加工位限位开关	ST₅	014
	2#支承缸至加工位限位开关	ST₆	015
	3#支承缸至加工位限位开关	ST₇	016
	4#支承缸至加工位限位开关	ST₈	017
	5#支承缸至加工位限位开关	ST₉	020
	7#摆动缸送料限位开关	ST₁₀	021
	8#摆动缸送料限位开关	ST₁₁	022
	尾座退回原位限位开关	ST₁₂	023
自动操作控制	尾座顶不到位保护开关	ST₁₃	024
	7#摆动缸备料限位开关	ST₁₄	025
	8#摆动缸备料限位开关	ST₁₅	026
	横向拖板进给至工作位限位开关	ST₁₆	027
	(正向)纵向溜板进给至杆1位限位开关	ST₁₇	414
	(正向)纵向溜板进给至杆2位限位开关	ST₁₈	415
	(正向)纵向溜板进给至杆3位限位开关	ST₁₉	416
	(正向)纵向溜板进给至杆4位限位开关	ST₂₀	417
	(正向)纵向溜板进给至杆5位限位开关	ST₂₁	420
	(反向)纵向溜板进给至杆4位限位开关	ST₂₂	421
	(反向)纵向溜板进给至杆3位限位开关	ST₂₃	422
	(反向)纵向溜板进给至杆2位限位开关	ST₂₄	423
	(反向)纵向溜板进给至杆1位限位开关	ST₂₅	424
	(正向)纵向溜板进给至床头位限位开关	ST₂₆	425
	(反向)纵向溜板进给至尾框位限位开关	ST₂₇	426
	横向托板退回原位限位开关	ST₂₈	427
	纵向溜板至床头位保护开关	ST₂₉	514
	纵向溜板至尾座位保护开关	ST₃₀	515
	系统油路压力继电器接点	ST₃₁	516
	纵溜板左进支承缸不下降保护	ST₃₂	517
	纵溜板右进支承缸不下降保护	KP	520
	紧急停机按钮	ST₃₃	521
	暂钟解除按钮	ST₃₄	522
	自动操作停止按钮	SB₃₀	523
	油泵(M0)停止按钮	SB₃₁	524
	电动机热保护	SB₃₂	525
		SB₃₃	526
			527
		KR₀~KR₆	COM

可编程序控制器基本单元（F1-60MR）

可编程序控制器扩展单元（F1-60ER）

图 6-11　全自动钢管表面

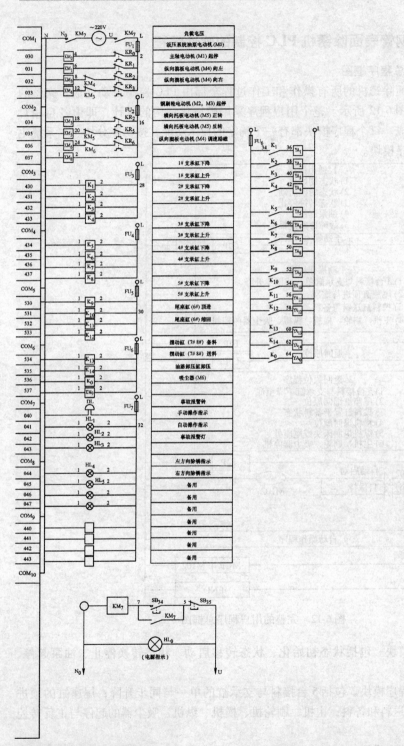

负载电压
液压系统抽泵电动机 (M0)
主轴电动机 (M1) 起停
纵向溜板电动机 (M4) 向左
纵向溜板电动机 (M4) 向右
钢刷轮电动机 (M2，M3) 起停
横向托板电动机 (M5) 正转
横向托板电动机 (M5) 反转
纵向溜板电动机 (M4) 调速励磁
1# 支承缸下降
1# 支承缸上升
2# 支承缸下降
2# 支承缸上升
3# 支承缸下降
3# 支承缸上升
4# 支承缸下降
4# 支承缸上升
5# 支承缸下降
5# 支承缸上升
尾座缸 (6#) 顶进
尾座缸 (6#) 缩回
摆动缸 (7# 8#) 备料
摆动缸 (7# 8#) 送料
油路卸压缸卸压
吸尘器 (M6)
事故报警钟
手动操作指示
自动操作指示
事故报警灯
左方向除锈指示
右方向除锈指示
备用
备用
备用
备用
备用
备用

除锈机的硬件实际接线图

6.4.2 全自动钢管表面除锈机 PLC 控制的软件编程

1. PLC 控制的总程序框图

全自动钢管表面除锈机的所有操作和工作过程全部由 PLC 控制自动完成。完整的用户程序总框图如图 6-12 所示。整个用户程序采用模块化结构的设计，即由各自相对独立的程序模块组成。每个程序模块都有一个确定的技术功能，按功能分块。本系统主要包括下列 4 个程序模块。

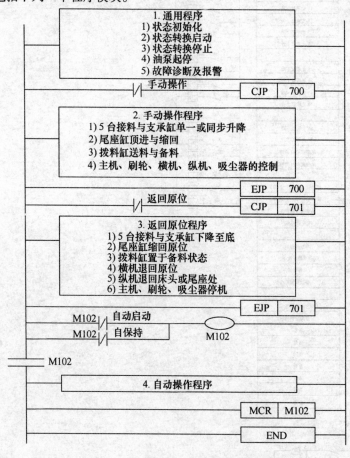

图 6-12 完整的用户程序总框图

1）通用程序模块。包括状态初始化、状态转移启动、状态转换停止、油泵起停、故障诊断及报警等。

2）手动操作程序模块。包括 5 台接料与支承缸的单一与同步升降；尾座缸的顶进和缩回；拨料缸的送料和备料；主机、刷轮机、横机、纵机、吸尘器的起停与正反转控制。

3）返回原位程序模块。包括 5 台接料与支承缸下降到底；尾座缸缩回原位；拨料缸置于备料状态；横机退回原位；纵机退回床头或床尾处；主机、刷轮机、吸尘器停机。

4）自动操作控制程序模块。按照全自动除锈的生产工艺流程采用状态转换图或步进梯形图编程，并配以多种传感器实现除锈机的各种互锁和保护功能。

这种模块式程序结构，不仅程序的编制比较直观和容易，而且在程序调试过程中易设断点和查找出错点。

其完整的控制顺序组态如下。

1）PLC 在运行状态"RUN"，开关"ON"。

2）负载电源在"启动运行"状态。

3）在手动操作方式下，常闭触点 X_{002} 断开，执行手动操作程序，否则使程序转移。

4）在返回原位方式下，常闭触点 X_{001} 断开，执行返回原位程序，否则使程序转移。

5）在自动操作方式下，按自动启动按钮才执行自动操作程序。若在掉电恢复后，机器由原位重新起动时，不需要优先步骤。

2. 通用程序模块梯形图

通用程序模块主要包括状态初始化、状态转移启动、状态转换停止、油泵控制程序、左右限位、保护程序等。其梯形图程序如图 6-13 所示。

（1）状态初始化 状态初始化包括初始化置位和中间状态器复位。状态初始化程序如图 6-14 所示。

1）初始状态置位。在选择返回原位状态方式下，按返回原位按钮，则表示机器初始化条件的初始状态器 S600 置位，其作用是使自动顺序工作从原位开始，依次逐步进行转换。当最后工序完成以后，S600 再次置位，进行下一过程。而在依次工作期间，即使误按了启动按钮，也不可能作另一次启动，因为此时工序已不在原位，S600 已处于不工作状态。

在选择了手动操作方式时，工作顺序由人工按下各按钮开关完成，不需要一定从原位开始，此时 S600 复位。

2）中间状态复位。因为状态器 S600～S647 均由后备电源支持，在失电时有可能是接通的。为防止顺序控制误操作，通常需要在返回原位和手动操作时，对处于中间状态的状态器进行总复位。指令格式见图 6-13。F670K103 是总复位功能指令，F671K601～F672K612 为中间状态器 S601～S612 的复位功能指令，X001 和 X002 是复位条件。若机器要求开机必须从原位开始工作，可加入 M71 初始化脉冲为复位条件。复位表示将中间状态器 S601～S612 全部复位。对于工艺要求状态器要在电源断电后恢复工作时，从掉电前保持的状态条件开始工作，则取消 M71 初始化脉冲。

3）状态初始化下的操作。

①按下返回原位按钮，表示机器初始化条件的初始状态器（S600）在返回原位方式下置位；在手动操作方式下复位。

②处于中间工序的状态器要用手动进行复位操作，具体有手动操作、返回原位、开机初始化脉冲。

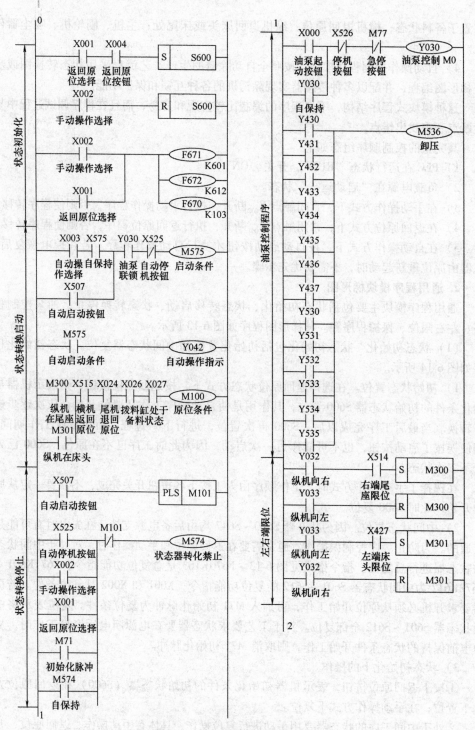

图 6-13　通用程序模块梯形图程序

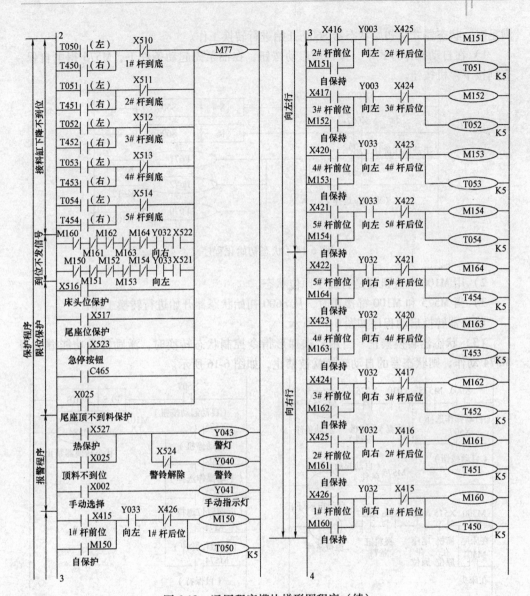

图 6-13 通用程序模块梯形图程序（续）

③状态器由电池支持，在掉电情况下仍保持掉电前的条件。

④F670K103 可使中间状态器复位，此时状态器 S601~612 同时复位。

⑤如果状态器要在电源恢复供电时从掉电前条件继续工作，则不需要开机初始化脉冲 M71 复位。

此时，由置位指令驱动的输出继电器就要通过电池支持的辅助继电器 M300~M377 来驱动。

（2）状态器转换启动　状态器转换启动包括启动条件和原位条件，只有两者同时满足时，状态器才从初始状态器 S600 开始进行转换工作。

1）在自动操作方式下，按自动启动按钮，在油泵先起动条件下，M575 得电自保，直到按下停机按钮。

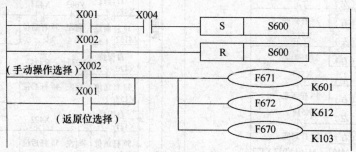

图 6-14　状态初始化程序

2）用 M100 检查机器是否处于原位状态。

3）当 M575 和 M100 都接通时，从 S600 初始状态器开始进行转换工作。

状态器转换启动程序如图 6-15 所示。

（3）状态器转换禁止　当用步进梯形指令控制状态转换时，激励特殊功能继电器 M574 动作，则状态器的自动转换就被禁止，如图 6-16 所示。

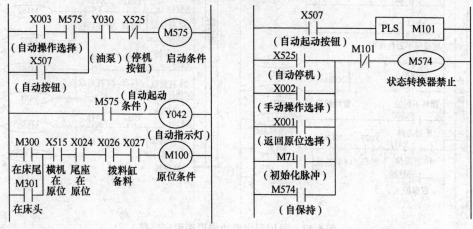

图 6-15　状态器转换启动程序　　　图 6-16　状态器转换禁止

1）在自动启动操作时，M101 发出脉冲，使状态器转换禁止解除，状态器能够进行转换工作，使除锈机按步序转换自动工作。

2）在自动停机、手操选择、返回原位选择、开机初始化脉冲等条件下，M574 得电保护，状态器转换均处于禁止状态，不能进行自动转换工作。

3）当按下启动按钮时，M101 产生脉冲输出，使 M574 断开。

4）在自动操作期间，按下停止按钮时，M574 自保持，操作停止在现行工序；当按下启动按钮时，从现行工序重新开始工作。

5）在手动操作和返回原位情况下，禁止进行状态转换，按下启动按钮，在状态转换器禁止复位。

6）PLC 启动时，用开机初始化脉冲 M71 使 M574 得电自保持，直到按下启动按钮。

（4）油泵起停程序

1）在 $YA_1 \sim YA_{14}$ 电磁阀失电的情况下，YA_0 卸压电磁阀得电，使油泵电动机在卸压轻载状态下起动运转。

2）油泵起动时，当 $YA_1 \sim YA_{14}$ 中有一个得电时 YA_0 均失电，使各液压缸在高压油的推动下正常工作。

油泵起停控制程序如图 6-17 所示。

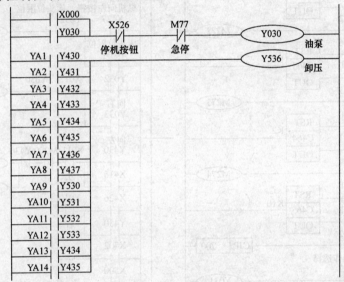

图 6-17　油泵起停控制程序

（5）故障诊断及报警程序　为保护系统安全可靠运行，本系统设置了功能很强的故障诊断和系统保护及报警程序，如图 6-13 所示。主要包括：

1）料送出延时 1s 接料不到位时，不停机仅报警。

2）除锈过程中，纵机左、右行进到各支承缸，不发信号，支承缸不下降保护。

3）支承缸虽下降，但下降不到底保护。

4）尾座顶不到位保护。

5）限位保护。纵向溜板和横向拖板至两终点时，故障停机报警。

6）当电动机过热时停机报警。

7）急停时停机报警。

8）手动操作时，手动灯亮；自动操作时，自动灯亮。

9）支承缸下降次数的信号选择。

3. 手动操作程序

手动操作的梯形图程序如图 6-18 所示。

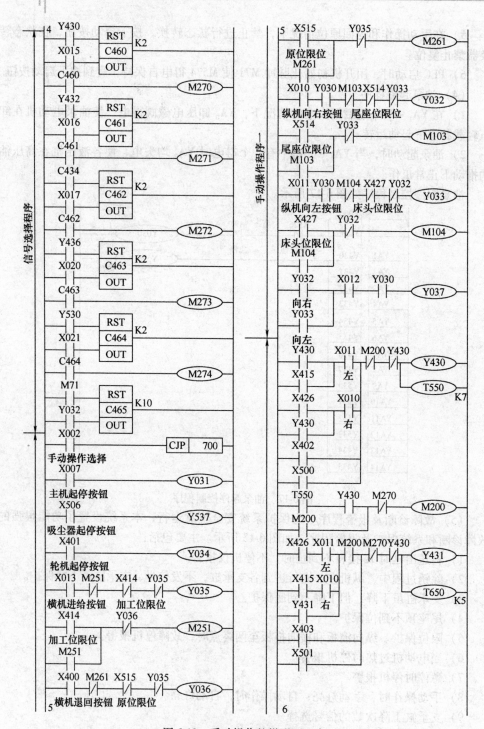

图 6-18　手动操作的梯形图程序

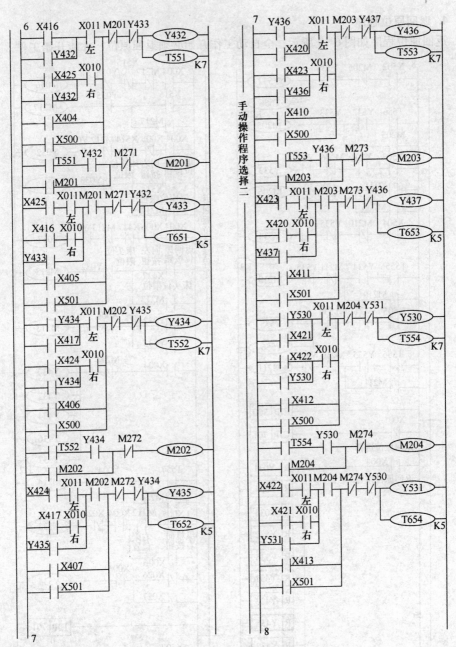

图 6-18　手动操作的梯形图程序（续）

1）1#~5#缸在纵进、纵退、停止情况下，可单独升降，也可同步升降。

2）在纵进、纵退条件下，由相应接近开关控制升降。

3）其他启停由相应按钮操作。

4. 返回原位程序

返回原位程序如图 6-19 所示。全自动工作开始必须返回原位，才能开始工作。

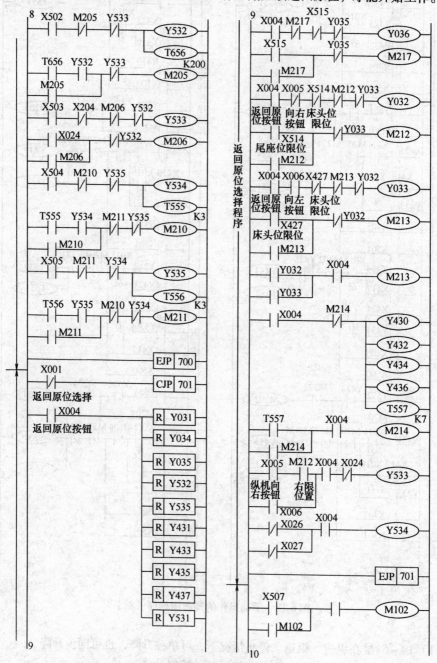

图 6-19　返回原位程序

5. 全自动操作程序

全自动操作程序的流程框图如图 6-20 所示，其梯形图程序如图 6-21 所示。

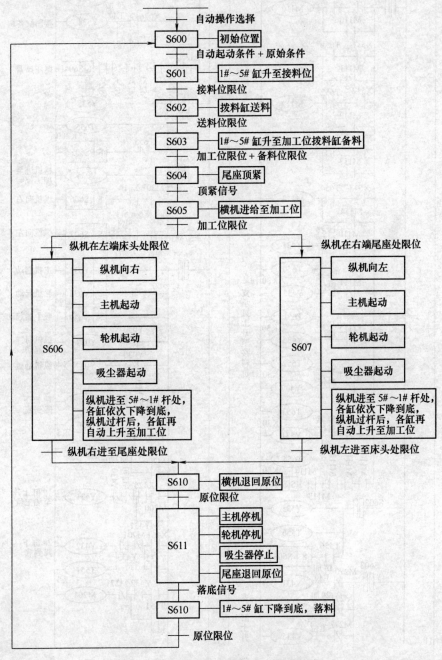

图 6-20　全自动操作程序的流程框图

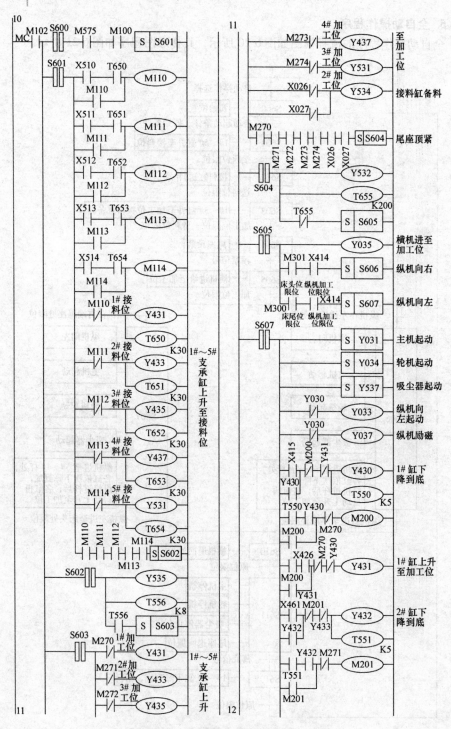

图 6-21　全自动操作程序的梯形图程序

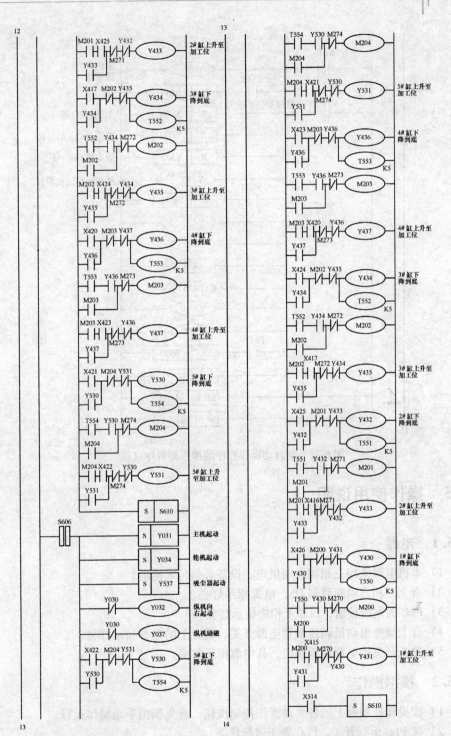

图 6-21 全自动操作程序的梯形图程序（续一）

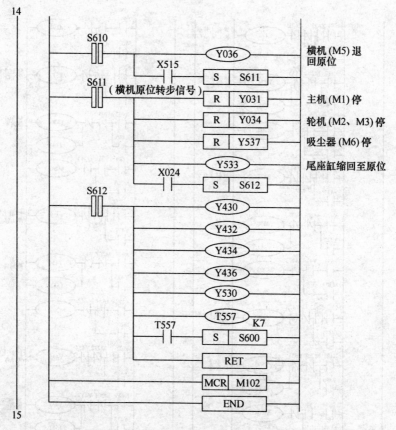

图 6-21　全自动操作程序的梯形图程序（续二）

6.5　操作使用说明

6.5.1　电源

1）本机电源采用三相四线制供电，设备必须可靠接地。

2）合上三相自动断路器 QS，电源指示灯亮。

3）PLC 的电源接通，PLC 上相应指示灯亮。

4）合上滑差电动机调速装置电源开关，装置上的电源指示灯亮。

5）接近开关的电源装置接通，其电源指示灯亮。

6.5.2　模拟操作

1）按操作控制台上的各手动操作控制按钮，首先模拟手动操作运行。

2）按 PLC 运行开关，PLC 置于运行状态。

3）按相应操作按钮，观察相应输入输出指示灯是否正确。在模拟操作正确无误的情况下方可进行 PLC 自动运行操作。

6.5.3　运行操作

1）按 PLC 运行开关，PLC 置于运行状态。

2）按 PLC 负载电源启动按钮，PLC 负载电源接通。

3）按油泵电动机起动按钮，油泵电动机起动后运行。

4）将状态选择开关置于返回原位状态，按返回原位启动按钮，机器处于原位状态。

5）将状态选择开关置于手动运行状态，手动指示灯亮。按相应启停按钮，相应控制设备工作。

6）将状态选择开关置于自动运行状态，自动指示灯亮。按自动启动按钮，机器按所设定的工作顺序自动工作。

6.5.4　事故下的故障处理及报警指示

1）横机和纵机走或未到极限终点，停机并报警。

2）电动机超负载运行时，热元件动作，停止相应超载运行电动机并报警。

3）拨料缸送出料位，顶料缸顶不到位，继续前进，到限位未停机并报警。

4）紧急情况按急停按钮，PLC 负载输出停止。

5）分断三相空气断路器，系统立即失电停机。

6.5.5　注意事项

该运行程序是按工序过程流程图编制，要求各工序过程动作必须准确、各个行程接近开关必须调整准确到位，否则不能准确发出转步信号，机器将不能正确运行。

附　　录

附录 A　日本三菱公司 FX$_{2N}$ 系列 PLC 编程软件 SWOPC-FXGP/WIN-C 的使用说明

PLC 的编程方法分为手动编程和计算机编程。计算机编程直观简单，灵活多变，且设计和改动程序方便，是 PLC 首选的编程工具；而手动编程的特点是编程器携带方便，但输入程序时对操作人员要求较高。随着手提计算机和笔记本计算机的应用越来越广泛，手动编程的特点已经显示不出其优越性。因此，目前 PLC 一般都采用计算机编程。本节主要介绍日本三菱公司 FX$_{2N}$ 系列 PLC 编程软件 SWOPC-FXGP/WIN-C 的操作使用说明。

SWOPC-FXGP/WIN-CV2.11 是一个可应用于 FX 系列 PLC 的编程软件，可在 Windows95/98/2000 下运行。在 SWOPC-FXGP/WIN-C 中，可通过梯形图符号、指令字语言及 SFC 符号来创建程序，还可以在程序中加入中文、英文注释，它还能够监控 PLC 运行时的动作状态和数据变化情况，而且还具有程序和监控结果的打印功能。总之，SWOPC-FXGP/WIN-C 软件为用户提供了程序录入、编辑和监控手段，是功能较强的 PLC 上位编程软件。

1. 系统的启动、元件输入与退出

1）要想启功 SWOPC-FXGP/WIN-C，用鼠标双击桌面上的快捷方式 图标，将出现图 A-1 所示的启动临时界面。单击工具栏中的"新文件"图标，将出现图 A-2 所示的

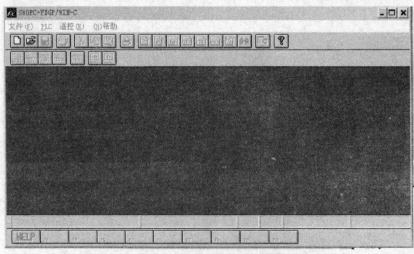

图 A-1　SWOPC-FXGP/WIN-C 的启动临时界面

PLC 类型设置界面。选择 PLC 类型后（默认状态是 FX$_{2N}$），按确认键，即出现图 A-3（梯形图编程）或图 A-4（指令表编程）所示的初始界面。从界面可看到最上面是菜单栏，接着是工具栏，编辑区下面分别是状态栏和功能键，界面右边有功能图。

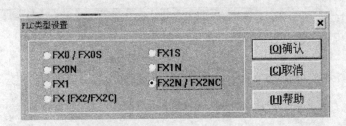

图 A-2　PLC 类型设置界面

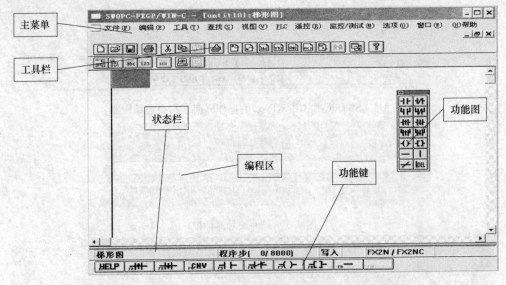

图 A-3　SWOPC-FXGP/WIN-C 的操作界面（梯形图编程器）

2）功能图中的"触点""线圈""功能""连线"等功能符号是用于绘制梯形图和梯形图编辑的。如选中某梯形图符号选项，则弹出如图 A-5 所示的元件编号对话框。输入元件编号，如输入 X000、Y000、T0 等后按确认键，即可自动生成梯形图程序。以此类推，即可编制出 PLC 的用户程序，如图 A-6 所示。

3）要想退出 SWOPC-FXGP/WIN-C，用鼠标选取 [文件] 菜单下的 [退出] 命令，即可退出 SWOPC-FXGP/WIN-C，如图 A-7 所示。

2. 编程软件的基本操作

各项菜单中包含了工具栏、功能键、功能图中的所有功能。基本操作如下。

1）运行 SWOPC-FXGP/WIN-C，进入主菜单。

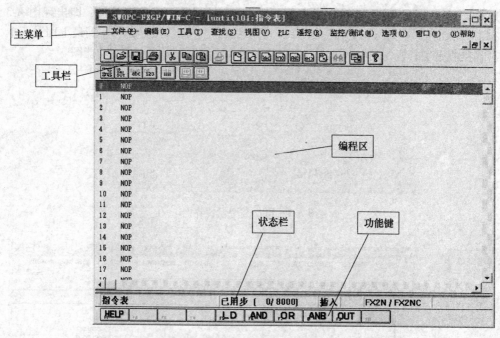

图 A-4 SWOPC-FXGP/WIN-C 的操作界面（指令表编程器）

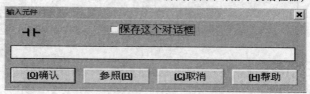

图 A-5 元件编号对话框

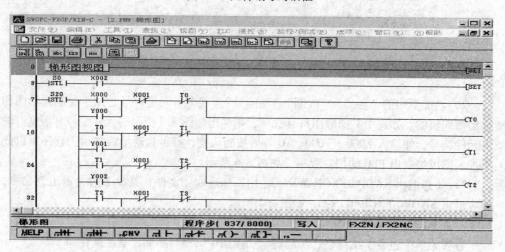

图 A-6 自动生成梯形图程序

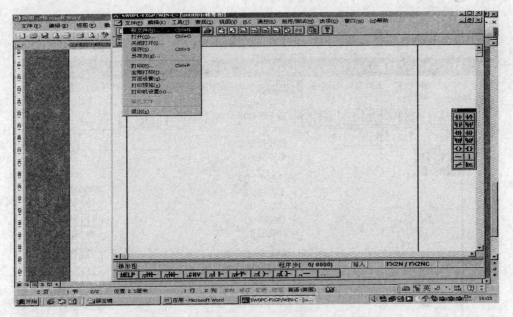

图 A-7　退出 SWOPC-FXGP/WIN-C 的操作

　　2）如果要运行已经编好的程序，则选择"文件→打开"菜单，屏幕显示已编辑好的文件列表供编程者选择。编程者只要选择所需要的程序文件即可。如果要编写一个新的 PLC 程序，则选择"文件→新文件"菜单，屏幕显示选择 PLC 种类的对话框，选择 FX_{2N} 即建立一个新的程序文件。图 A-3 所示为梯形图编程器界面，图 A-4 所示为指令表编程器界面。

　　3）进入编程状态后，编程者可选择梯形图编程器或指令表编程器进行编程操作，如图 A-8 所示。

　　选择"视图→梯形图"菜单，即选择了梯形图编程器，系统进入梯形图编程方式。此时编程者可用键盘直接输入指令，也可以选择屏幕右边的功能图或屏幕下方的功能键所供的软元件图标，系统会自动将图标置于屏幕的编程区，按顺序完成程序的编写。

　　选择"视图→指令表"菜单，即选择了指令语句表编程器，系统进入指令语句表编程方式。编程者可用键盘直接输入指令，也可用鼠标直接选择屏幕下方列出的 LD、AND、OR、ANB、OUT 等助记符。

　　4）如果要把所编写的程序输入到 PLC 主机中去，首先应用与 PLC 配套的电缆进行硬件连接，并把运行开关扳至 STOP（停止）端，然后在 PLC 的主菜单中选择"PLC→传送→写出"菜单，如图 A-9 所示。此时系统要求输入起始步及终止步，操作人员输入起始步和终止步即可。注意一般起始步从 0 步开始。终止步不要太长，否则编辑和检查的时间过长。

　　5）查看梯形图编程器窗口，选择主菜单中的"工具→转换"菜单，可进行程序的编辑转换。

6）选择主菜单中的"监控/测试→开始监控"菜单，可以在线监控。将主机的运行开关扳至 RUN（运行）端，PLC 即可运行所编的程序。

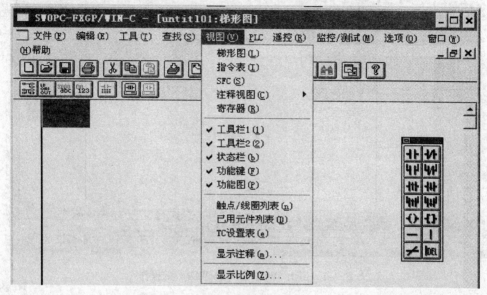

图 A-8 选择编程器

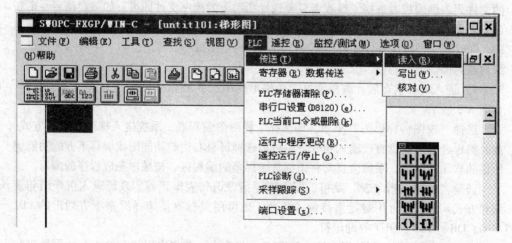

图 A-9 向 PLC 主机输入程序

3. FX$_{2N}$ 系列 PLC 梯形图编程器各菜单的操作方法及功能

在计算机上用梯形图进行编程，直观明了，检查错误及修改也很方便，是编程者首选的编程方法。FX$_{2N}$ 系列 PLC 梯形图编程器界面下共有 11 个主菜单：文件、编辑、工具、查找、视图、PLC、遥控、监控/测试、选项、窗口及帮助。下面简要介绍各菜单的操作方法及功能。

（1）文件菜单　文件菜单如图 A-10 所示（菜单项后面的字母是该菜单项的热键）。下面主要介绍其中常用的 10 个菜单项。

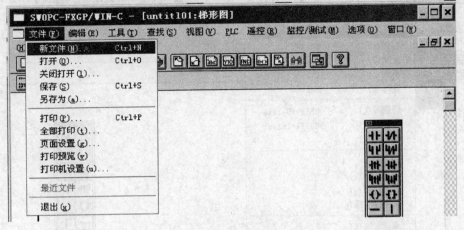

图 A-10　文件菜单

1）新文件。创建一个新的 PLC 程序。

2）打开。从文件列表中打开用户所需要的程序文件。

3）关闭打开。将已处于打开状态的程序文件关闭，再打开另一个程序文件。当执行"文件→关闭打开"菜单命令时，如果现有的程序文件被改变过或未被保存，则会出现保存确认对话框。

4）保存。保存编制的程序文件、注释数据及其他在同一文件名下的数据。如果是第一次保存，则会出现"赋名及保存"对话框。

5）另存为。指定保存文件的文件名及路径后保存程序文件以及诸如注释文件之类的数据。

注意：在输入文件名时可不必输入文件扩展名，所有文件被自动加上扩展名。

6）打印。依据已有格式打印程序文件及其注释。在"打印条件"对话框中可设定诸如连带注释打印等打印条件，单击"确认"按钮或按〈Enter〉键开始打印。如果要终止打印，可单击"正在打印"对话框中的"取消"键或按〈ESC〉键。当需要连续打印梯形图、指令语句表或寄存器数据等特殊数据时，可在"批量打印"对话框中进行设置。

7）全部打印。可以以一种已存在的格式，根据指定的打印项目及按照顺序批量打印梯形图、指令语句表、SFC、寄存器数据及其他特殊数据。

8）页面设置。设置打印纸张、页眉、页脚及页数。

9）打印预览。显示待打印文档的打印效果。

10）打印机设置。设置打印机及打印方向、纸张大小等。

（2）编辑菜单　编辑菜单如图 A-11 所示。各菜单项功能如下。

1）撤销键入。取消刚刚执行的命令或输入的数据。

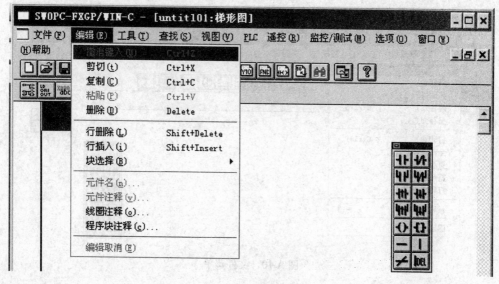

图 A-11 编辑菜单

2）剪切。将梯形块单元剪切掉，被剪切的数据保存在剪贴板中。

注意：如果被剪切的数据超过了剪贴板的容量，则剪切操作被取消。

3）复制。复制梯形块单元，被复制的梯形块数据也保存在剪贴板中。

4）粘贴。将剪贴板中的梯形块单元粘贴在当前文件中。

注意：如果剪贴板中的数据未被确认为梯形块，则剪切操作被禁止。

5）删除。在行单元中删除线路块，被删除的数据并未存储在剪贴板中。

6）行删除。删除梯形符号或梯形块单元。也可用〈Delete〉键删除光标所在处的梯形符号。

7）行插入。插入一行程序。

8）块选择。在块单元中选择梯形。

9）元件名。在进行线路编辑时输入一个元件名。

注意：元件名可为字母、数字及符号，长度不得超过 8 位。

10）元件注释。在进行梯形图编辑时输入元件注释。

注意：元件注释不得超过 50 个字符。

11）线圈注释。在进行梯形图编辑时输入线圈注释。

注意：线圈注释不受字数限制。

12）程序块注释。在进行梯形图编辑时输入程序块注释。

注意：程序块注释不受字数限制。

（3）工具菜单 工具菜单如图 A-12 所示。各菜单项功能如下。

1）触点。输入梯形图符号中的触点符号。其中："—┤├—"表示常开触点，

"┤├"表示常闭触点，"┤↑├"表示上升沿（P）触发脉冲触点，"┤↓├"表示下降沿（F）触发脉冲触点。

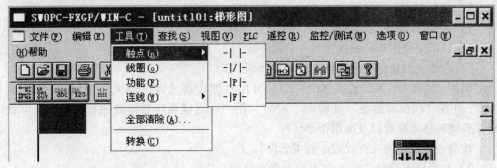

图 A-12　工具菜单

2）线圈。在梯形图中输入线圈。

3）功能。输入功能、线圈命令等。

4）连线。输入垂直线及水平线，或删除垂直线。其中："│"表示画垂直线，"—"表示画水平线，"—/—"表示画翻转线，"│删除"选项用于删除垂直线。

5）全部清除。清除编程区命令。

注意：所清除的仅仅是编程区中的命令，而参数的设置值并未改变。

6）转换。将创建的梯形图转换格式存入计算机中。

注意：如果在不完成转换的情况下关闭梯形图窗口，则被创建的梯形图会被抹去。

（4）查找菜单　查找菜单如图 A-13 所示。各菜单项功能如下。

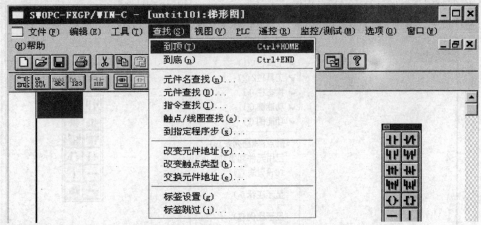

图 A-13　查找菜单

1）到顶。在开始步的位置显示程序。

2）到底。到程序的最后一步显示程序。

3）元件名查找。在字符串单元中查找元件名。

4）元件查找。查找元件。

5）指令查找。查找指令。

6）触点/线圈查找。查找任意一个触点或线圈。

7）到指定程序步。查找任意一个程序步。

8）改变元件地址。改变特定软元件地址。

例如，用 X20 ~ X25 替换 X10 ~ X5，可在"被代换元件"输入栏中输入"X10 ~ X15"并在"代换起始点"处输入"X20"。用户可设定顺序替换或成批替换，还可设定是否同时移动注释以及应用指令元件。

注意：被指定的元件仅限于同类元件。

9）改变触点类型。将 A 触点与 B 触点互换。

注意：被指定的元件仅限于同类元件。

10）交换元件地址。互换两个指定元件。

注意：只能指定同类元件进行互换。

11）标签设置。设置运行程序到指定步数。

注意：最多可设定 5 步。

12）标签跳过。跳至标签设置处。

（5）视图菜单　视图菜单如图 A-14 所示。各菜单项功能如下。

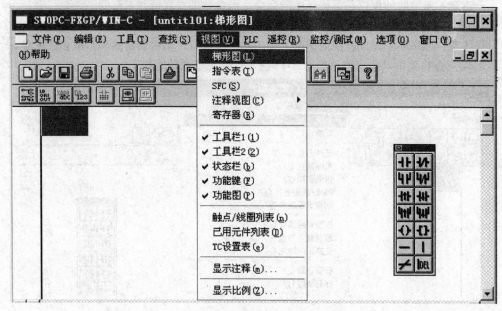

图 A-14　视图菜单

1）梯形图。打开梯形图视图或激活已打开的梯形图视图。

2）指令表。打开指令表视图或激活已打开的指令表视图。

3）SFC。打开 SFC 视图或激活已打开的 SFC 视图。

4）注释视图。打开注释窗口或激活已打开的注释窗口视图。

5）寄存器。打开寄存器视窗或激活已打开的寄存器视图。

6）工具栏。显示与菜单操作相应的快捷按钮。

7）状态栏。显示当前视图类型、PLC 用户程序最大程序步及当前已使用步数、PLC 的型号等信息。

8）功能键。包括与窗口功能相应的各按钮。

9）触点/线圈列表。显示触点及线圈的使用状态。

10）已用元件列表。显示程序中元件的使用状态。

显示内容为—┤├—（常开触点）及—（　）—（线圈），表明正在被使用的触点和线圈。触点右边的数字表示被使用的次数。显示 E 表示元件只能被用作触点或线圈。

11）TC 设置表。显示程序中计数器及定时器的设置表。

12）显示注释。可设置显示或不显示各种注释及元件。

13）显示比例。以缩小或放大的比例显示内容。可选的缩放比例有 50%、75%、100%、125% 和 150%。

（6）PLC 菜单　PLC 菜单如图 A-15 所示。各菜单项功能如下。

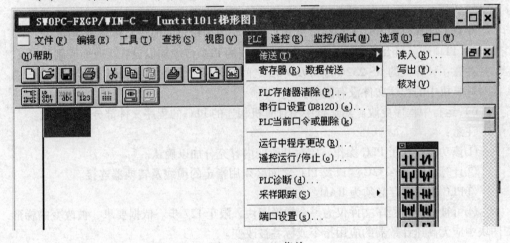

图 A-15　PLC 菜单

1）传送。将已创建的程序文件成批传送到 PLC 中。传送功能包括"读入""写出"及"核对"。

读入：将 PLC 中的程序文件传送到计算机中。

写出：将计算机中的程序文件发送到 PLC 中。

核对：将在计算机及 PLC 中的程序文件加以比较校验。

注意：

①计算机的 RS-232C 端口及 PLC 之间必须用指定的缆线及转换器连接。

②执行完"读入"操作后，计算机中的程序文件将丢失，PLC 模式被改成设定的模式，现有的程序文件被读入的程序所替代。

③在"写出"时，PLC 应停止运行，程序必须在 RAM 或 EEPROM 内存保护关断的情况下写出。

2）寄存器（R）数据传送。将已创建的寄存器数据成批传送到 PLC 中。其功能也包括"读入""写出"及"核对"三部分。

注意：计算机的 RS-232C 端口及 PLC 之间必须用指定的缆线及转换器连接。PLC 的模式必须与计算机中设置的 PLC 模式一致。

3）PLC 存储器清除。初始化 PLC 中的程序及数据。以下三个存储器中的内容将被清除：

①PLC 储存器。程序文件为 NOP，参数设置为默认值。

②数据元件存储器。数据文件缓冲器中数据置零。

③位元件存储器。X、Y、M、S、T、C 的值被置零。

注意：计算机的 RS-232C 端口及 PLC 之间必须用指定的缆线及转换器连接。特殊数据寄存器数据不被清除。

4）串行口设置（D8120）。使用 RS-232C 适配器及 RS 命令来设置及显示通信格式，所显示的数据基于 PLC 特殊数据寄存器 D8120 的内容而定。

注意：计算机的 RS-232C 端口及 PLC 之间必须用指定的缆线及转换器连接。

5）PLC 当前口令或删除。将与计算机相连的 PLC 口令加以设置、改变或删除。

注意：计算机的 RS-232C 端口及 PLC 之间必须用指定的缆线及转换器连接。该功能对计算机中的程序文件没有影响。

6）运行中程序更改。对运行中与计算机相连的 PLC 的程序文件部分进行更改。

注意：

①该功能改变了 PLC 操作，应对其改变内容充分加以确认。

②计算机的 RS-232C 端口及 PLC 之间必须用指定的缆线及转换器连接。

③PLC 程序内存必须为 RAM。

④可被改变的程序文件仅为一个梯形图块，限于 127 步。依据要求，被改变的梯形图块中应无高速计数器的应用指令或标签被改变。

7）遥控运行/停止。在可编程序控制器中以遥控的方式进行运行/停止操作。

注意：该功能改变程序文件的操作状态，在操作中需要有相应的警告信号。

8）PLC 诊断。显示与计算机相连的 PLC 的状况、与出错信息相关的特殊数据寄存器以及内存的内容。

注意：计算机的 RS-232C 端口及 PLC 之间必须用指定的缆线及转换器连接。

9）采样跟踪。采样跟踪的目的在于存储与时间相关的元件数值变化并将其在时间表中加以显示，或在 PLC 中设置采样条件，显示基于 PLC 中采样数据的时间表。

10）端口设置。设置采样的次数、时间、元件及触发条件。采样次数可设为 1 ~

512，采样时间为 0 ~ 200 （×10ms）之间。

运行：设置条件被写入 PLC 中，以此来规范采样的开始。

显示：PLC 完成采样，采样数据被读出并被显示。

记录文件：采样的数据可从记录文件中读取。

写入记录文件：采样结果被写入记录文件。

注意：采样由 PLC 执行，其结果也被存入 PLC 中，这些数据可被计算机读入并显示。

当在 PLC 中进行条件设置时，计算机的 RS-232 端口及 PLC 间应正确连接。

（7）遥控菜单　遥控菜单如图 A-16 所示。各菜单项功能如下。

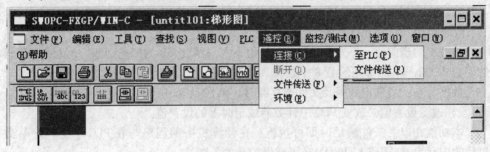

图 A-16　遥控菜单

1）连接。连接电话线使得程序数据可在 PLC 及计算机间互相传送。

注意：在连线之前应先设置好调制解调器。

2）中断。将已连接好的电话线断开。

3）文件传送。发送或接收文件。

4）环境。设置待用的调制解调器及通信记录文件。

（8）监控/测试菜单　监控/测试菜单如图 A-17 所示。各菜单项功能如下。

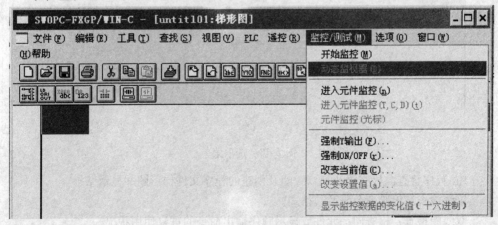

图 A-17　监控/检测菜单

1）开始监控。在梯形图视图下监视可编程序控制器的操作状态。从梯形图编辑状态转换到监视状态，同时在显示的梯形图中显示可编程序控制器各元器件的状态（ON/OFF）。

注意：在梯形图监控中，梯形图中只有 ON/OFF 状态被监控。当监控当前值以及设置寄存器、计时器、计数器数据时，应使用元件登录监控功能。

2）动态监视器。动态监控元件单元。

3）进入元件监控。设置在元件登录监控中被显示的元件。

4）强制 Y 输出。强制 PLC 输出端口（Y）输出 ON/OFF。

5）强制 ON/OFF。强行设置或重新设置 PLC 的位元件。

6）改变当前值。改变 PLC 字元件的当前值。

元件范围：对字元件有效。

被改变的当前值：K 为十进制数，H 为十六进制数，B 为二进制数，A 为 ASCII 码。如果为 ASCII 码，最多可设置 8 个数符。

数据大小：当选定数据及文件寄存器时，16 位及 32 位均可。

7）改变设置值。改变 PLC 中计数器或定时器的设置值。

本功能在以下条件满足时即可执行：在计算机中的程序与在 PLC 中的程序一致；PLC 的内存为 RAM 或 EEPROM（可被保护开关关断）。

注意：该功能仅在监控线路图时有效。

（9）选项菜单　选项菜单如图 A-18 所示，各菜单项功能如下。

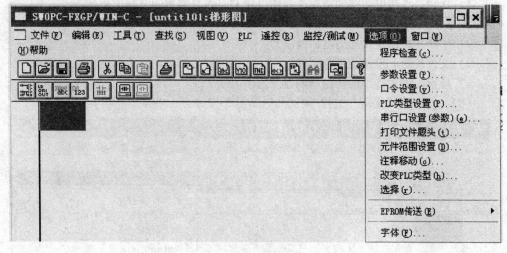

图 A-18　选项菜单

1）程序检查。检查语法、双线圈及创建的程序文件梯形图并显示结果。

语法检查：检验命令码及其格式。

双线圈检查：检查同一元件或显示顺序输出命令的重复使用状况。

线路（梯形）图检查：检查梯形图中的缺陷。

注意：如果在双线圈检查或线路检查中检出错误，它并不一定导致 PLC 或操作方面的错误。特别在 PLC 方面，双线圈并不被认为是错误的，在步进梯形图中它是被允许的或有特殊用途。

2）参数设置。设置诸如创建程序文件、程序大小或决定元件锁存范围的大小。

注意：

①刚刚创建的程序文件的参数为默认值。

②参数设置数据被当作程序文件的一部分来处理并被存储在 PLC、文件及 ROM 中。

③注释区域不在此系统中。注释是被存在文件中的。

3）口令设置。重新设置口令，改变或取消在计算机一方的口令。

注意：该口令对 PLC 无用。

4）PLC 类型设置。在参数区域里设置 PLC 模式。设置内容包括无电池模式的 ON/OFF、调制解调器的初始化、是否运行终端输入以及运行终端输入号。

注意：内容的设置应在参数设置区域内进行。

5）串行口设置（参数）。在参数区域设置通用通信选项。设置内容为数据长度、奇偶校验、停止位、波特率、协议、数目校验、传送控制过程、站点号、剩余时间等。

注意：此设置内容被设置在参数表中。设置好通用通信数据后，运行 PLC 时，数据被拷贝到特殊数据寄存器 D8120、D1821、D8129 中。

6）打印文件题头。将打印数据加以标志。各项标志被设置为默认，但可被改变。

注意："打印文件题头"内的数据被存入程序文件的参数项中。

7）元件范围设置。一般来说，由 PLC 允许范围决定元件的最大设置范围，但每个元件仍然可有设置范围。

注意：当创建程序文件或检查程序时，在此设置的元件范围是有效的。

8）注释移动。将其他编程工具创建的注释拷贝到元件注释区。

注意：如果已将注释输入到元件注释区，新注释将覆盖旧注释。

9）改变 PLC 类型。改变 PLC 类型。

注意：

①作为条件，仅允许从低级类型改动到高级类型，不允许改变为指定目录外的类型。

②在该变化下，仅改变类型而不改变参数设置。如果需要在改变模式后改变参数，应在"参数设置"对话框中设置参数。

10）选择。设置各种环境。

11）EPROM 传送。传送程序文件至与计算机 RS-232C 端口相连的 ROM 写入器。传送功能包括配置、读入、写出及核对。

注意 ROM 写入器必须能提供 RS-232C 传送功能，并支持相应格式。ROM 写入器的传送格式为十六进制。若使用 EPROM-8 型 ROM 磁带盒，需要 ROM 适配器。

12）字体。设置在各个窗口中显示文字的字体及其大小。

（10）窗口菜单　窗口菜单如图 A-19 所示，各菜单项功能如下。

图 A-19　窗口菜单

1）视图顺排。窗口重叠排列，所有的标题栏都可以被看见。

2）窗口水平排列。被打开的窗口由左到右依次排列。

3）窗口竖直排列。被打开的窗口由上到下依次排列。

（11）帮助菜单　帮助菜单如图 A-20 所示，各菜单项功能如下。

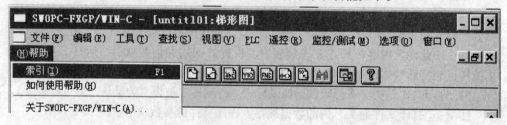

图 A-20　帮助菜单

1）索引。在窗口中显示帮助文件。

2）如何使用帮助。显示使用帮助的方法。

3）关于 SWOPC-FXGP/WIN-C。显示关于 SWOPC-FXGP/WIN-C 的版本信息。

4. 指令语句表编程

指令语句表编程器界面如图 A-21 所示。指令语句表编程器的很多指令与梯形图编程操作相同，这里仅叙述与梯形图编程操作不同的指令。

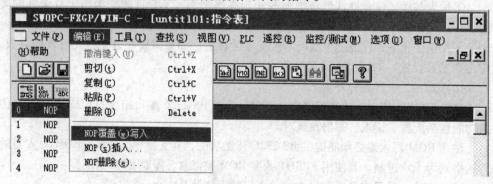

图 A-21　编辑菜单

（1）编辑菜单　编辑菜单如图 A-21 所示。各菜单项功能如下。

1）NOP 覆盖写入。在所有设定范围内写入 NOP。

注意：执行了 NOP 成批覆盖，梯形图将受影响，不能正常显示，因此在执行该功能之前应设定好写入范围的起始步。

2）NOP 插入。在所设定范围内插入 NOP 指令。

注意：所插入的 NOP 数不允许超过程序的最大步数。

3）NOP 删除。在设定的范围内删除 NOP 指令，调整后面的指令向前移动。

（2）工具菜单　工具菜单如图 A-22 所示，各菜单项功能如下。

图 A-22　工具菜单

1）指令。输入基本的指令或功能至对话框中。

2）全部清除。清除编程区的 NOP 命令。

注意：所清除的仅仅是编程区中的命令，参数的设置值未被改变。

附录 B　STEP7-Micro/WIN 的使用说明及其升级版的基本使用

B.1　STEP7-Micro/WIN 的使用说明

STEP7-Micro/WIN（简写 STEP7）编程软件是德国西门子 S7-200 系列 PLC 专用的编程软件，其编程界面和帮助文档已汉化，为中文用户实现开发、编辑和监控程序等提供了良好的界面。STEP7-Micro/WIN 编程软件为用户提供了 3 种程序编程器：梯形图、指令表和功能块图编程器，同时还提供了完善的在线帮助功能，有利于用户获取需要的信息。

1. STEP7-Micro/WIN 编程软件的基本功能

STEP7-Micro/WIN 作为 S7-200 系列 PLC 的专用编程软件，功能强大，且可以实现全中文程序编程操作。本节主要介绍 STEP7 软件的基本功能、界面及界面功能。

（1）STEP7-Micro/WIN 的基本功能　STEP7-Micro/WIN 编程软件是在 Windows 平台上编制用户应用程序，它主要完成下列任务。

1）在离线方式下（计算机不直接与 PLC 联系）可以实现对程序的创建、编辑、编译、调试和系统组态。由于没有联机，所有的程序都存储在计算机的存储器中。

2）用在线（联机）方式下通过联机通信的方式上传和下载用户程序及组态数据，编辑和修改用户程序。此种方式下可以直接对 PLC 进行各种操作。

3）在编辑程序过程中进行语法检查。为避免用户在编程过程中出现的一些语法错误以及数据类型错误，软件会进行语法检查。使用梯形图编程时，在出现错误的地方会自动加红色波浪线。使用语句表编程时，在出现错误的语句行前自动画上红色叉，且在错误处加上红色波浪线。

4）提供对用户程序进行文档管理、加密处理等工具功能。

5）设置 PLC 的工作方式和运行参数，进行监控和强制操作等。

（2）软件界面及其功能介绍　编程软件提供多种语言显示界面，下面依据中文界面介绍 STEP7 常用功能。其他语言界面功能与中文界面相同，只是显示语言不同。

1）软件界面。第一次启动 STEP7 编程软件显示的是英文界面，如图 B-1 所示。

因为 STEP7 编程软件提供了多种显示语言，所以可以选择中文主界面。在图 B-1 中选择【Tools】/【Options】命令，打开【Options】对话框。在【Options】对话框中将【General】/【Language】的内容选择为 "Chinese"，如图 B-2 所示。然后单击 OK 按钮，弹出如图 B-3 所示的退出提示对话框。单击 按钮后，弹出是否保存对话框，如图 B-4 所示。单击 按钮保存后，英文界面被关闭。再次启动 STEP7，出现中文界面，如图 B-5 所示。

图 B-1　英文界面

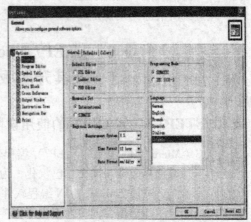

图 B-2　【Options】对话框

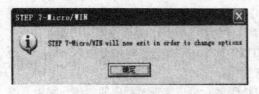

图 B-3　退出提示对话框

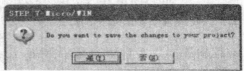

图 B-4　是否保存对话框

浏览条　　　指令树　　　　交叉引用　数据块　　状态图　　符号表

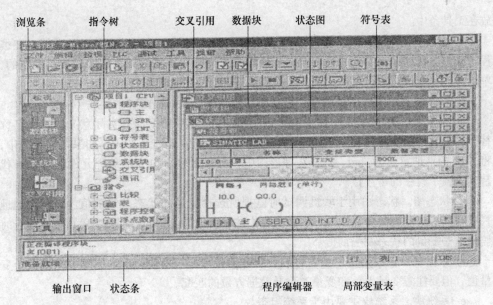

输出窗口　状态条　　　　　　　　程序编辑器　局部变量表

图 B-5　中文界面

2）界面功能。STEP7 编程软件的中文界面一般分为菜单条、工具条、浏览条、输出窗口、状态栏、编辑窗口、局部变量表和指令树等几个区域，这里分别对这几块区域进行介绍。

①菜单条。

a. 文件（File）。如新建、打开、关闭、保存文件，上传或下载用户程序，打印预览，页面设置等操作。

b. 编辑（Edit）。程序编辑工具。可进行复制、剪切、粘贴程序块和数据块以及查找、替换、插入、删除和快速光标定位等操作。

c. 查看（View）。可以设置开发环境，执行引导窗口区的选择项，选择编程语言（LAD、STL 或 FBD），设置 3 种程序编程器的风格，如字体的大小等。

d. PLC。用于选择 PLC 的类型，改变 PLC 的工作方式，查看 PLC 的信息，进行 PLC 通信设置等功能。

e. 调试（Debug）。用于联机调试。

f. 工具（Tools）。可以调用复杂指令向导（包括 PID 指令、网络读写指令和高速计数器指令），安装文本显示器 TD200 等功能。

g. 窗口（Windows）。可以打开一个或多个窗口，并进行窗口之间的切换，设置窗口的排放形式等。

h. 帮助（Help）。可以检索各种相关的帮助信息。在软件操作过程中，可随时按 F1 键，显示在线帮助。

②工具条。工具条的功能是提供简单的鼠标操作，将最常用的操作以按钮的形式安

放在工具条中。

③浏览条。通过选择【查看】/【浏览条】命令打开浏览条。浏览条的功能是在编程过程中进行编程窗口的快速切换。各种窗口的快速切换是由浏览条中的按钮控制的，单击任何一个按钮，即可将主窗口切换到该按钮对应的编程窗口。

a. 程序块。单击程序块图标，可立即切换到梯形图编程窗口。

b. 符号表。为了增加程序的可读性，在编程时经常使用具有实际意义的符号名称替代编程元件的实际地址。例如，系统启动按钮的输入地址是 I0.0，如果在符号表中，将 I0.0 的地址定义为 start，这样在梯形图中，所有用地址 I0.0 的编程元件都由 start 代替，增强了程序的可读性。

c. 状态图。状态图用于联机调试时监视所选择变量的状态及当前值。只需在地址栏中写入想要监视的变量地址，在数据栏中注明所选择变量的数据类型就可以在运行时监视这些变量的状态及当前值。

d. 数据块。在数据窗口中，可以设置和修改变量寄存器（V）中的一个或多个变量值，但要注意变量地址和变量类型及数据方位的匹配。

e. 系统块。系统块主要用于系统组态。

f. 交叉引用。当用户程序编译完成后，交叉索引窗口提供的索引信息有：交叉索引信息、字节使用情况和位使用情况。

g. 通信与设置 PG/PC 接口。当 PLC 与外部器件通信时，需进行通信设置。

④输出窗口。该窗口用来显示程序编译的结果信息，如各程序块（主程序、中断程序或子程序）的大小、编译结果有无错误、错误编码和位置等。

⑤状态栏。状态栏也称为任务栏，与一般任务栏功能相同。

⑥编辑窗口。编辑窗口分为 3 部分：编辑器、网络注释和程序注释。编辑器主要用于梯形图、语句表或功能图编写用户程序，或在联机状态下从 PLC 下载用户程序进行读程序或修改程序。网络注释是指对本网络的用户程序进行说明。程序注释用于对整个程序说明解释，多用于说明程序的控制要求。

⑦局部变量表。每个程序块都对应一个局部变量表。在带参数的子程序调用中，局部变量表用来进行参数传递。

⑧指令树。可通过选择【查看】/【指令树】命令打开，用于提示编程时所用到的全部 PLC 指令和快捷操作命令。

（3）系统组态　系统组态是指参数的设置和系统配置。单击浏览条里的系统块图标，即进入系统组态设置对话框，如图 B-6 所示。常用的系统组态包括断电数据保持、密码、输出表、输入滤波器和脉冲捕捉位等。下面介绍这几种常用的系统组态的设置过程。

1）设置断电数据保持。在 S7-200 中，可以用编辑软件来设置需要保持数据的存储器，以防止出现电源掉电的意外情况时丢失一些重要参数。

当电源掉电时，在存储器 M、T、C 和 V 中，最多可以定义 6 个需要保持的存储器区。对于 M，系统的默认值是 MB0 ~ MB13 不保持；对于定时器 T（只有 TONR）和计数器 C，只有当前值可以选择被保持，而定时器位和计数器位是不能保持的。单击图 B-6 中系统块下的【断电数据保持】进入图 B-7 所示的断电数据保持设置界面，对需要进行断电保持的存储器进行设置。

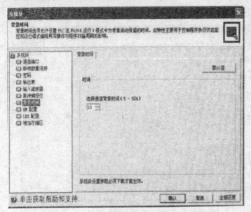

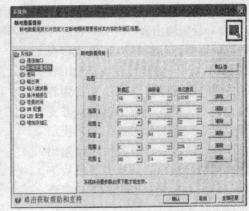

图 B-6　系统组态设置对话框　　　　　　　图 B-7　断电数据保持设置界面

2）设置密码。设置密码指的是设置 CPU 密码，设置 CPU 密码主要是用来限制某些存取功能。S7-200 对存取功能提供了 4 个等级的限制，系统的默认状态是 1 级（不受任何限制），S7-200 的存取功能限制见表 B-1。

表 B-1　S7-200 的存取功能限制

任务	1 级	2 级	3 级	4 级
读写用户数据	不限制	不限制	不限制	需要密码
启动、停止、重启				
读写时钟				
上传程序文件				
下载程序文件				
STL 状态				
删除用户程序、数据及组态		需要密码	需要密码	
取值数据或单次/多次扫描				
复制到存储器卡				
在 STOP 模式写输入				

设置 CPU 密码时，应先单击系统块下的【密码】，然后在 CPU 密码设置界面内选择权限，输入 CPU 密码并确认，如图 B-8 所示。如果在设置密码后又忘记了密码，无法进行受限制操作，只有清除 CPU 存储器，重新装入用户程序。清除 CPU 存储器的方法是：在 STOP 模式下，重新设置 CPU 出厂设置的默认值（CPU 地址、波特率和时钟除

外)。选择菜单栏中的【PLC】/【清除】命令，弹出【清除】对话框，选择【ALL】命令，然后确定即可。如果已经设置了密码，则弹出【密码授权】对话框，输入"Clear"，就可以执行全部清除的操作。由于密码同程序一起存储在存储卡中，最后还要更新写存储器卡，才能从程序中去掉遗忘的密码。

3）设置输出表。S7-200 在运行过程中可能会遇到由 RUN 模式转换到 STOP 模式，在已经配置了输出表功能时，就可以将输出量复制到各个输出点，使各个输出点的状态变为输出表规定的状态或保持转换前的状态。输出表也分为数字量输出表和模拟量输出表。单击系统块下的【输出表】后，输出表设置界面如图 B-9 所示。

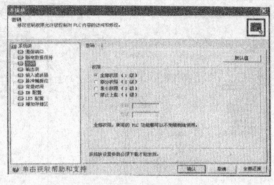

图 B-8　CPU 密码设置界面

在图 B-9 中，只选择了一部分输出点，当系统从 RUN 模式转换到 STOP 模式时，在表中选择的点被置为 1 状态，其他点被置为 0 状态。如果选择【将输出冻结在最后的状态】命令，则不复制输出表，所有的输出点保持转换前的状态不变。系统的默认设置为所有的输出点都保持转换前的状态。

4）设置输入滤波器。单击系统块下的【输入滤波器】，进入输入滤波器设置界面。输入滤波器分为数字量输入滤波器和模拟量输入滤波器，下面分别介绍这两种输入滤波器的设置。

①设置数字量输入滤波器。对于来自工业现场输入信号的干扰，可以通过对 S7-200CPU 单元上的全部或部分数字量输入点合理地定义输入信号延迟时间，这样就可以有效地控制或消除输入噪声的影响，这就是设置数字量输入滤波器的目的。输入延迟时间的范围为 0.2 ~ 12.8ms，系统的默认值是 6.4ms，如图 B-10 所示。

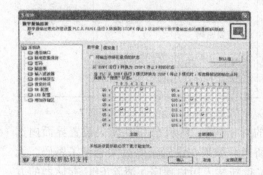

图 B-9　输出表设置界面

图 B-10　数字量输入滤波设置界面

②设置模拟量输入滤波器（使用机型为 CPU222、CPU224、CPU226）。如果输入的模拟量信号是缓慢变化的，可以对不同的模拟量输入采用软件滤波的方式。模拟量输入滤波器设置界面如图 B-11 所示。

图 B-11 中有 32 个参数需要设定：选择需要滤波的模拟量输入地址，设定采样次数和死区值。系统默认参数为：选择全部模拟量参数，采样数为 64（滤波值是 64 次采样的平均值），死区值为 320（如果模拟量输入值与滤波值的差值超过 320，滤波器对最近的模拟量的输入值的变化将是一个阶跃函数）。

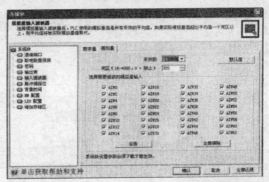

图 B-11　模拟量输入滤波器设置界面

5）设置脉冲捕捉位。如果在两次输入采样期间出现了一个小于一个扫描周期的短暂脉冲，在没有设置脉冲捕捉功能时，CPU 就不能捕捉到这个脉冲信号。反之，设置了脉冲捕捉功能，CPU 就能捕捉到这个脉冲信号。单击系统块下的【脉冲捕捉位】，进入脉冲捕捉位设置界面，如图 B-12 所示。

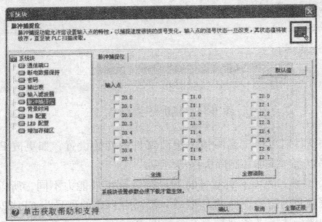

图 B-12　脉冲捕捉位设置界面

2. STEP7-Micro/WIN 编程软件的使用

STEP7-Micro/WIN 编程软件的使用是学习编程软件的重点，这里将按照对文件操作、编辑程序、下载、运行与停止程序的步骤进行 STEP7-Micro/WIN 使用的介绍。

（1）文件操作　STEP7-Micro/WIN 的文件操作主要是指新建程序文件和打开已有文件两种。

1）新建程序文件。新建一个程序文件，可选择【文件】/【新建】命令，或者单

击工具条中的 按钮来完成。新建的程序文件名字默认为"项目 1"，PLC 型号默认为 CPU221。程序文件建立后，程序块中包括一个主程序 MAIN（OB1）、一个子程序 SBR_0（SBR0）和一个中断程序 INT_0（INT0）。新建程序文件界面如图 B-13 所示。

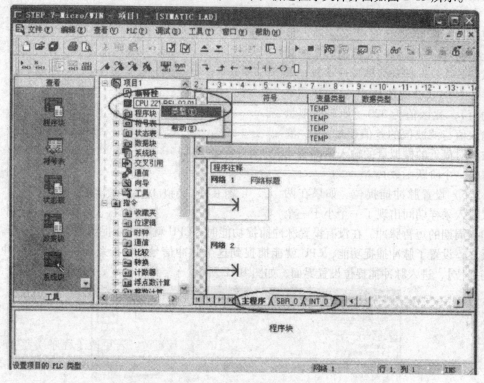

图 B-13　新建程序文件界面

在新建程序文件时可根据实际情况更改文件的初始设置，如更改 PLC 型号、项目文件更名、程序更名、添加和删除程序等。

①更改 PLC 型号。因为不同型号的 PLC 的外部扩展能力不同，所以在建立新程序文件时，应根据项目的需要选择 PLC 型号。若选用 PLC 的型号为 CPU226，则右击项目 1（CPU221）的图标选择【类型】命令，如图 B-13 所示。或者选择【PLC】/【类型】命令，弹出【PLC 类型】对话框，如图 B-14 所示。在【PLC 类型】对话框中，选择"CPU226"，在【CPU 版本】中选择 CPU 的版本（在此选择 02.01），然后单击 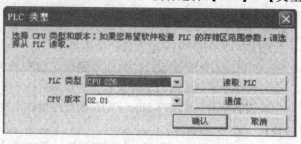 按钮，PLC 型号就更改为 CPU226，如图 B-15 所示。

图 B-14　【PLC 类型】对话框

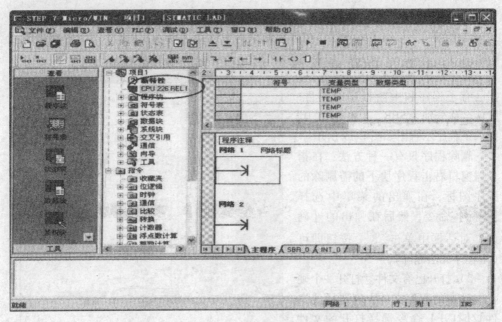

图 B-15　PLC 型号更改为 CPU226

②项目文件更名。若要更改程序文件的默认名称，可选择【文件】/【另存为】命令，在弹出的对话框中键入新名称。

③程序更名。主程序的名称一般默认为 MAIN，不用更改。若更改子程序或者中断程序名称，则在指令树的程序块文件夹下右击子程序名或中断程序名，在弹出的菜单中选择【重命名】命令，如图 B-16 所示。原有名称被选中，此时键入新的程序名代替即可。

④添加和删除程序。在项目程序中，往往不止一个子程序和中断程序，此时就应根据需要添加。在编程时，也会遇到删除某个子程序和中断程序的情况。

添加程序有 3 种方法。

a. 选择【编辑】/【插入】/【子程序（中断程序）】命令进行程序添加工作。

b. 在指令树窗口，右击程序块

图 B-16　程序更名

下的任何一个程序图标，在弹出的菜单中选择【插入】/【子程序（中断程序）】命令。

c. 在编辑窗口右击编辑区，在弹出的菜单中选择【插入】/【子程序（中断程序）】命令。

新生成的子程序和中断程序根据已有子程序和中断程序的数目，默认名称分别为 SBR_ n 和 INT_ 0。插入子程序示意图如图 B-17 所示。

删除程序只有一种方法：在指令树窗口右击程序块下的需删除的程序图标，在弹出的菜单中选择【删除】命令，然后在弹出的【确认】对话框中单击 按钮即可（主程序无法删除）。

2）打开已有文件。打开一个硬盘中已有的程序文件，应选择【文件】/【打开】命令选择打开的文件即可。也可用工具条中的 按钮打开。

图 B-17　插入子程序示意图

（2）编辑程序　编制和修改程序是 STEP7 编程软件编制程序的最基本的功能，这里将介绍编辑程序的基本操作。

1）选择编程器。根据需要在 STEP7 编程软件所提供的 3 种编程器中选择一种。这里以梯形图编程器为例进行介绍，选择【查看】/【梯形图】命令，即可选择梯形图编程器，如图 B-18 所示。

2）输入编程元件。梯形图编程元件主要有触点、线圈、指令盒、标号及连接线，其中触点、线圈、指令盒属于指令元件，连接线分为垂直线和水平线，而垂直线包括下行线和上行线，水平线包括左行线和右行线。编程元件的输入方法有以下两种。

①采用指令树中的指令，这些指令是按照类型排放在不同的文件夹中，主要用于选择触点、线圈和指令盒，直观性强。

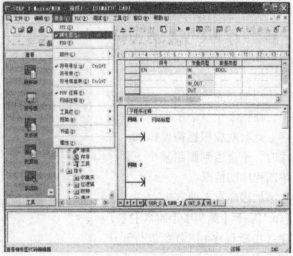

图 B-18　选择编程器

②采用指令工具条上的编程按钮，如图 B-19 所示。单击触点、线圈和指令盒按钮时，会弹出下拉菜单，可在下拉菜单中选择所需命令。

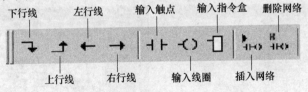

图 B-19　指令工具条上的编程按钮

下面介绍输入编程软件的步骤。

①放置指令元件。在指令树里打开需要放置的指令，将图 B-20 中"A"位置的指令拖曳至所需的位置如"B"，指令就放置在指定的位置了，如图 B-21 所示。也可以在需要放置指令的地方单击（如图 B-20 所示的"B"），然后双击指令树中要放置的指令，例如图 B-21 中"A"的常开触点，那么指令自动出现在需要的位置上。

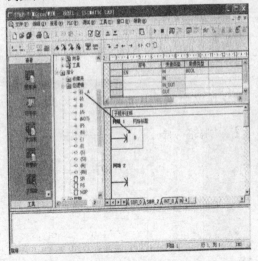
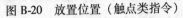

图 B-20　放置位置（触点类指令）

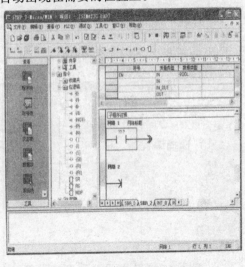

图 B-21　指令放置在指定位置

②输入元件的地址。在图 B-21 中，单击指令的"?? . ?"，可以输入元件的地址"I0.0"，如图 B-22 所示，然后按键盘上的〈Enter〉键即可。

然后按照上述方法放置其他输入元件 I0.1 和输出元件 Q0.0，如图 B-23 所示。

③画垂直线和水平线。

a. 画垂直线。在图 B-23 中，单击 ↴ 按钮完成如图 B-24 所示的触点并联程序；也可以将图 B-23 中的编辑方框放置在 I0.0 上，单击 ↴ 按钮，同样完成如图 B-24 所示的程序。

b. 画水平线。将图 B-24 中的编辑方框重新放置在图 B-25 所示的位置上，单击 →

按钮完成水平线的绘制，如图 B-26 所示。然后在图 B-26 所示的编辑方框处放置线圈 Q0.1，最后将编辑方框放置在 I0.0 元件上，如图 B-27 所示。

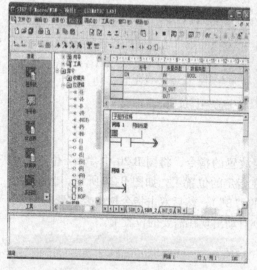

图 B-22　输入元件的地址

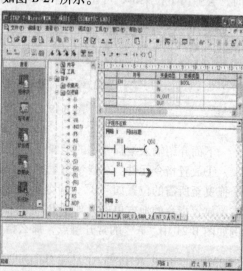

图 B-23　放置其他元件

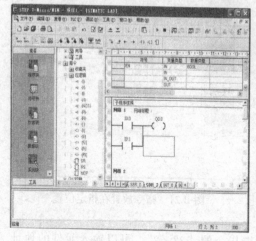

图 B-24　触点并联程序

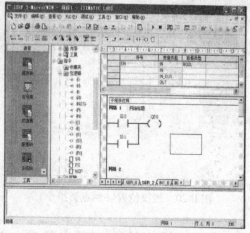

图 B-25　重新放置编辑方框

3）插入列和插入行。

①插入列。在图 B-27 中，选择【编辑】/【插入】/【列】命令就可以在 I0.0 前面插入一列的位置，如图 B-28 所示。然后将常开触点 M0.0 从指令树中拖曳到编辑方框所在位置并将编辑方框放置在元件 Q0.1 上，如图 B-29 所示。

②插入行。在图 B-29 中选择【编辑】/【插入】/【行】命令，就可以在 Q0.1 的上面插入一行，如图 B-30 所示。

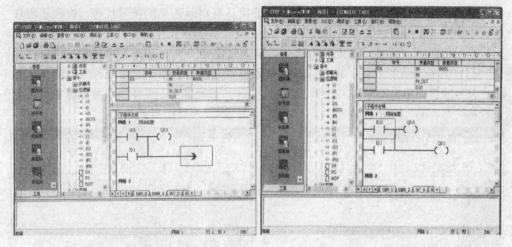

图 B-26 绘制水平线	图 B-27 放置线圈 Q0.1

图 B-28 插入一列

图 B-29 放置 M0.0

然后在编辑方框处添加线圈 M0.1，如图 B-31 所示。

4) 更改指令元件。如果要把图 B-31 中的常开触点 M0.0 变为常闭断点，常闭触点 I0.1 变为立即常闭触点 I0.2，一般有两种方法：

①把原来 M0.0 的常开触点和 I0.1 的常开触点删除，然后在相应的位置直接放置需要的指令。

②把光标放置在 M0.0 的常开触点上面，然后双击指令树的常闭触点，可以看到 M0.0 的常开触点改为常闭触点了；利用同样的方法把 I0.1 的常闭触点先改成立即常闭触点，然后再把 I0.1 的地址改成 I0.2 的地址即可得到目标程序，如图 B-32 所示。

5）符号表。使用符号表，可将元件地址用具有实际意义的符号代替，有利于程序的清晰易读。符号表通常在编写程序前先进行定义，若在元件地址已经输入后则会出现无法显示的问题。例如，定义图 B-32 中的输入元件 I0.0 为机械手左移按钮，可以选择【查看】/【符号表】命令，也可以在浏览条中单击符号表图标，出现符号表界面，然后在符号表界面里分别填写"符号""地址"和"注释"（"注释"项可根据需要决定是否填写）3 项，如图 B-33 所示。

图 B-30　插入一行　　　　　　　　　　　图 B-31　添加线圈 M0.1

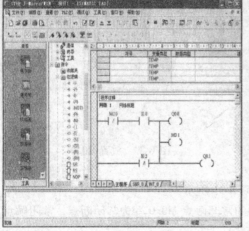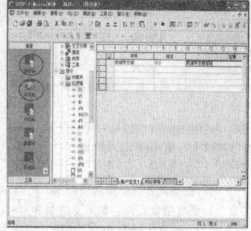

图 B-32　目标程序　　　　　　　　　　　图 B-33　符号表界面

然后单击浏览条里的程序块图标，切换到梯形图程序，可以发现 I0.0 元件地址并没有变化，地址仍为 I0.0。若重新输入地址"I0.0"，则会发现 I0.0 前面出现了"机械手左~"（因为编程软件里的符号名称只能显示 4 个汉字），因此常在编写程序前先编写符号表。带有符号注释的梯形图如图 B-34 所示。

6）插入和删除网络。

①插入网络。在创建一个项目程序时，主程序、子程序和中断程序都默认为 25 个网络，而许多复杂控制系统的编程网络会远远超过 25 个网络，因此常需要增加网络数目。插入网络常用方法有 3 个：

a. 选择【编辑】/【插入】/【网络】命令。

b. 使用快捷键 F3 。

c. 在编辑窗口右击，在出现的菜单中选择【插入】/【网络】命令。

②删除网络。当某个网络程序不再需要时，应删除网络。先在要删除网络的任意位置单击一下，然后按照以下两种方法删除网络：

a. 选择【编辑】/【删除】/【网络】命令。

b. 在编辑界面右击，在出现的菜单中选择【删除】/【网络】命令。

7）编译。程序编制完成后，应进行离线编译操作检查程序大小、有无错误及错误编码和位置等。可以选择【PLC】/【编译】命令，也可以采用工具条中的编译按钮。其中，编译按钮 ☑ 是完成对某个程序块的操作（比如中断程序），全部编译按钮 ☑ 是对整个程序进行操作。

图 B-35 所示的是某个程序的编译结果。其中显示了程序大小、编译无错误等信息。

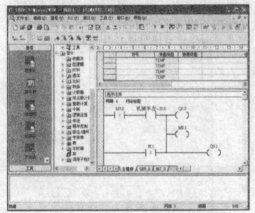

图 B-34　带有符号注释的梯形图　　　　图 B-35　某个程序的编译结果

（3）下载、运行与停止程序　程序编制完成并编译无误后，就可将程序下载到 PLC 中运行。

1）下载程序。下载程序可单击 ▼ 按钮将应用程序下载到 PLC 中。若没有设置通信连接，便会在【下载】对话框中出现通信错误提示，如图 B-36 所示。

使用 PC/PPI 或 USB/PPI 通信电缆把 S7-200 与编程计算机连接，然后单击 ▦ 按钮，打开【通信】对话框，如图 B-37 所示。

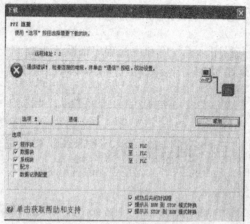
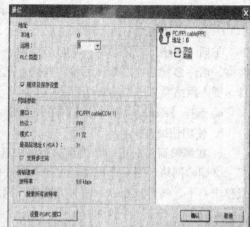

图 B-36 【下载】对话框（通信错误提示）

图 B-37 【通信】对话框

　　在图 B-37 中，单击 设置 PG/PC 接口 按钮，打开【设置 PG/PC 接口】对话框，如图 B-38 所示。选择 PC/PPI cable（PPI），单击 属性(R)... 按钮，出现【属性】对话框，如图 B-39 所示。在【属性】对话框中选择【本地连接】选项卡，设置本地编程计算机的通信口为"USB"。然后在【PPI】选项卡中设置"站参数"和"网络参数"，如图 B-40 所示，单击 确认 按钮后，完成通信属性设置。

图 B-38 【设置 PG/PC 接口】对话框

图 B-39 【属性】对话框

　　最后单击图 B-37 中的"双击刷新"图标，出现正常通信的界面，单击 确认 按钮，关闭【通信】对话框后，单击 按钮，即可把项目程序下载到 PLC 中。

　　2）运行与停止程序。

①运行用户程序。把需要运行的用户程序下载到 PLC 中，再把 PLC 上的 RUN/TERM/STOP 开关扳至 RUN 位置，然后单击 ▓ 按钮，自动弹出【RUN（运行）】对话框，如图 B-41 所示。单击 ▭ 按钮，CPU 开始运行用户程序。查看 CPU 上的 RUN 指示灯是否点亮。

图 B-40　设置"站参数"和"网络参数"　　图 B-41　【RUN（运行）】对话框

②停止运行用户程序。单击▓按钮，自动弹出【STOP（停止）】对话框。确认停止运行后，CPU 停止运行用户程序。查看 CPU 上的 STOP 指示灯是否点亮。

综上所述，德国西门子 S7-200 系列 PLC 编程软件 STEP7-Micro/WIN 是一种图形编程器。一般图形编程器所具备的详尽功能如图 2-25 所示。限于篇幅，这里只介绍了 STEP7-Micro/WIN 的主要常用功能，其他功能有待于读者自主开发。

B.2　升级版 STEP7-Micro/WIN4.0 的基本使用

在 PLC 的使用过程中，编程软件是非常重要的工具，用户只能利用这个工具来进行 PLC 软件编程。西门子 S-200 系列 PLC 使用的是 STEP7-Micro/WIN32 编程软件（现不断地在升级），它具有编程及程序调试等多种功能，是 PLC 用户不可缺少的开发工具。本节将以其升级版的 STEP7-Micro/WIN4.0 为对象，介绍它的基本使用方法。

1. S7-200 的编程软件及编程系统

STEP7-Micro/WIN32 编程软件是基于 Windows 的应用软件，由西门子公司专门为 S7-200 系列 PLC 设计开发。现在加上汉化程序后，可在全汉化的界面下进行操作，使中国的用户使用起来更加方便。

S7-200 Micro PLC 的编程系统如图 B-42 所示，它主要包括以下几个部分：

1）装有 STEP7-Micro/WIN32 编程软件的计算机。

2）S7-200 系列 PLC。

连接电缆

图 B-42　S7-200 Micro PLC 的编程系统

3）一根 PC/PPI 连接电缆。

2. 升级版 STEP7-Micro/WIN4.0 的编程环境

目前西门子公司已经将 STEP7-Micro/WIN32 软件进行了升级。本节将以其升级版的 STEP7-Micro/WIN4.0 中文版为编程环境进行介绍。这里将从 STEP7-Micro/WIN4.0 的主界面、软件中各编程元素的具体功能以及在软件中如何实现 PLC 与计算机通信等 3 个方面，对该版本软件的编程环境进行应用介绍。

（1）STEP7-Micro/WIN4.0 的主界面　首先熟悉 STEP7-Micro/WIN4.0 的主界面，如图 B-43 所示，它主要包含以下内容。

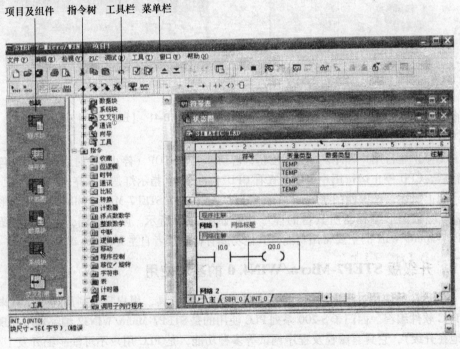

图 B-43　STEP7-Micro/WIN4.0 的主界面

①通讯应为通信。为与软件保持一致，图中未作修改。下同。

1）项目及组件。提供项目编程特性的组件群，包括程序块、符号表、状态图、数据块、系统块、交叉引用、通信与设置 PG/PC 接口组件。

2）指令树。为当前程序编辑器（LAD、FBD 或 STL）提供所有指令项目对象。

3）菜单栏。提供使用鼠标或键盘执行操作的各种命令和工具。

4）工具栏。提供常用命令或工具的快捷按钮。

（2）STEP7-Micro/WIN4.0 的具体功能

1）菜单栏。菜单栏如图 B-44 所示。

用户也可以定制菜单，在该菜单中增加自己的工具，操作步骤如下：

①执行【工具】/【自定义】命令，如图 B-45 所示。

②弹出【自定义】对话框，然后在该对话框中对新工具进行编辑操作，如图 B-46 所示。

文件(F)
编辑(E)
检视(V)
PLC
调试(D)
工具(T)
窗口(W)
帮助(H)

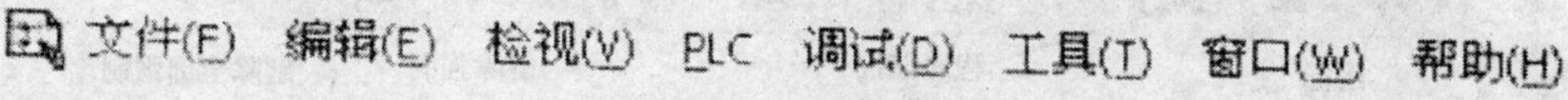

图 B-44　菜单栏

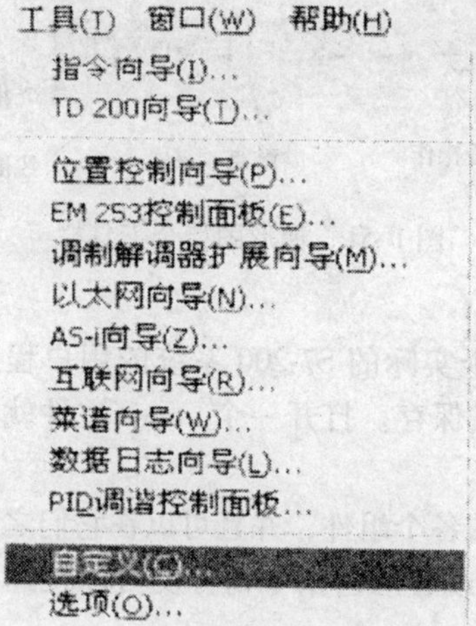

工具(T)　窗口(W)　帮助(H)
指令向导(I)...
TD 200向导(T)...
位置控制向导(P)...
EM 253控制面板(E)...
调制解调器扩展向导(M)...
以太网向导(N)...
AS-i向导(Z)...
互联网向导(R)...
菜谱向导(W)...
数据日志向导(L)...
PID调谐控制面板...
自定义(C)...
选项(O)...

图 B-45　执行【自定义】命令

自定义
命令
附件工具
菜单目录
增加
移除
菜单文字
(新工具)
命令
变元
初始目录
确认
取消

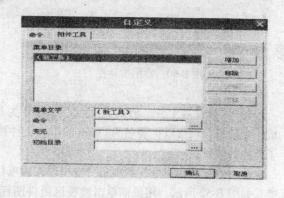

图 B-46　自定义新工具

2）工具栏。工具栏如图 B-47 所示。

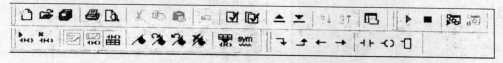

图 B-47　工具栏

①标准工具栏。标准工具栏如图 B-48 所示。

局部编译
上传
正排序
选项
全编译
下载
逆排序

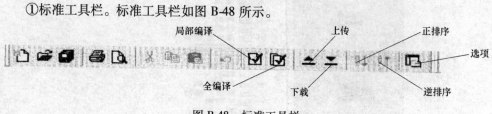

图 B-48　标准工具栏

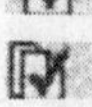

 局部编译：编译当前所在的程序窗口或数据窗口。

 全编译：编译系统块、程序块和数据块。

②调试工具栏。调试工具栏如图 B-49 所示。

③常用工具栏。常用工具栏如图 B-50 所示。

④梯形图（LAD）指令工具栏。梯形图指令工具栏如图 B-51 所示。

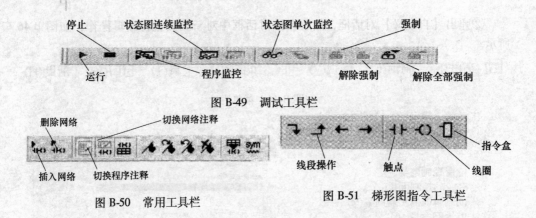

图 B-49　调试工具栏

图 B-50　常用工具栏

图 B-51　梯形图指令工具栏

3）项目及其组件。STEP7-Micro/WIN4.0 为每个实际的 S7-200 系统的用户程序生成一个项目，项目以扩展名为 .mwp 的单一文件格式保存。打开一个 .mwp 文件就打开了相应的项目。

使用检视区和指令树的项目分支可以查看项目的各个组件，并且可以在它们之间切换，如图 B-52 所示。用鼠标单击检视区组件图标，或者双击指令树分支可以快速到达相应的项目组件。

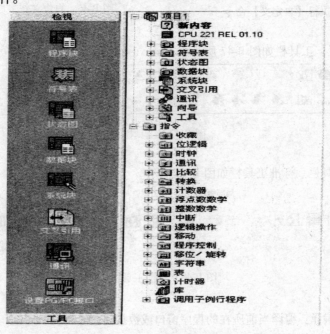

图 B-52　检视区和指令树的项目分支

在 STEP7-Micro/WIN 中项目为用户提供程序和所需信息之间的联系，程序块、符号表、状态图、数据块、系统块、交叉引用、通信、设置 PG/PC 接口为所包含的项目组件。

① 程序块。程序块完成程序的编辑以及相关注释。程序包括主程序（OB1）、子程序（SBR）和中断程序（INT）。

单击 按钮，进入【程序块】编辑窗口，如图 B-53 所示。

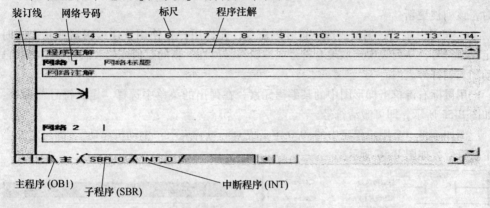

图 B-53　【程序块】编辑窗口

【程序块】编辑窗口中各个选项的含义如下：

a. 装订线。装订线是位于"程序编辑器"窗口左侧的灰色区域，用于选择删除、复制或粘贴网络。

b. 标尺。标尺位于程序块编辑窗口顶端，使用当前页面设置可显示打印区域宽度。标尺可以根据区域设置显示公制或英制单位。

c. 程序注解。程序注解位于程序中第一个网络之前，对程序进行详细注解。每条程序注解最多可以有 4096 个字符。

d. 网络号码。网络号码用于定义单个网络。网络号码自动编号，范围为 1～65536。

e. 网络标题。网络标题位于网络关键字和号码旁。每个标题最多可有 256 个字符。

f. 网络注解。网络注解位于网络标题下方，对网络进行详细注解。每条网络注解最多可有 4096 个字符。

② 符号表。符号表是允许程序员使用符号编址的一种工具。符号有时对程序员更加方便，使程序逻辑更加清晰。下载至 PLC 的编译程序将所有的符号转换为绝对地址，符号表信息不会下载至 PLC。

单击 按钮，进入【符号表】编辑窗口，如图 B-54 所示。

图 B-54　【符号表】编辑窗口

【符号表】编辑窗口中各个选项的含义如下：

a. 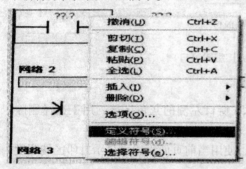。"重叠列"显示绝对地址共享部分。每次表格被修改时，"重叠"列被更新。

b. 。"未使用的符号"列中列出程序中未被引用的所有符号，每次表格被修改时，该列被更新。

c. 符号。定义、编辑或选择符号等命令，允许用户在使用程序编辑器或状态图时定义新符号，从列表中选取现有符号或编辑符号属性。新的赋值或修改后的赋值将被自动加入到符号表表内。

用鼠标右键单击梯形图中的某编程元素，在弹出的菜单中选择"定义符号"命令，如图 B-55 所示，即可激活符号。

例如，将一个用户程序中的 I0.0 定义成 ON_1，表示"电动机起动"，即可定义一个新符号，如图 B-56 所示。

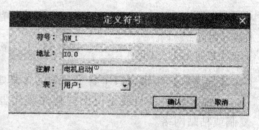

图 B-56　定义新符号
①电机启动应为电动机起动。为与软件保持
一致，图中未作修改。下同。

图 B-55　激活符号

在【程序块】编辑窗口中，可以立即看到符号表信息，如图 B-57 所示。

同样也对 Q0.0 进行编辑，如将其定义为 1 号电动机。

单击 按钮，在【符号表】编辑窗口中可以看到它已经被改过来了，如图 B-58 所示。

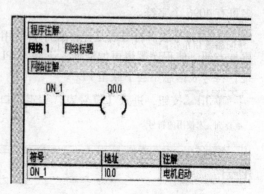

图 B-57　【程序块】编辑窗口　　　　　　　图 B-58　【符号表】编辑窗口

用户可按照名称或地址列排序表格，排序时可按正向或逆向（字母）顺序排列。若按正向顺序（A 至 Z）排序列，单击"排序" 按钮；若按逆向顺序（Z 至 A）排序列，单击"逆向排序" 按钮。

单击 按钮，可以看到符号表已经重新排序了，如图 B-59 所示。

如果建立了多个符号表，用户可以在多个符号表之间自由切换，如图 B-60 所示。

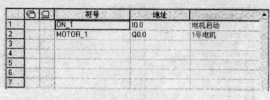

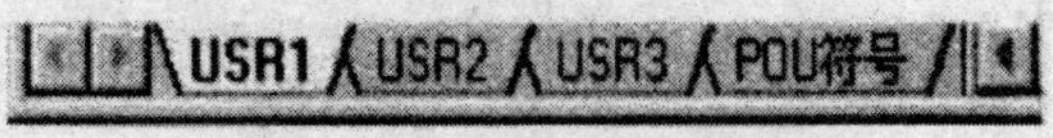

			符号	地址	
1			ON_1	I0.0	电机启动
2			MOTOR_1	Q0.0	1号电机
3					
4					
5					
6					
7					

图 B-59　重新排序的符号表

③ 状态图。状态图用于在执行程序时观察数据。

单击 按钮，就可以进入【状态图】编辑窗口进行编程操作了，如图 B-61 所示。

图 B-60　多个符号表

④ 数据块。数据块用于为 V 存储器区指定初始值，由数据（如初始内存值、常量值）和注解组成。

单击 按钮进入【数据块】编辑窗口，可在窗口内输入地址和数据，如图 B-62 所示。

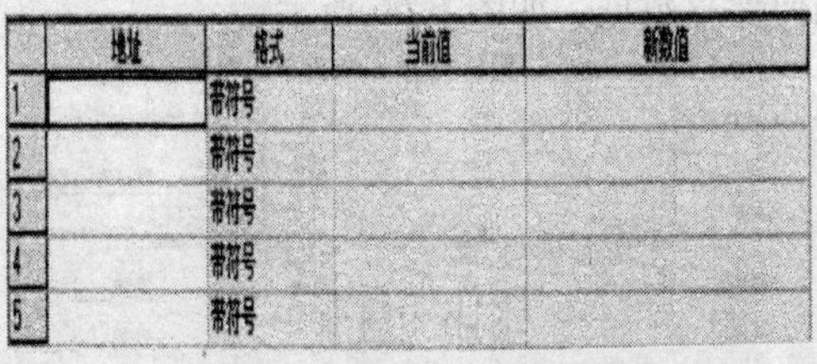

	地址	格式	当前值	新数值
1		带符号		
2		带符号		
3		带符号		
4		带符号		
5		带符号		

图 B-61　【状态图】编辑窗口

图 B-62　在【数据块】窗口中编辑地址和数据

下载后可以使用状态图观察 V 存储区（数据块下载到 S7-200CPU 的 EEPROM 内，即使 CPU 掉电后数据也不会丢失），如图 B-63 所示。

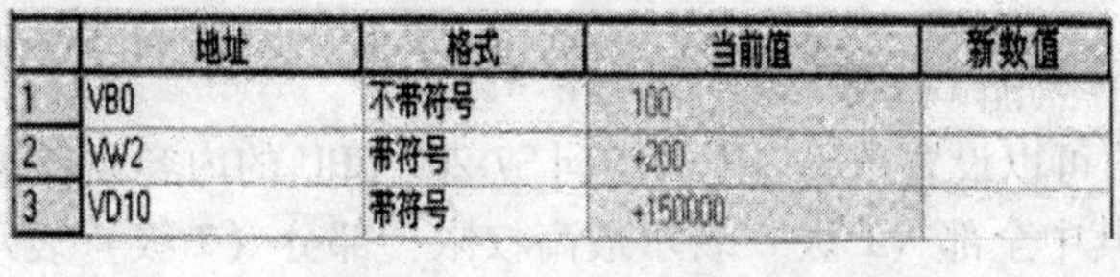

	地址	格式	当前值	新数值
1	VB0	不带符号	100	
2	VW2	带符号	+200	
3	VD10	带符号	+150000	

图 B-63　使用状态图观察 V 存储区

⑤ 系统块。系统块由配置信息组成，包括通信端口、保留性范围、密码、输出表、输出过滤器、脉冲截取位、背景时间、EM 配置、配置 LED、扩大内存。

单击 按钮，进入【系统块】编辑窗口，如图 B-64 所示。

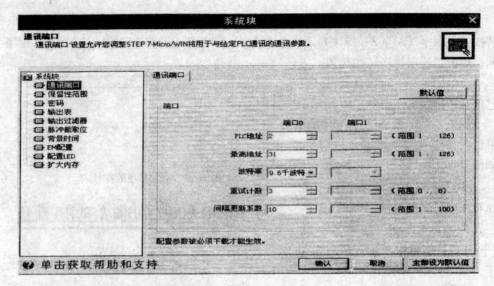

图 B-64 【系统块】编辑窗口

【系统块】列表下的各个配置信息如下：

a. 通信端口。系统块中的【通信端口】界面用来配置 CPU 的通信端口属性，如图 B-65 所示。

b. 保留性范围。用于设置 CPU 掉电时如何保存数据，如图 B-66 所示。

图 B-65 【通信端口】选项卡   图 B-66 设置 CPU 掉电时的数据保存属性

c. 密码。用户可以设置密码以限制访问 S7-200 CPU 的内容或者限制使用某些功能，如图 B-67 所示。其中全部（1 级）表示最高权限，部分（2 级）表示中等权限，最低（3 级）表示最低权限。各级别所允许的不同存取功能见表 B-2。

如果忘记密码而不能访问 CPU，可以在建立与 S7-200 CPU 的通信后，执行【PLC】／【清除】命令，如图 B-68 所示。

d. 数字输出表。在【数字输出表】选项卡中可以定义当 S7-200 CPU 从运行状态转到停止状态时，CPU 对数字输出点的操作，如图 B-69 所示。

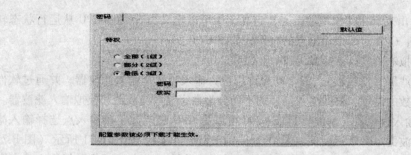

图 B-67　设置密码

表 B-2　各级别所允许的不同存取功能

操　作　说　明	1 级	2 级	3 级
读取控制器数据	允许	允许	允许
写入控制器数据	允许	允许	允许
开始、停止和启动控制器执行的重设	允许	允许	允许
读取和写入当日时间时钟	允许	允许	允许
上传程序块、数据或系统块	允许	允许	有限制
下载程序块、数据或系统块	允许	有限制	有限制
运行时间编辑	允许	有限制	有限制
删除程序块、数据块或系统块	允许	有限制	有限制
复杂程序块、数据块或系统块到内存盒	允许	有限制	有限制
状态图中的数据强制功能	允许	有限制	有限制
单次或多次扫描作业	允许	有限制	有限制
在 STOP（停止）模式写入输出	允许	有限制	有限制
执行状态	允许	有限制	有限制

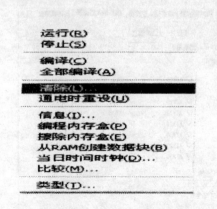

图 B-68　清除密码　　　　　　　图 B-69　【数字输出表】选项卡

e. 模拟输出表。在【模拟输出表】选项卡中可以定义当 S7-200 CPU 从运行状态转到停止状态时，CPU 对模拟输出点的操作，如图 B-70 所示。

注意：模拟输出表只支持 CPU224 和 CPU226。

f. 输入过滤器（滤波器）。S7-200 允许用户为输入点选择输入滤波器，并通过软件进行滤波器参数的设置。根据输入信号的不同分为数字输入滤波器和模拟输入滤波器。

a）数字输入过滤器（滤波器）。S7-200 可以为 CPU 集成数字量输入点选择输入滤波器，并为滤波器定义延迟时间（从 0.2ms ~ 12.8ms 可选），如图 B-71 所示（图 B-71 菜单中的过滤器即滤波器）。这个延迟时间有助于滤除输入噪声，以免引起输入状态不可预测的变化。

图 B-70　【模拟输出表】选项卡 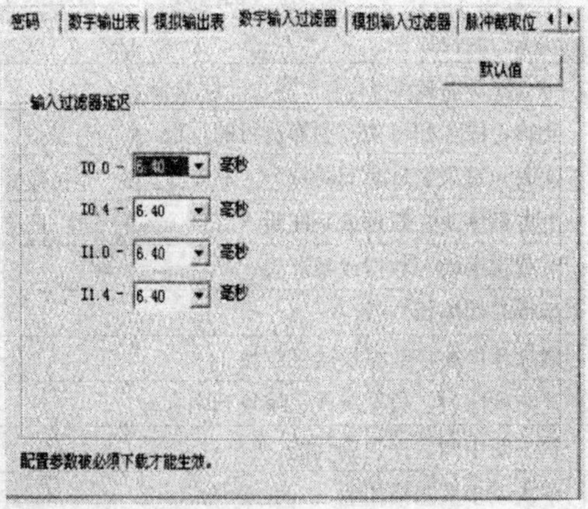　　　　　图 B-71　【数字输入过滤器】参数配置

注意：数字输入滤波器会对读输入、输入中断和脉冲捕获产生影响。如果参数选择不当，应用程序有可能会丢掉一个中断事件或者脉冲捕捉。高速计数器不受此影响。

b）模拟输入过滤器（滤波器）。S7-200 可以对每一路模拟量输入选择软件滤波器，如图 B-72 所示（图 B-72 菜单中的过滤器即滤波器）。滤波值是多个模拟量输入采样值的平均值。滤波器参数（采样次数和死区设置）对于允许滤波的所有模拟输入都是相同的。

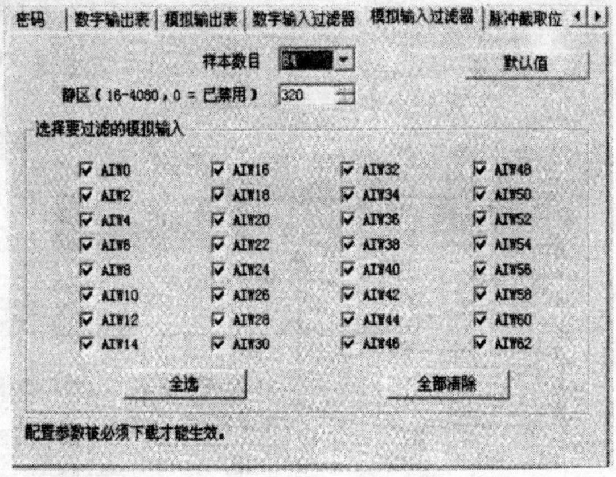

注意：模拟过滤器不适用于快

图 B-72　【模拟输入过滤器】参数配置

速变化的模拟量。

死区设置是指如果模拟量信号经过模/数转换之后的值和平均值之差大于此处的设定值，则认为此采样值无效。

g. 脉冲捕获功能。S7-200 为每个本机数字量输入提供脉冲捕获功能。脉冲捕获功能允许 PLC 捕捉到持续时间很短的脉冲，而在扫描周期的开始，这些脉冲不是总能被CPU 读到。当一个输入设置了脉冲捕获功能时，输入端的状态变化被锁存并一直保持到下一个扫描循环刷新，这就确保了一个持续时间很短的脉冲被捕获到并保持到 S7-200读取输入点。该功能可使用的最大数字输入数目取决于 PLC 的型号。其中 CPU221 最多允许 6 个数字输入，CPU222 最多允许 8 个数字输入，CPU224 最多允许 14 个数字输入，CPU226 最多允许 24 个数字输入，CPU21X 型号不提供脉冲捕获功能。

用户可为每个数字输入分别启用脉冲捕获操作，如图 B-73 所示。

使用脉冲捕获功能有助于检测短促的输入脉冲，如图 B-74 所示。

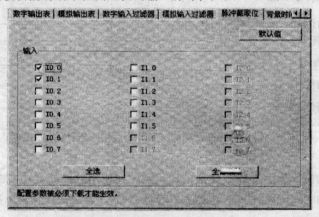

图 B-73　启用脉冲捕获的操作界面

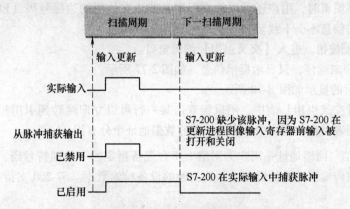

图 B-74　使用脉冲捕获功能检测短促的输入脉冲

由于在数字输入通道结构框图中，脉冲捕获在数字输入滤波器之后，所以用户必须选择适当的滤波器参数，避免滤波器丢失脉冲，如图 B-75 所示。

图 B-75　数字输入通道结构框图

启用脉冲捕获功能对各种不同输入条件的输出结果如图 B-76 所示。如果在某一特定扫描中存在一个以上脉冲，仅读取第一个脉冲。如果在某一特定扫描中有多个脉冲，则应当使用上升/下降边沿中断事件。

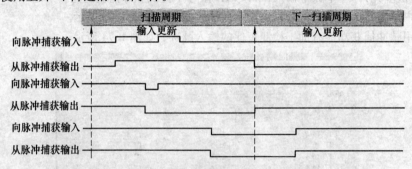

图 B-76　启用脉冲捕获功能对各种不同输入条件的输出结果

注意：此功能只能用于 CPU 集成的输入点。在使用脉冲捕捉功能时，必须要保证把输入滤波器的时间调整到脉冲不被滤掉，即在通过了输入滤波器后脉冲捕捉功能才有效。

⑥交叉引用　【交叉引用】编辑窗口允许用户检查表格，这些表格列举在程序中何处使用操作数以及哪些内存区已经被指定（位用法和字节用法）。在 RUN（运行）模式中进行程序编辑时，用户还可以检查程序目前正在使用的边缘号码（EU、ED）。交叉引用及用法信息不会下载至 PLC。

a. 单击按钮，进入【交叉引用】编辑窗口。

b. 若程序未编译，只显示提示信息，如图 2-77 所示。

c. 编译后的显示如图 B-78 所示。

注：在【交叉引用】表中，用鼠标双击某一行可以立即跳转到引用相应元件的位置，交叉引用表对查找程序中冲突和重叠的数据地址十分有用。

⑦通信　网络地址是用户为网络上每台设备指定的一个独特号码。该网络地址可确保将数据传输至正确的设备，并从正确的设备检索数据。S7-200 支持 0～126 的网络地址。

单击按钮，进入【通信】编辑窗口，如图 B-79 所示。

每台 S7-200CPU 的默认波特率为 9.6 千波特，默认网络地址为 2。

注意：在设置 S7-200 选择参数后，必须在改动生效之前将系统块下载至 S7-200。

双击 图标，刷新通信设置，这时可以看见 CPU 的型号和地址，说明通信正常，如图 B-80 所示。

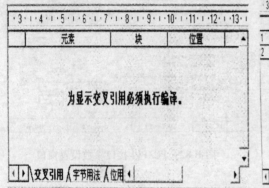

图 B-77　程序未编译的【交叉引用】编辑窗口　　　图 B-78　编译后的【交叉引用】编辑窗口

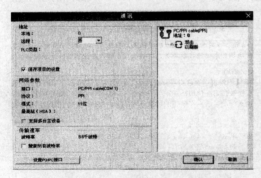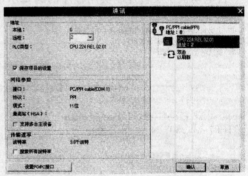

图 B-79　【通信】编辑窗口　　　　　　　　　图 B-80　通信设置刷新

⑧　　设置 PG/PC 接口。单击　　按钮，进入 PG/PC 接口参数设置窗口，如图 B-81 所示。

单击【Properties】按钮，进行地址及通信速率的配置，如图 B-82 所示。

（3）PLC 与计算机通信

1）与计算机通信，通常需要下列条件。

①PC/PPI（RS-232/PPI）电缆，连接 PG/PC 的串行通信口（COM 口）和 CPU 通信口。

②PG/PC 上安装 CP 卡，通过 MPI 电缆连接 CPU 通信口。

③其他通信方式见《S7-200 系统手册》。

2）基本的编程通信要求。

①带串行 RS232C 端口的 PG/PC，并已经安装了 STEP7-Micro/WIN4.0 软件。

②PC/PPI 编程电缆。

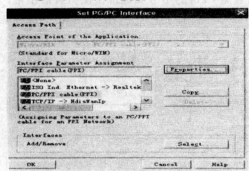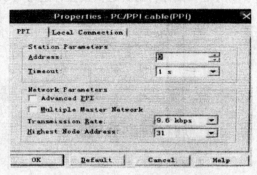

图 B-81　PG/PC 接口参数设置窗口　　　　图 B-82　PC/PPI 接口参数设置窗口

3. 升级版 STEP7-Micro/WIN4.0 软件的使用

上面介绍了 STEP7-Micro/WIN4.0 软件的编程环境，下面将主要通过图 B-83 所示的一台电动机正反转控制实用程序的编辑示范来演示 STEP7-Micro/WIN4.0 软件的基本使用。

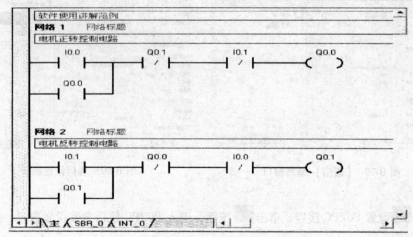

图 B-83　一台电动机正反转控制的梯形图程序

其语句表程序如图 B-84 所示，其功能图程序如图 B-85 所示。

（1）程序输入

1）梯形图的编辑。

①首先打开 STEP7-Micro/WIN4.0 进入主界面，如图 B-86 所示。

②选择 ▇▇ 按钮，双击进入【程序块】编辑窗口。

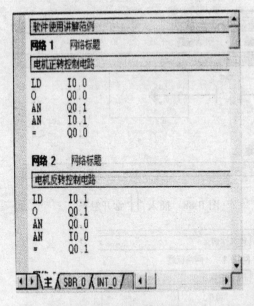

图 B-84　语句表程序

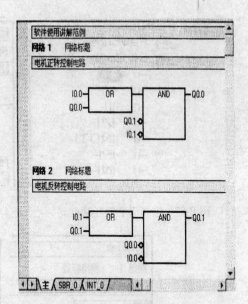

图 B-85　功能图程序

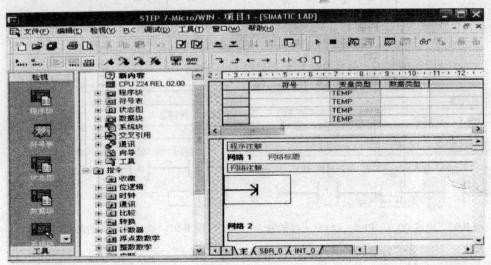

图 B-86　STEP7-Micro/WIN4.0 主界面

③在指令树中选择┤├常开触点，也可以直接在工具栏里选择，如图 B-87 所示。

④双击┤├图标，常开触点会自动在程序编辑行出现，如图 B-88 所示。

⑤在??.? 中输入地址 I0.0，如图 B-89 所示。

⑥用同样方法插入┤/├和─( )，并填写对应地址，完成 Q0.1、I0.1、Q0.0 元件的输入，如图 B-90 所示。

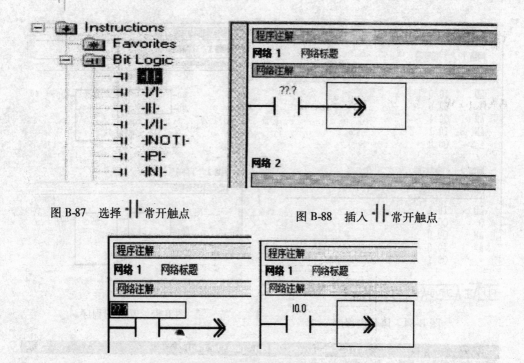

图 B-87　选择 ┤├ 常开触点　　　　　　图 B-88　插入 ┤├ 常开触点

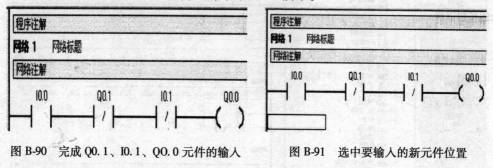

图 B-89　输入地址 I0.0

⑦鼠标选中要输入的新元件位置，如图 B-91 所示。

图 B-90　完成 Q0.1、I0.1、Q0.0 元件的输入　　　图 B-91　选中要输入的新元件位置

⑧插入 ┤├，并填写地址 Q0.0，如图 B-92 所示。

⑨单击 ↑ 按钮，将 Q0.0 和 I0.0 进行并联，如图 B-93 所示。

"网络 2"的输入可以按照上面的操作同样进行。不过由于"网络 2"的结构和"网络 1"相似，可以采用更快捷的方式完成。

a. 单击"网络 1"的装订线，然后单击鼠标右键，在弹出的快捷菜单中选择【复制】命令。

b. 单击"网络 2"的装订线，然后单击鼠标右键，在弹出的快捷菜单中选择【粘贴】命令。修改对应的地址，并加上相应的注释，程序就编辑完成了。

2）语句表的编辑。执行【检视】/【STL】命令，可以直接进行语句表的编辑。

3）功能图的编辑。执行【检视】/【FBD】命令，可以直接进行功能图的编辑。

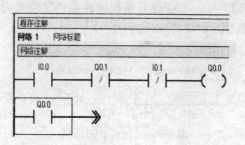

图 B-92　插入 ┤├ 并填写地址 Q0.0

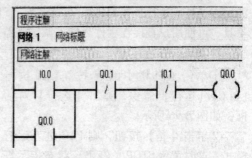

图 B-93　将 Q0.0 和 I0.0 进行并联

（2）程序编译与下载

1）程序的编译。执行【PLC】/【编译】命令，进行编译，如图 B-94 所示。
在信息框中可以看到编译成功的消息，表明编译成功。

注：输出窗口会显示程序块和数据块的大小，也会显示编译中发现的错误。双击错误信息可以在程序编辑器中跳转到相应程序段。

2）程序的下载。

①执行【文件】→【下载】命令，或直接在工具栏中单击 ▼ 按钮进行下载。
从 PG/PC 到 ST-200CPU 为下载，从 S7-200CPU 到 PG/PC 为上传。

注：下载操作会自动执行编译命令。

②选择下载的块，这里选择程序块、数据块和系统块，可将所选择的块下载到 PLC 中，如图 B-95 所示。

图 B-94　程序的编译

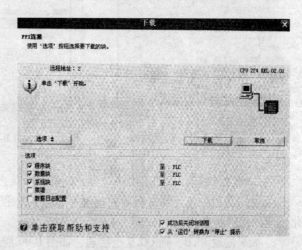

图 B-95　选择下载的程序块、数据块和系统块

（3）程序运行与调试 程序的运行及调试监控是程序设计开发中的重要环节，很少有程序一经编制成就是完善的；只有经过试运行甚至现场运行才能发现程序中不合理的地方，从而进行反复修改和不断完善。STEP7-Micro/WIN4.0 编程软件提供了一系列工具，可使用户直接在软件环境下调试并监视用户程序的执行。

1）程序的运行。

①单击工具栏中的 ▶ 按钮，或执行【PLC】/【运行】命令，弹出【运行】对话框，如图 B-96 所示。

图 B-96 【运行】对话框

②单击【是】按钮，则 PLC 进入运行模式。这时黄色 STOP（停止）状态指示灯灭，绿色 RUN（运行）灯点亮。

接下来就可以开始调试前面所编辑的程序了。

2）程序的调试。

①程序状态监控。

a. 单击工具栏上的 🔲 按钮或执行【调试】/【开始程序状态】命令，进入程序状态监控，如图 B-97 所示。

b. 启动程序运行监控，如图 B-98 所示。

图 B-97 进入程序状态监控

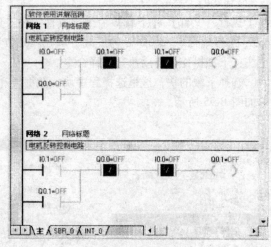

图 B-98 程序运行监控状态

注："监控状态"下梯形图将每个元件的实际状态都显示出来。

注意：当 PLC 与计算机间的通信速率较慢时，程序监控状态不能完全如实显示变化迅速的元件状态。

c. 如果接通 I0.0，则 Q0.0 也接通，如图 B-99 所示。

注："能流"通过的元件将变色显示，通过施加输入，可以模拟程序实际运行，从

而监控所运行的程序。

②状态图监控。

a. 单击检视区的状态图  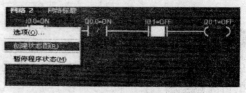 按钮，进入状态图监控方式。

b. 单击 按钮可以观察各个变量的变化情况，如图 B-100 所示。

c. 单击装订线，选择程序段，单击鼠标右键，选择【创建状态图】命令，如图 B-101 所示，能快速生成一个包含所选程序段内各元件的新表格。

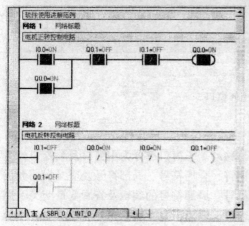

图 B-99　接通的 I0.0 和 Q0.0

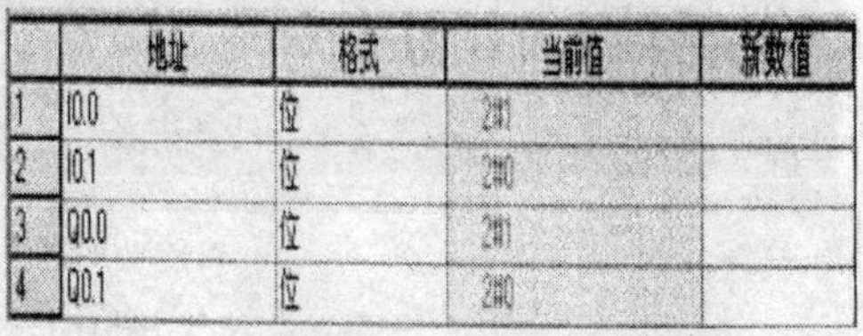

	地址	格式	当前值	新数值
1	I0.0	位	2#1	
2	I0.1	位	2#0	
3	Q0.0	位	2#1	
4	Q0.1	位	2#0	

图 B-100　各个变量的变化情况

图 B-101　选择【创建状态图】命令

至此就完成了一个应用程序的编辑、编译、下载、运行、调试的整个过程。要熟练灵巧地掌握 S7-200PLC 的编程工具，还需要反复地进行编程实践。

附录 C　CXP 编程软件简介及 SYSMAC-CPT 编程软件的使用说明

C.1　CXP 编程软件简介

CXP 编程软件是 OMRON 公司开发的适用于 C 系列 PLC 的梯形图编程软件，它在 Windows 系统下运行，可实现梯形图的编程、监视和控制等功能，尤其擅长于大型程序的编写，弥补了手写编程器编程效率低的不足，同时还可进行 PLC 网络配置。

1. 界面

CXP 编程软件用的是完全 Windows 风格的界面，有窗口、菜单、工具条、状态条，可用鼠标操作，也可用键盘操作，并可打开多例程（INSTANCE 或工程）、多窗口、多 PLC、多程序进行处理

（1）窗口　窗口有主体窗口、子窗口、对话窗口及其他工作窗口四种。主体窗口为打开本软件后首先出现的窗口。

1）主体窗口。主体窗口如图 C-1 所示。

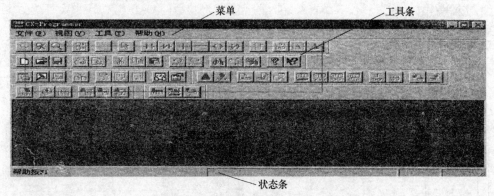

图 C-1　主体窗口

2）子窗口。子窗口显示在框架窗口的用户工作区内，只有打开或新建文件后才可能出现子窗口。子窗口只能在框架窗口显示与移动。子窗口可分为主窗口及辅窗口，其中主窗口有五种，分别用以显示梯形图、助记符、全局符号、局部符号及交叉引用数据的界面，可相应进行梯形图、助记符、全局符号、局部符号的编辑及查看变量交叉引用的情况；辅窗口有三种，分别有工程工作区窗口、输出窗口及观察窗口。图 C-2 所示为显示有主窗口（显示梯形图）及三个辅窗口的界面。

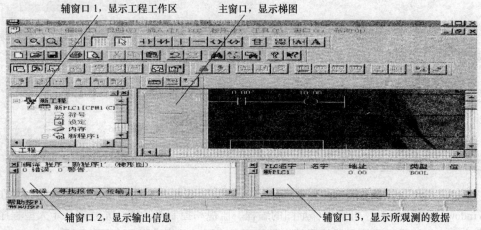

图 C-2　显示主窗口及三个辅窗口的界面

辅窗口可打开，也可关闭。打开或关闭可通过单击菜单项实现，也可用热键操作。热键操作的方法是：用〈ALT＋1〉键打开或关闭工程工作区窗口，用〈ALT＋2〉键打开或关闭输出窗口，用〈AL＋43〉键打开或关闭观察窗口。如窗口打开，此操作后，则关闭；反之，则打开。主窗口打开后，不能关闭，除非退出本系统。

　　工程工作区窗口相当于目录窗口，它的目录项可打开也可缩回，如同其他 Windows 类似界面一样。而且，在它的目录项打开后，双击其中的任意项，即可弹出相应的画面。打开的主窗口可在整个用户工作区内显示。如打开的主窗口较多，可层叠显示，也可平铺显示。图 C-3 所示为层叠显示，而图 C-4 为平铺显示。当辅窗口设为浮动时，也可占满整个用户工作区，与主窗口一样处理。

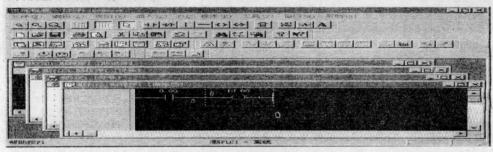

图 C-3　层叠显示

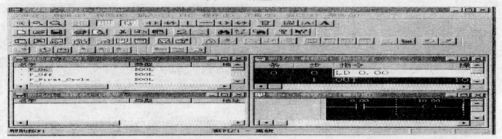

图 C-4　平铺显示

　　显示梯形图的窗口还可以进行分割，可分为四份或两份。

　　如图 C-5 所示，分割后的四部分，显示的内容完全一样。分割的目的是便于程序编辑与观察。

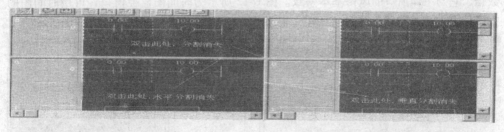

图 C-5　窗口分割图

　　3）对话窗口。对话窗口用以显示提示信息。图 C-6 所示为一对话窗口，它是在打开本软件，进入本系统后出现的欢迎窗口，并显示本软件的版本。

　　图 C-7 所示也是一个对话窗口，是单击联机命后出现的，要求使用者作出相应回答。图 C-8 所示是另一个对话窗口，是新建文件时出现的，要求使用者作出相应的选择。

图 C-6 对话窗口 (1)

图 C-7 对话窗口 (2)

设置好后，还会弹出相应的对话窗口，使用者还可进一步作出相应的选择。图 C-9 所示为设置确定后出现的对话窗口。图 C-10 所示还是一个对话窗口，是对 PLC 作设置时出现的，如要对 PLC 作设置可使用本窗口。

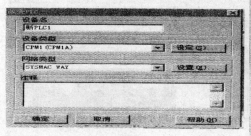

图 C-8 对话窗口 (3)

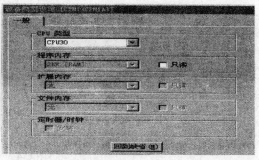

图 C-9 对话窗口 (4)

4）其他工作窗口。其他工作窗口有内存窗口、时间图监控窗口等。这些窗口是浮动式的，在框架窗口内也可有很多子窗口。图 C-11 所示为内存窗口，用以向 PLC 读写数据，它与主体窗口的风格基本一致。图 C-12 所示为时间图监控窗口，可用时间图的方式从 PLC 读取数据。通过它还建立很多子窗口，实现各种数据采集，并用图形显示。

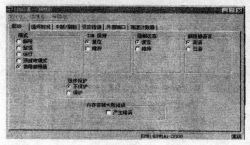

图 C-10 对话窗口 (5)

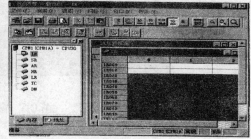

图 C-11 内存窗口

（2）菜单 系统用的菜单有两种：下拉菜单与弹出菜单。

1）下拉菜单。依不同窗口的打开而有所变化。当打开或新建文件后，主下拉菜单项有：文件、编辑、视图、插入、PLC、程序、工具、窗口和帮助九项，其中插入、PLC 和程序三项是本软件所特有的。

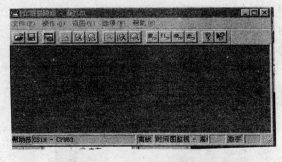

①插入项。如工程工作区击活时，可用以插入 PLC，插入程序；如符号画面击活时，可用以插入符号。其子菜单如图 C-13 所示。梯形图画面可以插入梯形图符号等，其子菜单如图 C-14 所示。

图 C-12　时间图监控窗口

图 C-13　插入项子菜单（1）

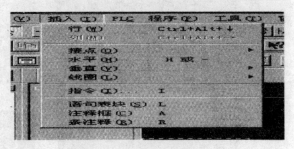

图 C-14　插入项子菜单（2）

②PLC 项。其子菜单项较多，如图 C-15 所示。

③程序项。图 C-16 所示是它的展开菜单，用于程序编译和在线编辑。

图 C-15　PLC 项子菜单

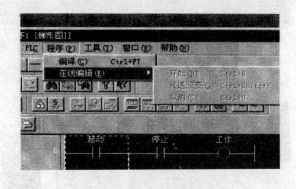

图 C-16　程序项展开菜单

2）弹出菜单。在不同窗口、不同位置，右击后会弹出一个菜单，它就是弹出菜单。弹出菜单的内容依右击时所在的窗口或位置的不同而有所不同。图 C-17 所示为在工程工作区右击时弹出的一个菜单。图 C-18 所示为在工程工作区新工程处右击时弹出的一个菜单。图 C-19 所示为在工程工作区新 PLC【CS1G】离线处右击时弹出的一个菜单。图 C-20 所示为在梯形图显示窗口右击时弹出的一个菜单。图 C-21 所示为在梯形图显示窗口 102.00 处右击时弹出的一个菜单。图 C-22 所示为在输出窗口右击时弹出的一个菜单。在弹出菜单出现后，再单击鼠标左键，即可进入相应的操作。

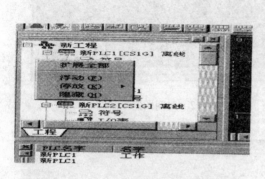

图 C-17　工程工作区弹出菜单

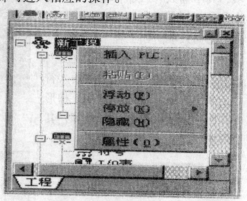

图 C-18　工程工作区新工程处弹出菜单

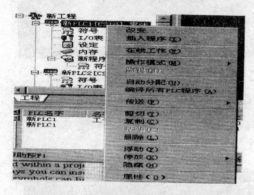

图 C-19　工程工作区新 PLC［CS1G］
离线处弹出菜单

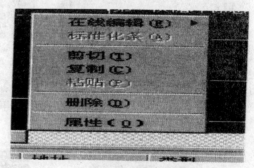

图 C-20　梯形图显示窗口弹出菜单

图 C-21　梯形图显示窗口
102.00 处弹出菜单

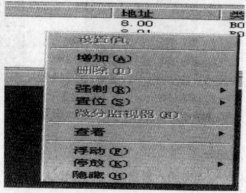

图 C-22　输出窗口弹出菜单

（3）工具条　共有 7 个工具条，它们分别是：标准、符号表、图、查看、插入、PLC 和程序。图 C-23 所示为 7 个工具条，只是它未放在窗口的顶部。这 7 个工具条的功能及其是否激活与相应的菜单项是对应的，其具体情况如下：

1）标准工具条。标准工具条为 Windows 界面通用，有 15 项，含文件操作、文本编辑等功能，与其他的 Windows 界面类似工具条相同。

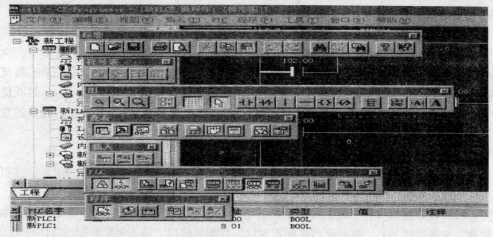

图 C-23　7 个工具条

2）符号表工具条。符号表工具条有 4 项，用在符号编辑窗口出现时选择显示方式，其方式有大图标、小图标、列表、详情四种。

3）图工具条。图工具条有 17 项，用于梯形图编辑。

4）查看工具条。查看工具条有 9 项，用于显示窗口的选择。

5）插入工具条。插入工具条有 3 项，用于选择插入 PLC、程序或符号。

6）PLC 工具条。PLC 工具条有 13 项，用于选择与 PLC 通信（如联机和脱机，监控和不监控）、下载和上传、微分监控和数据跟踪或时间图监视器、加密和解密等。

7）程序工具条。程序工具条有 6 项，用以选择监控、程序编译、程序在线编辑。

对工具条操作的功能和对菜单项操作的功能相同，但更简单更快捷。

（4）状态条。状态条用于提示信息。

（5）操作　本软件可用鼠标或键盘进行操作。

1）鼠标。如同其他 Windows 界面，鼠标有四种操作：单击、双击、右击和拖动。在不同窗口或不同的项目或不同的界面下，分别对这四种操作进行测试，即可得知这些操作各有什么功能。

2）键盘。用于输入数据及对系统操作。输入数据按提示进行，对系统操作则用热键。热键操作再与输入数据结合，速度快，是提高编程效率所必须的。以用梯形图进行编程为例，用热键比用鼠标要快得多。如移动光标可用方向键，它不比鼠标慢。

当光标在合适位置时，如插入一行按〈Ctrl + Alt + ↓〉比用鼠标操作快；如插入一列按〈Ctrl + Alt + ←〉也比用鼠标操作快；如删除一行按〈Ctrl + Alt + ↑〉比用鼠标操作快；如删除一列按〈Ctrl + Alt + →〉也比用鼠标操作快。插入指令也一样，如按〈Ctrl + I〉键，再按〈Alt + O〉键，再按〈Alt + O〉键比用鼠标插入常开节点快得多；如按〈Ctrl + I〉键，再按〈Ctrl + L〉键，再按〈Alt + O〉比用鼠标插入常开线圈快得多；如按〈Alt + I〉键，再按〈Alt + I〉键比用鼠标插入指令快得多；如用〈Ctrl + F7〉键比用鼠标进行程序编译快得多。

总之，学会使用热键编程是快速编程所必须的条件。

特别要指出的是本软件采用的是多实例的机制，即可打开多个实例。打开多个实例可便于多个程序互相参考与引用。同时，本软件可实现多 PLC 编程，即用一个工程文件，对多个 PLC 编程。而且，对同一 PLC 还可多程序编程（对某些 PLC 型号）。这既便于多个程序互相参考与引用，又可简化文档的管理。多程序编程对 CS1 机更有特殊的意义。因为它是模块式编程，允许多任务，即多个小程序工作。

2. 脱机编程

脱机编程是 PLC 编程的第一步。但编程之前必须要清楚工序及 PLC 的配置。这里主要有三个工作：PLC 的配置、符号（即 I/O 或地址分配）编辑及梯形图编辑。

（1）PLC 配置　它是根据实际系统的情况，对 PLC 进行配置。其步骤是：打开本软件，选择增加 PLC，则出现 PLC 配置窗口。在配置窗口上输入相应数据。具体有 PLC 型号、CPU 型号、通信口参数等。

（2）I/O 表设计　I/O 表用以定义与显示 PLC 所安装的机架与单元（模块），它与 PLC 的 I/O 地址相联系。显然，如果 I/O 表没设计好，PLC 的 I/O 地址不确定，是无法编程的。当然，不是所有的 PLC 都要设计 I/O 表，只有 CS1 及 CV 机才需要 I/O 表设计。设计时，双击工程工作区中的 I/O 表项，将弹出 I/O 表设计窗口。该窗口提供了最大可能的 I/O 配置，可按系统实际配置进行选择。设计后，可传送给 PLC，但这个传送必须在如下三个条件下才能实现：

1）PLC 联机。

2）PLC 处于编程状态。

3）PLC 只能是 CS1 或 CV 机。其他的 PLCI/O 是自动定位的，可不设计，或用 I/O 登记的办法处理。

（3）符号编辑　本软件允许用符号，即变量，为 I/O 或内部器件的地址名，用它代替 PLCI/O 或其他内部器件的地址。符号名按实际内容设置，可为程序读、修改及重用提供方便。显然，读符号比读地址要好读得多。而更改符号与地址的对应关系，也就更改了程序。同时，由符号编成的程序，可做到与地址无关，实现标准化，只要在改用时，符号与地址再重新作对应，就可重用了。

变量有全局与局部两种。全局变量在所选的 PLC 内全局有效；而局部变量仅在所编的程序中局部有效。这些变量可在相应的符号编辑窗口中进行。需要指出的是，对多数 PLC，下载程序时这里的符号不能下载到 PLC 中。PLC 保存的只是梯形图程序编译后机器码，不保存符号。所以，从 PLC 上传的程序用的是地址，而不是符号。

（4）梯形图编辑　梯形图编辑是在梯形图编辑窗口中进行的。可添加梯形图符号，删除梯形图符号，复制梯形图符号，剪切梯形图符号，粘贴梯形图符号，还可进行撤销、恢复、查找、替换等。输人的数据可为即时数，也可为所定义的符号，按要求确定。

编辑好的梯形图程序要进行编译，按〈Ctrl + F7〉键即可实现。编译的结果（程序的正确与否）会在输出窗口中显示。图 C-24 所示为梯形图程序。

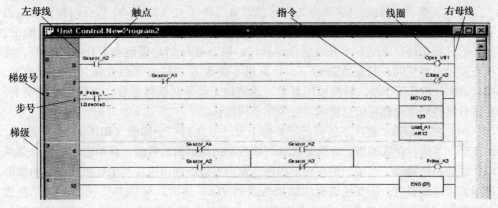

图 C-24　梯形图程序

（5）程序注解

1）变量注解。变量注解在定义变量时进行。在梯形图显示时，将与变量名同时显示。

2）框注解。在梯形图上选好合适位置，在插入菜单项下单击注释框项弹出空注释框，然后在空注释框中加入所要的注释。同时，这个框还可在梯形图上任意移动。

3）条注解。在梯形图上，空出位置，在插入菜单项下单击注释条弹出空注释条，然后在空注释条中加入所要注释。注释条不能移动。

以上操作也可用热键或工具条进行。

（6）查内存使用情况　在编程过程中，如要查看 PLC 内存使用的情况，可打开地址引用工具，或交叉引用报告窗口，从中可看到相应内存单元使用情况。

3. 联机调程序

联机是指计算机与 PLC 联网，以传送程序或数据。

（1）建立通信　在 PLC 设定时也要对 PLC 与计算机的通信方法与通信参数作设定。一般用的是 Host Link 网，即 Sysmac Way 方式。选定后还要对驱动器作相应设定，所设定参数要与 PLC 的设定参数一致。通信设定好后，计算机与 PLC 联好线并把 PLC 接上电源，即完成了联机的准备。这时，单击在线工作菜单项，即弹出是否要联机的提示窗口，如回答是，则建立通信，计算机与 PLC 进入联机状态。

（2）程序传送　进入联机状态后可向 PLC 传送程序、进行 PLC 设置及 I/O 表设计等。显然，如 PLC 中未装有程序，也未作必要的设置（或改变默认的设置），则向 PLC

传送程序，而 PLC 设置、I/O 表设计等将是首先要作的工作。下传的操作是：单击 PLC 转换到 PLC 菜单项，或使用相应的热键和工具条，之后，将出现提示对话窗口，只要作相应的应答，即可进行下传。下传完成后，也会有相应的提示信息。如 PLC 中装有程序，或作了设置，也可将其上传给计算机。操作与下传类似。在上、下传时，所要传送的项目，可在出现的提示对话窗口选定。除了传送，还可与存于 PLC 中的程序、设置或数据作比较，比较的结果也将有所提示。

（3）工作模式转换　OMRON 的工作模式有三种（大型机及 CS1 机有四种，增加了调试一种），分别为：编程、监控和运行。在编程下，PLC 不运行程序，不产生输出，但是也只有在这种情况下才可向它传送程序，以及进行 PLC 设定和 I/O 表设计等。监控与运行基本相同，只是在运行下，计算机不能改写 PLC 内部的数据，而在监控下，则可改写。PLC 工作模式转换可用菜单，或使用工具条和热键进行。为确保系统安全，在进行这些操作时都有信息提示，并要求予以确认。

（4）在线编辑　程序下传后，如要作小量［只能对一个梯级（RUNG）进行改动］的改动，可进行在线编辑。方法是先选好要改动的梯形图的梯级，再单击在线编辑菜单项，或使用热键和工具条，则在梯形图所选定的梯级处即可进行与未联机前一样的梯形图编辑了。编辑后，还要把编辑的结果传送给 PLC。这时，可单击"程序"→"在线编辑"→"传送"改变菜单项，或使用相应工具条和相应热键，之后，CXP 将对所作的改动作语法检查，如无误，则把所作的改动下传给 PLC。

当然，如不想把所作的改动下传给 PLC，也可单击"程序"→"在线编辑"→"取消"菜单项，或使用相应工具条和相应热键，之后，将结束在线编辑。需要提及的是，进行在线编辑的前提是 PLC 中装的程序必须与计算机上的程序是一样的，否则不能进入在线编辑状态。

4. 监控

与 PLC 联机还有一个目的就是对 PLC 进行监控。本软件有多种方法进行监控。

（1）梯形图窗口监控　在联机后，单击 PLC→"监视"菜单项，或按〈CTRL + M〉键，〈ALT + C〉键和〈ALT + O〉键，或单击工具条中"切换 PLC 监视"项，则进入梯形图窗口监控。这时，如果 PLC 处运行或监控状态，则母线上有"电流"标志出现，接点通也将有"电流"通过，可形象地看到 PLC 的工作状况。如果显示的字体选择合适，还可在相应的指令显示处看到相应内存单元的当前值（即时数据）。梯形图窗口监控如图 C-25 所示。

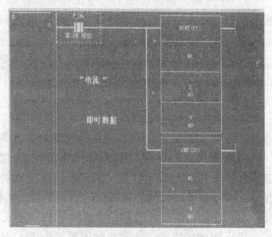

图 C-25　梯形图窗口监控

在此窗口不仅可进行监控，还可写 PLC 的内存（在监控模式下）。可写通道（字），也可写（置）位（置为1或0），还可强迫置位。经强制后，此位的状态将不再受程序或 I/O 刷新改变。写或置位操作，可在梯形图中选好要写的内存地址，然后单击 PLC→"强制"（或"置位"，或"设置"）菜单项或相应的热键，之后再按提示进行操作即可。要取消强制，方法也是单击 PLC→"强制"（或"置位"，或"设量"）菜单项或相应的热键，然后再进行强制取消的操作。

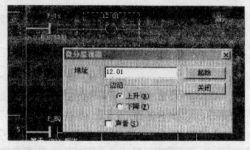

图 C-26 梯形图窗口的微分监控

梯形图窗口还可利用微分器进行微分监控，用此可观察到位的上升沿或下降沿出现的情况。选好要观察的位后，单击 PLC→"微分监视器"菜单项或相应的热键，即弹出如图 C-26 所示窗口。此图利用微分器监控的地址是"12.01"。

单击起始按钮后，开始监控，当12.01出现上升变化时，图 C-27 和 C-28 将交替出现。

图 C-27 微分监控（1）

图 C-28 微分监控（2）

这里的计数为该位出现上升沿的次数。

（2）观察窗口监控 也可在观察窗口实现监控。首先要打开观察窗口，然后添加要监视的 PLC 内存地址。方法是用鼠标指向观察窗口，右击后等待弹出增加观察窗口。窗口出现后，在其上填入相应的地址。如不知地址名，可单击浏览按钮，将弹出寻找符号窗口。可在其中找出要观察的符号地址。增加观察窗口和寻找符号窗口如图 C-29 所示。

增加观察的地址后，如处 PLC 监视状态，即可观察到该地址的现值。也可在观察窗口写 PLC 内存。这时，先把鼠标指向要写的地址的列，并指向 PLC 名处，右击，等待弹出窗口，弹出窗门后单击数据设置，再在数据设置窗口写入要写的值。

（3）时序图监控 梯形图监控窗口激活时，单击 PLC→"数据跟踪"或"时间图监视"菜单项，则弹出 PLC 数据跟踪窗口，如图 C-30 所示。

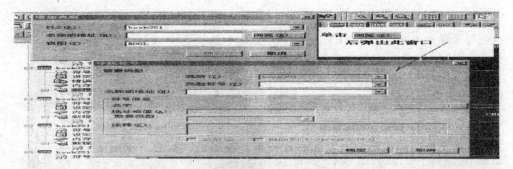

图 C-29   增加观察窗口和寻找符号窗口

图 C-30   PLC 数据跟踪窗口

在其上的"操作"→"模式"菜单项下，可选监控模式。但数据跟踪只能在大型机上进行。

进行监控前首先要进行配置，方法是：单击操作→"配置"菜单项将弹出配置窗口，如图 C-31 所示。

这时可先选触发器项，由它选定触发信号及其特性。选定后，单击"采样"标签，将改变为采样选择窗口，如图 C-32 所示。

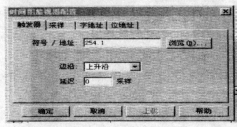

图 C-31   时间图监视器配置窗口

图 C-32   采样选项卡

这时可对采样时间间隔及其他参数作设定。设定后，单击"字地址"或"位地址"标签，将改变为字或位地址窗口，如图 C-33 所示。这时可右击，将弹出如图 C-34 所示的窗口。

在其"符号/地址"项文本框中可填入要监视的符号或地址。如符号或地址不详，可单击浏览按钮，将弹出如在设置观察窗口时所看到的寻找符号窗口，可在其上作相应的选择。

　　配置后还要单击工具条上的"执行跟踪/时间图"按钮，才能启动这个监控。启动时间图监视后的界面如图 C-35 所示。

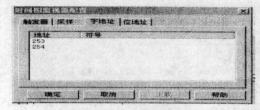

图 C-33　字地址选项卡

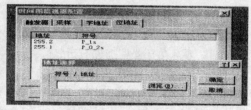

图 C-34　地址选项对话框

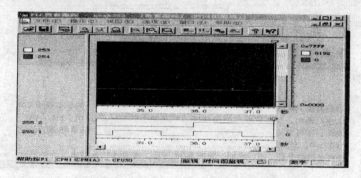

图 C-35　启动时间图监视后的界面

　　这里位与字显示的颜色与形式可在选项菜单中选定。监视后取得的数据可存为文件。

　　由于这种监控可从时序上看出各个量间的关系，所以对调 PLC 程序是很有帮助的。

　　（4）内存窗口监控　梯形图监控窗门激活时，单击 PLC→"内存"菜单项，则弹出 PLC 内存窗口，如图 C-36 所示。此窗口与编程窗口类似，也可多文档工作。

　　本窗口可用于读（从 PLC 上传数据）、写（向 PLC 下传数据，一般仅为 DM 区），及与 PLC 比较内存区数据，还可用于及时（采集时间间隔可设定）监控 PLC 内存数据。监控时可任选内存区，也可自定相应

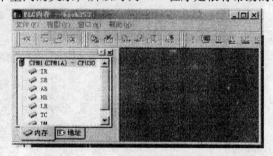

图 C-36　PLC 内存窗口

地址时，还可对位数值进行强制。图 C-37 所示为打开内存区进行监控 PLCDM 区 0050 到 0110 数据的界面。

　　如要监控其他 DM 区地址的现值，可用垂直滚动按钮进行调整。如要监控更多的

DM 地址，可增大窗口画面。如要监控其他内存区，可在画面的左区单击 IR，SR，AR，HR…，并按提示操作。还可单击"地址"按钮，自定要监控的内存地址。图 C-38 所示为监控自定内存地址（255.0，255.2，255，10.0）的界面。

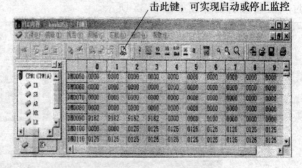

击此键，可实现启动或停止监控

该界面仅监控四个量，但也可增加。方法是在要增加处右击，待弹出对话窗口，在其中填入要监视的地址即可。此窗口还可对 PLC 数据进行设置、强制置位、强制复位或强制取消。方法是选好要设置或强制的量后，单击图中所示工具条上的相应的按钮，即可实现。

图 C-37 PLC 内存监控界面

设置　　强制置位　强制复位　　　强制取消

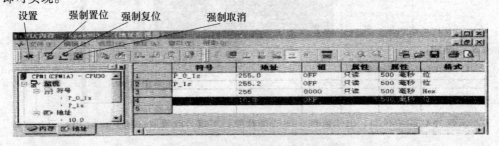

图 C-38　监控自定内存地址的界面

在图 C-38 中，属性 500ms 为采集数据的时间间隔，是可选的。可在显示数据区中，右击后即弹出图 C-39 所示菜单，从中选定即可。

所显示数据的字体、大小、格式也可通过菜单或单击工具条上相应的按钮设定。可选定显示格式如图 C-40 所示。

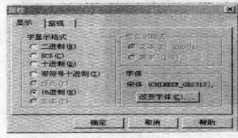

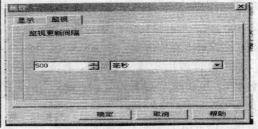

图 C-39　属性窗口

图 C-40　可选定显示格式

此操作也可通过菜单实现，如图 C-41 所示。

选定内存区后，还可对其填充数据，填充后还可下载。只是多数 PLC 只能下载 DM 区数据。除了下载数据，还可上传，或对上传下载数据进行比较。

5. 设定

（1）对 PLC 进行设定

1）时钟设置。联机后，单击 PLC→"时钟"菜单项，则弹出时钟设定窗口。在其上即可对 PLC 的时钟进行设置。

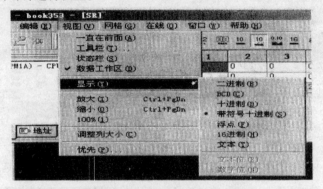

图 C-41　通过菜单选择显示格式

2）起始、出错、通信设置。在工程工作区中，双击设置选项，将单独设置窗口。可在其上设置 PLC 起始状态、出错处理、通信参数等。不过，此设置还须下传给 PLC 后才有效。

（2）软件界面设定　当梯形图显示窗口激活时，单击"工具"→"选项"菜单项，或按相应的热键，则弹出软件界面设定窗口，如图 C-42 所示。

此窗口有四个可选择标签："图""PLC""符号"及"出现"，可分别作相应的设置。如选"出现"，则出现如图 C-43 所示的窗口。

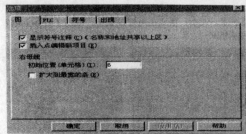
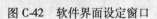

图 C-42　软件界面设定窗口

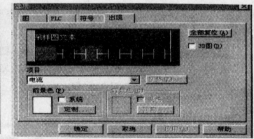

图 C-43　"出现"选项卡

在此窗口，可对各个项目进行设置。图 C-44 所示为可选置的项目，共 9 项。

图 C-45 所示为单击"图"标签后出现的窗口，从中可设定梯形图元素的前景色与背景色，以及字体、字号等。

6. 旧程序转换

用 OMRON 旧版软件所编的程序，通过程序转换工具可转换成符合本软件格式的程序。转换程序的步骤如下：

1）用转换工具先把原来的程序转换成文本程序，扩展名为 .cxt。该转换工具在安装本软件同时被安装。可单击 "Windows 起始" → "OMRON" → "CX-Programmer" → "文件转换实用工具" 菜单项调出它，此路径如图 C-46 所示。

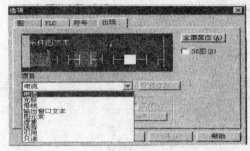

图 C-44 "出现" 选项卡中的项目设定

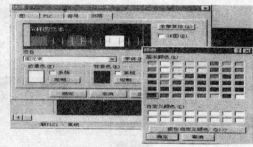

图 C-45 "图" 选项卡

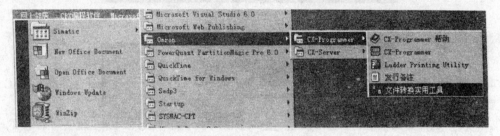

图 C-46 调出转换工具

调出后的界面如图 C-47 所示。

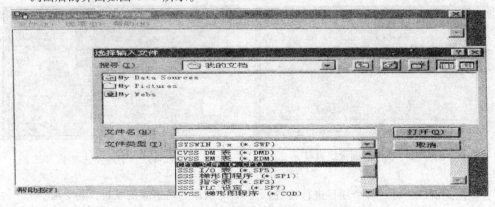

图 C-47 CX-Programmer 文件转换器界面

在此界面，单击文件菜单项即弹出选择输入窗口，可选择相应的文件。

2）用本软件读入该 CXT 文件。

3）全部选择显示梯形图窗口。

4）单击编辑、标准化菜单项，则实现了转换。

5）保存 CXP 文件。

C.2 SYSMAC-CPT 编程软件的使用说明

1. SYSMAC-CPT 编程软件

SYSMAC-CPT 是 OMRON 公司为其生产的 PLC 而设计的编程支持软件，可在 Windows3.1 或 Windows95/98 系统上操作。该软件适用于从超小型 CPM1A 系列到大型 CVM1/CV 系列的任何一种 OMRON 的 PLC，能够编制和读出 OMR（）N 早期 DOS 版支持软件和 SYSMAC 支持软件所编制的程序，从而有效地利用以往的资源。该软件为用户提供了程序的输入、编辑、检查、调试监控和数据管理等手段，不仅适用于梯形图语言，而且也适用于助记符语言。

（1）编程　SYSMAC-CPT 提供了梯形图方式和助记符方式两种编程方式。

1）梯形图方式。当用户选择梯形图方式后，可在编程区的上方用鼠标单击梯形图的编程符号，并拖至编程区中进行梯形图编程。如果需要，也可将梯形图形式的 PLC 程序转换为助记符形式的 PLC 程序。

2）助记符方式。在主菜单中单击"View"，在下拉菜单中选取"Program editors"，单击"Mnemonic"后，就进入到助记符编程方式。在此方式下，可单击编程区上方的各个助记符指令按钮进行助记符编程。同样，如果需要也可将助记符形式的 PLC 程序转换为梯形图形式的 PLC 程序。

（2）编辑与文件管理　SYSMAC-CPT 具有编辑功能，可对程序进行编辑、修改、插入、剪切、存盘、复制、新建、打开等操作。

（3）打印　在主菜单中单击"File"，在下拉菜单中可选取页面设置、打印预览和打印功能。

（4）程序的下载与上传　PLC 程序编制好并检查无误后，可通过 RS-232C 通信电缆将已编制好的程序下载至 PLC 中。同样，计算机也可从 PLC 读取程序或数据。

（5）监控　监控功能是指将正在运行的 PLC 数据，通过与计算机相连的通信电缆送至计算机屏幕显示。监控有梯形图程序监控、助记符程序监控和数据监控。

SYSMAC-CPT 编程软件常用菜单项目功能见表 C-1。

表 C-1　SYSMAC-CPT 编程软件常用菜单项目功能

主菜单	子菜单选项	功　能
File	New	创建一个新项目并选择 PLC 及其 CPU 的型号
	Open	打开一个已有的文件
	Close	关闭一个文件
	Save	文件直接存盘
	Save as	以其他路径或名字保存当前文件

（续）

主菜单	子菜单选项	功　能
File	Save all	保存所有正打开的文件
	Summary info	文件的相关信息
	Print view	打印预览
	Print	打印
	Page setup	页面设置
	Exit	退出
Edit	Clear all marks	清除所有标记
	View marks	查看所有被标记的行
	Program check	程序检查
View	Program editor	选择编程方式（梯形图形式/助记符形式）
	Tables	以表格的形式显示程序信息（地址、数据）
	I/O table	显示 I/O 表窗口信息
	PLC settings	PLC 设置
	Cross reference popup	显示 PLC 程序特定地址的相关信息
	Address manager	地址管理
	Options	有关显示内容与方式的相关选项
	Toolbars	工具栏
	Status	状态栏
	Zoom	放大/缩小
On-line	Go on-line	在线连接
	Mode	PLC 工作方式选择
	Password protection	口令设置
	On-line edit	在线编辑
	Edit set value	在线编辑时设定某个器件的值（如定时器的值）
	Compare to PLC	将存储在计算机中的程序与 PLC 的程序进行比较
	Transfer to PLC	将程序下载到 PLC
	Data monitor	数据监控器
Edit	Cut	剪切
	Copy	复制
	Paste	粘贴
	Paste special	特殊粘贴方式
	Clear	清除选取的对象

（续）

主菜单	子菜单选项	功　能
Edit	Select all	选取所有对象
	Find	查找
	Replace	替换
	Insert row	插入一行
	Delete row	删除一行
	Go to	转向指定的行或指定的程序地址
	Mark	指定标记
On-line	Error log	显示在线运行 PLC 的错误情况
	Cycle time	测试在线运行 PLC 的扫描周期时间
	Communication settings	通信设置
Ladder	Programs	在 PLC 主程序与中断之间进行切换
	Contacts	接点
	Coils	线圈
	Rung comment	注释
	Functions	功能元器件
	Not	取反
	Differentiate	微分
	Redraw rung	重新编辑一被删除行
	Immediate update	立即更新
	Connect Line	连线
	Erase line	擦除连线
	Differential monitor	打开或关闭微分观察器
	Force	强制
Window	Cascade	将所有打开的窗口以重叠方式排列
	Cascade by projects	与 Cascade 命令相似，但相同项目重叠在一起
	Tile	将所有打开的窗口以平铺方式排列
	PLC control panel	打开或关闭 PLC 控制面板
	Error listing	显示错误信息
Help		帮助信息

2. SYSMAC-CPT 编程软件的使用方法

使用 SYSMAC-CPT 编程软件进行梯形图设计的一般步骤如图 C-48 所示。

下面用一个例子来说明用 SYSMAC-CPT 编程软件进行编程的方法和步骤。

[例1] 用 OMRON PLC 实现对一台电动机的正、反转自动循环控制。

1）分析工艺过程，明确控制要求。控制要求：电动机正转起动，5s 后自动反转；8s 后又自动回到正转；如此循环。可随时停机。

三相电动机的正、反转可用两个接触器来控制，当正转接触器接通时电动机正转；当反转接触器接通时，三相电源的相序相反，电动机反转。

2）统计输入/输出点数并选择 PLC 型号。输入：起动按钮 1 个，停止按钮 1 个，共 2 个输入点；输出：正转接触器 1 个，反转接触器 1 个，共 2 个输出点。可选用 OMROM 的 CQM1H 系列 PLC。

3）分配 PLC 输入/输出点。本例中 PLC 输入/输出点分配见表 C-2。

4）画控制流程图。画控制流程图就是将整个系统的控制分解为若干步，并确定每步的转换条件，以便能容易地用常用基本指令和功能指令画出梯形图。本例的控制流程图如图 C-49 所示。

5）PLC 梯形图程序设计。利用 SYSMAC-CPT 编程软件进行梯形图程序设计的具体步骤如下：

①启动 SYSMAC-CPT 编程软件。接通个人计算机电源，单击"开始"按钮进入"程序"，选择"SYSMAC-CPT"，即可启动 SYSMAC-CPT 编程软件，进入 CPT 的操作界面，显示"Welcome"窗口，单击"OK"按钮。

②建立新项目。单击"New"图标，或从"File"的下拉菜单中选择"New"建立新项目。在弹出的对话框中填入新项目名，如 MOTOR。对 CQM1H 系列 PLC，型号应选 CQM1，CPU 应选 CQM1-CPU43，如图 C-50 所示。最后单击"OK"按钮，关闭对话框。

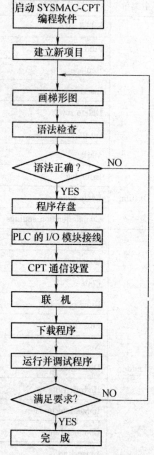

图 C-48 SYSMAC-CPT
编程软件使用步骤

表 C-2 电动机正、反转自动循环
控制 PLC 输入/输出点分配

输入电器	输入点
起动按钮 SB_1	00001
停止按钮 SB_2	00002
正转接触器 KM_1	10001
反转接触器 KM_2	10002

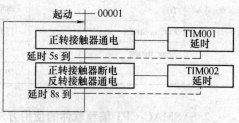

图 C-49 电动机正/反转自动
循环控制流程图